对比VBA学Python
高效实现数据处理自动化

童大谦 著

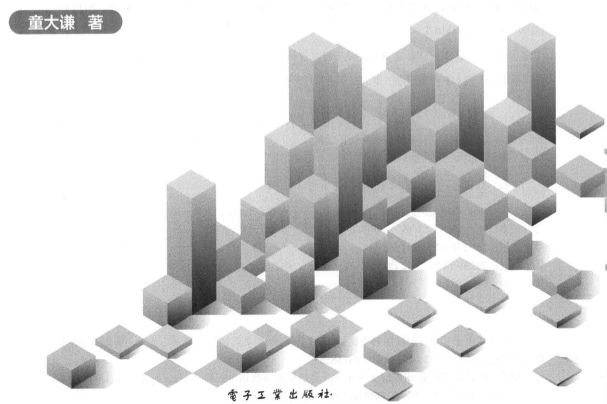

电子工业出版社
Publishing House of Electronics Industry
北京·BEIJING

内 容 简 介

本书旨在帮助读者以最快的速度，系统地从 Excel VBA 编程转入 Python 编程，或者从 Python 编程转入 Excel VBA 编程，或者同时学会两种编程方法。

本书使用 Excel VBA 和 Python 双语言对照的方式，能帮助 Excel VBA 用户快速掌握 Python 编程，并使用双语言实现 Excel 编程和数据处理自动化。本书包括对象模型、界面设计、文件操作、Excel 函数、Excel 图形、Excel 图表、Excel 数据透视表、正则表达式、统计分析和混合编程等内容。关于 Python 方面，本书详细地介绍了 xlwings 包的使用方法。

本书适合任何对 Excel 脚本开发感兴趣的读者阅读，如职场办公人员、数据分析人员、大学生、科研人员和程序员等。

未经许可，不得以任何方式复制或抄袭本书之部分或全部内容。
版权所有，侵权必究。

图书在版编目（CIP）数据

对比 VBA 学 Python：高效实现数据处理自动化 / 童大谦著．—北京：电子工业出版社，2022.10
ISBN 978-7-121-44310-7

Ⅰ．①对… Ⅱ．①童… Ⅲ．①软件工具－程序设计Ⅳ．①TP311.561

中国版本图书馆 CIP 数据核字（2022）第 170377 号

责任编辑：王　静　　　　特约编辑：田学清
印　　刷：北京天宇星印刷厂
装　　订：北京天宇星印刷厂
出版发行：电子工业出版社
　　　　　北京市海淀区万寿路 173 信箱　　邮编：100036
开　　本：787×980　1/16　印张：35.5　字数：855 千字
版　　次：2022 年 10 月第 1 版
印　　次：2023 年 11 月第 2 次印刷
定　　价：119.00 元

凡所购买电子工业出版社图书有缺损问题，请向购买书店调换。若书店售缺，请与本社发行部联系，联系及邮购电话：（010）88254888，88258888。
质量投诉请发邮件至 zlts@phei.com.cn，盗版侵权举报请发邮件至 dbqq@phei.com.cn。
本书咨询联系方式：010-51260888-819，faq@phei.com.cn。

前言

本书的出发点

Python 是目前最受欢迎的计算机语言之一，近年来在 TIOBE 和 IEEE 等编程语言排行榜上长期占据前 3 名。在国内，Python 也在逐步代替原来的 Basic 语言，成为小学、中学和大学学生入门学习计算机编程的首选语言。所以，当前使用 Python 进行 Excel 编程以提高工作效率的用户越来越多。

目前，使用 Python 进行 Excel 编程的用户主要有两类：一类是懂 Python 但不懂 Excel VBA，有办公自动化和数据分析需求的用户；另一类是原来对 Excel VBA 比较熟悉，因为各种原因需要学习和使用 Python 进行 Excel 编程的用户。

对于前者，笔者已经编写了《代替 VBA！用 Python 轻松实现 Excel 编程》一书，并通过大量的内容和实例说明使用 Python 的 win32com 和 xlwings 等包可以代替 Excel VBA 实现 Excel 编程。对于后者，笔者编写了本书，通过 Excel VBA 和 Python 双语言对照学习，一方面读者可以快速掌握这两种语言，另一方面可以学习 Excel 办公自动化和数据分析的各项内容。

通过阅读本书，读者能以最快的速度，系统地从 Excel VBA 编程转入 Python 编程或从 Python 编程转入 Excel VBA 编程，或者同时学会两种编程方法。

本书的内容

第 1~12 章介绍 Excel VBA 和 Python 两门语言的对照讲解。这部分内容约占全书的一半，是重中之重。对熟悉 Excel VBA 的读者来说，首先过了语言关，再谈后面的 Python 办公自动化和数据分析才有意义。笔者使用 VB 和 VBA 超过 20 年，并且经历过从 VB 6 升级到 VB.NET，深知语言关很难过。所以，笔者想到了对照学习这个办法。

所谓的对照学习，不是将两门语言机械地放在一起，自说自话，而是先将两门语言的语法全部打碎，然后实现对语法知识点"点对点"的对照、融合和重建，在自己熟悉的语境中快速理解和掌握另一门语言。

第 13~22 章同样通过 Excel VBA 和 Python 的对照讲解介绍 Excel 数据处理和分析，以及界面设计、文件处理和混合编程等各种专题。

第 13 章介绍使用 Excel VBA 和 Python xlwings 实现 Excel 对象模型有关的操作。Excel 对象模型主要包括 Excel 应用对象、工作簿对象、工作表对象和单元格对象等。

第 14 章介绍使用 Excel VBA 和 Python Tkinter 创建窗体与控件组成程序界面的方法。

第 15 章介绍读/写文本文件和二进制文件的方法。

第 16 章介绍使用 Excel VBA 和 Python xlwings 调用 Excel 工作表函数的方法。

第 17 章介绍使用 Excel VBA 和 Python xlwings 实现 Excel 图形的创建、变换等。

第 18 章介绍使用 Excel VBA 和 Python xlwings 实现 Excel 图表的创建、坐标系的设置等。

第 19 章介绍使用 Excel VBA 和 Python xlwings 实现 Excel 数据透视表的创建与设置。

第 20 章介绍使用正则表达式处理 Excel 数据，并且详细讲解了正则表达式的编写规则。

第 21 章介绍统计分析的相关内容，包括数据导入、数据整理、数据预处理和描述性统计等。

第 22 章介绍 Python 与 Excel VBA 混合编程的 3 种方法。

本书的特点

本书以双语言对照的方式介绍使用 Excel VBA 和 Python 开发 Excel 脚本。在保证内容的系统性和逻辑性的前提下，本书内容遵循从简单到复杂、循序渐进的原则，并且示例丰富。全书共有 22 章，覆盖了语言基础和 Excel 办公自动化与数据分析编程的主要内容。本书对 Python xlwings 的介绍很全面，大部分章节使用了该工具。

本书的适用对象

首先，本书是为熟悉 Excel VBA 并希望使用 Python 进行 Excel 编程的读者编写的；其次，本书也适合任何对 Excel 脚本开发感兴趣的读者阅读，如职场办公人员、数据分析人员、大学生、科研人员和程序员等。

为了方便读者学习，本书大部分示例的数据和代码均可下载，下载方式请见本书封底。

联系作者

本书从酝酿到完稿两年有余，书稿经过反复修改。尽管如此，因为笔者水平有限，书中难免存在不足之处，恳请广大读者批评指正（电子邮箱：274279758@qq.com；微信公众号：Excel Coder；bilibili 账号：HiData）。

作　者

目录

第1章 Excel 编程与 Python 编程概述 1

1.1 关于 Excel 编程 1
   1.1.1 为什么要进行 Excel 编程 1
   1.1.2 选择 VBA 还是选择 Python 2
1.2 使用 Excel VBA 编写程序 2
   1.2.1 Excel VBA 的编程环境 2
   1.2.2 编写 Excel VBA 程序 4
1.3 使用 Python 编写程序 5
   1.3.1 Python 的特点 5
   1.3.2 下载并安装 Python 5
   1.3.3 Python 的编程环境 6
   1.3.4 编写 Python 程序 7
1.4 编程规范 9
   1.4.1 代码注释 9
   1.4.2 代码续行 10
   1.4.3 代码缩进 10

第2章 常量和变量 12

2.1 常量 12
   2.1.1 Excel VBA 常量 12
   2.1.2 Python 常量 13
2.2 变量及其操作 14
   2.2.1 变量的命名 14
   2.2.2 变量的声明 15
   2.2.3 变量的赋值 16
   2.2.4 链式赋值 18
   2.2.5 系列解包赋值 18
   2.2.6 交换变量的值 19
   2.2.7 变量的清空或删除 19
   2.2.8 Python 对象的三要素 20
2.3 变量的数据类型 20
   2.3.1 基本的数据类型 21
   2.3.2 数据类型转换 23
2.4 数字 25
   2.4.1 整型数字 25
   2.4.2 浮点型数字 26
   2.4.3 复数 27
   2.4.4 类型转换的有关问题 28
   2.4.5 Python 的整数缓存机制 29

第3章 表达式 30

3.1 算术运算符 30
3.2 关系运算符 32
3.3 逻辑运算符 34
3.4 赋值运算符和算术赋值运算符 36
3.5 成员运算符 36
3.6 身份运算符 37
3.7 运算符的优先级 38

第4章 初识 Excel 对象模型 41

4.1 Excel 对象模型 41
   4.1.1 对象及相关概念 41
   4.1.2 Excel 对象及其层次结构 42

4.2 操作 Excel 对象模型的一般过程............43
  4.2.1 使用 Excel VBA 操作 Excel
        对象模型的一般过程............43
  4.2.2 与 Excel 相关的 Python 包............44
  4.2.3 xlwings 包及其安装............45
  4.2.4 使用 xlwings 包操作 Excel
        对象模型的一般过程............45
4.3 与 Excel 对象模型有关的常用操作............46
  4.3.1 获取文件的当前路径............47
  4.3.2 对象的引用............47
  4.3.3 获取末行行号：给参数指定常数值............49
  4.3.4 扩展单元格区域............50
  4.3.5 修改单元格区域的属性............50

第 5 章 流程控制............52
5.1 判断结构............52
  5.1.1 单分支判断结构............52
  5.1.2 二分支判断结构............53
  5.1.3 多分支判断结构............54
  5.1.4 有嵌套的判断结构............56
  5.1.5 三元操作表达式............58
  5.1.6 判断结构示例：判断是否为闰年............60
5.2 循环结构：for 循环............62
  5.2.1 for 循环............62
  5.2.2 嵌套 for 循环............64
  5.2.3 Python 中的 for…else 的用法............65
  5.2.4 for 循环示例：求给定数据的
        最大值和最小值............66
5.3 循环结构：while 循环............67
  5.3.1 简单 while 循环............68
  5.3.2 Python 中有分支的 while 循环............70
  5.3.3 嵌套 while 循环............70
  5.3.4 while 循环示例：求给定数据的
        最大值和最小值............71
5.4 Excel VBA 的其他结构............73
  5.4.1 For Each…Next 循环结构............73

  5.4.2 Do 循环结构............74
5.5 其他语句............75
  5.5.1 Excel VBA 中的其他语句............75
  5.5.2 Python 中的其他语句............76

第 6 章 字符串............78
6.1 创建字符串............78
  6.1.1 直接创建字符串............78
  6.1.2 通过转换类型创建字符串............81
  6.1.3 字符串的长度............82
  6.1.4 转义字符............82
6.2 字符串的索引和切片............84
  6.2.1 字符串的索引............84
  6.2.2 遍历字符串............85
  6.2.3 字符串的切片............86
  6.2.4 字符串的索引和切片示例：
        使用身份证号求年龄............87
6.3 字符串的格式化输出............89
  6.3.1 实现字符串的格式化输出............89
  6.3.2 字符串的格式化输出示例：
        数据保留 4 位小数............93
6.4 字符串的大小写............94
  6.4.1 设置字符串的大小写............94
  6.4.2 设置字符串的大小写示例：
        列数据统一大小写............96
6.5 字符串的分割和连接............98
  6.5.1 字符串的分割............98
  6.5.2 字符串的分割示例：
        分割物资规格............99
  6.5.3 字符串的连接............100
  6.5.4 字符串的连接示例：合并学生
        个人信息............102
6.6 字符串的查找和替换............104
  6.6.1 字符串的查找............104
  6.6.2 字符串的替换............105

	6.6.3	字符串的查找和替换示例：提取省、市、县	106
	6.6.4	字符串的查找和替换示例：统一列数据的单位	110
6.7	字符串的比较		111
	6.7.1	使用关系运算符进行比较	112
	6.7.2	使用函数进行比较	113
	6.7.3	字符串的比较示例：找老乡	115
6.8	删除字符串两端的空格		117
6.9	Python 中字符串的缓存机制		118

第 7 章 数组 ... 120

- 7.1 Excel VBA 中的数组 ... 120
  - 7.1.1 静态数组 ... 120
  - 7.1.2 常量数组 ... 122
  - 7.1.3 动态数组 ... 123
  - 7.1.4 数组元素的增、删、改 ... 124
  - 7.1.5 数组元素的去重 ... 127
  - 7.1.6 数组元素的排序 ... 128
  - 7.1.7 数组元素的计算 ... 129
  - 7.1.8 数组元素的拆分和合并 ... 130
  - 7.1.9 数组元素的过滤 ... 131
  - 7.1.10 创建二维数组 ... 131
  - 7.1.11 改变二维数组的大小 ... 132
  - 7.1.12 Excel 工作表与数组交换数据 ... 133
  - 7.1.13 数组示例：给定数据的简单统计 1 ... 140
  - 7.1.14 数组示例：突出显示给定数据的重复值 1 ... 141
  - 7.1.15 数组示例：求大于某数的最小值 1 ... 142
  - 7.1.16 数组示例：创建杨辉三角 1 ... 144
- 7.2 Python 中的数组：列表 ... 145
  - 7.2.1 创建列表 ... 145
  - 7.2.2 索引和切片 ... 149
  - 7.2.3 添加列表元素 ... 150
  - 7.2.4 插入列表元素 ... 151
  - 7.2.5 删除列表元素 ... 152
  - 7.2.6 列表元素的去重 ... 152
  - 7.2.7 列表元素的排序 ... 153
  - 7.2.8 列表元素的计算 ... 153
  - 7.2.9 列表的拆分和合并 ... 154
  - 7.2.10 列表的过滤 ... 154
  - 7.2.11 二维列表 ... 155
  - 7.2.12 Excel 工作表与列表交换数据 ... 156
  - 7.2.13 数组示例：给定数据的简单统计 2 ... 158
  - 7.2.14 数组示例：突出显示给定数据的重复值 2 ... 159
  - 7.2.15 数组示例：求大于某数的最小值 2 ... 160
  - 7.2.16 数组示例：创建杨辉三角 2 ... 161
- 7.3 Python 中的数组：元组 ... 162
  - 7.3.1 元组的创建和删除 ... 162
  - 7.3.2 元组的索引和切片 ... 163
  - 7.3.3 基本运算和操作 ... 164
- 7.4 Python 中的数组：NumPy 数组 ... 165
  - 7.4.1 NumPy 包及其安装 ... 165
  - 7.4.2 创建 NumPy 数组 ... 166
  - 7.4.3 NumPy 数组的索引和切片 ... 168
  - 7.4.4 NumPy 数组的计算 ... 169
  - 7.4.5 Excel 工作表与 NumPy 数组交换数据 ... 172
- 7.5 Python 中带索引的数组：Series 和 DataFrame ... 173
  - 7.5.1 pandas 包及其安装 ... 173
  - 7.5.2 pandas Series ... 174
  - 7.5.3 pandas DataFrame ... 178
  - 7.5.4 Excel 与 pandas 交换数据 ... 185

第 8 章 字典 ... 189

- 8.1 字典的创建 ... 189

- 8.1.1 创建字典对象 189
- 8.1.2 Excel VBA 中后期绑定与前期绑定的比较 191
- 8.1.3 Python 中更多创建字典的方法 193
- 8.2 字典元素的索引 194
  - 8.2.1 获取键和值 194
  - 8.2.2 键在字典中是否存在 197
- 8.3 字典元素的增、删、改 198
  - 8.3.1 增加字典元素 198
  - 8.3.2 修改键和值 199
  - 8.3.3 删除字典元素 200
- 8.4 字典数据的读/写 200
  - 8.4.1 字典数据的格式化输出 200
  - 8.4.2 Excel 工作表与字典之间的数据读/写 202
- 8.5 字典应用示例 205
  - 8.5.1 应用示例1：汇总多行数据中唯一值出现的次数 205
  - 8.5.2 应用示例2：汇总球员奖项 207
  - 8.5.3 应用示例3：汇总研究课题的子课题 210

第9章 集合 213

- 9.1 集合的相关概念 213
  - 9.1.1 集合的概念 213
  - 9.1.2 集合运算 213
- 9.2 集合的创建和修改 214
  - 9.2.1 创建集合 214
  - 9.2.2 集合元素的添加和删除 215
- 9.3 集合运算 216
  - 9.3.1 交集运算 216
  - 9.3.2 并集运算 218
  - 9.3.3 差集运算 219
  - 9.3.4 对称差集运算 221
  - 9.3.5 子集和超集运算 223
- 9.4 集合应用示例 225
  - 9.4.1 应用示例1：统计参加兴趣班的所有学生 225
  - 9.4.2 应用示例2：跨表去重 227
  - 9.4.3 应用示例3：找出报和没有报两个兴趣班的学生 230

第10章 函数 233

- 10.1 内部函数 233
  - 10.1.1 常见的内部函数 233
  - 10.1.2 Python 标准模块函数 236
- 10.2 第三方库函数 239
- 10.3 自定义函数 241
  - 10.3.1 函数的定义和调用 241
  - 10.3.2 有多个返回值的情况 244
  - 10.3.3 可选参数和默认参数 246
  - 10.3.4 可变参数 248
  - 10.3.5 参数为字典 249
  - 10.3.6 传值还是传址 251
- 10.4 变量的作用范围和生存期 252
  - 10.4.1 变量的作用范围 253
  - 10.4.2 变量的生存期和 Excel VBA 中的静态变量 254
- 10.5 Python 中的匿名函数 255
- 10.6 函数应用示例 256
  - 10.6.1 应用示例1：计算圆环的面积 256
  - 10.6.2 应用示例2：递归计算阶乘 258
  - 10.6.3 应用示例3：删除字符串中的数字 260

第11章 模块与工程 263

- 11.1 模块 263
  - 11.1.1 内置模块和第三方模块 263
  - 11.1.2 函数式自定义模块 263
  - 11.1.3 脚本式自定义模块 265
  - 11.1.4 类模块 265
  - 11.1.5 窗体模块 265

| 11.2 工程 266
   11.2.1 使用内置模块和第三方模块 266
   11.2.2 使用其他自定义模块 267

第 12 章 调试与异常处理 269

12.1 Excel VBA 中的调试 269
   12.1.1 输入错误的调试 269
   12.1.2 运行时错误的调试 270
   12.1.3 逻辑错误的调试 270
12.2 Python 中的异常处理 272
   12.2.1 常见异常 272
   12.2.2 异常捕获：单分支的情况 273
   12.2.3 异常捕获：多分支的情况 274
   12.2.4 异常捕获：try…except…else… 275
   12.2.5 异常捕获：try…finally… 275

第 13 章 深入 Excel 对象模型 277

13.1 Excel 对象模型概述 277
   13.1.1 关于 Excel 对象模型的更多内容 ... 277
   13.1.2 xlwings 的两种编程方式 277
13.2 Excel 应用对象 278
   13.2.1 Application 对象 278
   13.2.2 位置、大小、标题、可见性和
          状态属性 280
   13.2.3 其他常用属性 281
13.3 工作簿对象 283
   13.3.1 创建和打开工作簿 283
   13.3.2 引用、激活、保存和关闭工作簿 ... 285
13.4 工作表对象 288
   13.4.1 相关对象 288
   13.4.2 创建和引用工作表 289
   13.4.3 激活、复制、移动和删除工作表 ... 293
   13.4.4 隐藏和显示工作表 295
   13.4.5 选择行和列 297
   13.4.6 复制/剪切行和列 299
   13.4.7 插入行和列 301

   13.4.8 删除行和列 303
   13.4.9 设置行高和列宽 305
13.5 单元格对象 307
   13.5.1 引用单元格 307
   13.5.2 引用整行和整列 310
   13.5.3 引用单元格区域 312
   13.5.4 引用所有单元格、特殊单元格
          区域、单元格区域的集合 316
   13.5.5 扩展引用当前工作表中的
          单元格区域 319
   13.5.6 引用末行或末列 321
   13.5.7 引用特殊的单元格 323
   13.5.8 单元格区域的行数、列数、
          左上角、右下角、形状、大小 324
   13.5.9 插入单元格或单元格区域 325
   13.5.10 单元格的选择和清除 327
   13.5.11 单元格的复制、粘贴、
           剪切和删除 329
   13.5.12 单元格的名称、批注和
           字体设置 334
   13.5.13 单元格的对齐方式、背景色和
           边框 338
13.6 Excel 对象模型应用示例 340
   13.6.1 应用示例 1：批量新建和删除
          工作表 340
   13.6.2 应用示例 2：按工作表的某列
          分类并拆分为多个工作表 342
   13.6.3 应用示例 3：将多个工作表分别
          保存为工作簿 345
   13.6.4 应用示例 4：将多个工作表合并
          为一个工作表 346

第 14 章 界面设计 349

14.1 窗体 349
   14.1.1 创建窗体 349
   14.1.2 窗体的主要属性、方法和事件ï 350

14.2 控件 353
14.2.1 创建控件的方法 353
14.2.2 控件的共有属性 354
14.2.3 控件的布局 356
14.2.4 标签控件 357
14.2.5 文本框控件 359
14.2.6 命令按钮控件 362
14.2.7 单选按钮控件 364
14.2.8 复选框控件 365
14.2.9 列表框控件 368
14.2.10 组合框控件 371
14.2.11 旋转按钮控件 373
14.2.12 方框控件 374
14.3 界面设计示例 375

第15章 文件操作 382
15.1 文本文件的读/写 382
15.1.1 创建文本文件并写入数据 382
15.1.2 读取文本文件 385
15.1.3 向文本文件追加数据 387
15.2 二进制文件的读/写 388
15.2.1 创建二进制文件并写入数据 389
15.2.2 读取二进制文件 391

第16章 Excel 工作表函数 393
16.1 Excel 工作表函数概述 393
16.1.1 Excel 工作表函数简介 393
16.1.2 在 Excel 中使用工作表函数 393
16.1.3 在 Excel VBA 中使用工作表函数 395
16.1.4 在 Python 中使用工作表函数 396
16.2 常用的 Excel 工作表函数 398
16.2.1 SUM 函数 398
16.2.2 IF 函数 400
16.2.3 LOOKUP 函数 405
16.2.4 VLOOKUP 函数 407
16.2.5 CHOOSE 函数 410

第17章 Excel 图形 412
17.1 创建图形 412
17.1.1 点 412
17.1.2 直线段 414
17.1.3 矩形、圆角矩形、椭圆和圆 415
17.1.4 多义线和多边形 417
17.1.5 曲线 419
17.1.6 标签 421
17.1.7 文本框 422
17.1.8 标注 423
17.1.9 自选图形 425
17.1.10 艺术字 427
17.2 图形变换 428
17.2.1 图形平移 428
17.2.2 图形旋转 429
17.2.3 图形缩放 430
17.2.4 图形翻转 432
17.3 图片操作 433
17.3.1 图片的添加 433
17.3.2 图片的几何变换 435

第18章 Excel 图表 436
18.1 创建图表 436
18.1.1 创建图表工作表 436
18.1.2 创建嵌入式图表 439
18.1.3 使用 Shapes 对象创建图表 441
18.1.4 绑定数据 443
18.2 图表及其序列 444
18.2.1 设置图表的类型 444
18.2.2 Chart 对象的常用属性和方法 448
18.2.3 设置序列 449
18.2.4 设置序列中单个点的属性 452
18.3 坐标系 455
18.3.1 Axes 对象和 Axis 对象 455
18.3.2 坐标轴标题 458

18.3.3	数值轴的取值范围	459
18.3.4	刻度线	460
18.3.5	刻度标签	461

第19章 Excel 数据透视表 ... 464

- 19.1 数据透视表的创建与引用 ... 464
  - 19.1.1 使用 PivotTableWizard 方法创建数据透视表 ... 464
  - 19.1.2 使用缓存创建数据透视表 ... 467
  - 19.1.3 数据透视表的引用 ... 469
  - 19.1.4 数据透视表的刷新 ... 470
- 19.2 数据透视表的编辑 ... 471
  - 19.2.1 添加字段 ... 471
  - 19.2.2 修改字段 ... 473
  - 19.2.3 设置字段的数字格式 ... 474
  - 19.2.4 设置单元格区域的格式 ... 475
- 19.3 数据透视表的布局和样式 ... 477
  - 19.3.1 设置数据透视表的布局 ... 477
  - 19.3.2 设置数据透视表的样式 ... 478
- 19.4 数据透视表的排序和筛选 ... 479
  - 19.4.1 数据透视表的排序 ... 479
  - 19.4.2 数据透视表的筛选 ... 480
- 19.5 数据透视表的计算 ... 482
  - 19.5.1 设置总计行和总计列的显示方式 ... 483
  - 19.5.2 设置字段的汇总方式 ... 484
  - 19.5.3 设置数据的显示方式 ... 485

第20章 正则表达式 ... 486

- 20.1 正则表达式概述 ... 486
  - 20.1.1 什么是正则表达式 ... 486
  - 20.1.2 使用正则表达式 ... 487
- 20.2 正则表达式的编写规则 ... 493
  - 20.2.1 元字符 ... 493
  - 20.2.2 重复 ... 498
  - 20.2.3 字符类 ... 502
  - 20.2.4 分支条件 ... 506
  - 20.2.5 捕获分组和非捕获分组 ... 507
  - 20.2.6 零宽断言 ... 511
  - 20.2.7 负向零宽断言 ... 512
  - 20.2.8 贪婪与懒惰 ... 513
- 20.3 正则表达式的应用示例 ... 515
  - 20.3.1 应用示例 1：计算各班的总人数 ... 515
  - 20.3.2 应用示例 2：整理食材数据 ... 517
  - 20.3.3 应用示例 3：数据汇总 ... 518

第21章 统计分析 ... 521

- 21.1 数据的导入 ... 521
  - 21.1.1 使用对象模型导入数据 ... 521
  - 21.1.2 使用 Python pandas 包导入数据 ... 521
- 21.2 数据整理 ... 526
  - 21.2.1 使用对象模型进行数据整理 ... 526
  - 21.2.2 使用 Excel 函数进行数据整理 ... 526
  - 21.2.3 使用 Power Query 和 Python pandas 包进行数据整理 ... 526
  - 21.2.4 使用 SQL 进行数据整理 ... 528
- 21.3 数据预处理 ... 529
  - 21.3.1 数据去重 ... 529
  - 21.3.2 缺失值处理 ... 532
  - 21.3.3 异常值处理 ... 535
  - 21.3.4 数据转换 ... 541
- 21.4 描述性统计 ... 542
  - 21.4.1 描述集中趋势 ... 542
  - 21.4.2 描述离中趋势 ... 544

第22章 Python 与 Excel VBA 混合编程 ... 546

- 22.1 在 Python 中调用 Excel VBA 代码 ... 546
  - 22.1.1 Excel VBA 编程环境 ... 546
  - 22.1.2 编写 Excel VBA 程序 ... 546
  - 22.1.3 在 Python 中调用 Excel VBA 函数 ... 547
- 22.2 在 Excel VBA 中调用 Python 代码 ... 548

22.2.1	xlwings 加载项 548	22.3.1	用 Excel VBA 自定义函数............552
22.2.2	编写 Python 文件 550	22.3.2	用 Excel VBA 调用 Python 自定义
22.2.3	在 Excel VBA 中调用 Python		函数的准备工作.....................553
	文件 550	22.3.3	编写 Python 文件并在 Excel VBA
22.2.4	xlwings 加载项使用"避坑"		中调用 554
	指南 551	22.3.4	常见错误 554
22.3	自定义函数.............................552		

第 1 章
Excel 编程与 Python 编程概述

本章主要介绍 Excel 编程的背景知识，以及使用 Excel VBA 和 Python 进行编程的编程环境，并结合简单示例介绍实现编程的方式和一般过程。

1.1 关于 Excel 编程

通过脚本编程，可以使 Excel 可以更快地处理批量任务和流程任务，同时可以扩展 Excel 的现有功能。Excel 编程目前可以通过 Excel VBA 和 Python 两种方式实现，至于选择哪种比较好，本节将给出建议。

1.1.1 为什么要进行 Excel 编程

Excel 具有美观、好用的图形用户界面。Excel 的图形用户界面中封装了 Excel 的大部分功能，让用户可以使用按钮、菜单项和快捷键等方式发布指令。通过图形用户界面，用户使用鼠标、键盘就可以完成很多办公任务。

既然使用图形用户界面就可以很方便地完成很多办公任务，那么为什么还要编程呢？这主要是因为通过编程，可以更好、更快地完成很多手动很难完成或无法完成的办公任务。具体来说，主要包括以下几方面。

- 可以批量完成重复性的办公任务。例如，新建 100 张工作表、生成 100 个同事的工资条等。
- 可以更高效地完成流程化的办公任务，先做什么，后做什么，计算机可以自动完成整个流程。
- 将自己常用但 Excel 默认不提供的功能做成程序，在需要使用时进行调用，从而扩展 Excel 的功能。

- Excel 的图形用户界面中只是封装了大部分常用功能，通过编程，可以使用 Excel 没有封装的功能。

1.1.2 选择 VBA 还是选择 Python

　　VBA 是 VB 的一个子集，具有简单易学、功能强大等特点。从 20 世纪 90 年代末至今，VBA 被大部分主流行业软件用作脚本语言，包括办公软件（如 Excel、Word、PowerPoint 等）、GIS 软件（如 ArcGIS、MapInfo、GeoMedia 等）、CAD 软件（如 AutoCAD、SolidWorks 等）、统计软件（如 SPSS 等）、图形软件（如 Photoshop、CorelDRAW 等）等。

　　在上面提到的很多行业软件中，ArcGIS 和 SPSS 官方已经将 Python 作为内置的脚本语言，与 VBA 放在一起供用户选择。对于其他软件，如 Excel、Word、PowerPoint、AutoCAD 等，也能找到各种第三方 Python 包，利用它们可以部分或整体替换 VBA，实现对应的编程。

　　所以，对 Excel 而言，进行编程目前有 VBA 和 Python 两种选择。选择哪种语言比较好呢？笔者认为，因人而异。如果读者的 VBA 的基础比较好，就用 VBA 进行编程；如果读者的 Python 的基础比较好，就用 Python 进行编程。就功能实现而言，目前使用 VBA 和 Python 并没有显著的差别。通过 xlwings 包，VBA 能做的使用 Python 基本上也能做，而且 Python 在数据分析和数据可视化方面有明显的优势。所以，如果读者两门语言都不会，那么建议学习 Python；如果读者熟悉 VBA，并且在数据分析方向有更高的追求，那么建议也学习 Python。

　　如果读者已经掌握一门语言，对照学习无疑是快速掌握另一门语言的有效方法。本书将 VBA 和 Python 的语法知识全部打碎，实现了知识点"点对点"的对照学习，帮助读者快速掌握语言，同时掌握 Excel 编程。

1.2 使用 Excel VBA 编写程序

　　本节主要介绍 Excel VBA 的编程环境，同时结合简单示例介绍编写 Excel VBA 程序。

1.2.1 Excel VBA 的编程环境

　　本书以 Excel 2016 为例讲解如何进行 Excel VBA 编程。进行 Excel VBA 编程，需要先加载"开发工具"功能区。如果读者的 Excel 2016 中没有该功能区，那么需要先加载它。可以按照以下步骤加载"开发工具"功能区。

　　（1）单击"文件"下拉按钮，在界面左侧展开的下拉菜单中选择最下面的"选项"命令，打开的对话框如图 1-1 所示。

图 1-1 "Excel 选项"对话框

（2）在打开的对话框中，单击左侧栏中的"自定义功能区"链接，打开"自定义功能区"列表。

（3）在右边的列表框中勾选"开发工具"复选框。

（4）单击"确定"按钮。Excel 主界面中就会出现"开发工具"功能区，如图 1-2 所示。

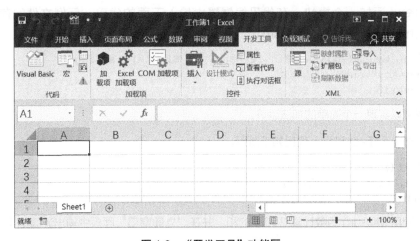

图 1-2 "开发工具"功能区

"开发工具"功能区中主要有"代码"、"加载项"、"控件"和 XML 这 4 个功能分区，这里主要使用"代码"功能分区。单击 Visual Basic 按钮，打开 Excel VBA 的编程环境，如图 1-3 所示。

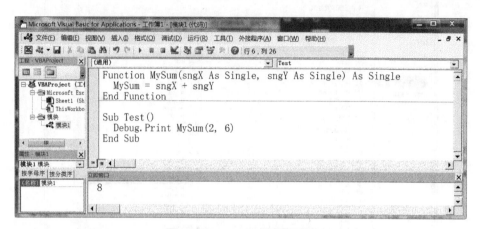

图 1-3　Excel VBA 的编程环境

在 Excel VBA 编程环境中，使用"插入"菜单中的命令可以添加用户窗体、模块和类模块，或者添加已经存在的模块文件。用户窗体模块用于设计程序界面，可以使用左下角的"属性"面板设置窗体和控件的属性；在模块中可以添加变量、过程和函数；在类模块中可以添加类代码。插入一个模块，右边的空白区域是代码编辑器，在这里可以输入、编辑和调试程序代码。使用"调试"菜单中的命令可以进行程序调试。

1.2.2　编写 Excel VBA 程序

下面编写一个简单的函数，用来求两个数的和。打开 Excel VBA 的编程环境，选择"插入"→"模块"命令，添加一个模块，在代码编辑器中输入下面的代码，示例文件的存放路径为 Samples\ch01\Excel VBA\VBA.xlsm。

```
Function MySum(sngX As Single, sngY As Single) As Single
  MySum=sngX+sngY
End Function
```

此函数可以实现一个简单的加法运算。

继续添加一个 Test 过程，代码如下所示。

```
Sub Test()
  Debug.Print MySum(2, 6)
End Sub
```

该过程调用 MySum 函数计算 2 和 6 的和，并在"立即窗口"面板中输出计算结果。

先在 Test 过程的任意处单击，然后单击工具条中的三角形按钮，运行该过程，在"立即窗口"面板中输出 2 和 6 的和，即 8。

1.3 使用 Python 编写程序

Python 是目前最受欢迎的程序设计语言之一。本节主要介绍 Python 的特点、编程环境，以及在 Python 中编程的几种方式。

1.3.1 Python 的特点

Python 诞生于 20 世纪 90 年代，是免费的开源软件，被广泛应用于系统运维和网络编程中。目前，Python 被越来越多的主流行业软件用作脚本语言，故被称为"胶水语言"。因为 Python 具有简洁、易读和可扩展等特点，所以被广泛应用于科学计算，特别是机器学习、深度学习、计算机视觉等人工智能领域。

Python 是解释型语言，一边编译，一边执行。Python 的特点主要包括以下几点。

- 简单高效。Python 是一门高级语言，相对于 C、C++等语言，它隐藏了很多抽象概念和底层技术细节，简单易学。使用 Python 编程的运行效率虽然没有 C 等语言的高，但可以大大提高开发的效率。
- 具有大量现成的包。Python 有很多内置的包和第三方包，每个包在某个行业或方向上提供功能。利用它们，用户可以站在前人的肩膀上，将主要精力放在自己的事情上，达到事半功倍的效果。
- 可扩展。可以使用 C 或 C++等语言为 Python 开发扩展模块。
- 可移植。Python 支持跨平台，可以在不同的平台上运行。

此外，Python 还支持面向对象编程，通过抽象、封装、重用等提高编程效率。

1.3.2 下载并安装 Python

在使用 Python 编程之前，需要先下载并安装 Python。使用浏览器访问 Python 官网，在主页中选择 Downloads→Windows 命令，打开 Windows 版本的软件下载页面。

在软件下载页面中有最新版本和历史版本的软件下载链接。读者可以根据自己所用的计算机的操作系统（32 位或 64 位）下载对应版本的 Python。

双击下载的 Python 可执行文件，打开的安装界面如图 1-4 所示。本书以 Python 3.7.7 为例展开介绍。

勾选 Add Python 3.7 to PATH 复选框，单击 Install Now 链接，按照提示一步步安装即可。

图 1-4 安装界面

1.3.3 Python 的编程环境

安装好 Python 以后，从 Windows 桌面左下角的"开始"菜单中选择 Python 3.7 选项下的 IDLE 命令，打开 Python 3.7.7 Shell 窗口，如图 1-5 所示。

第 1 行显示软件和系统的信息，包括 Python 版本号、开始运行的时间、系统信息等。

第 2 行提示在提示符（>>>）后面输入 help 等关键字可以获取帮助、版权等更多信息。

第 3 行显示提示符（>>>），可以在后面输入 Python 语句，并按 Enter 键，此时又会显示一个提示符，可以继续输入 Python 语句。这种编程方式被称为命令行模式的编程，它是逐行输入和执行的。在本书后面的各章中，凡是 Python 语句前面有">>>"提示符的，就是命令行模式的编程，是在 Python 3.7.7 Shell 窗口中进行的。

在 Python 3.7.7 Shell 窗口中选择 File→New File 命令，打开的窗口如图 1-6 所示。在该窗口中连续输入语句或函数，保存为.py 文件，选择 Run→Run Module 命令，可以一次执行多行语句。这种编程方式被称为脚本文件的编程。

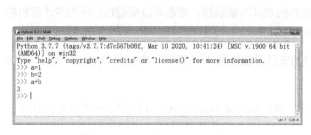

图 1-5 Python 3.7.7 Shell 窗口

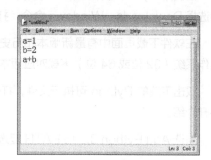

图 1-6 编写脚本文件的窗口

IDLE 是 Python 官方提供的编程环境。除了 IDLE，还有一些比较高级的编程环境，如

PyCharm、Anaconda、Visual Studio 等，如果读者有兴趣，那么可以查阅相关的资料，这里不展开介绍。本书内容结合 IDLE 展开介绍。

1.3.4 编写 Python 程序

使用 Python IDLE 文件脚本窗口编写代码，有命令行模式、脚本式文件和函数式文件等几种方式，下面结合简单示例分别进行介绍。

1. 命令行模式

下面用简单的相加和累加运算演示命令行模式下的编程。打开 Python 3.7.7 Shell 窗口，在提示符后面输入下面的语句，计算两个数的和，如计算 1 和 2 的和。

```
>>> a=1
>>> b=2
>>> a+b
3
```

其中，a 和 b 为变量，它们分别引用数字对象 1 和 2。a=1 为赋值表达式，用赋值运算符"="连接变量和数字对象，表示将数字 1 赋给变量 a。a+b 为算术运算表达式，用算术运算符"+"连接变量 a 和 b，该表达式返回两个变量相加得到的和。

下面介绍一个连续累加的示例，将 0~4 的整数进行连续累加。这里使用一个 for 循环，用 range 函数获取 0~4 的整数，for 循环在这个范围内逐个取数字，并累加到变量 s。变量 i 被称为迭代变量，每循环一次，它就取范围内的下一个值，取到以后与 s 目前的值相加，s+=i 是相加赋值表达式，将 s 与 i 的和赋给 s，等价于 s=s+i。最后输出 s 的值，即 0~4 的累加和。

```
>>> s=0
>>> for i in range(5):     #循环取 0~4
        s+=i               #对 0~4 进行连续累加
>>> s
10
```

需要注意的是，for 语句下面的循环体要缩进 4 个空格。

2. 脚本式文件

打开 Python 3.7.7 Shell 窗口，选择 File→New File 命令，打开编写脚本文件的窗口，并输入下面的语句，实现上面示例中的相加运算和累加运算。示例文件的存放路径为 Samples\ch01\Python\sam01-01.py。

```
#相加运算
a=1
b=2
print(a+b)            #输出 a 和 b 的和
```

```
#累加运算
s=0
for i in range(5):    #对0~4进行连续累加
    s+=i
print(s)
```

在Python IDLE文件脚本窗口中,选择Run→Run Module命令,在IDLE命令行窗口中会显示下面的结果。

```
>>> = RESTART: .../Samples/ch01/Python/sam01-01.py
3
10
```

这种运行方式将上面示例中的逐步输入和运行变为全部输入后一次执行,这种文件被称为脚本式.py文件。它相当于宏,即定义连续的动作序列,执行时一次执行。

3. 函数式文件

现在将上面示例中的脚本进行改写,先将相加和累加的操作改写成函数,然后调用函数,将要相加的数字或累加上限数字作为参数传入函数,得到最后的结果并输出。关于什么是函数及实现函数的各种细节,会在第10章进行详细介绍。在这里,读者只需要知道有这样一个实现方法,知道它有什么样的好处就可以。示例文件的存放路径为Samples\ch01\Python\sam01-02.py。

```
#定义MySum函数实现相加运算
def MySum(a,b):
    return a+b

#定义MySum2函数实现累加运算
def MySum2(c):
    s=0
    for i in range(c+1):
        s+=i
    return s

print(MySum(1,2))        #重复调用MySum函数
print(MySum(3,5))
print(MySum(8,12))
print(MySum2(4))         #重复调用MySum2函数
print(MySum2(10))
```

在Python IDLE文件脚本窗口中,选择Run→Run Module命令,在IDLE命令行窗口中会显示下面的结果。

```
>>> = RESTART: .../Samples/ch01/Python/sam01-02.py
3
```

```
8
20
10
55
```

1.4 编程规范

下面介绍几种编程规范,包括代码注释、代码续行和代码缩进等。

1.4.1 代码注释

为了便于自己或他人阅读和理解程序代码,常常需要在代码中添加注释。注释不参与代码的编译。

【Excel VBA】

在 Excel VBA 中,使用单引号进行代码注释,既可以整行注释,也可以在代码末尾进行注释。对于 1.2.2 节的简单示例,在代码中添加如下所示的注释。示例文件的存放路径为 Samples\ch01\Excel VBA\注释.xlsm。

```
Function MySum(sngX As Single, sngY As Single) As Single
  '计算两个实数的和
  MySum = sngX + sngY
End Function

Sub Test()
  Debug.Print MySum(1, 2)    '调用函数求 1 和 2 的和
  Debug.Print MySum(3, 5)    '调用函数求 3 和 5 的和
End Sub
```

【Python】

在 Python 中,使用符号"#"进行单行代码的注释,使用三引号"'''"进行多行代码的注释。在 Python 3.7.7 Shell 窗口中,选择 File→New File 命令,打开编写脚本文件的窗口,并输入下面的语句,实现两个数的相加运算。为了便于阅读,这里添加了必要的注释。示例文件的存放路径为 Samples\ch01\Python\sam01-03.py。

```
#定义 MySum 函数实现相加运算
def MySum(a,b):
    return a+b

'''
使用函数的好处是可以将特定功能做成函数
在必要时可以重复调用该函数
```

```
从而提高编程效率，并且减少代码量
'''
print(MySum(1,2))     #重复调用 MySum 函数
print(MySum(3,5))
print(MySum(8,12))
```

1.4.2 代码续行

在编写代码的过程中，有时会出现代码行太长，需要断开分为多行编写的情况。此时需要用特定符号指定续行操作。

【Excel VBA】

在 Excel VBA 中，代码行断开的地方用下画线指定续行操作。下面的代码在当前工作表的第 3 行的上面插入行，复制第 2 行的格式。示例文件的存放路径为 Samples\ch01\Excel VBA\续行.xlsm。

```
Rows(3).Insert Shift:=xlShiftDown,CopyOrigin=:xlFormatFromLeftOrAbove
```

如果觉得代码行太长，希望将它分为两行，则可以改成下面的形式。

```
Rows(3).Insert Shift:=xlShiftDown, CopyOrigin:= _
                    xlFormatFromLeftOrAbove
```

需要注意的是，续行符下画线前面有一个空格。

【Python】

在 Python 中，代码行断开的地方用反斜杠指定续行操作。下面的代码在工作表 sht 的第 3 行的上面插入行，复制第 2 行的格式。

```
>>>sht.api.Rows(3).Insert(Shift=xw.constants.InsertShiftDirection.xlShiftDown,CopyOrigin=xw.constants.InsertFormatOrigin.xlFormatFromLeftOrAbove)
```

如果觉得代码行太长，则可以改成下面的形式。

```
>>> sht.api.Rows(3).Insert(\
        Shift=xw.constants.InsertShiftDirection.xlShiftDown,\
        CopyOrigin=xw.constants.InsertFormatOrigin.\
        xlFormatFromLeftOrAbove)
```

1.4.3 代码缩进

代码缩进可以呈现编码的结构之美。在 Python 中有关于代码缩进的明确的规定。

【Excel VBA】

在 Excel VBA 中，对于语句行前面缩进多少并没有明确的规定，既可以是两个空格，也可以是

4 个空格,读者可以自己确定。下面的代码有一个判断结构,当满足某个条件时执行相应的代码,通过代码缩进,可以更清晰地知道什么条件执行什么代码,便于阅读。示例文件的存放路径为 Samples\ch01\Excel VBA\缩进.xlsm。

```
Sub Test()
  Dim intSC As Integer
  intSC = InputBox("请输入一个数字: ")
  If intSC >= 90 Then
    Debug.Print "优秀"
  ElseIf intSC >= 80 Then
    Debug.Print "良好"
  ElseIf intSC >= 70 Then
    Debug.Print "中等"
  ElseIf intSC >= 60 Then
    Debug.Print "及格"
  Else
    Debug.Print "不及格"
  End If
End Sub
```

【Python】

在 Python 中,代码的结构层次是通过缩进来实现的,建议统一缩进 4 个空格,不要使用制表符进行缩进。

在下面的函数中,第 2 行开始的函数体相对于第 1 行缩进了 4 个空格。

```
def MySum(a,b):
    return a+b
```

在下面的判断结构中,每个条件判断语句行下面要执行的代码行缩进 4 个空格。

```
sc= int(input('请输入一个数字: '))
if(sc>=90):
    print('优秀')
elif(sc>=80):
    print('良好')
elif(sc>=70):
    print('中等')
elif(sc>=60):
    print('及格')
else:
    print('不及格')
```

第 2 章
常量和变量

常量和变量是计算机语言中最基本的元素，类似于英语中的单词、汉语中的字、高楼大厦的一砖一瓦。所以，学习计算机语言是从这里开始的。定义好常量之后，在程序运行过程中它的值不能改变；变量的值则可以改变。

2.1 常量

在编写程序时，有一些字符或数字经常使用，可以将它们定义为常量。所谓常量，就是用一个表示这些字符或数字含义的名称来代替它们。使用常量能提高程序代码的可读性，如用名称 PI 表示圆周率 3.141 592 6，意义更清晰，表达更简洁。定义常量的值之后，在程序运行过程中不能改变。常量包括内部常量和自定义常量。

2.1.1 Excel VBA 常量

内部常量是 Excel VBA 已经定义好的常量，常见的有 True、False、Null、Empty 和 Nothing 等。True 和 False 表示逻辑真和逻辑假，是布尔型变量的两个取值。Null 表示变体表达式为空，不能用于数值或字符串类型的变量。Empty 表示变量没有进行初始化，为空。Nothing 表示对象为空。对象类型的变量用完以后，将它设置为 Nothing，进行注销以释放内存。

Excel VBA 中还有一些内部常量，如 vbTab 表示表格键，实际上表示字符串 Chr(9)；vbCrLf 表示回车换行，实际上表示字符串 Chr(13) & Chr(10)。下面的代码在两个字符串之间插入 vbCrLf，表示回车换行。本节 Excel VBA 代码示例文件的存放路径为 Samples\ch02\Excel VBA\常量.xlsm。

```
Debug.Print "Hello " & vbCrLf & "VBA!"
```

运行后的输出结果如下。

```
Hello
VBA!
```

Excel VBA 中的常数 vbRed 表示红色。下面将当前活动工作表中单元格 A1 的背景色设置为红色。

```
ActiveSheet.Range("A1").Interior.Color = vbRed
```

在 Excel VBA 中，也可以通过 Const 语句定义常量。例如，下面将圆周率 3.1415926 用字符串 PI 来表示。

```
Const PI=3.1415926
```

自定义常量后可以用类似下面的方式使用。

```
Debug.Print PI*2
```

运行后在"立即窗口"面板中输出 6.2831852。

不能修改已经定义好的自定义常量，否则会弹出错误信息。例如，下面将 PI 的值修改为 3.14。

```
PI = 3.14
```

运行时弹出的错误信息如图 2-1 所示。

图 2-1　修改自定义常量时的错误

2.1.2　Python 常量

Python 内部常量常见的有 True、False 和 None 等。True 和 False 表示逻辑真和逻辑假，是布尔型变量的两个取值。None 表示对象为空，即对象缺失。在代码执行过程中不能改变内部常量的值。例如，下面的代码试图将 True 的值修改为 3，此时会返回一个语法错误。

```
>>> True
True
>>> True=3
SyntaxError: can't assign to keyword
```

为了方便使用，一些内置模块或第三方模块中也预定义了常量，如常用的 math 模块中预定义了圆周率 pi 和自然指数 e。要使用 math 模块，需要先用 import 语句进行导入。

```
>>> import math
>>> math.pi
3.141592653589793
>>> math.e
2.718281828459045
```

在默认情况下，Python 不支持自定义常量。当需要定义常量时，常常将变量的字母使用全部大写的形式来表示常量，具体如下。

```
>>> SMALL_VALUE=0.000001
>>> SMALL_VALUE
1e-06
```

这样定义的常量从本质上来说还是变量，因为可以在代码运行时修改它的值。

```
>>> SMALL_VALUE=0.00000001
>>> SMALL_VALUE
1e-08
```

所以，将变量名称全部大写，这是一个约定。当我们看到或用到它们时，就知道这是常量，不要修改它的值。

实际上，math 模块中预定义的常量 pi 和 e 也是变量，因为可以修改它们的值。

```
>>> math.pi=3
>>> math.pi
3
```

2.2 变量及其操作

与常量不同，在程序运行过程中变量的值是可以改变的。本节主要介绍变量的命名、声明、赋值和删除等操作。

2.2.1 变量的命名

变量的命名必须遵循一定的规则，Excel VBA 和 Python 中变量的命名规则有几点不同之处。下面介绍 Excel VBA 和 Python 中变量的命名规则。

Excel VBA 中变量的命名规则包括以下几点。

- 变量名可以由字母、数字和下画线组成，必须以字母开头。
- 变量名不能是 Excel VBA 关键字和内部函数的名称，但可以包含它们。
- 变量名最多包含 255 个字符。

- 变量名不区分大小写。
- 变量名常采用小驼峰的形式，前面是变量数据类型的英文缩写，后面是变量的名称，如变量名 intA，前面的 int 是英文 Integer 的缩写，表示该变量的数据类型为短整型，后面的 A 是变量的名称。

Python 中变量的命名规则包括以下几点。

- 变量名可以由字母、数字和下画线组成，但不能以数字开头。
- 变量名不能是 Python 关键字和内部函数的名称，但可以包含它们。
- 变量名区分大小写，如 abc 和 ABC 表示的是不同的变量。
- 变量名一般用小写字母表示，如果有多个单词，则单词之间用下画线隔开，如 new_variable。

不合法的变量名示例如表 2-1 所示。

表 2-1 不合法的变量名示例

语 言	变 量 名	非 法 原 因
Excel VBA	123Tree	不是以字母开头的
	_Tree	不是以字母开头的
	Tree#?green	包含字母、数字和下画线以外的字符
	Then	变量名为 Excel VBA 关键字
Python	123tree	以数字开头
	Tall Tree	包含空格
	Tree?12#	包含字母、数字和下画线以外的字符
	for	变量名为 Python 关键字

使用下面的代码可以查看 Python 的关键字列表。

```
>>> import keyword
>>> keyword.kwlist
['False', 'None', 'True', 'and', 'as', 'assert', 'async', 'await', 'break',
'class', 'continue', 'def', 'del', 'elif', 'else', 'except', 'finally', 'for',
'from', 'global', 'if', 'import', 'in', 'is', 'lambda', 'nonlocal', 'not', 'or',
'pass', 'raise', 'return', 'try', 'while', 'with', 'yield']
```

2.2.2 变量的声明

在计算机编程语言中，使用变量之前需要先对变量进行声明。一方面将变量明确指定为某种数据类型，另一方面为变量预分配内存空间。但并不是所有语言都要求对变量进行声明。

【Excel VBA】

在 Excel VBA 中，声明变量有显式声明和隐式声明两种方式。显式声明使用 Dim 命令声明变量，隐式声明则不进行声明。下面使用 Dim 命令声明一个短整型变量 intA。关于变量的数据类型，请参考 2.3 节的内容。本节中的 Excel VBA 代码示例文件的存放路径为 Samples\ch02\Excel VBA\变量声明和赋值.xlsm。

```
Dim intA As Integer
```

【Python】

在 Python 中，不需要先声明变量，或者说变量的声明和赋值是一步完成的，为变量赋值就创建了该变量。

2.2.3 变量的赋值

【Excel VBA】

本节 Excel VBA 代码示例文件的存放路径为 Samples\ch02\Excel VBA\变量声明和赋值.xlsm。在 Excel VBA 中，使用赋值运算符"="为变量 intA 赋值，具体如下。

```
Dim intA As Integer
intA=3
```

显式声明变量的数据类型后，在赋值时如果数据类型不正确，程序在运行时就会出错。例如，下面将一个字符串赋值给变量 intA。

```
intA="Hello"
```

运行程序，弹出的错误信息如图 2-2 所示，提示变量的类型不匹配。

图 2-2 错误信息

所以，如果采用显式声明方式，则每个变量的数据类型都是清楚的，程序在调试过程中出现问题时比较容易排查。在模块的顶部添加如下语句行可以强制该模块中的所有变量必须显式声明后才能正常使用。

```
Option Explicit
```

使用 Excel VBA 还有一种隐式声明的方式，即在不对变量进行声明的情况下直接赋值。例如，下面没有声明变量 intA，为其赋值 3。

```
intA=3
```

此时，变量 intA 的数据类型由赋给它的值的类型来确定。使用 VarType 函数可以获取变量的数据类型。下面在"立即窗口"面板中输出变量 intA 的数据类型。

```
Debug.Print VarType(intA)
```

运行程序后在"立即窗口"面板中输出 2，表示变量 intA 的数据类型为短整型。

将一个字符串赋给变量 intA，输出 intA 的数据类型。

```
intA="Hello"
Debug.Print VarType(intA)
```

运行程序后在"立即窗口"面板中输出 8，表示变量 intA 的数据类型为字符串。

在 Excel VBA 中，为对象赋值需要使用 Set 关键字。例如，下面声明一个 Worksheet 类型的变量 sht，用 Set 关键字引用活动工作表。

```
Dim sht As Worksheet
Set sht=ActiveSheet
```

【Python】

在 Python 中，使用赋值运算符"="为变量赋值。例如，为变量 a 赋值 1。

```
>>> a=1
```

此时变量 a 的值就是 1。

```
>>> a
1
```

使用 type 函数获取变量 a 的数据类型，具体如下。

```
>>> type(a)
<class 'int'>
```

变量 a 的数据类型为数字类型。

下面把字符串"hello python! "赋给变量 a。

```
>>> a='hello python'
>>> a
'hello python'
```

使用 type 函数获取变量 a 的数据类型，具体如下。

```
>>> type(a)
<class 'str'>
```

变量 a 的数据类型为字符串类型。

在给一个变量赋值之前，是不能调用它的。例如，如果没有给变量 c 赋值，调用它就会报错，说明名称"c"没有定义。

```
>>> c
Traceback (most recent call last):
  File "<pyshell#205>", line 1, in <module>
    c
NameError: name 'c' is not defined
```

可以使用 print 函数输出变量的值，具体如下。

```
>>> a=1
>>> print(a)
1
>>> b='hello python!'
>>> print(b)
hello python!
```

2.2.4 链式赋值

在同一条赋值语句中将同一个值赋给多个变量，称为链式赋值。

【Python】

在 Python 中可以实现链式赋值。例如，给变量 a 和 b 都赋值 1，具体如下。

```
>>> a=b=1
```

上面的语句与下面的语句是等价的。

```
>>>a=1; b=1
```

需要注意的是，在 Python 中可以将多条语句放在同一行，它们之间使用分号隔开。

【Excel VBA】

在 Excel VBA 中不允许链式赋值，必须对两个变量分别赋值。例如，给变量 intA 和 intB 都赋值 1，具体如下。

```
Dim intA As Integer
Dim intB As Integer
intA=1: intB=1
```

需要注意的是，在 Excel VBA 中可以将多条语句放在同一行，它们之间用冒号隔开。

2.2.5 系列解包赋值

在同一条赋值语句中同时给多个变量赋不同的值，称为系列解包赋值。

【Python】

在 Python 中可以实现系列解包赋值，如下面给变量 a 和 b 分别赋值 1 和 2。

```
>>> a,b=1,2
```

```
>>> a
1
>>> b
2
```

【Excel VBA】

在 Excel VBA 中无法实现系列解包赋值，必须在不同的语句中给不同的变量分别赋值。下面声明两个整型变量 intA 和 intB，给它们分别赋值。

```
Dim intA As Integer
Dim intB As Integer
intA=1
intB=2
```

2.2.6　交换变量的值

【Python】

在 Python 中，交换变量 a 和 b 的值，可以直接写为如下形式。

```
>>> a,b=1,2
>>> a,b=b,a
>>> a
2
>>> b
1
```

【Excel VBA】

本节 Excel VBA 代码示例文件的存放路径为 Samples\ch02\Excel VBA\变量声明和赋值.xlsm。在 Excel VBA 中交换变量 intA 和 intB 的值需要使用过渡变量，可以写为如下形式。

```
Dim intA As Integer
Dim intB As Integer
Dim intC As Integer
intA=2: intB=1
intC=intA
intA=intB
intB=intC
```

2.2.7　变量的清空或删除

【Excel VBA】

使用完变量之后要养成清空变量值的习惯。在 Excel VBA 中，清空不同数据类型的变量的值的方法如下：对于数值型变量，设置变量的值为 0；对于字符串类型的变量，设置变量的值为""；对于对象类型的变量，设置变量的值为 Nothing；对于变体类型的变量，设置变量的值为 Null。

【Python】

在 Python 中，可以使用 del 命令删除变量。删除变量以后，再调用它就会报错。

```
>>> del a
>>> a
Traceback (most recent call last):
  File "<pyshell#11>", line 1, in <module>
    a
NameError: name 'a' is not defined
```

2.2.8　Python 对象的三要素

在 Python 中，对于赋值语句：

```
>>> a=1
```

1 是对象，赋值语句建立变量 a 对对象 1 的引用。

在 Python 中一切皆对象，数字、字符串、列表、字典、类等都是对象。每个对象都在内存中占据一定的空间。变量引用对象，存储对象的地址。对象的存储地址、数据类型和值称为 Python 对象的三要素。

存储地址就如同我们的身份证号码，是对象的唯一身份标识符。使用内建函数 id 可以获取对象的存储地址，具体如下。

```
>>> id(a)
8791516675136
```

每个对象的值都有自己的数据类型，使用 type 函数可以查看对象的数据类型，具体如下。

```
>>> type(a)
<class 'int'>
```

上述代码的返回值为<class 'int'>，表示变量 a 的值是整型数字。

变量的值指的是它引用的对象表示的数据。如果给变量 a 赋值 1，那么它的值就是 1。

```
>>> a
1
```

可以用"=="比较对象的值是否相等，用 is 比较对象的地址是否相同。

2.3　变量的数据类型

每个变量都有自己的数据类型，如数字、字符串等。本节主要介绍 Excel VBA 和 Python 中基本的数据类型及数据类型转换。

2.3.1 基本的数据类型

【Excel VBA】

Excel VBA 中常见的数据类型包括 Boolean 类型、Byte 类型、String 类型、Date 类型、Variant 类型和 Object 类型等，如表 2-2 所示。

表 2-2 Excel VBA 中常见的数据类型

数据类型	名　　称	变量命名前缀	存储大小	描　　述	VarType 函数的返回值
Boolean	布尔型	bln	2 字节	16 位，值为 True 或 False	11
Byte	字符型	byt	1 字节	8 位的无符号整型值	17
Integer	短整型	int	2 字节	16 位的整型值	2
Long	长整型	lng	4 字节	32 位的整型值	—
Single	单精度浮点型	sng	4 字节	32 位的实型值	4
Double	双精度浮点型	dbl	8 字节	64 位的实型值	5
String	字符串类型	str	字符串大小	字符串值	8
String*n	固定长度的字符串类型	—	—	固定长度的字符串值	—
Currency	货币类型	cur	8 字节	64 位的定点实型值	6
Date	日期类型	dat	8 字节	64 位的实型值	7
Variant	变体类型	var	不定	可以表示上面的任意一种类型	12
user type	自定义类型	—	—	用 Type 定义的自定义类型	36
Object	对象类型	obj	4 字节	32 位的对象引用值	9

对于指定的变量，Excel VBA 中提供了一些函数用来判断变量的数据类型。可以用 TypeName 函数和 VarType 函数返回变量的数据类型名称和值，使用 IsNumeric 函数判断变量是否为数值类型或货币类型，使用 IsDate 函数判断变量是否为日期类型，使用 IsEmpty 函数判断变量是否进行了初始化，使用 IsNull 函数判断变量是否有有效值。示例文件的存放路径为 Samples\ch02\Excel VBA\数据类型.xlsm。

```
Sub Test()
  Dim intA As Integer
  Dim bolB As Boolean
  Dim strC As String
  Dim datD As Date
  Dim varF As Variant

  intA = 8
  bolB = True
  strC = "Hello"
  datD = "05/25/2021"
```

```
        varF = Null

    Debug.Print TypeName(bolB)      '返回 bolB 的数据类型名称
    Debug.Print VarType(intA)       '返回 intA 的数据类型，用一个数值表示
    Debug.Print IsNumeric(intA)     '判断 intA 是否为数值类型
    Debug.Print IsDate(datD)        '判断 datD 是否为日期类型
    Debug.Print IsEmpty(lngE)       '判断 lngE 是否进行了初始化
    Debug.Print IsNull(varF)        '判断 varF 是否有有效值
End Sub
```

运行过程，在"立即窗口"面板中输出的结果如下。

```
Boolean
 2
True
True
True
True
```

VarType 函数的返回值为 2，表示变量 intA 的数据类型为短整型。需要注意的是，如果不对变量 lngE 进行声明，则使用 IsEmpty 函数判断时返回值为 True，表示没有进行初始化；如果对变量 lngE 进行了声明，则返回 False，表示已经初始化。

【Python】

Python 中常见的数据类型有布尔型、数字型、字符串类型、列表、元组等，如表 2-3 所示。由此可见，Python 3 中的数据类型既没有短整型和长整型之分，也没有单精度浮点型和双精度浮点型之分。

表 2-3 Python 中常见的数据类型

类型名称	类型字符	说 明	示 例
布尔型	bool	值为 True 或 False	>>> a=True;b=False
整型	int	表示整数，没有大小限制，可以表示很大的数	>>> a=1;b=10000000
浮点型	float	带小数的数字，可用科学记数法表示	>>> a=1.2;b=1.2e3
字符串类型	str	字符序列，元素不可变	>>> a='A';b='A'
列表	list	元素的数据类型可以不同，有序，元素可变、可重复	>>> a=[1,'A',3.14,[]]
元组	tuple	与列表类似，元素不可变	>>> a=(1,'A',3.14,())
字典	dict	无序对象集合，每个元素为一个键值对，可变，键唯一	>>> a={1:'A',2:'B'}
集合	set	元素无序、可变，且不能重复	>>> a={1,3.14,'name'}
None	NoneType	表示对象为空	>>> a=None

在 Python 中，使用 type 函数返回指定变量的数据类型。也可以使用 isinstance 函数判断变量是否为指定的数据类型。

```
>>> a=12.3
>>> b='Hello'
>>> type(a)
<class 'float'>
>>> isinstance(b,str)
True
```

type 函数的返回值显示变量 a 的数据类型为浮点型，isinstance 函数判断变量 b 为字符串类型。

2.3.2 数据类型转换

【Excel VBA】

在 Excel VBA 中，数据类型转换有显式转换和隐式转换两种方式。显式转换使用一系列转换函数进行转换，表 2-4 中列出了这些转换函数。转换函数通常以字母 C 开头，后面跟着要转换成的数据类型的简写，如转换为短整型使用 CInt 函数，Int 是 Integer 的简写。

表 2-4　Excel VBA 中使用的转换函数

函 数 名	语　　法	功　　能	参　　数
CBool	CBool(Num|$)	转换为布尔型值。0 转换为 False，其他值转换为 True	Num|$，将数字或字符串转换为布尔型值
CByte	CByte(Num|$)	转换为字符型值	Num|$，将数字或字符串转换为字符型值
CCur	CCur(Num|$)	转换为货币型值	Num|$，将数字或字符串转换为货币型值
CDate	CDate(Num|$)或 CVDate(Num\|$)	转换为日期型值	Num|$，将数字或字符串转换为日期型值
CDbl	CDbl(Num|$)	转换为双精度型实数	Num|$，将数字或字符串转换为双精度型实数
CInt	CInt(Num|$)	转换为 16 位的短整型值。如果 Num|$ 太大或太小，则返回溢出错误	Num|$，将数字或字符串转换为 16 位的短整型值
CLng	CLng(Num|$)	转换为 32 位的长整型值。如果 Num|$ 太大或太小，则返回溢出错误	Num|$，将数字或字符串转换为 32 位的长整型值
CSng	CSng(Num|$)	转换为单精度型实数。如果 Num|$太大或太小，则返回溢出错误	Num|$，将数字或字符串转换为单精度型实数
CStr	CStr(Num|$)	转换为字符串值	Num|$，将数字或字符串转换为字符串值
CVar	CVar(Num|$)	转换为变体值	Num|$，将数字或字符值或对象引用转换为变体值
Val	Val(S$)	返回 S$的值	S$，返回此字符串的数值。以&O 开头的字符串为八进制数字，以&H 开头的字符串为十六进制整数字

下面使用 CSng 函数将一个短整型变量转换为单精度浮点型。

```
Dim intA As Integer
Dim sngB As Single
intA=10
sngB=CSng(intA)
```

也可以使用下面的语句进行隐式转换。

```
sngB=intA
```

【Python】

Python 中常见的数据类型转换函数如表 2-5 所示。

表 2-5 Python 中常见的数据类型转换函数

函数	描述
int(x [,base])	将对象 x 转换为整数
float(x)	将对象 x 转换为浮点数
complex(real [,imag])	创建复数
str(x)	将对象 x 转换为字符串
repr(x)	将对象 x 转换为表达式字符串
eval(str)	用来计算在字符串中的有效 Python 表达式,并返回一个对象
tuple(s)	将序列 s 转换为元组
list(s)	将序列 s 转换为列表
set(s)	将序列 s 转换为可变集合
dict(d)	创建一个字典,d 必须是序列(key,value)元组

下面列举一些数据类型转换的例子。

```
>>> a=10
>>> b=float(a)          #转换为浮点数
>>> b
10.0
>>> type(b)
<class 'float'>
>>> c=complex(a,-b)     #用变量 a 和 b 创建复数
>>> c
(10-10j)
>>> type(c)
<class 'complex'>
>>> d=str(a)            #转换为字符串
>>> d
'10'
>>> type(d)
<class 'str'>
```

进行类型转换以后，在内存中生成一个新对象，而不是对原对象的值进行修改。下面用 id 函数查看变量 a、b、c 和 d 的内存地址。

```
>>> id(a)
8791516675424
>>> id(b)
51490992
>>> id(c)
51490960
>>> id(d)
49152816
```

所以，各变量具有不同的内存地址，转换后生成的是新对象。

2.4 数字

数字包括整型数字和浮点型数字，是最常用的基本数据类型之一。既可以将整型数字转换为浮点型数字，也可以将浮点型数字转换为整型数字。Python 中还提供了复数数字类型，并对整数提供了缓存机制。

2.4.1 整型数字

【Excel VBA】

在 Excel VBA 中，整型数字有短整型和长整型之分。短整型变量的取值范围为 $-32\,768 \sim 32\,767$（$-2^{15} \sim 2^{15}-1$），长整型变量的取值范围为 $-2^{63} \sim 2^{63}-1$。示例文件的存放路径为 Samples\ch02\Excel VBA\数字类型.xlsm。

下面创建一个短整型变量 intA 并给它赋值。

```
Dim intA As Integer
intA=10
```

下面创建一个长整型变量 lngB 并给它赋值。

```
Dim lngB As Long
lngB=100
```

如果给变量赋的值超出其取值范围，那么运行时会触发溢出错误。下面给短整型变量 intA 赋值 1000000，超出了短整型变量的取值范围。

```
Dim intA As Integer
intA=1000000
```

运行程序，弹出消息框，提示发生了溢出错误。

【Python】

整型数字即整数,没有小数点,但有正负之分。Python 3 中的整型数字没有短整型和长整型之分。

```
>>> a=10
>>> a
10
>>> b=-100
>>> b
-100
```

Python 中的整型值没有大小限制,可以表示很大的数,不会溢出,具体如下。

```
>>> c=999999999999999999999
>>> c
999999999999999999999
```

为了提高代码的可读性,可以给数字增加下画线作为分隔符,具体如下。

```
>>> d=123_456_789
>>> d
123456789
```

可以用十六进制或八进制表示整数。常用十六进制整数表示颜色,如可以用 0x0000FF 表示红色。

```
>>> e=0x0000FF
>>> e
255
```

2.4.2 浮点型数字

【Excel VBA】

在 Excel VBA 中,浮点型数字有单精度浮点型和双精度浮点型之分。单精度浮点型变量的取值范围为-3.40E+38~+3.40E+38(-2^{128}~$+2^{128}$),双精度浮点型变量的取值范围为-1.79E+308~+1.79E+308(-2^{1024}~$+2^{1024}$)。示例文件的存放路径为 Samples\ch02\Excel VBA\数字类型.xlsm。

下面创建一个单精度浮点型变量 sngA 并给它赋值。

```
Dim sngA As Single
sngA=10.123
```

下面创建一个双精度浮点型变量 dblB 并给它赋值。

```
Dim dblB As Double
dblB=100.123
```

【Python】

在 Python 3 中，浮点型数字没有单精度浮点型和双精度浮点型之分。浮点型数字带小数，有十进制和科学记数法两种表示形式。例如，31.415 可以表示为如下形式。

```
>>> a=31.415
>>> a
31.415
```

或者表示为如下形式。

```
>>> a=3.1415e1
>>> a
31.415
```

需要注意的是，使用科学记数法返回的数字是浮点型的，即使字母 e 前面是整数也是这样的。

```
>>> b=1e2  #100
>>> type(b)
<class 'float'>
```

当整数和浮点数混合运算时，计算结果为浮点型，如下面计算的是一个整数和一个浮点数的和。

```
>>> a=10
>>> b=1.123
>>> c=a+b
>>> type(c)
<class 'float'>
```

2.4.3 复数

Python 支持复数。复数由实部和虚部组成，可以用 a+bj 或 complex(a,b)表示。复数的实部 a 和虚部 b 都是浮点型数字。

下面创建几个复数变量。

```
>>> a=1+2j
>>> a
(1+2j)
>>> type(a)
<class 'complex'>
>>> b=-3j
>>> b
(-0-3j)
>>> c=complex(2,-1.2)
>>> c
(2-1.2j)
>>> type(c)
```

```
<class 'complex'>
```

其中,变量 b 表示的复数只有虚部,实部自动设置为 0。

2.4.4 类型转换的有关问题

【Excel VBA】

在 Excel VBA 中进行数据类型转换时有可能出现两个问题：一个是由高精度向低精度转换时精度降低的问题,另一个是计算过程中溢出的问题。

在 Excel VBA 中由高精度向低精度转换时,变量精度会降低。下面的例子演示的是变量从浮点型向整型转换。示例文件的存放路径为 Samples\ch02\Excel VBA\浮点型转整型.xlsm。

```
Dim intA As Integer
Dim dblB As Double
dblB = 10.789
intA = dblB
Debug.Print intA
```

运行过程,在"立即窗口"面板中输出 11,这说明由浮点型转换为整型时小数部分采用四舍五入进行取整。

当不同精度的变量进行四则运算时,返回的是高精度的计算结果。在下面的代码中,短整型变量 intA 和长整型变量 lngD 相加,返回的结果为长整型。将结果赋给短整型变量 intC 时进行隐式变换。示例文件的存放路径为 Samples\ch02\Excel VBA\数字类型.xlsm。

```
Dim intA As Integer
Dim intC As Integer
Dim lngD As Long
intA=999
lngD=99999
intC=intA+lngD
```

运行过程,由于 intA 和 lngD 相加的结果超出了短整型变量的取值范围,因此发生溢出错误。此时可以通过将 intC 声明为长整型来解决,具体如下。

```
Dim intC As Long
```

【Python】

在 Python 中将浮点型转换为整型时直接将小数部分去掉,而不是进行四舍五入。

```
>>> e=1.678      #浮点数转换为整数
>>> f=int(e)
>>> f
1
>>> type(f)
```

```
<class 'int'>
```

由此可见，浮点数 1.678 转换为整数后变为 1，直接将小数部分去掉了，与 Excel VBA 中的四舍五入不同。

2.4.5　Python 的整数缓存机制

在命令行模式下，Python 对范围为[−5,256]的整数对象进行缓存。这些比较小的整数的使用频率比较高，如果不进行缓存，每次使用它们的时候都要进行内存分配和内存释放的操作，会大大降低运行效率，并造成大量内存碎片。将它们缓存在一个小整型对象池中，可以提高 Python 的整体性能。

下面给两个变量都赋值 100，并用 is 比较它们的内存地址。

```
>>> a=100
>>> b=100
>>> a is b
True
```

由此可见，变量 a 和 b 的地址是相同的。所以，赋值 100 给变量 a 之后创建的变量（即变量 b），则它们与变量 a 都指向同一个对象。

下面给两个变量都赋值 500，并用 is 比较它们的内存地址。

```
>>> a=500
>>> b=500
>>> a is b
False
```

因为 500 超出了[−5,256]的范围，在命令行模式下 Python 不再提供缓存，所以变量 a 和 b 指向两个不同的对象。

需要注意的是，在 PyCharm 运行环境或保存为文件执行时，提供缓存的数字范围更大，为[−5,任意正整数]。

第 3 章 表达式

前面介绍的变量是计算机语言最基本的元素。用运算符连接一个或多个变量就构成了表达式。例如，给变量赋值，a=1 是赋值表达式；比较两个变量的大小，a<b 是比较运算表达式。如果变量是单词，表达式就是词组和短语。如果运算符不同，表达式的类型就不同。

3.1 算术运算符

用算术运算符连接一个或两个数值（数字）类型的变量，就构成算术运算表达式。常见的算术运算符有+、−、*、/等。

【Excel VBA】

Excel VBA 中的算术运算符如表 3-1 所示，其中 a 和 b 为数值类型的变量。

表 3-1　Excel VBA 中的算术运算符

运算符	说明	表达式
+	两个变量相加	a+b
−	取负数或两个变量相减	−a 或 a−b
*	两个变量相乘	a*b
/	两个变量相除	a/b
\	整除	a\b
Mod	求模运算	a Mod b
^	指数运算	a^b

下面创建两个短整型变量并给它们赋值，在"立即窗口"面板中输出这两个变量进行各种算术

运算的结果。为了演示整除结果为负数的情况，定义第 3 个短整型变量并给它赋一个负整数。示例文件的存放路径为 Samples\ch03\Excel VBA\算术运算符.xlsm。

```
Sub Test()
  Dim intA As Integer
  Dim intB As Integer
  Dim intC As Integer
  intA = 10
  intB = 3
  intC = -3                      '负数用于演示整除结果为负数的情况
  Debug.Print intA + intB        '两个数相加
  Debug.Print intA - intB        '两个数相减
  Debug.Print intA * intB        '两个数相乘
  Debug.Print intA / intB        '两个数相除
  Debug.Print intA \ intB        '两个数整除
  Debug.Print intA \ intC        '两个数整除，结果为负数
  Debug.Print intA Mod intB      '两个数求模，即求相除后的余数
  Debug.Print intA ^ intB        '两个数的指数运算
End Sub
```

运行过程，在"立即窗口"面板中输出各算术运算的结果。

```
13
7
30
3.33333333333333
3
-3
1
1000
```

由此可见，两个数相除时如果不能整除，则返回一个浮点数；两个数整除时返回相除结果的整数部分。在 Excel VBA 中，如果整除的结果为负数，则仍然取整数部分。

【Python】

Python 中的算术运算符如表 3-2 所示，其中 a 和 b 为数值类型的变量。

表 3-2 Python 中的算术运算符

运算符	说　明	表　达　式
+	两个变量相加	a+b
-	取负数或两个变量相减	-a 或 a-b
*	两个变量相乘或字符串等重复扩展	a*b
/	两个变量相除	a/b

续表

运算符	说明	表达式
//	整除，向下取整。当结果为正数时返回相除结果的整数部分，当结果为负数时返回该负数截尾后减 1 的结果。当变量中至少有一个的值为浮点数时，返回浮点数的结果	a//b
%	取模，得到相除后的余数	a%b
**	指数运算	a**b

下面用 Python 重复 Excel VBA 部分算术运算的示例。

```
>>> a=10
>>> b=3
>>> c=-3
>>> a+b        #相加
13
>>> a-b        #相减
7
>>> a*b        #相乘
30
>>> a/b        #相除
3.3333333333333335
>>> a//b       #整除
3
>>> a//c       #整除，结果为负数
-4
>>> a%b        #求模
1
>>> a**b       #指数运算
1000
```

由此可见，用 Python 进行算术运算的结果与用 Excel VBA 进行算术运算的结果仅有一处不同，即两个数整除时结果为负的情况。此时，Excel VBA 的结果是直接取整，而 Python 的结果是取整后减 1。

3.2 关系运算符

关系运算符连接两个变量，构成关系运算表达式。关系运算表达式若成立则返回 True，否则返回 False。

【Excel VBA】

Excel VBA 中的关系运算符如表 3-3 所示，其中 a 和 b 为指定变量。

表 3-3　Excel VBA 中的关系运算符

运算符	说明	表达式
=	相等	a=b
<>	不相等	a<>b
<	小于	a<b
>	大于	a>b
<=	小于或等于	a<=b
>=	大于或等于	a>=b

下面指定两个数，并比较它们的大小。示例文件的存放路径为 Samples\ch03\Excel VBA\关系运算符.xlsm。

```
Sub Test2()
  Dim intA As Integer
  Dim intB As Integer
  intA = 10
  intB = 20
  Debug.Print intA > intB
End Sub
```

运行过程，在"立即窗口"面板中输出 False。

如果比较的是两个字符串，则逐个比较字符串中字符的大小。字符根据其对应的 ASCII 码的大小进行比较。示例文件的存放路径为 Samples\ch03\Excel VBA\关系运算符.xlsm。

```
Sub Test3()
  Dim strA As String
  Dim strB As String
  strA = "abc"
  strB = "adc"
  Debug.Print strA < strB
End Sub
```

运行过程，在"立即窗口"面板中输出 True。两个字符串的第 1 个字母相同，前者的第 2 个字母的 ASCII 码比后者的第 2 个字母的小。

【Python】

Python 中的关系运算符如表 3-4 所示，其中 a 和 b 为指定变量。

表 3-4　Python 中的关系运算符

运算符	说明	表达式
==	相等	a==b
!=	不相等	a!=b
<	小于	a<b

运算符	说明	表达式
>	大于	a>b
<=	小于或等于	a<=b
>=	大于或等于	a>=b

下面比较两个数的大小。

```
>>> a=10;b=20
>>> a>b
False
```

下面比较两个字符串的大小。

```
>>> a='abc';b='adc'
>>> a<b
True
```

需要注意的是，两个以上的变量进行关系运算，可以用一个表达式进行描述，具体如下。

```
>>> a=3;b=2;c=5;d=9
>>> b<a<c<d
True
>>> a=3;b=3;c=3
>>> a==b==c==3
True
```

3.3 逻辑运算符

逻辑运算符连接一个或两个变量，构成逻辑运算表达式。

【Excel VBA】

Excel VBA 中的逻辑运算符如表 3-5 所示，其中 a 和 b 为布尔型的变量。

表 3-5 Excel VBA 中的逻辑运算符

运算符	说明	表达式
Not	非运算。True 取反为 False，False 取反为 True	Not a
And	与运算。当左右操作数的值都为 True 时，结果为 True，否则为 False	a And b
Or	或运算。左右操作数的值只要有一个为 True，则结果为 True。当左右操作数的值都为 False 时，结果为 False	a Or b
Xor	异或运算。如果左右操作数的值相等，即都为 True 或 False，则结果为 False；否则为 True	a Xor b

续表

运算符	说明	表达式
Eqv	等价运算。如果左右操作数的值相等，即都为 True 或 False，则结果为 True；否则为 False	a Eqv b
Imp	蕴含运算。左操作数的值为 True，右操作数的值为 False，结果为 False。其余 3 种结果为 True	a Imp b

下面给定 3 个数，先取前两个数比较大小，再取后两个数比较大小，最后用逻辑与运算判断这两个比较运算表达式是否都成立。示例文件的存放路径为 Samples\ch03\Excel VBA\逻辑运算符.xlsm。

```
Sub Test4()
  Dim intA As Integer
  Dim intB As Integer
  Dim intC As Integer
  intA = 10
  intB = 20
  intC = 30
  Debug.Print intA < intB And intB < intC
End Sub
```

运行过程，在"立即窗口"面板中输出 True。

【Python】

Python 中的逻辑运算符如表 3-6 所示，其中 a 和 b 为布尔型的变量。

表 3-6　Python 中的逻辑运算符

运算符	说明	表达式
not	非运算。True 取反为 False，False 取反为 True	not a
and	与运算。当左右操作数的值都为 True 时，结果为 True，否则为 False	a and b
or	或运算。左右操作数的值只要有一个为 True，结果就为 True。当左右操作数的值都为 False 时，结果为 False	a or b
^	异或运算。当左右操作数的值都为 True 或 False 时，结果为 False，否则为 True	a^b

下面给定 3 个数，先取前两个数比较大小，再取后两个数比较大小，最后用逻辑与运算判断这两个比较运算表达式是否都成立。

```
>>> a=10;b=20;c=30
>>> a<b and b<c
True
```

3.4　赋值运算符和算术赋值运算符

Excel VBA 和 Python 中都使用赋值运算符"="进行赋值运算，前面的内容已经介绍过。

需要说明的是，Python 中还有算术赋值运算符，如表 3-7 所示。以运算符"+="为例，给变量 a 的值加 1，可写作 a+=1，等价于 a=a+1。

表 3-7　Python 中的算术赋值运算符

运　算　符	说　　明
+=	相加赋值运算
-=	相减赋值运算
*=	相乘赋值运算
/=	相除赋值运算
%=	取模赋值运算
**=	求幂赋值运算
//=	整除赋值运算

下面列举一些比较简单的例子。

```
>>> a=9;a+=1;a
10
>>> a=9;a-=1;a
8
>>> a=9;a*=2;a
18
>>> a=9;a/=2;a
4.5
>>> a=9;a%=4;a
1
>>> a=9;a**=2;a
81
>>> a=9;a//=2;a
4
```

3.5　成员运算符

成员运算符用于判断提供的值是否在指定的序列中，如果成立则返回 True，否则返回 False。

【Excel VBA】

Excel VBA 中提供的 Like 运算符用于判断字符串是否与某种模式相匹配，如下面判断字符串是否为数字模式。数字模式使用通配符。示例文件的存放路径为 Samples\ch03\Excel VBA\成员运算符.xlsm。

```
Sub Test5()
  Debug.Print "3" Like "[0-9]"           '是否为数字
  Debug.Print "F" Like "[a-zA-Z]"        '是否为字母
  Debug.Print "好" Like "[一-龥]"         '是否为汉字
  Debug.Print "adefb" Like "a*b"         '模式a*b表示字符a和b之间有任意个字符
  Debug.Print "awb" Like "a?b"           '模式a?b表示字符a和b之间有一个字符
End Sub
```

运行过程，在"立即窗口"面板中输出 True。

第 6 章会介绍 InStr 函数。该函数用于判断指定字符串在另一个字符串中是否存在，并返回第 1 次出现的位置；如果不存在则返回 0。例如，判断字符串"Hello,VBA!"中是否包含"VBA"，并返回第 1 次出现的位置。示例文件的存放路径为 Samples\ch03\Excel VBA\成员运算符.xlsm。

```
Sub Test6()
  Dim intI As Integer
  intI = InStr("Hello,VBA!", "VBA")
  Debug.Print intI
End Sub
```

运行过程，在"立即窗口"面板中输出 7。

【Python】

Python 中常见的成员运算符有 in 和 not in，如表 3-8 所示。

表 3-8　Python 中常见的成员运算符

运算符	说明
in	如果提供的值在指定序列中则返回 True，否则返回 False
not in	如果提供的值不在指定序列中则返回 True，否则返回 False

下面使用成员运算符判断对象之间的包含关系。

```
>>> 1 in [1,2,3]              #列表中是否包含数字1
True
>>> 'abc' in 'wofabcmn'       #后面的字符串中是否包含'abc'
True
```

对于上面的在 Excel VBA 中的 Like 运算符使用通配符的效果，在 Python 中可以使用正则表达式来实现，这里暂不介绍。

3.6　身份运算符

身份运算符用于比较对象的地址，判断两个变量引用的是同一个对象还是不同的对象。如果引用的是同一个对象，则返回 True；如果引用的是不同的对象，则返回 False。

【Excel VBA】

在 Excel VBA 中，用 Is 运算符判断两个变量是否引用同一个对象，用 IsNot 运算符判断两个变量是否引用不同的对象。下面的代码声明了 3 个 Object 类型的变量，前两个变量都引用第 3 个变量，用 Is 运算符判断它们是否引用同一个变量。示例文件的存放路径为 Samples\ch03\Excel VBA\身份运算符.xlsm。

```
Sub Test7()
  Dim objA As Object
  Dim objB As Object
  Dim objC As Object
  Set objA = objC
  Set objB = objC
  Debug.Print objA Is objB
End Sub
```

运行过程，在"立即窗口"面板中输出 True。

【Python】

在 Python 中，用 is 或 is not 判断两个变量引用的是同一个对象还是不同的对象。下面用身份运算符判断变量 a 和 b 是否引用同一个对象。

```
>>> a=10;b=20
>>> a is b
False
>>> a=10;b=a
>>> a is b
True
```

3.7 运算符的优先级

前面介绍了算术运算符、关系运算符、逻辑运算符等，如果一个表达式中有多种运算符，那么先算哪个后算哪个需要遵循一定的规则。这个规则就是先算优先级高的，再算优先级低的；如果各运算符的优先级相同，则按照从左到右的顺序计算。例如，四则运算 1+2*3-4/2，将加法、减法和乘法、除法放在一起进行计算，因为乘法、除法的优先级比加法、减法的优先级高，所以先算乘法、除法，后算加法、减法。

【Excel VBA】

表 3-9 列举了 Excel VBA 中主要的运算符及其在表达式中的优先级。

表 3-9　Excel VBA 中主要的运算符及其在表达式中的优先级

运　算　符	运算符说明	优　先　级
( )	小括号	16
x(i)	索引运算	15
^	指数运算	14
~	按位取反	13
+（正号）、-（负号）	正号、负号	12
*、/	乘法、除法	11
//	整除	10
%	取模	9
+、-	加法、减法	8
&	字符串连接符	7
=、<>、>、>=、<、<=、Like、New、TypeOf、Is、IsNot	比较运算和身份运算	6
Not	逻辑非	5
And	逻辑与	4
Or	逻辑或	3
Xor	异或运算	2
Eqv	等价运算	1

【Python】

表 3-10 列举了 Python 中主要的运算符及其在表达式中的优先级。

表 3-10　Python 中主要的运算符及其在表达式中的优先级

运　算　符	运算符说明	优　先　级
( )	小括号	18
x[i]	索引运算	17
x.attribute	属性和方法访问	16
**	指数运算	15
~	按位取反	14
+（正号）、-（负号）	正号、负号	13
*、/、//、%	乘法、除法	12
+、-	加法、减法	11
>>、<<	移位	10
&	按位与	9
^	按位异或	8

续表

运算符	运算符说明	优先级
|	按位或	7
==、!=、>、>=、<、<=	比较运算	6
is、is not	身份运算	5
in、not in	成员运算	4
not	逻辑非	3
and	逻辑与	2
or	逻辑或	1

下面列举几个例子介绍运算符优先级的应用。Excel VBA 代码示例文件的存放路径为 Samples\ch03\Excel VBA\运算符的优先级.xlsm。

下面四则运算的算术运算表达式，先算乘法、除法，后算加法、减法。

【Excel VBA】

```
Debug.Print 1+2*3-4/2   '5
```

【Python】

```
>>> 1+2*3-4/2
5.0
```

因为除法运算返回的结果是浮点型的，所以得到的结果也是浮点型的。如果希望先算 1+2，将它们的和再乘以 3，则可以用小括号改变加法运算的优先级。如果小括号有嵌套，则先算里面的。

【Excel VBA】

```
Debug.Print ((1+2)*3-4)/2   '2.5
```

【Python】

```
>>> ((1+2)*3-4)/2
2.5
```

下面的表达式中有关系运算和逻辑运算，先算关系运算，再算逻辑运算。

【Excel VBA】

```
Debug.Print 3>2 and 7<5   'False
```

【Python】

```
>>> 3>2 and 7<5
False
```

在上述表达式中，关系表达式 3>2 返回 True，关系表达式 7<5 返回 False，逻辑表达式 True and False 返回 False。

第 4 章

初识 Excel 对象模型

为了便于后面内容的叙述，本章先初步介绍与 Excel 对象模型有关的内容。本章先介绍对象、对象模型等的概念，再介绍 xlwings 包及其安装。关于 Excel 对象模型和 xlwings 包的更多内容，将在第 13 章中进行介绍。

4.1 Excel 对象模型

将 Excel 界面元素（如工作簿、工作表、单元格区域等）抽象成对象并组合而成的层次体系称为 Excel 对象模型。有了 Excel 对象模型，Excel VBA 或 Python 等可以面向这些对象编程，实现对 Excel 的控制和交互。例如，可以通过编程在 Excel 工作表中打开数据文件或直接输入数据，进行数据处理后可以将结果以数据或图表的方式写入工作表并保存。

4.1.1 对象及相关概念

现实世界中的花、草、树木、猫、狗等都是对象，称为现实世界中的对象。当用计算机语言描述一件事情时，需要先将与事情有关的对象抽取出来，如猫爬树，就要抽取出猫和树两个对象。

在将对象抽取出来以后，使用计算机语言编写代码进行描述。将它们静态的特征或性质等描述为属性，动态的特征或行为描述为方法。例如，当用代码描述小猫时，小猫有年龄、大小、颜色和品种等属性，有跑、跳、爬、吃等方法。另外，事件是第三方作用在对象上时对象做出的响应，如拍打小猫，它可能会咬你。

所有这些描述对象的代码的集合，称为类。类就像一个模板，有了它以后就可以创建类的实例。就好比印钞票的母版，有了它以后可以源源不断地印出钞票，这些钞票就是母版的实例。实例也称为对象，是现实世界中真实对象基于类代码的抽象、模拟、仿真和简化。所以，就是要用这些简化后的代码描述的对象代替现实世界中的对象来讨论问题。

对象的属性和方法等被统称为成员。它们是该对象提供给外部的接口，内部的实现细节是封装起来的，使用对象时主要使用这些接口。就像购买电视机，我们不关心里面的电路板、晶体管等是怎么做出来的，只要会使用外部端口就可以。

使用对象的成员时采用点引用的方式。例如，用 cat 表示猫对象，它有表示颜色的 color 属性，有表示跑这个行为的 run 方法。可以使用下面的方式读取 color 属性的值，赋给一个新变量 new_color。

```
new_color=cat.color
```

将 color 属性的值设置为 1,1 表示某种颜色。

```
cat.color=1
```

调用 cat 对象的 run 方法。

```
cat.run()
```

4.1.2 Excel 对象及其层次结构

为了便于用户进行脚本开发，Excel 提供了很多已经封装好的现成的对象，如表示 Excel 应用的 Application 对象、表示工作簿的 Workbook 对象、表示工作表的 Worksheet 对象和表示单元格区域的 Range 对象，以及表示图表的 Chart 对象等。它们分别描述和代替现实世界中的办公场景、文件、表单和表单中的单元格区域，以及真实绘制的图表等。有了这些对象以后，就可以用 Python 通过编程来控制它们。

图 4-1 所示的 Excel 对象模型包含 Application 对象、Workbook 对象、Worksheet 对象和 Range 对象等，它们从上到下有从属和包含的关系，要设置下一层级的对象，必须先获取上一层级的对象。Workbooks 是一个集合，包含当前 Excel 应用中的所有 Workbook 对象，Worksheets 集合对象则包含当前工作簿中的所有 Worksheet 对象。

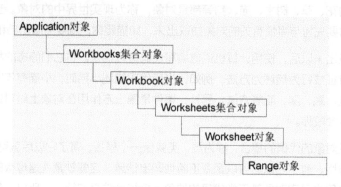

图 4-1　Excel 对象模型

4.2 操作 Excel 对象模型的一般过程

下面介绍使用 Excel VBA 和 Python 操作 Excel 对象模型的一般过程，包括 Excel 对象的创建、设置、关闭和退出等步骤。

4.2.1 使用 Excel VBA 操作 Excel 对象模型的一般过程

在 Excel VBA 中，使用 Application 对象表示 Excel 应用本身，可以直接使用。从图 4-1 中可以看出，Application 对象的子对象是 Workbooks 集合，该集合保存和管理当前 Excel 应用中的所有工作簿。通过索引，可以获取 Workbooks 集合对象中的某个工作簿，如在"立即窗口"面板中输出集合中第 1 个工作簿的名称。示例文件的存放路径为 Samples\ch04\Excel VBA\一般过程.xlsm。

```
Dim bk As Workbook
Set bk=Application.Workbooks(1)
Debug.Print bk.Name
```

其中，Application 就表示 Application 对象，可以省略。所以，上面的语句又可以写成如下形式。

```
Debug.Print Workbooks(1).Name
```

如果直接设置 Excel 应用的属性，则不能省略 Application 对象，如设置 Excel 应用窗口不可见。

```
Application.Visible=False
```

使用 Workbooks 集合对象的 Add 方法可以新建工作簿对象。

```
Dim bk2 As Workbook
Set bk=Workbooks.Add
```

使用 Workbooks 集合对象的 Open 方法可以打开 Excel 文件。例如，可以使用如下语句打开 C 盘下的 Excel 文件 test.xlsx。

```
Dim bk2 As Workbook
Set bk2=Workbooks.Open("C:\test.xlsx")
```

新建工作簿后，默认会在工作簿中添加一个工作表，并保存在 Worksheets 集合对象中，可以使用如下语句获取该工作表。

```
Dim sht As Worksheet
Set sht=bk.Worksheets (1)
```

或者直接用 ActiveSheet 表示添加的工作表。工作表完整的表示是 Application.ActiveSheet，即 Excel 应用的活动工作表。

可以使用 Worksheets 集合对象的 Add 方法新建工作表对象，具体如下。

```
Set sht=bk.Worksheets.Add
```

工作表对象的 Range 属性返回单元格对象或单元格区域对象。下面设置工作表中 A1 单元格的值为 10。

```
sht.Range("A1").Value=10
```

读取工作表中 A1 单元格的值。

```
Debug.Print sht.Range("A1").Value
```

保存工作簿的更改可以调用 Workbooks 集合对象的 Save 方法。

```
bk.Save
```

如果想将文件另存为一个新的文件，或者第一次保存一个新建的工作簿，则可以使用 SaveAs 方法，参数指定文件保存的路径及文件名。

```
bk.SaveAs "D:\test.xlsx"
```

使用 Workbooks 集合对象的 Close 方法关闭工作簿。

```
Workbooks(1).Close
```

使用 Quit 方法，退出应用程序而不保存任何工作簿。

```
Application.Quit
```

4.2.2　与 Excel 相关的 Python 包

目前，常用的与 Excel 有关的第三方 Python 包如表 4-1 所示。这些包都有各自的特点，有的短小、灵活，有的功能齐全（可与 VBA 使用的模型相媲美），有的不依赖 Excel，有的必须依赖 Excel，有的工作效率一般，有的工作效率很高。

表 4-1　常用的与 Excel 有关的第三方 Python 包

Python 包	说　　明
xlrd	支持读取.xls 文件和.xlsx 文件
xlwt	支持写.xls 文件
OpenPyXl	支持.xlsx 文件、.xlsm 文件、.xltx 文件、.xltm 文件的读/写，支持 Excel 对象模型，不依赖 Excel
xlsxWriter	支持写.xlsx 文件，支持 VBA
win32com	封装了 VBA 使用的所有 Excel 对象
comtypes	封装了 VBA 使用的所有 Excel 对象
xlwings	重新封装了 win32com 包，支持与 VBA 混合编程，可以与各种数据类型进行数据类型转换
pandas	支持.xls 文件、.xlsx 文件的读/写，提供进行数据处理的各种函数，处理更简捷，运行速度更快

4.2.3　xlwings 包及其安装

表 4-1 中列举了与 Excel 有关的第三方 Python 包，本书结合 xlwings 包进行介绍。xlwings 包是在 win32com 包的基础上进行了二次封装，号称"给 Excel 插上翅膀"，是目前功能最强大的 Excel Python 包之一。它封装了 Excel、Word 等软件的所有对象。所以，从这个角度来说，Excel VBA 能做的，使用 xlwings 包基本上也能做到。

xlwings 包还进行了很多改进和扩展，可以很方便地与 NumPy 和 pandas 等包提供的数据进行类型转换与读取操作，可以将使用 Matplotlib 绘制的图形很方便地写入 Excel 工作表。使用 xlwings 包还可以与 VBA 混合编程，既可以在 VBA 编程环境中调用 Python 代码，也可以在 Python 代码中调用 VBA 函数。

在 Power Shell 窗口中输入下面的语句安装 xlwings 包。

```
pip install xlwings
```

4.2.4　使用 xlwings 包操作 Excel 对象模型的一般过程

使用 xlwings 包之前需要先导入它。打开 Python IDLE 文件脚本窗口，在 Python Shell 窗口中导入 xlwings 包。

```
>>> import xlwings
```

创建一个 Excel 应用。

```
>>> app=xlwings.App()
```

为了方便后面使用，常常给 xlwings 包创建一个简短的别名。

```
>>> import xlwings as xw
```

创建 Excel 应用（App）时可以使用如下形式。

```
>>> app=xw.App()
```

此时弹出一个 Excel 工作界面，它就是 Excel 应用。在默认情况下，它是可见的。在默认情况下，会新建一个工作簿对象，并保存在 books 集合对象中，可以用索引进行引用。

```
>>> bk=app.books(1)
```

或者获取当前活动工作簿。

```
>>> bk=app.books.active
```

在创建 Excel 应用时可以通过参数设置其可见性，同时设置是否有工作簿。下面新建一个可见但没有添加工作簿的 Excel 应用。

```
>>> app=xw.App(visible=True, add_book=False)
```

当 visible 参数的值为 True 时 Excel 应用可见，当 visible 参数的值为 False 时 Excel 应用不可见；当 add_book 参数的值为 True 时在 Excel 应用中添加工作簿，当 add_book 参数的值为 False 时不在 Excel 应用中添加工作簿。

使用 books 集合对象的 add 方法可以新建工作簿对象。

```
>>> bk2=app.books.add()
```

使用 books 集合对象的 open 方法可以打开 Excel 文件。例如，下面打开 C 盘下的 Excel 文件 test.xlsx。

```
>>> bk3=app.books.open(r'C:\test.xlsx')
```

在默认情况下，新建工作簿后会在工作簿中添加一个工作表，并保存在 sheets 集合对象中。可以使用如下代码获取添加的工作表。

```
>>> sht=bk.sheets(1)
```

使用 sheets 集合对象的 add 方法可以新建一个工作表对象。

```
>>> sht2=bk.sheets.add()
```

将工作表中 A1 单元格的值设置为 10。

```
>>> sht.range('A1').value=10
```

读取工作表中 A1 单元格的值。

```
>>> sht.range('A1').value
10
```

使用工作簿对象的 save 方法可以将指定工作簿的数据保存到指定文件。

```
>>> bk.save(r'D:\test.xlsx')
```

使用工作簿对象的 close 方法可以关闭工作簿。

```
>>> bk.close()
```

使用工作簿对象的 quit 方法，退出应用程序而不保存任何工作簿。

```
>>> app.quit()
```

4.3 与 Excel 对象模型有关的常用操作

本节主要介绍一些与 Excel 对象模型有关的常用操作，包括获取文件的当前路径、对象的引用、给参数指定常数值、扩展单元格区域和修改单元格区域的属性等。

4.3.1 获取文件的当前路径

4.2 节介绍利用工作簿对象的 open 方法打开指定路径的 Excel 文件。很多时候，我们希望这条路径是工作簿文件或.py 文件的当前路径。可以使用以下方法获取文件的当前路径。

【Excel VBA】

在 Excel VBA 中，获取工作簿文件的当前路径使用 ThisWorkbook 对象的 Path 属性。下面打开一个 Excel 文件，并将其保存在 D 盘下，名称和格式为 test.xlsm。打开 Excel VBA 编程界面，添加一个模块，在代码编辑器中输入下面的代码。示例文件的存放路径为 Samples\ch04\Excel VBA\当前路径.xlsm。

```
Sub Test()
  Debug.Print ThisWorkbook.Path
End Sub
```

运行过程，在"立即窗口"面板中输出文件所在路径。

【Python xlwings】

在 Python 中，获取.py 文件的当前路径需要导入 os 包，可以使用该包中的 getcwd 方法来获取.py 文件的当前路径。假设下面是某.py 文件内的部分代码，使用 os 包的 getcwd 方法可以获取该.py 文件的路径，用工作簿对象的 open 方法打开该路径下的 Excel 数据文件，返回一个工作簿对象。示例文件的存放路径为 Samples\ch04\Python\当前路径.py。

```
import xlwings as xw        #导入 xlwings 包
import os                   #导入 os 包
root = os.getcwd()          #获取.py 文件的当前路径
#创建 Excel 应用，可见，不添加工作簿
app=xw.App(visible=True, add_book=False)
#打开数据文件，可写
bk=app.books.open(fullname=root+\
                r'\Test.xlsx',read_only=False)
sht1=bk.sheets(1)           #获取第 1 个工作表
print(sht1.name)            #输出第 1 个工作表的名称
bk.close()                  #关闭 bk
app.quit()                  #退出应用
```

运行脚本，打开当前路径中的 Excel 文件 Test.xlsx，输出工作簿中第 1 个工作表的名称。

4.3.2 对象的引用

操作对象之前需要先找到对象，找到对象的过程称为对象的引用。4.2 节提及，在 Excel 中创建的所有 Workbook(book)对象都保存在 Workbooks(books)集合中，所有 Worksheet(sheet)对象都保存在 Worksheets(sheets)集合中。当需要获取集合中的某个对象时，需要先把它从集合

中找出来。查找的方法有两种：一种是使用索引号，将每个对象添加到集合中时都有一个唯一的索引号；另一种是使用对象的名称。Excel VBA 代码示例文件的存放路径为 Samples\ch04\Excel VBA\对象的引用.xlsm。

可以用索引号和名称引用工作簿。

【Excel VBA】

```
Set bk=Workbooks(1)
Set bk=Workbooks("工作簿1")
```

【Python xlwings】

```
>>> bk=app.books[0]
>>> bk=app.books(1)
>>> bk=app.books['工作簿1']
```

可以用索引号和名称引用工作表。

【Excel VBA】

```
Set sht=Worksheets(1)
Set sht=Worksheets("Sheet1")
```

【Python xlwings】

```
>>> sht=bk.sheets[0]
>>> sht=bk.sheets(1)
>>> sht=bk.sheets('Sheet1')
```

引用单元格需要指定单元格对应的行坐标和列坐标。

【Excel VBA】

```
sht.Range("A1").Select
sht.Cells(1, "A").Select
sht.Cells(1,1).Select
```

注意，在 VBA 中，如果 sht 表示活动工作表，则上面语句中的"sht."可以省略，即可以写成下面的形式。后面此类情况可以类似处理。

```
Range("A1").Select
Cells(1, "A").Select
Cells(1,1).Select
```

【Python xlwings】

```
>>> sht.range('A1').select()
>>> sht.range(1,1).select()
>>> sht['A1'].select()
>>> sht.cells(1,1).select()
```

```
>>> sht.cells(1,'A').select()
```

引用单元格区域需要指定区域左上角单元格的坐标和右下角单元格的坐标。

【Excel VBA】

```
sht.Range("A3:C8").Select
sht.Range("A3","C8").Select
sht.Range(sht.Range("A3"), sht.Range("C8")).Select
sht.Range(sht.Cells(3,1),sht.Cells(8,3)).Select
```

【Python xlwings】

```
>>> sht.range('A3:C8').select()
>>> sht.range('A3','C8').select()
>>> sht.range(sht.cells(3,1),sht.cells(8,3)).select()
>>> sht.range((3,1),(8,3)).select()
```

单元格和单元格区域的引用还有很多特殊的情况，具体请参考第 13 章的内容。

4.3.3 获取末行行号：给参数指定常数值

从 Excel 工作表中读取数据时经常需要获取数据区域末行的行号。本示例的数据区域末行如图 4-2 中选中行所示。引用末行有两种方法：一是从上往下找，数据区域的末行即最后一个非空行；二是从工作表的底部往上找，为指定列上遇到的第一个非空单元格所在的行。这里需要使用单元格对象的 End(end) 方法。

图 4-2　数据区域末行

Excel VBA 和 Python xlwings 在两种情况下引用末行的代码如下所示，各语句有相同的运行效果。需要注意 End(end) 方法的参数设置为常数值时的区别。Excel VBA 代码示例文件的存放路径为 Samples\ch04\Excel VBA\末行行号.xlsm。

【Excel VBA】

```
intR=sht.Range("A1").End(xlDown).Row
intR=sht.Cells(1,1).End(xlDown).Row
intR=sht.Range("A" & CStr(sht.Rows.Count)).End(xlUp).Row
intR=sht.Cells(sht.Rows.Count,1).End(xlUp).Row
```

【Python xlwings】

```
>>> sht.range('A1').end('down').row
>>> sht.cells(1,1).end('down').row
>>> sht.range('A'+str(sht.api.Rows.Count)).end('up').row
>>> sht.cells(sht.api.Rows.Count,1).end('up').row
>>> sht.api.Range('A1').End(xw.constants.Direction.xlDown).Row
>>> sht.api.Cells(1,1).End(xw.constants.Direction.xlDown).Row
>>>sht.api.Range('A'+str(sht.api.Rows.Count)).\
              End(xw.constants.Direction.xlUp).Row
>>> sht.api.Cells(sht.api.Rows.Count,1).\
              End(xw.constants.Direction.xlUp).Row
```

4.3.4 扩展单元格区域

在工作表中写入数据时经常需要将单元格扩展到行区域、列区域或多行多列区域。可以使用单元格对象的 Resize(resize) 方法进行扩展。

下面通过示例演示对指定单元格 C2 进行上下、左右和行列 3 个方向的扩展来得到新的单元格区域，并选择它们。Excel VBA 代码示例文件的存放路径为 Samples\ch04\Excel VBA\扩展单元格区域.xlsm。

【Excel VBA】

```
sht.Range("C2").Resize(3).Select          'C2:C4, 单列
sht.Range("C2").Resize(1, 3).Select       'C2:E2, 单行
sht.Range("C2").Resize(3, 3).Select       'C2:E4, 多行多列
```

【Python xlwings】

```
>>> sht.range('C2').resize(3).select()      #C2:C4, 单列
>>> sht.range('C2').resize(1, 3).select()   #C2:E2, 单行
>>> sht.range('C2').resize(3, 3).select()   #C2:E4, 多行多列
```

4.3.5 修改单元格区域的属性

使用 Excel VBA 和 Python xlwings 可以修改单元格区域的属性，如背景色、字号、样式等。下面将 A2 单元格的背景色设置为绿色，字号设置为 20、加粗、倾斜。Excel VBA 代码示例文件的存放路径为 Samples\ch04\Excel VBA\修改单元格区域属性.xlsm。

【Excel VBA】

```
sht.Range("A2").Interior.Color=RGB(0,255,0)
sht.Range("A2").Font.Size=20
sht.Range("A2").Font.Bold=True
sht.Range("A2").Font.Italic=True
```

【Python xlwings】

```
>>> sht.range('A2').color=(0,255,0)
>>> sht.api.Range('A2').Font.Size=20
>>> sht.api.Range('A2').Font.Bold=True
>>> sht.api.Range('A2').Font.Italic=True
```

第 5 章

流程控制

变量是计算机语言中最基本的元素。当读者可以通过表达式用运算符连接变量构成一个更长的代码片段或一条语句时，此时读者已经具备写一条语句的能力。学完本章以后，读者将具备写一个代码块（即多行语句）的能力。多行语句通过流程控制语句连接变量和表达式，形成一个完整的逻辑结构，一个局部的整体。常见的流程控制结构有判断结构、循环结构等。

5.1 判断结构

判断结构用于测试一个条件表达式，并根据测试结果执行不同的操作。Excel VBA 和 Python 支持多种不同形式的判断结构。

5.1.1 单分支判断结构

单分支判断结构只给出满足判断条件时要执行的语句。

【Excel VBA】

在 Excel VBA 中，单分支判断结构的语法格式如下。

```
If 判断条件 Then 执行语句
```

其中，判断条件经常是一个关系运算表达式或逻辑运算表达式，当满足判断条件时执行 Then 后面的语句。

【Python】

在 Python 中，单分支判断结构的语法格式如下。

```
if 判断条件:执行语句
```

其中，判断条件经常是一个关系运算表达式或逻辑运算表达式，当满足判断条件时执行冒号后面的语句。

下面用一个例子演示单分支判断结构。要求运行时给出一个数字，并用单分支判断结构判断数字是否为 1。如果是，则输出"输入的值是 1"。

【Excel VBA】

示例文件的存放路径为 Samples\ch05\Excel VBA\判断结构.xlsm。

```
Sub Test1()
  Dim intA As Integer
  intA = InputBox("请输入一个数字：")
  If intA = 1 Then Debug.Print ("输入的值是1")
End Sub
```

运行过程，弹出输入框，在文本框中输入 1，"立即窗口"面板中的输出结果为"输入的值是 1"。

【Python】

示例的.py 文件的存放路径为 Samples\ch05\Python\sam05-001.py。

```
a=input('请输入一个数字：')
if (int(a)==1): print('输入的值是1')
```

在 Python IDLE 文件脚本窗口中，选择 Run→Run Module 命令，此时 IDLE 命令行窗口提示"请输入一个数字:"，输入 1，按 Enter 键，显示下面的结果。

```
>>> = RESTART: ...\Samples\ch05\Python\sam05-001.py
请输入一个数字：1
输入的值是1
```

5.1.2 二分支判断结构

二分支判断结构可以根据判断条件结果的不同改变程序执行的流程。如果判断条件为真，则执行指定语句；如果判断条件为假，则执行其他的语句。

【Excel VBA】

在 Excel VBA 中，二分支判断结构的语法格式如下。

```
If 判断条件 Then
    执行语句...
Else
    执行语句...
End If
```

【Python】

在 Python 中，二分支判断结构的语法格式如下。

```
if 判断条件:
    执行语句...
else:
    执行语句...
```

下面用一个例子演示二分支判断结构的应用。先输入一个数字,然后判断数字是否大于 0。如果数字大于 0,则输出"成功。";如果数字小于或等于 0,则输出"失败。"。

【Excel VBA】

示例文件的存放路径为 Samples\ch05\Excel VBA\判断结构.xlsm。

```
Sub Test2()
  Dim intPassed As Integer
  intPassed = InputBox("请输入一个数字: ")
  If intPassed > 0 Then
    Debug.Print "成功。"
  Else
    Debug.Print "失败。"
  End If
End Sub
```

运行过程,弹出输入框,在文本框中输入 5,"立即窗口"面板中的输出结果为"成功。"。

【Python】

示例的.py 文件的存放路径为 Samples\ch05\Python\sam05-002.py。

```
passed=int(input('请输入一个数字: '))    #提示输入数字
if (passed>0):                          #根据输入的数字进行判断,如果数字大于 0
    print('成功。')
else:                                   #如果数字小于等于 0
    print('失败。')
```

在 Python IDLE 文件脚本窗口中,选择 Run→Run Module 命令,IDLE 命令行窗口提示"请输入一个数字:",输入 5,按 Enter 键,显示下面的结果。

```
>>> = RESTART: ...\Samples\ch05\Python\sam05-002.py
请输入一个数字: 5
成功。
```

5.1.3 多分支判断结构

多分支判断结构是在二分支判断结构的基础上进行扩展的:在第 1 个判断条件不满足时给出第 2 个判断条件,第 2 个判断条件不满足时给出第 3 个判断条件,以此类推。若满足当前条件则执行相应的语句,若都不满足则执行最后面的语句。

【Excel VBA】

在 Excel VBA 中，多分支判断结构的语法格式如下。

```
If 判断条件 1 Then
    执行语句 1……
Else If 判断条件 2 Then
    执行语句 2……
Else If 判断条件 3 Then
    执行语句 3……
...
Else
    执行语句 n……
End If
```

【Python】

在 Python 中，多分支判断结构的语法格式如下。

```
if 判断条件 1:
    执行语句 1……
elif 判断条件 2:
    执行语句 2……
elif 判断条件 3:
    执行语句 3……
...
else:
    执行语句 n……
```

下面用多分支判断结构判断给定的成绩属于哪个等级。如果成绩大于或等于 90 分，则为优秀；如果成绩大于或等于 80 分，则为良好；如果成绩大于或等于 70 分，则为中等；如果成绩大于或等于 60 分，则为及格；如果以上条件都不满足，则为不及格。

【Excel VBA】

示例文件的存放路径为 Samples\ch05\Excel VBA\判断结构.xlsm。

```
Sub Test3()
  Dim intSC As Integer
  intSC = InputBox("请输入一个数字：")
  If intSC >= 90 Then
    Debug.Print "优秀"
  ElseIf intSC >= 80 Then
    Debug.Print "良好"
  ElseIf intSC >= 70 Then
    Debug.Print "中等"
  ElseIf intSC >= 60 Then
    Debug.Print "及格"
```

```
    Else
       Debug.Print "不及格"
    End If
End Sub
```

运行过程，弹出输入框，在文本框中输入 85，"立即窗口"面板中的输出结果为"良好"。

【Python】

示例的.py 文件的存放路径为 Samples\ch05\Python\sam05-003.py。

```
sc= int(input('请输入一个数字：'))
if(sc>=90):
    print('优秀')
elif(sc>=80):
    print('良好')
elif(sc>=70):
    print('中等')
elif(sc>=60):
    print('及格')
else:
    print('不及格')
```

第 1 行用 input 函数实现一个输入提示，提示输入一个数字；第 2～11 行为多分支判断结构，用于判断输入的成绩属于哪个等级。

在 Python IDLE 文件脚本窗口中，选择 Run→Run Module 命令，IDLE 命令行窗口提示"请输入一个数字："，输入 88，按 Enter 键，显示下面的结果。

```
>>> = RESTART: ...\Samples\ch05\Python\sam05-003.py
请输入一个数字：88
良好
```

5.1.4 有嵌套的判断结构

如果一个判断结构的 If(if)块、Else If(elif)块或 Else(else)块中包含新的判断结构，则将这个判断结构称为有嵌套的判断结构。

【Excel VBA】

在 Excel VBA 中，嵌套结构的形式具有类似下面的语法格式。

```
If 判断条件 1 Then
    执行语句……
    If 判断条件 2 Then
        执行语句……
    Else If 判断条件 3 Then
        执行语句……
```

```
        Else
            执行语句……
        End If
    Else If 判断条件 4 Then
        执行语句……
    Else
        执行语句……
    End If
```

【Python】

在 Python 中，嵌套结构的形式具有类似下面的语法格式。

```
if 判断条件 1:
    执行语句……
    if 判断条件 2:
        执行语句……
    elif 判断条件 3:
        执行语句……
    else:
        执行语句……
elif 判断条件 4:
    执行语句……
else:
    执行语句……
```

下面将 5.1.3 节中对成绩分等级的示例改写成有嵌套的判断结构。判断成绩是否大于或等于 60 分，如果不是则直接判断为不及格，如果是则嵌套一个多分支判断结构，则继续判断成绩属于哪个等级。

【Excel VBA】

示例文件的存放路径为 Samples\ch05\Excel VBA\判断结构.xlsm。

```
Sub Test4()
  Dim intSC As Integer
  intSC = InputBox("请输入一个数字：")
  If intSC >= 60 Then
    If intSC >= 90 Then
      Debug.Print "优秀"
    ElseIf intSC >= 80 Then
      Debug.Print "良好"
    ElseIf intSC >= 70 Then
      Debug.Print "中等"
    Else
      Debug.Print "及格"
    End If
  Else
    Debug.Print "不及格"
```

```
        End If
End Sub
```

运行过程，弹出输入框，在文本框中输入 85，"立即窗口"面板中的输出结果为"良好"。

【Python】

示例的.py 文件的存放路径为 Samples\ch05\Python\sam05-004.py。

```
sc= int(input('请输入一个数字：'))
if sc>=60:
    if sc>=90:
        print('优秀')
    elif sc>=80:
        print('良好')
    elif sc>=70:
        print('中等')
    else:
        print('及格')
else:
    print('不及格')
```

在 Python IDLE 文件脚本窗口中，选择 Run→Run Module 命令，IDLE 命令行窗口提示"请输入一个数字："，输入 88，按 Enter 键，显示下面的结果。

```
>>> = RESTART: ...\Samples\ch05\Python\sam05-004.py
请输入一个数字：88
良好
```

5.1.5 三元操作表达式

三元操作表达式在一行语句中实现一个二分支判断结构。下面在 Excel VBA 和 Python 中分别实现三元操作表达式的效果。

【Excel VBA】

在 Excel VBA 中，引用 IIF 函数实现三元操作。IIF 函数根据表达式的值返回两个结果中的一个。

```
varR = IIF(expr, truepart, falsepart)
```

其中，expr 为必要参数，用来判断真伪的表达式；truepart 为必要参数，如果 expr 的值为 True，则返回这部分的值或表达式；falsepart 为必要参数，如果 expr 的值为 False，则返回这部分的值或表达式。

【Python】

在 Python 中，可以使用下面的语法格式实现三元操作。

```
b if 判断条件 else a
```
如果满足判断条件,则结果为 b;如果不满足判断条件,则结果为 a。

下面使用三元操作表达式判断给定的数是否大于或等于 500。

【Excel VBA】

示例文件的存放路径为 Samples\ch05\Excel VBA\判断结构.xlsm。

```
Sub Test5()
  Dim intA As Integer
  intA = InputBox("请输入一个数字:")
  Debug.Print IIf(intA > 500, ">500", "<=500")
End Sub
```

运行过程,弹出输入框,在文本框中输入 300,"立即窗口"面板中的输出结果为<=500。

【Python】

示例的.py 文件的存放路径为 Samples\ch05\Python\sam05-005.py。

```
a= int(input('请输入一个数字:'))
print('>500' if a>500 else '<=500')
```

在 Python IDLE 文件脚本窗口中,选择 Run→Run Module 命令,IDLE 命令行窗口提示"请输入一个数字:",输入 300,按 Enter 键,显示下面的结果。

```
>>> = RESTART: ...\Samples\ch05\Python\sam05-005.py
请输入一个数字:300
<=500
```

下面使用三元操作表达式求给定的 3 个数中的最小值。

【Excel VBA】

示例文件的存放路径为 Samples\ch05\Excel VBA\判断结构.xlsm。

```
Sub Test6()
  Dim intX As Integer
  Dim intY As Integer
  Dim intZ As Integer
  Dim intS As Integer
  intX = 10: intY = 20: intZ = 30
  intS = IIf(intX < intY, intX, intY)      '将 intX 和 intY 的较小值赋给 intS
  intS = IIf(intS < intZ, intSmall, intZ)  '得到 intS 和 intZ 的较小值
  Debug.Print intS
End Sub
```

运行过程,在"立即窗口"面板中输出最小值 10。

【Python】

示例的.py 文件的存放路径为 Samples\ch05\Python\sam05-006.py。

```
x,y,z = 10,30,20
small = (x if x < y else y)              #返回前两个数的较小值
small = (z if small > z else small)      #返回较小值和第 3 个数的较小值
print(small)
```

在 Python IDLE 文件脚本窗口中，选择 Run→Run Module 命令，IDLE 命令行窗口显示下面的结果。

```
>>> = RESTART: ...\Samples\ch05\Python\sam05-006.py
10
```

5.1.6 判断结构示例：判断是否为闰年

闰年包括世纪闰年和普通闰年。世纪闰年可以被 400 整除；普通闰年能被 4 整除，但不能被 100 整除。下面判断图 5-1 中 A 列的指定年份是否为闰年，并将结果显示在 B 列对应行的单元格中。

图 5-1 判断给定年份是否为闰年

【Excel VBA】

示例文件的存放路径为 Samples\ch05\Excel VBA\判断是否闰年.xlsm。

```
Sub Test()
  Dim intI As Integer
  Dim intY As Integer
  Dim bolYN As Boolean              '如果值为真则表示是闰年，否则不是闰年
  
  For intI = 2 To 7
    intY = ActiveSheet.Cells(intI, 1).Value    '获取年份
    If (intY Mod 400) = 0 Then                 '判断是否为世纪闰年
      bolYN = True
    ElseIf (intY Mod 4) = 0 Then               '继续判断是否为普通闰年
      If (intY Mod 100) > 0 Then               '能被4整除，不能被100整除，是普通闰年
        bolYN = True
```

```
      Else                      '能被4整除，也能被100整除，不是普通闰年
        bolYN = False
      End If
    Else                        '不能被4整除，不是闰年
      bolYN = False
    End If
    If bolYN Then               '根据bolYN的值在B列的对应位置输出结果
      ActiveSheet.Cells(intI, 2).Value = "是"
    Else
      ActiveSheet.Cells(intI, 2).Value = "不是"
    End If
  Next
End Sub
```

运行程序，输出的判断结果如图5-1中的B列所示。

【Python】

示例的.py文件的存放路径为Samples\ch05\Python\sam05-01.py。

```
import xlwings as xw        #导入xlwings包
#从constants类中导入Direction
from xlwings.constants import Direction
import os                   #导入os包
#获取.py文件的当前路径
root = os.getcwd()
#创建Excel应用，可见，没有工作簿
app=xw.App(visible=True, add_book=False)
#打开数据文件，可写
bk=app.books.open(fullname=root+r'\判断是否闰年.xlsx',read_only=False)
sht=bk.sheets(1)            #获取第1个工作表
#工作表中A列数据的最大行号
rows=sht.api.Range('A1').End(Direction.xlDown).Row
n=1                         #记录当前第几行数据
#遍历数据区域的单元格
for rng in sht.range('A2:A'+str(rows)):
    n+=1                    #每循环一次，工作表中下移一行，即行数加1
    yr=int(rng.value)       #获取年份
    #如果年份能被400整除，则是闰年
    if yr%400==0:
        yn=True
    elif yr%4==0:           #否则判断是否能被4整除
        if yr%100>0:        #继续判断能否被100整除，如果不能，则是闰年
            yn=True
        else:               #如果能被100整除，就不是闰年
            yn=False
    else:                   #如果不能被4整除，就不是闰年
```

```
        yn=False
    #根据 yn 的值在 B 列输出"是"或"不是"
    if yn:
        sht.cells(n,2).value='是'
    else:
        sht.cells(n,2).value='不是'
```

在 Python IDLE 文件脚本窗口中,选择 Run→Run Module 命令,打开数据文件并进行计算,结果显示在工作表的 B 列中,如图 5-1 所示。

5.2 循环结构:for 循环

循环结构允许重复执行一行或多行代码,主要有 for 循环和 while 循环等几种形式。for 循环的循环次数是确定的;while 循环的循环次数是不确定的,在满足要求时一直循环或在满足要求前一直循环。本节介绍 for 循环。

5.2.1 for 循环

【Excel VBA】

利用 For 循环按给定的次数重复操作,语法格式如下。

```
For Num = First To Last [Step Inc]
    执行语句
Next [Num]
```

当 Num 位于 First 和 Last 之间时运行语句。其中,Num 为迭代变量,First 为 Num 的初值,Last 为 Num 的终值,Step 为相邻循环的步长间隔。当 First 比 Last 小时,步长为正值;当 First 比 Last 大时,步长为负值。

【Python】

利用 for 循环按给定的次数重复操作,语法格式如下。

```
for 迭代变量 in 可迭代对象
    执行语句
```

使用 for 循环遍历指定的可迭代对象,即针对可迭代对象中的每个元素执行相同的操作。可迭代对象包括字符串、列表、元组、字典等,这些对象将在后面的章节中进行介绍。

下面的例子以 100 为间隔,在"立即窗口"面板中输出 1~500 的值。

【Excel VBA】

示例文件的存放路径为 Samples\ch05\Excel VBA\For 循环.xlsm。

```
Sub Test1()
  Dim intA As Integer
  For intA = 1 To 500 Step 100
    Debug.Print intA
  Next
End Sub
```

运行过程，在"立即窗口"面板中输出的结果如下。

```
1
101
201
301
401
```

【Python】

示例的.py 文件的存放路径为 Samples\ch05\Python\sam05-007.py。其中，range 函数以 100 为间隔在 1～500 的范围内取数，组成一个可迭代的 range 对象。

```
for num in range(1,500,100):
    print(num)
```

在 Python IDLE 文件脚本窗口中，选择 Run→Run Module 命令，IDLE 命令行窗口显示下面的结果。

```
>>> = RESTART: ...\Samples\ch05\Python\sam05-007.py
1
101
201
301
401
```

下面使用 for 循环对 1～10 的整数进行累加。

【Excel VBA】

示例文件的存放路径为 Samples\ch05\Excel VBA\For 循环.xlsm。

```
Sub Test2()
  Dim intI As Integer
  Dim intSum As Integer      '保存累加和
  intSum = 0
  For intI = 1 To 10
    intSum = intSum + intI   '累加
  Next
  Debug.Print intSum
End Sub
```

运行过程，在"立即窗口"面板中输出 1～10 的累加和 55。

【Python】

示例的.py 文件的存放路径为 Samples\ch05\Python\sam05-008.py。

```
sum=0                        #初值 0
num=0
for num in range(11):        #num 在 1~10 的范围内逐个取值
    sum+=num                 #累加
print(sum)
```

在 Python IDLE 文件脚本窗口中，选择 Run→Run Module 命令，IDLE 命令行窗口显示下面的结果。

```
>>> = RESTART: ...\Samples\ ch05\Python\sam05-008.py
55
```

5.2.2 嵌套 for 循环

嵌套循环结构在循环结构的内部又包含新的循环结构，可以有两层或多层循环。下面使用嵌套 for 循环生成九九乘法表。

【Excel VBA】

示例文件的存放路径为 Samples\ch05\Excel VBA\For 循环.xlsm。

```
Sub Test3()
  Dim intI As Integer
  Dim intJ As Integer
  For intI = 1 To 9
    For intJ = 1 To intI
      '使用 Trim 函数可以去掉字符串两端的空格
      Debug.Print CStr(intJ) & "*" & CStr(intI); "="; Trim(CStr(intJ * intI));
" ";
    Next intJ
    Debug.Print
  Next intI
End Sub
```

运行过程，在"立即窗口"面板中输出九九乘法表。

```
1*1=1
1*2=2  2*2=4
1*3=3  2*3=6   3*3=9
1*4=4  2*4=8   3*4=12  4*4=16
1*5=5  2*5=10  3*5=15  4*5=20  5*5=25
1*6=6  2*6=12  3*6=18  4*6=24  5*6=30  6*6=36
1*7=7  2*7=14  3*7=21  4*7=28  5*7=35  6*7=42  7*7=49
1*8=8  2*8=16  3*8=24  4*8=32  5*8=40  6*8=48  7*8=56  8*8=64
```

```
1*9=9 2*9=18 3*9=27 4*9=36 5*9=45 6*9=54 7*9=63 8*9=72 9*9=81
```

【Python】

示例的.py 文件的存放路径为 Samples\ch05\Python\sam05-009.py。

```
for i in range(1,10):
    s=''
    for j in range(1,i+1):
        s+=str.format('{1}*{0}={2} ',i,j,i*j)
    print(s)
```

第 1 行用 for 循环的迭代变量 i 在 1~9 中逐个取值，给出各乘式的第 1 个因子；第 2 行将变量 s 初始化为空字符串，该变量记录一行乘式；第 3 行用内层 for 循环的迭代变量在 1~i 中逐个取值，作为各乘式的第 2 个因子，因为在 1~i 中取值，所以最后得到的乘法表是一个下三角的形状；第 4 行用字符串对象的 format 函数格式化组装乘式，各乘式之间用空格隔开；第 5 行输出当前行所有乘式。最终，九九乘法表的所有乘式就是这样一行行生成的。

在 Python IDLE 文件脚本窗口中，选择 Run→Run Module 命令，IDLE 命令行窗口显示的结果与 Excel VBA 代码的运行结果相同，都是九九乘法表。

5.2.3 Python 中的 for...else 的用法

for 循环还提供了一种 for...else 的用法，else 中的语句在循环正常执行完时执行。下面判断整数 7 是不是质数。判断一个整数是不是质数的算法是用 2 到这个整数的范围内的每个整数作为除数除以该整数，如果该整数能被至少一个数整除，那么它不是质数，否则是质数。

示例的.py 文件的存放路径为 Samples\ch05\Python\sam05-010.py。

```
n= int(input('请输入一个数字: '))
for i in range(2,n):
    if n%i==0:
        print(str(n)+'不是质数')
        break
else:
    print(str(n)+'是质数')
```

第 1 行用 input 函数输入一个整数；第 2~7 行用 for...else 结构判断给定的整数是不是质数。只要出现 n 能被 2~n 中的某个整数整除的情况就中断循环，输出它不是质数，遍历完后如果没有出现这种情况，则输出它是质数。

在 Python IDLE 文件脚本窗口中，选择 Run→Run Module 命令，IDLE 命令行窗口提示"请输入一个数字:"，输入 5，按 Enter 键，显示下面的结果。

```
>>> = RESTART: ...\Samples\ch05\Python\sam05-010.py
请输入一个数字: 5
```

5 是质数

再次运行，输入 9，按 Enter 键，显示下面的结果。

```
>>> = RESTART: ...\Samples\ch05\Python\sam05-010.py
请输入一个数字：9
9 不是质数
```

5.2.4　for 循环示例：求给定数据的最大值和最小值

如图 5-2 所示，工作表的 A 列中给定了一组数据，下面求该组数据的最大值和最小值。

图 5-2　求给定数据的最大值和最小值

【Excel VBA】

示例文件的存放路径为 Samples\ch05\Excel VBA\求最大值和最小值-For 循环.xlsm。

```
Sub MaxMin()
  Dim intI As Integer
  Dim sngMax As Single                    '记录最大值
  Dim sngMin As Single                    '记录最小值
  Dim sngT As Single
  Dim intRows As Integer
  
  sngMax = ActiveSheet.Cells(1, 1).Value  '用第 1 个值初始化最大值
  sngMin = ActiveSheet.Cells(1, 1).Value  '用第 1 个值初始化最小值
  '工作表中 A 列数据的最大行号
  intRows = ActiveSheet.Range("A1").End(xlDown).Row
  For intI = 2 To intRows                 '遍历第 2 到最后一个值
    sngT = ActiveSheet.Cells(intI, 1).Value '取第 intI 个值
    If sngT > sngMax Then sngMax = sngT   '通过比较，计算当前最大值
    If sngT < sngMin Then sngMin = sngT   '通过比较，计算当前最小值
  Next
  ActiveSheet.Cells(2, 4).Value = sngMax  '输出结果
  ActiveSheet.Cells(3, 4).Value = sngMin
```

```
End Sub
```
运行程序，在工作表中输出给定数据的最大值和最小值，如图 5-2 所示。

【Python】

示例的数据文件的存放路径为 Samples\ch05\Python\求最大值和最小值-for 循环.xlsx，.py 文件保存在相同的目录下，文件名为 sam05-02.py。

```
import xlwings as xw        #导入 xlwings 包
#从 constants 类中导入 Direction
from xlwings.constants import Direction
import os                   #导入 os 包
#获取.py 文件的当前路径
root = os.getcwd()
#创建 Excel 应用，可见，没有工作簿
app=xw.App(visible=True, add_book=False)
#打开数据文件，可写
bk=app.books.open(fullname=root+\
        r'\求最大值和最小值-for 循环.xlsx',read_only=False)
sht=bk.sheets(1)            #获取第 1 个工作表
#工作表中 A 列数据的最大行号
rows=sht.api.Range('A1').End(Direction.xlDown).Row
max_v=sht.range('A1').value
min_v=sht.range('A1').value
#遍历数据区域的单元格
for rng in sht.range('A1:A'+str(rows)):
    tp=rng.value           #获取数据
    #如果当前值比最大值大，则最大值取当前值
    if tp>max_v:max_v=tp
    #如果当前值比最小值小，则最小值取当前值
    if tp<min_v:min_v=tp
#输出结果
sht.cells(2,4).value=max_v
sht.cells(3,4).value=min_v
```

运行程序，在工作表中输出给定数据的最大值和最小值，如图 5-2 所示。

5.3 循环结构：while 循环

for 循环用于遍历指定的可迭代对象，因为该对象的长度（即对象中元素的个数）是确定的，所以循环的次数是确定的。还有一种情况是程序一直循环，直到满足指定的条件为止，此时循环次数是不确定的，事先未知，可以用 while 循环来实现。

5.3.1 简单 while 循环

【Excel VBA】

Excel VBA 中的 While 循环结构有两种形式：一种是 Do...Loop 结构，另一种是 While...Wend 结构。

Do...Loop 结构的语法格式如下。

```
Do While 条件判断
    执行语句
Loop
```

或者使用如下形式。

```
Do
    执行语句
Loop While 条件判断
```

第 1 种格式是先进行条件判断，满足条件时再执行语句；第 2 种格式是先执行语句再进行条件判断。

While...Wend 结构与上面的 Do...Loop 结构类似，先进行条件判断，满足条件时再执行语句。

【Python】

简单 while 循环结构是先计算条件表达式，如果结果为真，则执行循环体中的语句，否则不执行。

```
while 判断条件:
    执行语句...
```

Python 中没有 Excel VBA 中 Do...Loop 结构的第 2 种格式。

下面用简单 while 循环求两个自然数的最大公约数和最小公倍数。求两个自然数的最大公约数的算法如下。

（1）给定两个自然数 m 和 n，且 $m>n$。

（2）m 除以 n 得余数 r。

（3）如果 $r=0$，则 n 是最大公约数，算法结束；否则执行步骤（4）。

（4）将 n 值赋给 m，r 值赋给 n，重复执行步骤（2）。

得到两个自然数的最大公约数后，它们的乘积除以它们的最大公约数就可以得到它们的最小公倍数。

【Excel VBA】

示例文件的存放路径为 Samples\ch05\Excel VBA\While 循环.xlsm。

```vba
Sub Test()
  Dim lngM As Long, lngN As Long
  Dim lngR As Long  '最大公约数
  Dim lngB As Long  '最小公倍数
  Dim lngM0 As Long, lngN0 As Long
  lngM = 100
  lngN = 15  '给定两个自然数 m 和 n, 且 m>n
  lngM0 = 100
  lngN0 = 15
  If lngM < lngN Then
    MsgBox "第一个数必须比第二个数大"
    Exit Sub
  End If
  lngR = lngM Mod lngN  '求模
  Do While (lngR <> 0)  '如果余数不等于 0
    lngM = lngN
    lngN = lngR
    lngR = lngM Mod lngN  '求模, 余数
  Loop
  lngB = lngM0 * lngN0 / lngN  'lngN 为最大公约数, 求最小公倍数
  Debug.Print "最大公约数为" & CStr(lngN)
  Debug.Print "最小公倍数为" & CStr(lngB)
End Sub
```

运行过程, 在"立即窗口"面板中输出 100 与 15 的最大公约数和最小公倍数。

```
最大公约数为 5
最小公倍数为 300
```

【Python】

示例的.py 文件的存放路径为 Samples\ch05\Python\sam05-011.py。

```python
m=100
n=15           #给定两个自然数 m 和 n, 且 m>n
m0=100
n0=15
if m>=n:
    r=m%n      #求模
    while r!=0:  #如果余数不等于 0, 则执行算法的第 4 步
        m=n
        n=r
        r=m%n
    b=m0*n0/n   #n 为最大公约数, b 为最小公倍数
    print('最大公约数为'+str(n))
    print('最小公倍数为'+str(b))
```

在 Python IDLE 文件脚本窗口中, 选择 Run→Run Module 命令, IDLE 命令行窗口显示下面

的结果。

```
>>> = RESTART: ...\Samples\ch05\Python\sam05-011.py
最大公约数为 5
最小公倍数为 300.0
```

5.3.2　Python 中有分支的 while 循环

Python 中提供了一种有分支的 while 循环，该结构中有 else 关键字，语法格式如下。

```
while 判断条件：
    执行语句...
else:
    执行语句...
```

当满足判断条件时，执行第 1 个冒号后面的语句块；当不满足判断条件时，执行第 2 个冒号后面的语句块。

下面用有分支的 while 循环对 1~10 求累加和，当迭代变量的取值大于 10 时给出提示。示例的 .py 文件的存放路径为 Samples\ch05\Python\sam05-012.py。

```
sum=0
n=0
while(n<=10):      #求累加和
    sum+=n
    n+=1
else:              #当 n 的值大于 10 时给出提示
    print("数字超出 0~10 的范围，计算终止。")
print(sum)
```

在 Python IDLE 文件脚本窗口中，选择 Run→Run Module 命令，IDLE 命令行窗口显示下面的结果。

```
>>> = RESTART: ...\Samples\ch05\sam05-12.py
数字超出 0~10 的范围，计算终止。
55
```

5.3.3　嵌套 while 循环

下面用嵌套 while 循环生成九九乘法表。

【Excel VBA】

示例文件的存放路径为 Samples\ch05\Excel VBA\While 循环.xlsm。

```
Sub Test2()
  Dim intI As Integer
  Dim intJ As Integer
```

```
    intI = 0
    Do While intI < 9
      intJ = 0
      intI = intI + 1
      Do While intJ < intI
        intJ = intJ + 1
        '使用 Trim 函数去掉字符串两端的空格
        Debug.Print CStr(intJ) & "*" & CStr(intI); "="; Trim(CStr(intJ * intI));
" ";
      Loop
      Debug.Print  '换行
    Loop
End Sub
```

运行过程，在"立即窗口"面板中输出九九乘法表。

【Python】

示例的.py 文件的存放路径为 Samples\ch05\Python\sam05-013.py。

```
i=0
while i<9:        #外层循环
    j=0
    i+=1
    s=''
    while j<i:    #内层循环
        j+=1
        s+=str.format('{0}*{1}={2} ',i,j,i*j)   #每行的求和等式
    print(s)
```

第 1 行给变量 i 赋初值 0，变量 i 是外层循环的迭代变量；第 2～8 行生成九九乘法表，在外层循环中，迭代变量 i 的值每迭代 1 次加 1，直到等于 9，每次迭代用内层循环生成九九乘法表中的 1 行；第 6～8 行为内层循环，判断条件为迭代变量 j 的值小于变量 i 的值，对变量 j 累加，生成当前行的乘式；第 9 行输出九九乘法表。

在 Python IDLE 文件脚本窗口中，选择 Run→Run Module 命令，IDLE 命令行窗口显示的是九九乘法表。

5.3.4 while 循环示例：求给定数据的最大值和最小值

本节用 while 循环实现 5.2.4 节的求给定数据的最大值和最小值的问题。

【Excel VBA】

示例文件的存放路径为 Samples\ch05\Excel VBA\求最大值和最小值-While 循环.xlsm。

```
Sub MaxMin()
```

```
  Dim intI As Integer
  Dim sngMax As Single    '记录最大值
  Dim sngMin As Single    '记录最小值
  Dim sngT As Single
  Dim intN As Integer
  Dim intRows As Integer

  '工作表中第 1 列数据的最大行号
  intRows = ActiveSheet.Range("A1").End(xlDown).Row
  intN = 1 '初始化
  sngMax = ActiveSheet.Cells(1, 1).Value    '用第 1 个值初始化最大值
  sngMin = ActiveSheet.Cells(1, 1).Value    '用第 1 个值初始化最小值
  Do While intN < intRows    'intN 小于 intRows 时一直执行
    intN = intN + 1
    sngT = ActiveSheet.Cells(intN, 1).Value    '取第 intI 个值
    If sngT > sngMax Then sngMax = sngT    '通过比较,计算当前最大值
    If sngT < sngMin Then sngMin = sngT    '通过比较,计算当前最小值
  Loop
  ActiveSheet.Cells(2, 4).Value = sngMax    '输出结果
  ActiveSheet.Cells(3, 4).Value = sngMin
End Sub
```

运行程序,在工作表中输出给定数据的最大值和最小值,如图 5-2 所示。

【Python】

示例的数据文件的存放路径为 Samples\ch05\Python\求最大值和最小值-while 循环.xlsx,.py 文件保存在相同的目录下,文件名为 sam05-03.py。

```
import xlwings as xw       #导入 xlwings 包
#从 constants 类中导入 Direction
from xlwings.constants import Direction
import os                  #导入 os 包
#获取.py 文件的当前路径
root = os.getcwd()
#创建 Excel 应用,可见,没有工作簿
app=xw.App(visible=True, add_book=False)
#打开数据文件,可写
bk=app.books.open(fullname=root+\
    r'\求最大值和最小值-while 循环.xlsx',read_only=False)
sht=bk.sheets(1)   #获取第 1 个工作表
#工作表中 A 列数据的最大行号
rows=sht.api.Range('A1').End(Direction.xlDown).Row
max_v=sht.range('A1').value
min_v=sht.range('A1').value
n=1
```

```
#遍历数据区域的单元格
while n<9:
    n+=1
    tp=sht.cells(n,1).value  #获取数据
    #如果当前值比最大值大，则最大值取当前值
    if tp>max_v:max_v=tp
    #如果当前值比最小值小，则最小值取当前值
    if tp<min_v:min_v=tp
#输出结果
sht.cells(2,4).value=max_v
sht.cells(3,4).value=min_v
```

运行程序，在工作表中输出给定数据的最大值和最小值，如图 5-2 所示。

5.4 Excel VBA 的其他结构

本节介绍 Excel VBA 的另外两种循环结构，即 For Each…Next 循环结构和 Do 循环结构。

5.4.1 For Each…Next 循环结构

利用 For Each…Next 循环结构可以对集合中的所有对象或数组中的所有元素重复进行同一操作。For Each…Next 循环结构的语法格式如下。

```
For Each var In items
    执行语句
Next [var]
```

它为 items 中的每个选项运行循环体的语句。其中，var 为迭代变量，items 为将要完成的选项的集合。

下面的例子是在"立即窗口"面板中逐个输出 App.Documents 对象的每个文本的标题。

```
Sub Test()
  Dim Document As Object
  For Each Document In App.Documents
    Debug.Print Document.Title
  Next Document
End Sub
```

运行过程，在"立即窗口"面板中输出所有工作簿的标题。

在 Python 中，万物皆对象，所以对类对象也可以直接使用普通的 for 循环进行处理。

5.4.2　Do 循环结构

5.3.1 节在介绍 Excel VBA 部分的 While 循环时已经用到了 Do 循环。实际上，Do 循环有多种语法格式，有不同的用法。总的来说，Do 循环的语法格式有以下 3 种。

第 1 种语法格式如下。

```
Do
    执行语句
Loop
```

第 2 种语法格式如下。

```
Do {Until|While} 条件表达式
    执行语句
Loop
```

第 3 种语法格式如下。

```
Do
    执行语句
Loop {Until|While} 条件表达式
```

其中，第 1 种语法格式在循环起始行和终止行中都没有条件表达式，它的条件表达式在循环体内部，当满足某个条件时用 Exit 语句或 Goto 语句退出循环；第 2 种语法格式在循环起始行计算条件表达式，当满足某个条件时执行循环体内部的语句；第 3 种语法格式在循环终止行计算条件表达式，此时先至少执行一次循环体内部的语句再做判断。

需要注意的是，后面两种语法格式中的 Until 语句和 While 语句在用法上有所不同。Until 是执行语句直到满足条件时终止，While 则是当满足条件时执行语句。所以，当表达相同的意思时，Until 语句和 While 语句使用的条件表达式中的比较运算关系是相反的。例如，当 intA>0 时循环执行语句，可以表示为如下两种形式

第 1 种形式如下。

```
Do While intA>0
    执行语句
Loop
```

第 2 种形式如下。

```
Do Until intA<=0
    执行语句
Loop
```

5.5 其他语句

前面介绍了 Excel VBA 和 Python 中常见的语法结构。除了它们，Excel VBA 和 Python 中还有一些比较特殊的语句，用于实现跳出、跳转、终止和占位等操作。

5.5.1 Excel VBA 中的其他语句

Excel VBA 中的其他语句包括 End 语句、Exit 语句、Goto 语句和 Stop 语句等。

1. End 语句

End 语句用于立刻终止宏的运行。如果宏正在被另一个宏通过 MacroRun 语句运行，则该宏接着 MacroRun 语句运行。

2. Exit 语句

Exit 语句使宏不再运行剩下的语句。Exit 语句的语法格式如下。

```
Exit {All|Do|For|Function|Property|Sub|While}
```

其中，各参数的意义如下。

Do：用于退出 Do 循环。

For：用于退出 For 循环。

Function：用于退出函数块。需要注意的是，本语句清除 Err 并将 Error$设置为空。

Property：用于退出属性块。需要注意的是，本语句清除 Err 并将 Error$设置为空。

Sub：用于退出过程块。需要注意的是，本语句清除 Err 并将 Error$设置为空。

3. Goto 语句

利用 Goto 语句可以跳转到标签处并从该处接着运行，但是只能跳转到当前自定义的过程、函数或属性中的标签处。

4. Stop 语句

利用 Stop 语句可以暂停运行。如果需要重新运行，则将从下一条语句开始运行。

在下面的例子中，当 I 等于 3 时暂停运行。

```
Sub Main
  For I = 1 To 10
    Debug.Print I
    If I = 3 Then Stop
  Next I
```

End Sub

5.5.2 Python 中的其他语句

Python 中的其他语句包括 break 语句、continue 语句和 pass 语句等。

1. break 语句

break 语句用在 while 循环或 for 循环中，在必要的时候终止和跳出循环。

下面用 for 循环对给定的数据区间进行累加求和，要求累加和的大小不能超过 100，也就是说，当累加和大于 100 时用 break 语句终止和跳出循环。

示例的.py 文件的存放路径为 Samples\ch05\Python\sam05-014.py。

```
sum=0
num=0
for num in range(100):
    old_sum=sum
    sum+=num
    if sum>100:break        #当累加和大于 100 时跳出循环
print(num-1)                #数字
print(old_sum)              #小于 100 的累加和
```

在 Python IDLE 文件脚本窗口中，选择"Run"→"Run Module"命令，IDLE 命令行窗口显示下面的结果。

```
>>> = RESTART: ...\Samples\ch05\Python\sam05-014.py
13
91
```

也可以在 while 循环中使用 break 语句跳出循环。用 while 循环改写上面的程序。示例的.py 文件的存放路径为 Samples\ch05\Python\sam05-015.py。

```
sum=0
n=0
while(n<=100):
    old_sum=sum
    sum+=n
    if sum>100:break    #当累加和大于 100 时跳出循环
    n+=1
print(n-1)
print(old_sum)
```

运行程序，输出相同的计算结果。

2. continue 语句

continue 语句的作用与 break 语句的作用类似，都是用在循环中，用于跳出循环。不同的是，

break 语句是跳出整个循环，continue 语句则是跳出本轮循环。

下面的 for 循环输出范围为 0~4 的整数，但是不输出 3。示例的.py 文件的存放路径为 Samples\ch05\Python\sam05-016.py。

```
for i in range(5):
    if i==3:continue
    print(i)
```

第 2 行用了一个单分支判断结构，当迭代变量的值为 3 时使用 continue 语句跳出本轮循环。

在 Python IDLE 文件脚本窗口中，选择"Run"→"Run Module"命令，IDLE 命令行窗口显示下面的结果。

```
>>> = RESTART: .../Samples/ch05\Python\sam05-016.py
0
1
2
4
```

可见，没有输出数据 3。

3. pass 语句

pass 语句是占位语句，不做任何事情，用于保持程序结构的完整性。在判断结构中，当满足判断条件时，如果什么也不执行，就会出错，即在文件或命令行执行下面的语句。

```
if a>1:    #什么也不做
```

这时会出错。此时把 pass 语句放在冒号后面，虽然还是什么也不做，但是可以保证语法的完整性，不会出错。

```
if a>1:pass    #什么也不做
```

另外，在自定义函数时，如果定义一个空函数，则也会出错。此时函数体中如果有 pass 语句，就不会出错。

第 6 章

字符串

字符串是由一个或一个以上的字符组成的字符序列，是常见的数据类型之一。可以对创建的字符串进行索引、切片、分割、连接、查找、替换和比较等操作。

6.1 创建字符串

既可以直接使用引号创建字符串，也可以使用转换函数创建字符串。

6.1.1 直接创建字符串

可以使用引号直接创建字符串。

【Excel VBA】

在 Excel VBA 中，创建字符串用双引号将字符序列引起来赋给变量。示例文件的存放路径为 Samples\ch06\Excel VBA\创建字符串.xlsm。

```
Sub Test()
  Dim strA As String
  strA = "Hello"
  Debug.Print strA
End Sub
```

运行过程，在"立即窗口"面板中输出如下结果。

```
Hello
```

【Python】

在 Python 中，创建字符串用单引号或双引号将字符序列引起来赋给变量。

使用单引号创建字符串的示例如下。

```
>>> a='Hello'
```

使用双引号创建字符串的示例如下。

```
>>> a="Hello"
```

如果要创建的字符串有换行,则可以使用下面的方法。

【Excel VBA】

在 Excel VBA 中,如果字符串有换行,则在换行处插入回车换行符 vbCrLf,并用连接符"&"连接字符串的各部分。示例文件的存放路径为 Samples\ch06\Excel VBA\创建字符串.xlsm。

```
Sub Test2()
  Dim strA As String
  strA = "Hello" & vbCrLf & "VBA"
  Debug.Print strA
End Sub
```

运行过程,在"立即窗口"面板中输出如下结果。

```
Hello
VBA
```

【Python】

在 Python 中,如果字符串有换行,则用三引号将它们引起来。具体示例如下。

```
>>> a='''Hello
Python'''
>>> a
'Hello\nPython'
```

在返回结果中,\n 为换行符。三引号是连续输入的 3 个单引号。

如果字符串中包含单引号或双引号,则可以使用下面的方法。

【Excel VBA】

在 Excel VBA 中,如果字符串中包含单引号,则直接输入单引号;如果字符串中包含双引号,则用两个双引号表示。示例文件的存放路径为 Samples\ch06\Excel VBA\创建字符串.xlsm。

```
Sub Test3()
  Dim strA As String
  Dim strB As String
  strA = "I'm VBA."
  strB = "I love ""VBA""."
  Debug.Print strA
  Debug.Print strB
```

```
End Sub
```

运行过程,在"立即窗口"面板中输出如下结果。

```
I'm VBA.
I love "VBA".
```

【Python】

在 Python 中,可以用不同的引号将整个字符串引起来进行赋值。具体示例如下。

```
>>> a="I'm Python."
>>> a
"I'm Python."
>>> b='I love "Python".'
>>> b
'I love "Python".'
```

编程时使用的固定长度的字符串称为定长字符串。定长字符串的长度是固定的,当给定字符串的长度超出固定长度时,超出部分会被截除;当给定字符串的长度达不到固定长度时,后面用空格补齐。

【Excel VBA】

在 Excel VBA 中,创建定长字符串可以使用下面的语法格式。

```
String*size
```

例如,声明一个长度为 8 字节的字符串 strB,并且长度固定为 8 字节,当长度小于 8 字节时后面用空格补齐,当长度大于 8 字节时截去多余部分。示例文件的存放路径为 Samples\ch06\Excel VBA\创建字符串.xlsm。

```
Sub Test4()
  Dim strB As String * 8
  strB = "Hello VBA!"
  Debug.Print strB
End Sub
```

运行过程,在"立即窗口"面板中输出如下结果。

```
Hello VB
```

【Python】

在 Python 中,没有定长字符串数据类型,如果要获取定长字符串,则需要编写函数。当给定字符串的长度超出固定长度时,通过切片获取前面固定长度的子字符串;当给定字符串的长度达不到固定长度时,后面用空格补齐。

【Excel VBA】

使用 String 函数可以重复输出只包含单一字符的字符串。示例文件的存放路径为 Samples\

ch06\Excel VBA\创建字符串.xlsm。

```
Sub Test5()
  Dim strC As String
  strC = String(10, "ABC")
  Debug.Print strC
End Sub
```

运行过程，在"立即窗口"面板中输出如下结果。

```
AAAAAAAAAA
```

【Excel VBA】

使用 Space 函数可以生成指定个数的空格。示例文件的存放路径为 Samples\ch06\Excel VBA\创建字符串.xlsm。

```
Sub Test6()
  Dim strD As String
  strD = "Hello" & Space(5) & "VBA!"
  Debug.Print strD
End Sub
```

运行过程，在"立即窗口"面板中输出如下结果。

```
Hello     VBA!
```

在前后两个字符串的中间插入了 5 个空格。

6.1.2 通过转换类型创建字符串

使用数据类型转换函数，可以将其他类型的变量转换为字符串类型，从而间接创建字符串类型的变量。

【Excel VBA】

在 Excel VBA 中，使用 CStr 函数可以将其他类型的变量转换为字符串类型。下面创建一个短整型变量并赋值，先使用 CStr 函数将它转换为字符串类型，然后在"立即窗口"面板中输出变量的值。示例文件的存放路径为 Samples\ch06\Excel VBA\创建字符串.xlsm。

```
Sub Test7()
  Dim intA As Integer
  Dim strB As String
  intA = 123
  strB = CStr(intA)
  Debug.Print strB
End Sub
```

运行过程，在"立即窗口"面板中输出字符串"123"。

【Python】

在 Python 中，可以使用 str 函数将其他类型的变量转换为字符串类型。下面创建一个整型变量，并用 str 函数进行转换后输出它的值。

```
>>> a=123
>>> b=str(a)
>>> b
'123'
```

6.1.3 字符串的长度

字符串的长度，即字符串中字符的个数。使用相应的函数可以获取字符串的长度。

【Excel VBA】

在 Excel VBA 中，使用 Len 函数可以获取指定字符串的长度。示例文件的存放路径为 Samples\ch06\Excel VBA\创建字符串.xlsm。

```
Sub Test8()
  Dim strL As String
  strL = "Hello python & VBA!"
  Debug.Print Len(strL)
End Sub
```

运行过程，在"立即窗口"面板中输出字符串的长度 19。

【Python】

在 Python 中，可以使用 len 函数返回字符串的长度。具体示例如下。

```
>>> len('hello python')    #长度
12
```

6.1.4 转义字符

【Python】

在 Python 中，可以使用一些字符表示特殊的操作，如\n 表示换行符、\r 表示回车符等。这些字符表达的不再是字符本身的意义，将其称为转义字符。Python 中常见的转义字符如表 6-1 所示。

表 6-1 Python 中常见的转义字符

转义字符	说明	转义字符	说明
\n	换行符	\b	退格符
\t	制表符	\000	空
\\	自身转义符	\v	纵向制表符

续表

转 义 字 符	说　　明	转 义 字 符	说　　明
\'	单引号	\r	回车符
\"	双引号	\f	换页符

在创建字符串时，如果字符串中包含单引号或双引号，使用不同的引号将字符串引起来就可以解决。转义字符提供了另一种解决方法。具体示例如下。

```
>>> a='单引号为\'。'
>>> a
"单引号为'。"
>>> b="双引号为\"。"
>>> b
'双引号为"。'
```

如果希望转义字符保持它原始字符的含义，则在字符串前面添加 r，指明不转义。具体示例如下。

```
>>> a='Hello \nPython.'
>>> a
'Hello \nPython.'
>>> b=r'Hello \nPython.'
>>> b
'Hello \\nPython.'
```

变量 a 引用的字符串中使用\n 进行了转义，变量 b 引用的字符串中使用 r 指定不转义。所以，在变量 b 返回的字符串中，n 前面有两个斜杠，两个斜杠表示的是斜杠本身。

【Excel VBA】

Excel VBA 中没有转义字符的说法，类似的具有特殊意义的操作直接用 Chr 函数或特定常数指定。Excel VBA 中的特殊字符如表 6-2 所示。

表 6-2　Excel VBA 中的特殊字符

字　　符	Chr 函数	常　　数
回车符	Chr(13)	vbCr
换行符	Chr(10)	vbLf
回车换行符	Chr(13)+Chr(10)	vbCrLf
制表符	Chr(9)	vbTab

下面在两个指定的字符串的中间用制表符间隔形成新字符串。示例文件的存放路径为 Samples\ch06\Excel VBA\创建字符串.xlsm。

```
Sub Test4()
  Dim strA As String
  strA = "Hello" & vbTab & "VBA"
```

```
    Debug.Print strA
End Sub
```

运行过程，在"立即窗口"面板中输出如下结果。

```
Hello   VBA
```

6.2 字符串的索引和切片

字符串的索引和切片，指的是从给定的字符串中找到和提取出一个或多个单字符，或者部分连续的字符。

6.2.1 字符串的索引

字符串的索引，指的是在字符串中找到指定的字符。

【Excel VBA】

在 Excel VBA 中，使用函数 Left、Right 和 Mid 等可以实现字符串中字符的索引与提取。Left 函数从最左边提取指定个数的字符，Right 函数从最右边提取指定个数的字符，Mid 函数从指定位置开始提取指定个数的字符。如果指定个数是 1 个，就可以实现单个字符的索引。

下面的代码给定一个字符串，用函数 Left、Right 和 Mid 提取子字符串。示例文件的存放路径为 Samples\ch06\Excel VBA\索引和切片.xlsm。

```
Sub Test()
  Dim strA As String
  Dim strB As String
  Dim strC As String
  Dim strD As String

  strA = "abcdefg"
  strB = Left(strA, 1)                    '提取最左边的字符
  strC = Right(strA, 1)                   '提取最右边的字符
  strD = Mid(strA, 2, 1)                  '提取第 2 个字符
  strE = Mid(strA, Len(strA) - 1, 1)      '提取倒数第 2 个字符

  Debug.Print strB
  Debug.Print strC
  Debug.Print strD
  Debug.Print strE
End Sub
```

运行过程，在"立即窗口"面板中输出的子字符串如下。

```
a
g
b
f
```

【Python】

在 Python 中，可以使用"[]"对字符串进行索引。

下面对给定字符串"abcdefg"进行索引。

```
>>> a='abcdefg'
>>> a[0]      #最左边的字符
'a'
>>> a[-1]     #最右边的字符，即倒数第 1 个字符
'g'
>>> a[1]      #第 2 个字符
'b'
>>> a[-2]     #倒数第 2 个字符
'f'
```

需要注意的是，从左到右索引时基数为 0，从右到左索引时基数为-1。

6.2.2 遍历字符串

遍历字符串，指的是在字符串中从左到右逐个查找和获取每个字符。下面遍历给定字符串，输出字符串中的每个字符。

【Excel VBA】

在 Excel VBA 中，使用 For 循环中的 Mid 函数获取字符串中的每个字符。示例文件的存放路径为 Samples\ch06\Excel VBA\索引和切片.xlsm。

```
Sub Test2()
  Dim strA As String
  Dim intI As Integer
  strA = "VBA"
  For intI = 1 To Len(strA)
    Debug.Print Mid(strA, intI, 1)
  Next
End Sub
```

运行过程，在"立即窗口"面板中输出如下结果。

```
V
B
A
```

【Python】

在 Python 中,获取字符串中每个字符的操作更简单。

```
>>> for c in 'Python':
        print(c)
```

输出结果如下。

```
P
y
t
h
o
n
```

6.2.3 字符串的切片

字符串的切片,指的是从字符串中连续查找和获取多个字符。

【Excel VBA】

在 Excel VBA 中,从给定字符串中定位和提取子字符串可以使用函数 Left、Right 和 Mid 等。下面的代码给定一个字符串,使用函数 Left、Right 和 Mid 提取子字符串。示例文件的存放路径为 Samples\ch06\Excel VBA\索引和切片.xlsm。

```
Sub Test3()
  Dim strA As String
  Dim strB As String
  Dim strC As String
  Dim strD As String
  
  strA="abcdefg"
  strB=Left(strA, 3)      '从最左边开始提取 3 个字符
  strC=Right(strA, 3)     '从最右边开始提取 3 个字符
  strD=Mid(strA, 2, 5)    '从第 2 个(包括第 2 个)字符开始提取 5 个字符
  
  Debug.Print strB
  Debug.Print strC
  Debug.Print strD
End Sub
```

运行过程,在"立即窗口"面板中输出如下结果。

```
abc
efg
bcdef
```

【Python】

在 Python 中，使用"[]"对字符串进行切片。切片操作是在给定的字符串中提取一个连续的子字符串。Python 中字符串的切片操作如表 6-3 所示。

表 6-3　Python 中字符串的切片操作

切片操作	说　　明	示　　例	结　　果
[:]	提取整个字符串	'abcde'[:]	'abcde'
[start:]	提取从 start 位置开始到结尾的字符串	'abcde'[2:]	'cde'
[:end]	提取从头到 end−1 位置的字符串	'abcde'[:2]	'ab'
[start:end]	提取从 start 到 end−1 位置的字符串	'abcde'[2:4]	'cd'
[start:end:step]	提取从 start 到 end−1 位置的字符串，步长为 step	'abcde'[1:4:2]	'bd'
[−n:]	提取倒数 n 个字符	'abcde'[−3:]	'cde'
[−m:−n]	提取倒数第 m 个到倒数第 n+1 个字符	'abcde'[−4:−2]	'bc'
[:−n]	提取从头到倒数第 n+1 个字符	'abcde'[:−1]	'abcd'
[::−s]	步长为 s，从右向左反向提取	'abcde'[::−1]	'edcba'

当执行正向操作时，基数为 0，示例如下。

```
>>> a='abcdefg'
>>> a[:3]    #从左侧提取 3 个字符
'abc'
>>> a[-3:]   #从右侧提取 3 个字符
'efg'
>>> a[1:6]   #从第 2 个（包括第 2 个）字符开始提取 5 个字符
'bcdef'
```

索引号 1 对应的字符是'b'，索引号 6 对应的字符是'g'，结果为'bcdef'，包括打头的'b'，不包括结尾的'g'，称为"包头不包尾"原则。

6.2.4　字符串的索引和切片示例：使用身份证号求年龄

身份证号中的第 7~10 位数字表示居民的出生年份，所以，知道身份证号就可以计算该居民的年龄。现有一份记录部分居民身份证号的表单，如图 6-1 所示，试根据这些身份证号计算对应居民的年龄。

图 6-1　根据给定身份证号计算年龄

【Excel VBA】

在 Excel VBA 中，先使用 For

循环遍历每行数据中的身份证号,再使用 Mid 函数获取身份证号中的年份数据,最后使用 Year 函数获取当前年份,用当前年份减去从身份证号中获取的年份就是所求的年龄。示例文件的存放路径为 Samples\ch06\Excel VBA\根据身份证号提取年龄.xlsm。

```vba
Sub Test()
  Dim intI As Integer
  Dim intR As Integer
  '数据行数
  intR = ActiveSheet.Range("C1").End(xlDown).Row
  '遍历 C 列中的身份证号
  For intI = 2 To intR
    '用当前年份减去从身份证号中获取的年份就是年龄
    ActiveSheet.Cells(intI, 4).Value = _
        Year(Now) - Mid(ActiveSheet.Cells(intI, 3).Value, 7, 4)
  Next
End Sub
```

运行程序,在工作表中的 D 列输出所求的年龄,如图 6-1 所示。

【Python】

在 Python 中,可以使用 datetime 模块中的 now 函数获取当前年份,通过字符串切片获取身份证号中的年份,从而计算年龄。示例的数据文件的存放路径为 Samples\ch06\Python\根据身份证号提取年龄.xlsx,.py 文件保存在相同的目录下,文件名为 sam06-01.py。

```python
import xlwings as xw            #导入 xlwings 包
#从 constants 类中导入 Direction
from xlwings.constants import Direction
import os                       #导入 os 包
from datetime import datetime   #导入 datetime 类
#获取.py 文件的当前路径
root = os.getcwd()
#创建 Excel 应用,可见,没有工作簿
app=xw.App(visible=True, add_book=False)
#打开数据文件,可写
bk=app.books.open(fullname=root+\
    r'\根据身份证号提取年龄.xlsx',read_only=False)
sht=bk.sheets(1)                #获取第 1 个工作表
#工作表中 C 列数据的最大行号
rows=sht.api.Range('C1').End(Direction.xlDown).Row
n=1                             #记录当前行号
#遍历数据区域的单元格
for rng in sht.range('C2:C'+str(rows)):
    n+=1                        #行号加 1
    #获取当前年份,减去从身份证号中获取的年份,得到年龄
    sht.cells(n,4).value=datetime.now().year\
```

```
-int(str(rng.value)[6:10])
```

运行程序,在工作表的 D 列输出所求年龄,如图 6-1 所示。

6.3 字符串的格式化输出

在输出数字、字符串和日期等数据时,常常要求按照指定的格式来输出。本节介绍字符串的格式化输出。

6.3.1 实现字符串的格式化输出

【Excel VBA】

在 Excel VBA 中,可以使用 Format 函数对字符串进行格式化输出。Format 函数的语法格式如下。

```
strA=Format(strString,strFormat)
```

其中,strString 是给定的字符串,strFormat 是指定输出格式的字符串,strA 是格式化后的字符串。Format 函数的格式如表 6-4 所示。

表 6-4 Format 函数的格式

格式	说明
General Number	普通数字,去掉千位分隔号和无效的 0
Currency	货币类型,添加千位分隔号和货币符号,保留两位小数
Fixed	带两位小数的数字
Standard	带千位分隔号和两位小数
Percent	带两位小数的百分数
Scientific	科学记数法
Yes/No	如果数值为非 0 数字则返回 Yes,否则返回 No
True/False	如果数值为非 0 数字则返回 True,否则返回 False
""或省略	返回原字符串,但去除小数点前后的无效 0
0	占位格式化,不足位时补足 0
#	占位格式化,不足位时不补足 0
%	转化为百分数,%代表乘以 100
\	强制显示某字符
;	分段显示不同格式
General Date	基本日期和时间类型,如 2021/5/23 11:05:12
Long Date	操作系统定义的长日期,如 2021 年 5 月 23 日

续表

格　式	说　明
Medium Date	操作系统定义的中日期，如 21-05-23
Short Date	操作系统定义的短日期，如 2021-5-23
Long Time	操作系统定义的长时间，如 11:05:12
Medium Time	带 AM/PM（上午/下午）的 12 小时制，不带秒，如 11:05 上午
Short Time	24 小时制的时间，不带秒，如 11:05
c	格式化为国家标准日期和时间，如 2021/5/23 11:05:12
y	一年中的第几天（1~366），如 100
yy	两位数的年份(00~99)，如 21
yyy	将上面的 yy 与 y 结合在一起，如 21100
yyyy	四位数的年份(0100~9999)，如 2021
d	一个月中的第几天（1~31），如 2
dd	与 d 相同，但不足两位时补足 0，如 02
ddd	3 个英文字母表示的星期几，如"Sat"
dddd	英文表示的星期几，如"Saturday"
ddddd	标准日期，如 2021/5/23
dddddd	长日期，如 2021 年 5 月 23 日
w	一个星期中的第几天（始于星期日，星期日为 1），如 6
ww	一年中的第几周，如 12
m	月份数(当用于时间时，也可以表示为分钟)，如 5
mm	当小于 10 时带前导 0 的月份数(当用于时间时，也可以表示为两位数的分钟数)，如 05
mmm	3 个英文字母表示的月份数，如"May"
mmmm	英文表示的月份数，如"May"
h, hh	小时数（0~23），如 3、03
n, nn	分钟数(0~59)，如 9、09
s, ss	秒数（0~59），如 5、05

下面结合一些例子进行演示，格式参数请参照表 6-4 进行查阅，此处不再介绍。示例文件的存放路径为 Samples\ch06\Excel VBA\格式化输出.xlsm。

```
Sub Test()
  Debug.Print Format("7,294,269.60", "General Number")
  Debug.Print Format("12.69", "0.0000")
  Debug.Print Format("12.69", "#.####")
  Debug.Print Format("1.269", "0.00%")
  Debug.Print Format("12345.6098", "Currency")
  Debug.Print Format("35267", "Fixed")
  Debug.Print Format("7294269.609", "Standard")
```

```
  Debug.Print Format("0.30", "Percent")
  Debug.Print Format("0", "Yes/No")
  Debug.Print Format("2021-5-20 13:14:22", "General Date")
  Debug.Print Format("2021-5-20 13:14:22", "Short Date")
  Debug.Print Format("2021-5-20 13:14:22", "Long Time")
End Sub
```

运行过程，在"立即窗口"面板中输出如下结果。

```
7294269.6
12.6900
12.69
126.90%
￥12,345.61
35267.00
7,294,269.61
30.00%
No
2021/5/20 13:14:22
2021/5/20
13:14:22
```

【Python】

当使用 print 函数输出字符串时，可以指定字符串的输出格式。其基本格式如下。

```
print('占位符1 占位符2' % (字符串1，字符串2))
```

其中，占位符用于表示该位置字符串的内容和格式。各占位符位置上字符串的内容按先后顺序取百分号后面小括号中的字符串。常见的字符串占位符如表 6-5 所示。

表 6-5 常见的字符串占位符

格 式	说 明
%c	格式化字符及其 ASCII 码
%s	格式化字符串
%d	格式化整数
%o	格式化八进制数
%x	格式化十六进制整数
%X	格式化十六进制整数（大写）
%f	格式化浮点数，可以指定小数点后的精度
%e	用科学记数法格式化浮点数
%E	作用与%e 相同，用科学记数法格式化浮点数
%g	自动选择%f 或%e
%G	自动选择%f 或%E
%p	用十六进制整数格式化变量的地址

下面结合例子介绍字符串占位符的使用。

```
>>> print('hello %s' % 'python')
hello python
>>> print('%s %s %d' % ('hello', 'python',2021))
hello python 2021
```

可以指定显示数字的符号、宽度和精度。下面指定按浮点数输出圆周率的值，数字的宽度为 10 个字符，小数位为 5 位，显示正号。

```
>>> print('%+10.5f' % 3.1415927)
 +3.14159
```

结果显示，小数点算 1 个字符，如果整个数字的宽度不足 10 个字符，则在数字前面用空格补齐。如果显示负号，则在数字末尾用空格补齐。不足位也可以用 0 补齐。示例如下。

```
>>> print('%010.5f' % 3.1415927)
0003.14159
```

除了可以使用占位符对字符串进行格式化，还可以使用 format 函数来实现。format 函数用大括号标明被替换的字符串，与占位符"%"类似。使用 format 函数进行格式化更灵活、更方便。

下面使用 format 函数进行字符串格式化输出。当大括号中为空时，按先后顺序用 format 函数的参数指定的字符串进行替换。

```
>>> print('不指定顺序: {} {}'.format('hello','python'))
不指定顺序: hello python
```

在大括号中用整数指定占位位置上显示什么字符串，该整数表示 format 函数的参数指定的字符串出现的先后顺序，基数为 0。

```
>>> print('指定顺序: {1} {0}'.format('hello','python'))
指定顺序: python hello
```

有重复的示例如下。

```
>>> print('{0} {1} {0} {1}'.format('hello','python'))
hello python hello python
```

显示为浮点数并指定小数位数的示例如下。

```
>>> print('保留两位小数:{:.2f}'.format(3.1415))
保留两位小数:3.14
```

字符串显示为百分比格式，指定小数位数，示例如下。

```
>>> print('{:.3%}'.format(0.12))
12.000%
```

用参数名称进行匹配的示例如下。

```
>>> print('{name},{age}'.format(age=30,name='张三'))
张三,30
```

6.3.2　字符串的格式化输出示例：数据保留 4 位小数

如图 6-2 所示，将工作表中 B 列的数据保留 4 位小数，并放在 D 列。

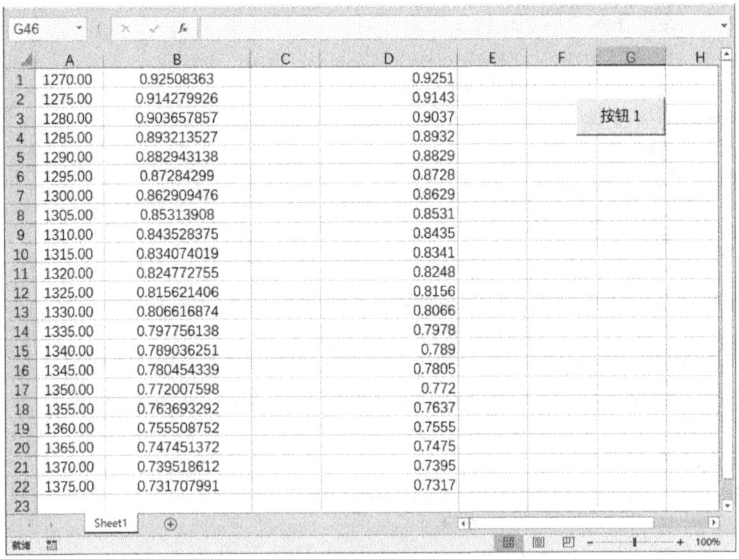

	A	B	C	D	E	F	G	H
1	1270.00	0.92508363		0.9251				
2	1275.00	0.914279926		0.9143				
3	1280.00	0.903657857		0.9037			按钮 1	
4	1285.00	0.893213527		0.8932				
5	1290.00	0.882943138		0.8829				
6	1295.00	0.87284299		0.8728				
7	1300.00	0.862909476		0.8629				
8	1305.00	0.85313908		0.8531				
9	1310.00	0.843528375		0.8435				
10	1315.00	0.834074019		0.8341				
11	1320.00	0.824772755		0.8248				
12	1325.00	0.815621406		0.8156				
13	1330.00	0.806616874		0.8066				
14	1335.00	0.797756138		0.7978				
15	1340.00	0.789036251		0.789				
16	1345.00	0.780454339		0.7805				
17	1350.00	0.772007598		0.772				
18	1355.00	0.763693292		0.7637				
19	1360.00	0.755508752		0.7555				
20	1365.00	0.747451372		0.7475				
21	1370.00	0.739518612		0.7395				
22	1375.00	0.731707991		0.7317				
23								

图 6-2　B 列数据保留 4 位小数

【Excel VBA】

遍历工作表中 B 列的每个数据，使用 Format 函数保留 4 位小数并输出。示例文件的存放路径为 Samples\ch06\Excel VBA\数据保留 4 位小数.xlsm。

```
Sub Test()
  Dim intI As Integer
  Dim intRows As Integer
  Dim sngV As Single
  '获取数据行数
  intRows = ActiveSheet.Range("B1").End(xlDown).Row
  '对每个数据进行操作
  For intI = 1 To intRows
    sngV = ActiveSheet.Cells(intI, 2).Value
    '保留 4 位小数
    ActiveSheet.Cells(intI, 4).Value = Format(sngV, "0.0000")
  Next
End Sub
```

运行程序，在工作表的 D 列输出结果，如图 6-2 所示。

【Python】

遍历工作表中 B 列的每个数据，使用 format 函数保留 4 位小数并输出。示例的数据文件的存放路径为 Samples\ch06\Python\数据保留 4 位小数.xlsx，.py 文件保存在相同的目录下，文件名为 sam06-02.py。

```python
import xlwings as xw          #导入 xlwings 包
#从 constants 类中导入 Direction
from xlwings.constants import Direction
import os                     #导入 os 包
#获取.py 文件的当前路径
root = os.getcwd()
#创建 Excel 应用，可见，没有工作簿
app=xw.App(visible=True, add_book=False)
#打开数据文件，可写
bk=app.books.open(fullname=root+\
    r'\数据保留 4 位小数.xlsx',read_only=False)
sht=bk.sheets(1)              #获取第 1 个工作表
#工作表中 B 列数据的最大行号
rows=sht.api.Range('B1').End(Direction.xlDown).Row
n=0                           #记录当前行号
#遍历数据区域的单元格
for rng in sht.range('B1:B'+str(rows)):
    n+=1                      #行号加 1
    #保留 4 位小数，在 D 列输出
    sht.cells(n,4).value='{:.4f}'.format(rng.value)
```

运行程序，在工作表的 D 列输出结果，如图 6-2 所示。

6.4 字符串的大小写

Excel VBA 和 Python 中都提供了进行字符串大小写转换的函数，可以将字符串中的所有字母转换为大写或小写，或者将首字母大写后面的字母小写。

6.4.1 设置字符串的大小写

【Excel VBA】

在 Excel VBA 中，可以使用 LCase 函数或 UCase 函数将字符串中的所有字母转换为小写或大写。示例文件的存放路径为 Samples\ch06\Excel VBA\大小写.xlsm。

```vba
Sub Test()
  strL = "Hello Python & VBA!"
```

```
    Debug.Print LCase(strL)
    Debug.Print UCase(strL)
End Sub
```

运行过程，在"立即窗口"面板中输出的转换结果如下。

```
hello python & vba!
HELLO PYTHON & VBA!
```

也可以使用 StrConv 函数转换字符串的大小写。StrConv 函数的第 1 个参数指定字符串，第 2 个参数指定转换方式。示例文件的存放路径为 Samples\ch06\Excel VBA\大小写.xlsm。

```
Sub Test2()
    strL = "Hello Python & VBA!"
    Debug.Print StrConv(strL, vbUpperCase)    '全部大写
    Debug.Print StrConv(strL, vbLowerCase)    '全部小写
    Debug.Print StrConv(strL, vbProperCase)   '首字母大写，其他小写
End Sub
```

运行过程，在"立即窗口"面板中输出的转换结果如下。

```
HELLO PYTHON & VBA!
hello python & vba!
Hello Python & Vba!
```

【Python】

Python 中提供了一些返回字符串长度与进行字符串字母大小写转换的函数和方法，如表 6-6 所示。

表 6-6 字符串基本操作的函数和方法

函数和方法	说明
str.upper	字符串中的字母全部大写
str.lower	字符串中的字母全部小写
str.capitalize	首字母大写，其余字母小写
str.swapcase	交换字母的大小写

具体示例如下。

```
>>> a = 'Hello Python & VBA!'
>>> a.upper()          #全部大写
'HELLO PYTHON & VBA!'
>>> a.lower()          #全部小写
'hello python & vba!'
>>> a.capitalize()     #首字母大写
'Hello python & vba!'
>>> a.swapcase()       #交换字母的大小写
```

```
'hELLO pYTHON & vba!'
```

需要注意的是，capitalize 方法的处理结果与 Excel VBA 的处理结果不同。capitalize 方法只将整句的首字母大写，其他的字母小写。如果希望得到 Excel VBA 的处理结果，即将每个单词的首字母大写，其他字母小写，则可以导入 string 包，利用该包中的 capwords 函数进行操作。具体示例如下。

```
>>> import string
>>> a = 'Hello Python & VBA!'
>>> print(string.capwords(a,' '))   #首字母大写
```

输出结果如下。

```
Hello Python & Vba!
```

6.4.2 设置字符串的大小写示例：列数据统一大小写

如图 6-3 所示，上面表中的 B 列的姓名都使用大写字母，将其转换为姓和名的首字母大写，其他字母小写的形式。

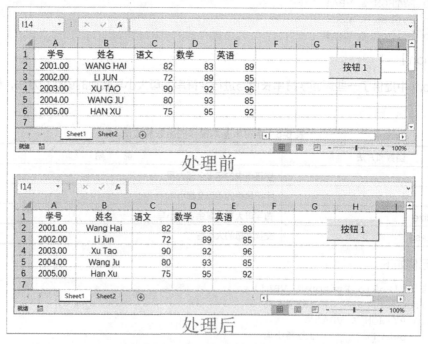

图 6-3　将 B 列的姓名转换为姓和名的首字母大写其他字母小写的形式

【Excel VBA】

遍历 B 列的每个数据，用 StrConv 函数将姓名转换为姓和名的首字母大写其他字母小写的形式。

示例文件的存放路径为 Samples\ch06\Excel VBA\姓和名的首字母大写.xlsm。

```
Sub Test()
  Dim intI As Integer
  Dim intRows As Integer
  Dim strName As String
  '获取数据行数
  intRows = ActiveSheet.Range("B1").End(xlDown).Row
  '对每个名字进行操作
  For intI = 2 To intRows
    strName = ActiveSheet.Cells(intI, 2).Value
    '首字母大写,其他字母小写
    ActiveSheet.Cells(intI, 2).Value = StrConv(strName, vbProperCase)
  Next
End Sub
```

运行程序,在工作表的 B 列输出转换结果,如图 6-3 中下面的表所示。

【Python】

遍历 B 列的每个数据,用 string 包中的 capwords 函数将姓名转换为姓和名的首字母大写其他字母小写的形式。示例的数据文件的存放路径为 Samples\ch06\Python\姓和名的首字母大写.xlsx,.py 文件保存在相同的目录下,文件名为 sam06-03.py。

```
import xlwings as xw        #导入xlwings包
import string               #导入string包
#从constants类中导入Direction
from xlwings.constants import Direction
import os                   #导入os包
#获取.py文件的当前路径
root = os.getcwd()
#创建Excel应用,可见,没有工作簿
app=xw.App(visible=True, add_book=False)
#打开数据文件,可写
bk=app.books.open(fullname=root+\
    r'\姓和名的首字母大写.xlsx',read_only=False)
sht=bk.sheets(1)   #获取第1个工作表
#工作表中B列数据的最大行号
rows=sht.api.Range('B1').End(Direction.xlDown).Row
n=1                         #记录当前行号
#遍历数据区域的单元格
for rng in sht.range('B2:B'+str(rows)):
    n+=1  #行号加1
    #首字母大写,其他字母小写
    sht.cells(n,2).value=string.capwords(rng.value)
```

运行程序,在工作表的 B 列输出转换结果,如图 6-3 中下面的表所示。

6.5 字符串的分割和连接

按照指定字符对给定字符串进行分割，或者用指定字符对给定的多个字符串进行连接是经常遇到的字符串处理任务，本节介绍进行字符串分割和连接的方法。

6.5.1 字符串的分割

【Excel VBA】

在 Excel VBA 中，可以使用 Split 函数用指定的分隔符分割字符串，分割后得到的子字符串放在一个数组中。关于数组的介绍请参考第 7 章。

下面给定一个字符串，指定以空格作为分隔符，使用 Split 函数进行分割。示例文件的存放路径为 Samples\ch06\Excel VBA\分割和连接.xlsm。

```
Sub Test()
  Dim strL As String
  Dim strArray() As String
  strL = "Hello python VBA"
  strArray = Split(strL, " ")    '分割字符串
  Debug.Print strArray(0)
  Debug.Print strArray(1)
  Debug.Print strArray(2)
End Sub
```

将分割后的子字符串放在数组 strArray 中，运行过程，在"立即窗口"面板中输出的结果如下。

```
Hello
python
VBA
```

【Python】

使用字符串的 split 方法，用指定的字符作为分隔符可以对给定的字符串进行分割。例如，下面用空格作为分隔符对字符串"Hello python VBA"进行分割，结果以列表的形式给出。关于列表的介绍请参考第 7 章。

```
>>> 'Hello python VBA'.split(' ')
['Hello', 'python', 'VBA']
```

在默认情况下，split 方法以空格作为分隔符进行分割，示例如下。

```
>>> 'Hello python VBA'.split()
['Hello', 'python', 'VBA']
```

6.5.2　字符串的分割示例：分割物资规格

如图 6-4 所示，D 列为物资规格数据，即物资外观的长、宽、高，以长 × 宽 × 高的形式表示。下面对每行的物资规格数据进行分割，提取出长、宽和高，并分 3 列显示。

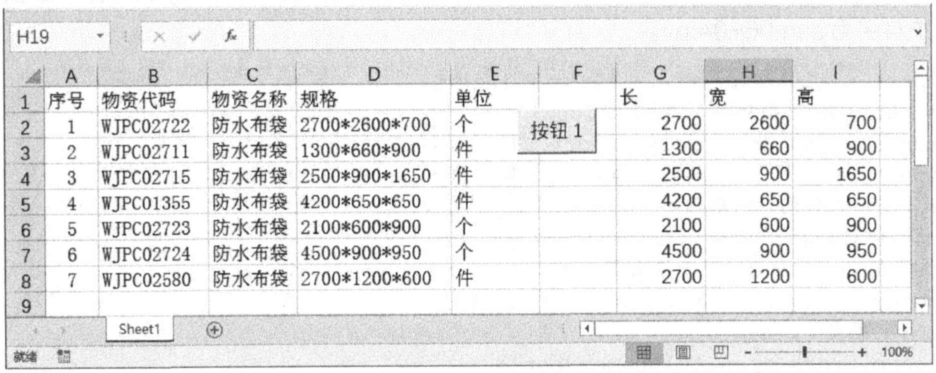

	A	B	C	D	E	F	G	H	I
1	序号	物资代码	物资名称	规格	单位		长	宽	高
2	1	WJPC02722	防水布袋	2700*2600*700	个	按钮 1	2700	2600	700
3	2	WJPC02711	防水布袋	1300*660*900	件		1300	660	900
4	3	WJPC02715	防水布袋	2500*900*1650	件		2500	900	1650
5	4	WJPC01355	防水布袋	4200*650*650	件		4200	650	650
6	5	WJPC02723	防水布袋	2100*600*900	个		2100	600	900
7	6	WJPC02724	防水布袋	4500*900*950	个		4500	900	950
8	7	WJPC02580	防水布袋	2700*1200*600	件		2700	1200	600
9									

图 6-4　分割物资规格数据

【Excel VBA】

遍历 D 列的每个数据，使用 Split 函数，用“*”对规格数据进行分割，得到的数据保存在一个数组中，按顺序为物资外观的长、宽和高，分别输出到对应行的 G 列、H 列和 I 列中。示例文件的存放路径为 Samples\ch06\Excel VBA\分割物资规格.xlsm。

```
Sub Test()
  Dim intI As Integer
  Dim intJ As Integer
  Dim intR As Integer
  Dim strT0 As String
  Dim strT
  '数据行数
  intR = ActiveSheet.Range("D1").End(xlDown).Row
  '遍历 D 列中的物资规格
  For intI = 2 To intR
    '对于当前规格，用“*”作为分隔符进行分割
    strT0 = ActiveSheet.Cells(intI, 4).Value
    strT = Split(strT0, "*")
    '输出分割后得到的长、宽和高
    ActiveSheet.Cells(intI, 7).Value = CInt(strT(0))
    ActiveSheet.Cells(intI, 8).Value = CInt(strT(1))
    ActiveSheet.Cells(intI, 9).Value = CInt(strT(2))
  Next
End Sub
```

运行程序，在工作表的 G 列、H 列和 I 列中输出结果，如图 6-4 所示。

【Python】

遍历 D 列的每个数据，使用字符串的 split 方法，用 "*" 对规格数据进行分割，得到的数据保存在一个数组中，按顺序为物资外观的长、宽和高，分别输出到对应行的 G 列、H 列和 I 列中。示例的数据文件的存放路径为 Samples\ch06\Python\分割物资规格.xlsx，.py 文件保存在相同的目录下，文件名为 sam06-04.py。

```python
import xlwings as xw          #导入 xlwings 包
#从 constants 类中导入 Direction
from xlwings.constants import Direction
import os                     #导入 os 包
#获取.py 文件的当前路径
root = os.getcwd()
#创建 Excel 应用，可见，没有工作簿
app=xw.App(visible=True, add_book=False)
#打开数据文件，可写
bk=app.books.open(fullname=root+\
    r'\分割物资规格.xlsx',read_only=False)
sht=bk.sheets(1)              #获取第 1 个工作表
#工作表中 D 列数据的最大行号
rows=sht.api.Range('D1').End(Direction.xlDown).Row
n=1                           #记录当前行号
#遍历数据区域的单元格
for rng in sht.range('D2:D'+str(rows)):
    n+=1                      #行号加 1
    #对于当前规格，用 "*" 作为分隔符进行分割
    lst=rng.value.split('*')
    #输出分割后得到的长、宽和高
    sht.cells(n,7).value=lst[0]
    sht.cells(n,8).value=lst[1]
    sht.cells(n,9).value=lst[2]
```

运行程序，在工作表的 G 列、H 列和 I 列中输出结果，如图 6-4 所示。

6.5.3 字符串的连接

在 Excel VBA 和 Python 中，可以使用连接运算符连接字符串。

【Excel VBA】

在 Excel VBA 中，可以使用 "&" 连接字符串。下面先定义两个字符串，然后将它们连接在一起构成一个新的字符串。示例文件的存放路径为 Samples\ch06\Excel VBA\分割和连接.xlsm。

```vba
Sub Test2()
  Dim strA As String
  Dim strB As String
```

```
    strA = "Hello"
    strB = "VBA"
    Debug.Print strA & " " & strB
End Sub
```

需要注意的是，也可以使用"+"连接字符串，但是建议不使用"+"，因为在某些场景下会产生歧义。

运行过程，在"立即窗口"面板中输出连接后的字符串。

```
Hello VBA
```

【Python】

字符串的连接可以使用"+"、"*"、空格和 join 方法等。下面使用"+"连接两个字符串。

```
>>> a='hello '
>>> b='python'
>>> a+b
'hello python'
```

使用"*"可以重复输出指定的字符串，示例如下。

```
>>> a='python '
>>> a*3
'python python python '
```

print 函数的参数中以空格隔开几个字符串，空格能起到连接的作用。示例如下。

```
>>> print('hello ' 'python')
hello python
```

也可以使用函数连接字符串。

【Excel VBA】

可以使用 Join 函数用指定的分隔符连接字符串。进行连接的字符串必须先放在一个数组中。关于数组的介绍请参考第 7 章。下面创建两个字符串，并将它们放在数组 strArr 中，指定分隔符为空格，用 Join 函数进行连接。示例文件的存放路径为 Samples\ch06\Excel VBA\分割和连接.xlsm。

```
Sub Test3()
    Dim strA As String
    Dim strB As String
    Dim strArr(1) As String
    strA = "Hello"
    strB = "VBA"
    strArr(0) = strA
    strArr(1) = strB
    Debug.Print Join(strArr, " ")
End Sub
```

运行过程，在"立即窗口"面板中输出连接后的字符串。

```
Hello VBA
```

【Python】

可以使用字符串的 join 方法，用指定字符或字符串间隔给定的多个字符串。例如，下面用逗号间隔给定字符串中的各个字符。

```
>>> a=','
>>> b='abc'
>>> a.join(b)
'a,b,c'
```

或者将变量 b 引用的字符串用列表给出，用变量 a 引用的字符串间隔列表各元素。具体示例如下。

```
>>> a=','
>>> b=['hello','abc','python']
>>> a.join(b)
'hello,abc,python'
```

6.5.4　字符串的连接示例：合并学生个人信息

如图 6-5 所示，将工作表中 A~C 列的学生信息合并为 D 列的形式。

图 6-5　合并学生个人信息

【Excel VBA】

遍历各行，使用 Join 函数，用换行符连接 A~C 列的数据，合并后的结果在 D 列中显示。示例文件的存放路径为 Samples\ch06\Excel VBA\合并学生个人信息.xlsm。

```vba
Sub Test()
  Dim intI As Integer
  Dim intR As Integer
  Dim strT(2) As String
  '数据行数
  intR = ActiveSheet.Range("A1").End(xlDown).Row
  '遍历各行数据
  For intI = 2 To intR
    '将当前行的前三列数据进行合并
    strT(0) = "姓名: " & ActiveSheet.Cells(intI, 1).Value
    strT(1) = "性别: " & ActiveSheet.Cells(intI, 2).Value
    strT(2) = "准考证号: " & ActiveSheet.Cells(intI, 3).Value
    '合并的连接符为换行符
    ActiveSheet.Cells(intI, 4).Value = Join(strT, vbLf)
  Next
End Sub
```

运行程序，在工作表的 D 列中输出结果，如图 6-5 所示。

【Python】

遍历各行，使用字符串的 join 方法，用换行符连接 A~C 列的数据，合并后的结果在 D 列中显示。示例的数据文件的存放路径为 Samples\ch06\Python\合并学生个人信息.xlsx，.py 文件保存在相同的目录下，文件名为 sam06-05.py。

```python
import xlwings as xw          #导入xlwings包
#从constants类中导入Direction
from xlwings.constants import Direction
import os                     #导入os包
#获取.py文件的当前路径
root = os.getcwd()
#创建Excel应用，可见，没有工作簿
app=xw.App(visible=True, add_book=False)
#打开数据文件，可写
bk=app.books.open(fullname=root+\
    r'\合并学生个人信息.xlsx',read_only=False)
sht=bk.sheets(1)              #获取第1个工作表
#工作表中A列数据的最大行号
rows=sht.api.Range('A1').End(Direction.xlDown).Row
#遍历第2行到末行
for i in range(2,rows+1):
    lst=[]
    #将当前行的前三列数据进行合并
    lst.append('姓名: '+str(sht.cells(i,1).value))
    lst.append('性别: '+str(sht.cells(i,2).value))
    lst.append('准考证号: '+str(sht.cells(i,3).value))
```

```
#合并的连接符为换行符
sht.cells(i,4).value='\n'.join(lst)
```

运行程序，在工作表的 D 列中输出结果，如图 6-5 所示。

6.6 字符串的查找和替换

在处理字符串时，常常遇到在给定的字符串中查找指定子字符串，或者找到以后用其他的字符串进行替换的情形。本节介绍进行字符串查找和替换的方法。

6.6.1 字符串的查找

【Excel VBA】

在 Excel VBA 中，可以使用 InStr 函数返回一个字符串在另一个字符串中首次出现的位置。该函数的语法格式如下。

```
intP=InStr([Start,]String1,String2[,Compare])
```

其中，Start 为可选参数，表示查找的起点，不设置时从字符串的第 1 个字符处开始查找。String1 为原始字符串，判断并返回 String2 表示的字符串在 String1 中首次出现的位置。Compare 参数表示字符串匹配的方式，默认值为 vbBinaryCompare，区分大小写；Compare 参数设置为 vbTextCompare 时不区分大小写。

下面给定两个字符串，判断第 2 个字符串在第 1 个字符串中首次出现的位置。示例文件的存放路径为 Samples\ch06\Excel VBA\查找和替换.xlsm。

```
Sub Test()
  Dim strA As String
  Dim strB As String
  Dim intP As Integer
  strA = "Hello VBA"
  strB = "VB"
  intP = InStr(strA, strB)
  Debug.Print intP
End Sub
```

运行过程，在"立即窗口"面板中输出 7，表示 strB 在 strA 中首次出现的位置为第 7 个字符处。

使用 InStrRev 函数可以反向查找，即从字符串的末尾向前查找。该函数的语法格式如下。

```
intP=InStrRev(String1,String2[Start,] [,Compare])
```

InstrRev 函数各参数的意义与 InStr 函数各参数的意义相同。

【Python】

可以使用字符串的 find 方法和 rfind 方法返回一个字符串在另一个字符串中首次出现的位置和末次出现的位置。

下面返回字符串"Py"在字符串"HePyllo Python"中首次出现的位置和末次出现的位置。需要注意的是，位置的基数为 0。

```
>>> 'HePyllo Python'.find('Py')
2
>>> 'HePyllo Python'.rfind('Py')
8
```

可以使用字符串的 count 方法返回指定字符串在另一个字符串中出现的次数。例如，计算字符串"Py"在字符串"HePyllo Python"中出现的次数。

```
>>> 'HePyllo Python'.count('Py')
2
```

可以使用字符串的 startswith 方法判断字符串是否以指定的字符串打头，如果是则返回 True，否则返回 False。

```
>>> 'abcab'.startswith('abc')
True
```

可以使用字符串的 endswith 方法判断字符串是否以指定的字符串结尾，如果是则返回 True，否则返回 False。

```
>>> 'abcab'.endswith('ab')
True
```

6.6.2 字符串的替换

【Excel VBA】

可以使用 Replace 函数替换指定字符串中的某个子字符串。Replace 函数的语法格式如下。

```
strR=Replace(Expression,Find,Replace[Start[,Count[,Compare]]])
```

其中，Expression 为给定的原始字符串，Find 为被替换的子字符串，Replace 为用作替换的子字符串，Count 表示替换次数，其他参数的意义与 InStr 函数的参数的意义相同。Replace 函数返回替换后的字符串 strR。

下面给定一个字符串，用"Python"替换其中的"VBA"。示例文件的存放路径为 Samples\ch06\Excel VBA\查找和替换.xlsm。

```
Sub Test2()
  Dim strA As String
```

```
    Dim strC As String
    strA = "Hello VBA"
    strB = "VB"
    strC = Replace(strA, "vBa", "Python")                    '区分大小写
    Debug.Print strC
    strC = Replace(strA, "vBa", "Python", , , vbTextCompare) '不区分大小写
    Debug.Print strC
End Sub
```

运行过程，在"立即窗口"面板中输出两次替换的结果。

```
Hello VBA
Hello Python
```

因为第 1 次替换区分大小写，所以"VBA"和"vBa"不同，不进行替换；在进行第 2 次替换时，指定 Compare 参数的值为 vbTextCompare，不区分大小写，"VBA"和"vBa"表示相同的字符串，进行替换。

【Python】

使用字符串的 replace 方法，用指定字符串替换给定字符串中的某个子字符串。replace 方法的语法格式如下。

```
str.replace(str1,str2,num)
```

其中，str 为给定的字符串，参数 str1 为给定字符串中被替换的子字符串，参数 str2 为用作替换的字符串，参数 num 指定替换不能超过的次数。当忽略参数 num 或指定参数 num 的值为-1 时，能替换的全部替换。

下面将给定字符串中的字母 a 替换为 w，替换次数不能超过 5 次。

```
>>> 'abcababcababcab'.replace('a','w',5)
'wbcwbwbcwbwbcab '
>>> 'abcababcababcab'.replace('a','w')
'wbcwbwbcwbwbcwb'
```

6.6.3 字符串的查找和替换示例：提取省、市、县

如图 6-6 所示，工作表中的 A 列数据表示某些地区的省、市、县 3 级行政单位，现在要求将这 3 级行政单位分别提取出来并显示在 B~D 列中。

提取的思路是查找行政单位关键字省、自治区、市、自治州、县和区等在字符串中的位置，从而计算出各级行政单位对应的名称并输出到指定的单元格中。

图 6-6 提取省、市、县

【Excel VBA】

遍历 A 列的数据，使用 InStr 函数查找各关键字在字符串中的位置，并计算得到各级行政单位对应的名称，将结果输出到 B~D 列中。示例文件的存放路径为 Samples\ch06\Excel VBA\提取省、市、县.xlsm。

```
Sub Test()
  Dim intI As Integer
  Dim intR As Integer
  Dim sht As Object
  Set sht = ActiveSheet
  Dim strAdr As String                        '详细文本
  Dim intA As Integer, intB As Integer        '省(自治区)出现的位置
  Dim intC As Integer, intD As Integer        '市(自治州)出现的位置
  Dim strA As String                          '省(自治区)
  Dim strB As String                          '市(自治州)
  Dim strC As String                          '县(区)
  
  '数据行数
  intR = sht.Range("A2").End(xlDown).Row
  '遍历各行数据
  For intI = 2 To intR
    strAdr = sht.Cells(intI, 1).Value
    
    '获取省(自治区)名称
    intA = InStr(strAdr, "省")
    If intA <> 0 Then
      strA = Left(strAdr, intA)
    End If
    intB = InStr(strAdr, "自治区")
    If intB <> 0 Then
      strA = Left(strAdr, intB + 2)
```

```
      End If

      '获取市(自治州)名称
      intC = InStr(strAdr, "市")
      If intC <> 0 Then
        If InStr(strAdr, "自治区") <> 0 Then
          strB = Mid(strAdr, intB + 3, intC - intB + 2)
        Else
          strB = Mid(strAdr, intA + 1, intC - intA)
        End If
      End If
      intD = InStr(strAdr, "自治州")
      If intD <> 0 Then
        If InStr(strAdr, "自治区") <> 0 Then
          strB = Mid(strAdr, intB + 3, intD - intB)
        Else
          strB = Mid(strAdr, intA + 1, intD - intA + 2)
        End If
      End If

      '获取县(区)名称
      If InStr(strAdr, "自治州") <> 0 Then
        strC = Right(strAdr, Len(strAdr) - intD - 2)
      Else
        strC = Right(strAdr, Len(strAdr) - intC)
      End If

      '输出
      sht.Cells(intI, 2).Value = strA
      sht.Cells(intI, 3).Value = strB
      sht.Cells(intI, 4).Value = strC
  Next
End Sub
```

运行程序,在工作表的 B~D 列中显示输出结果,如图 6-6 所示。

【Python】

遍历 A 列的数据,使用字符串的 find 方法查找各关键字在字符串中的位置,并计算得到各级行政单位对应的名称,在工作表的 B~D 列中显示输出结果。示例的数据文件的存放路径为 Samples\ch06\Python\提取省、市、县.xlsx,.py 文件保存在相同的目录下,文件名为 sam06-06.py。

```python
import xlwings as xw      #导入 xlwings 包
#从 constants 类中导入 Direction
from xlwings.constants import Direction
```

```python
import os                      #导入os包
#获取.py文件的当前路径
root = os.getcwd()
#创建Excel应用,可见,没有工作簿
app=xw.App(visible=True, add_book=False)
#打开数据文件,可写
bk=app.books.open(fullname=root+\
    r'\提取省、市、县.xlsx',read_only=False)
sht=bk.sheets(1)             #获取第1个工作表
#工作表中A列数据的最大行号
rows=sht.api.Range('A2').End(Direction.xlDown).Row
n=1                          #记录当前行号
#遍历数据区域的单元格
for rng in sht.range('A2:A'+str(rows)):
    n+=1                     #行号加1
    addr=rng.value           #当前单元格中的字符串

    #获取省(自治区)名称
    ad1=addr.find('省')    #第1次出现"省"字的位置,基数为0
    if ad1!=-1:str1=addr[:ad1+1]     #如果找到了,就获取省份字段
    ad2=addr.find('自治区')           #自治区的情况
    if ad2!=-1:str1=addr[:ad2+3]     #进行类似的判断和处理

    #获取市(自治州)名称
    ad3=addr.find('市')              #第1次出现"市"字的位置
    if ad3!=-1:                       #如果找到了
        if ad2!=-1:                   #如果前面是自治区
            str2=addr[ad2+3:ad3+3]    #则获取市的字段
        else:                         #如果前面是省
            str2=addr[ad1+1:ad3+1]    #则获取市的字段
    ad4=addr.find('自治州')           #第1次出现自治州的位置
    if ad4!=-1:                       #如果找到了
        if ad2!=-1:                   #如果前面是自治区
            str2=addr[ad2+3:ad4+3]
        else:                         #如果前面是省
            str2=addr[ad1+1:ad4+3]

    #获取县(区)名称
    if ad4!=-1:                       #如果前面是自治州
        str3=addr[ad4+3:]
    elif ad3!=-1:                     #如果前面是市
        str3=addr[ad3+1:]

    #输出
    sht.cells(n,2).value=str1
```

```
    sht.cells(n,3).value=str2
    sht.cells(n,4).value=str3
```

运行程序，在工作表的 B~D 列中显示输出结果，如图 6-6 所示。

6.6.4 字符串的查找和替换示例：统一列数据的单位

如图 6-7 中上面的表所示，B 列中各食材的单位不统一，有"公斤"、"kg"和"千克"等，下面将各单位统一为"公斤"。

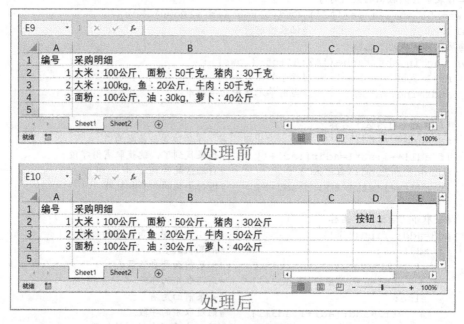

图 6-7 统一列数据的单位

【Excel VBA】

遍历 B 列的数据，用 Replace 方法将单位"kg"和"千克"替换为"公斤"。示例文件的存放路径为 Samples\ch06\Excel VBA\统一列数据的单位.xlsm。

```
Sub Test()
  Dim intI As Integer
  Dim intR As Integer
  Dim strT As String

  '数据行数
  intR = ActiveSheet.Range("A1").End(xlDown).Row
  '遍历 B 列的数据
  For intI = 2 To intR
```

```
        '将"kg"和"千克"替换为"公斤"
        strT = ActiveSheet.Cells(intI, 2).Value
        strT = Replace(strT, "kg", "公斤")
        strT = Replace(strT, "千克", "公斤")
        ActiveSheet.Cells(intI, 2).Value = strT
    Next
End Sub
```

运行程序,替换结果如图6-7中下面的表所示。

【Python】

遍历B列的数据,用字符串的replace方法将单位"kg"和"千克"替换为"公斤"。示例的数据文件的存放路径为Samples\ch06\Python\统一列数据的单位.xlsx,.py文件保存在相同的目录下,文件名为sam06-07.py。

```python
import xlwings as xw        #导入xlwings包
#从constants类中导入Direction
from xlwings.constants import Direction
import os                    #导入os包
#获取.py文件的当前路径
root = os.getcwd()
#创建Excel应用,可见,没有工作簿
app=xw.App(visible=True, add_book=False)
#打开数据文件,可写
bk=app.books.open(fullname=root+\
    r'\统一列数据的单位.xlsx',read_only=False)
sht=bk.sheets(1)            #获取第1个工作表
#工作表中B列数据的最大行号
rows=sht.api.Range('B2').End(Direction.xlDown).Row
n=1                          #记录当前行号
#遍历数据区域的单元格
for rng in sht.range('B2:B'+str(rows)):
    n+=1                     #行号加1
    str0=rng.value           #当前单元格中的字符串
    strt=str0.replace('kg','公斤')     #将字符串中的"kg"替换为"公斤"
    strt=strt.replace('千克','公斤')    #将字符串中的"千克"替换为"公斤"
    sht.cells(n,2).value=strt          #显示替换后的字符串
```

运行程序,替换结果如图6-7中下面的表所示。

6.7 字符串的比较

在Excel VBA和Python中,既可以使用关系运算符比较字符串,也可以使用函数比较字符串。

6.7.1 使用关系运算符进行比较

【Excel VBA】

在 Excel VBA 中，可以使用关系运算符直接对字符串进行比较。关系运算符包括"<"、"<="、">"、">="、"="和"<>"等。当使用关系运算符比较两个字符串时，从头开始逐个比较两个字符串中的字符，根据第 1 个不同字符的比较结果得到两个字符串的比较结果。

下面给定两个字符串，比较第 1 个字符串是否小于第 2 个字符串。示例文件的存放路径为 Samples\ch06\Excel VBA\字符串的比较.xlsm。

```
Sub Test()
  Dim strA As String
  Dim strB As String
  strA = "abc"
  strB = "abc123"
  Debug.Print strA < strB
End Sub
```

运行过程，在"立即窗口"面板中输出 True，表示字符串 strA 小于字符串 strB。

【Python】

在 Python 中，可以使用关系运算符、成员运算符和字符串相关的函数与方法对字符串进行比较。

下面用"=="或"!="比较两个字符串对象的值是否相等。

```
>>> a='abc'
>>> b='abc123'
>>> a==b        #当值相等时返回True
False
>>> a!=b        #当值不相等时返回True
True
```

可以使用 is 比较两个字符串对象的内存地址是否相同。

```
>>> a is b      #当内存地址相同时返回True
False
```

可以使用成员运算符 in 或 not in 计算指定字符串是否包含在另一个字符串中，若成立则返回 True，否则返回 False。

```
>>> a in b           #'abc'是否包含在'abc123'中
True
>>> 'd' not in b     #'d'是否不包含在'abc123'中
True
```

6.7.2 使用函数进行比较

【Excel VBA】

也可以使用 StrComp 函数比较两个字符串的大小。StrComp 函数的语法格式如下。

```
StrComp(String1, String2[, Compare])
```

其中，参数 Compare 指定字符串的比较方式，默认值为 vbBinaryCompare，区分大小写；当设置为 vbTextCompare 时不区分大小写。设置比较方式，也可以在模块顶部输入 Option Compare Binary 语句或 Option Compare Text 语句指定比较时区分大小写或不区分大小写。

当 StrComp 函数的返回值为-1 时，表示 String1<String2；当 StrComp 函数的返回值为 0 时，表示 String1=String2；当 StrComp 函数的返回值为 1 时，表示 Strign1>String2；当 StrComp 函数的返回值为 Null 时，表示 String1 和 String2 中至少有 1 个为 Null。

下面给定两个字符串，用 StrComp 函数比较它们的大小。示例文件的存放路径为 Samples\ch06\Excel VBA\字符串的比较.xlsm。

```
Sub Test2()
  Dim strA As String
  Dim strB As String
  Dim strC As String
  Dim varComp1, varComp2, varComp3
  strA = "abc"
  strB = "abc123"
  strC = "ABc"
  varComp1 = StrComp(strA, strB)                      '区分大小写
  varComp2 = StrComp(strA, strC)
  varComp3 = StrComp(strA, strC, vbTextCompare)       '不区分大小写
  Debug.Print varComp1, varComp2, varComp3
End Sub
```

运行过程，在"立即窗口"面板中输出的比较结果如下。

```
-1            1             0
```

由此可知，当区分大小写时，strA<strB，strA>strC；当不区分大小写时，strA=strB。

【Python】

Python 3 中没有与 VBA 中 StrComp 函数的功能类似的函数，但可以使用 operator 模块中的相关函数实现类似的功能，如表 6-7 所示。需要注意的是，当使用表 6-7 中的函数比较字符串的大小时，是按字符串中的字母逐个进行比较的。在比较时先获取字母对应的 ASCII 码，然后比较该数字的大小。

表 6-7 operator 模块中用于比较字符串的函数

函　数	说　明
operator.lt(str1, str2)	若 str1 小于 str2 则返回 True, 否则返回 False
operator.le(str1, str2)	若 str1 小于或等于 str2 则返回 True, 否则返回 False
operator.eq(str1, str2)	若 str1 等于 str2 则返回 True, 否则返回 False
operator.ne(str1, str2)	若 str1 不等于 str2 则返回 True, 否则返回 False
operator.gt(str1, str2)	若 str1 大于 str2 则返回 True, 否则返回 False
operator.ge(str1, str2)	若 str1 大于或等于 str2 则返回 True, 否则返回 False

下面导入 operator 模块并使用其中的函数比较给定字符串的大小。

```
>>> import operator as op
>>> op.lt('a','b')                  #'a'是否比'b'小
True
>>> op.eq('a123','a12b')            #'a123'与'a12b'是否相等
False
>>> op.ge('forpython','forvba')     #'forpython'是否大于或等于'forvba'
False
```

Python 中提供的其他一些可以进行字符串比较的函数如表 6-8 所示，可以使用这些函数判断字符串中元素的类型和大小写等。

表 6-8 可以进行字符串比较的函数

函　数	说　明
str.isalnum	字符串中全是数字和字母
str.isalpha	字符串中全是字母
str.isdigit	字符串中全是数字
str.isnumeric	字符串中全是数字
str.islower	字符串中是否全为小写字母
str.isupper	字符串中是否全为大写字母
str.isspace	若字符串中只包含空格则返回 True, 否则返回 False
max	最大的字母
min	最小的字母

下面举例说明。

```
>>> 'Abc123'.isalnum()    #字符串中全是字母和数字
True
>>> 'Abc123'.isalpha()    #是否全是字母
False
>>> '123123'.isdigit()    #是否全是数字
True
```

```
>>> '123.123'.isnumeric()    #是否全是数字
False
>>> 'abc'.islower()          #字母是否全是小写
True
>>> max('Abc')               #最大的字母
'c'
```

6.7.3 字符串的比较示例：找老乡

如图 6-8 所示，A 列和 B 列为一组人的姓名和籍贯。试将籍贯相同的人员姓名找出来，并按照图 6-8 中的格式来显示。

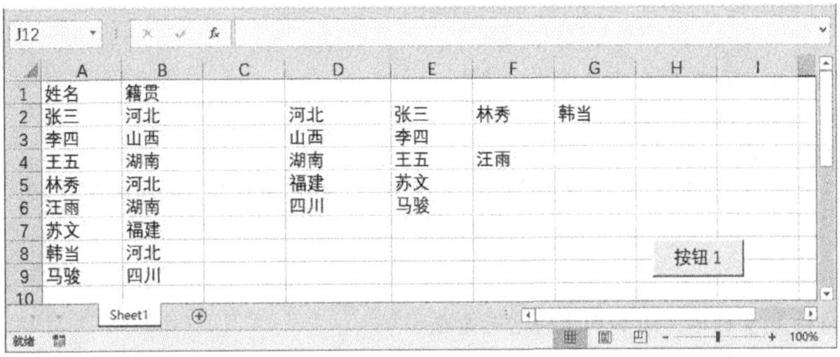

	A	B	C	D	E	F	G	H	I
1	姓名	籍贯							
2	张三	河北		河北	张三	林秀	韩当		
3	李四	山西		山西	李四				
4	王五	湖南		湖南	王五	汪雨			
5	林秀	河北		福建	苏文				
6	汪雨	湖南		四川	马骏				
7	苏文	福建							
8	韩当	河北							
9	马骏	四川							

图 6-8　找老乡

找老乡的思路如下：先遍历 B 列的籍贯数据，再在 D 列中建一个唯一籍贯列表，如果 B 列的当前籍贯在 D 列中不存在，则将该籍贯添加到 D 列下面第 1 个空行对应的单元格中，对应的姓名添加到该单元格右侧的单元格中；如果当前籍贯在 D 列中已经存在，则直接将对应的姓名添加到 D 列对应籍贯右侧的第 1 个空单元格中。完成遍历后各地人员就找到了。所以，这里需要进行籍贯名称的比较。

【Visual VBA】

示例文件的存放路径为 Samples\ch06\Excel VBA\找老乡.xlsm。

```
Sub Test()
  Dim intK As Integer         '记录省份个数
  Dim intN As Integer         '记录某籍贯名个数
  Dim intR As Integer         '记录数据行数
  Dim sht As Object           '工作表对象
  Set sht = ActiveSheet
  Dim intI As Integer
  Dim intJ As Integer
  Dim bolExist As Boolean     '省份是否已经存在

  '数据行数
  intR = sht.Range("B1").End(xlDown).Row
```

```vba
    '省份去重，去重结果放在 D 列中
    sht.Range("D2").Value = "河北"
    intK = 1
    For intI = 3 To intR
      '遍历工作表中 B 列的数据
      bolExist = False
      For intJ = 2 To intK + 1
        '遍历已经得到的唯一省份
        If sht.Cells(intI, 2).Value = sht.Cells(intJ, 4).Value Then
          '如果有一个相等，则省份已经存在
          bolExist = True
        End If
      Next
      '如果不存在，则在 D 列中追加省份名称
      If Not bolExist Then
        intK = intK + 1
        sht.Cells(intK + 1, 4).Value = sht.Cells(intI, 2).Value
      End If
    Next
    
    '获取各省份老乡姓名，添加到省份名称后面
    '遍历唯一省份名称
    For intI = 1 To intK
      intN = 1
      For intJ = 2 To intR    '遍历 B 列的数据
        '如果 B 列的当前数据与唯一省份的名称相同
        If sht.Cells(intJ, 2).Value = sht.Cells(intI + 1, 4).Value Then
          '则把姓名追加到省份名称后面
          sht.Cells(intI + 1, 4 + intN).Value = sht.Cells(intJ, 1).Value
          intN = intN + 1
        End If
      Next
    Next
End Sub
```

运行程序，查找结果如图 6-8 所示。

【Python】

示例的数据文件的存放路径为 Samples\ch06\Python\找老乡.xlsx，.py 文件保存在相同的目录下，文件名为 sam06-08.py。

```python
import xlwings as xw    #导入 xlwings 包
#从 constants 类中导入 Direction
from xlwings.constants import Direction
```

```python
import os                      #导入 os 包
#获取.py 文件的当前路径
root = os.getcwd()
#创建 Excel 应用，可见，没有工作簿
app=xw.App(visible=True, add_book=False)
#打开数据文件，可写
bk=app.books.open(fullname=root+\
    r'\找老乡.xlsx',read_only=False)
sht=bk.sheets(1)       #获取第 1 个工作表
#工作表中 B 列数据的最大行号
rows=sht.api.Range('B1').End(Direction.xlDown).Row

n=1    #记录当前行号
#遍历 B 列，获取唯一省份名称
for i in range(2,rows+1):
    ex=False

    #在 D 列显示唯一省份名称
    #遍历已经获取的唯一省份名称
    for j in range(1,n+1):
        if sht.cells(i,2).value==sht.cells(j+1,4).value:
            #如果有一个相等，则省份已经存在
            ex=True
    #如果不存在，则在 D 列中追加省份名称
    if not ex:
        n+=1
        sht.cells(n,4).value=sht.cells(i,2).value

#获取各省份老乡的姓名，并添加到省份名称后面
#遍历唯一省份名称
for i in range(n):
    k=1
    for j in range(2,rows+1):
        #如果 B 列的当前数据与唯一省份的名称相同
        if sht.cells(j,2).value==sht.cells(i+1,4).value:
            #则把姓名追加到省份名称后面
            sht.cells(i+1,4+k).value=sht.cells(j,1).value
            k+=1
```

运行程序，查找结果如图 6-8 所示。

6.8 删除字符串两端的空格

使用 Excel VBA 和 Python 中提供的相关函数，可以删除指定字符串两端或某一端的空格。

【Excel VBA】

在 Excel VBA 中，使用 Trim 函数删除字符串两端的空格，使用 LTrim 函数和 RTrim 函数分别删除字符串左侧和右侧的空格。示例文件的存放路径为 Samples\ch06\Excel VBA\删除空格.xlsm。

```vba
Sub Test()
  Dim strA As String
  strA = " ab cd "
  Debug.Print Trim(strA)      '删除字符串两端的空格
  Debug.Print LTrim(strA)     '删除字符串左侧的空格
  Debug.Print RTrim(strA)     '删除字符串右侧的空格
End Sub
```

运行过程，在"立即窗口"面板中输出如下结果。

```
ab cd
ab cd
 ab cd
```

需要注意的是，输出的第 2 个结果字符串的最后有一个空格。

【Python】

在 Python 中，可以使用字符串的 strip 方法删除字符串两端的空格，使用 lstrip 方法和 rstrip 方法分别删除字符串左侧和右侧的空格。

下面删除给定字符串首尾的空格。

```python
>>> ' ab cd '.strip(' ')
'ab cd'
```

需要注意的是，没有删除中间的空格。也可以不指定参数，直接删除首尾全部的空格。

```python
>>> ' ab cd '.strip()
'ab cd'
```

下面使用 lstrip 方法和 rstrip 方法删除字符串左侧和右侧的空格。

```python
>>> ' ab cd '.lstrip(' ')
'ab cd '
>>> ' ab cd '.rstrip()
' ab cd'
```

6.9 Python 中字符串的缓存机制

与整数缓存机制类似，Python 中也为常用的字符串提供了缓存机制。为常用的字符串提供缓存，不仅可以避免频繁地分配内存和释放内存，还可以避免内存中出现更多的碎片，从而提高 Python

的整体性能。

在命令行模式下，Python 为只包含下画线、数字和字母的字符串提供缓存。满足要求的字符串对象在第一次创建时建立缓存机制，以后需要值相同的字符串时，可以直接从缓存池中取用，不需要重新创建对象。

下面创建变量 a 和 b，它们先引用值为"abc"的字符串，然后比较它们的值和地址。

```
>>> a='abc'
>>> b='abc'
>>> a==b
True
>>> a is b
True
```

其实，变量 a 和 b 引用的是不同的对象，对象具有不同的地址，表达式 a is b 的返回值应该为 False。但是因为 Python 中为字符串提供缓存机制，并且字符串"abc"满足只包含下画线、数字和字母的要求，所以表达式 a is b 的返回值为 True。也就是说，变量 a 和 b 引用的是同一个字符串对象，它在第一次创建后被放在缓存池中。

下面创建的变量 a 和 b 都引用值为"abc 123"的字符串，因为字符串中包含空格，不满足要求，所以不能为该字符串提供缓存机制。因此，表达式 a is b 的返回值为 False，即变量 a 和 b 引用的是不同的字符串对象。

```
>>> a='abc 123'
>>> b='abc 123'
>>> a is b
False
```

第 7 章

数组

数组是存储一组数据的结构,其中的元素可以是数字、字符串和对象等。使用数组,可以提高程序的工作效率。Excel VBA 中有数组;Python 中并没有数组的概念,但是可以用列表、元组等代替,第三方包 NumPy 和 pandas 还提供了便于进行数组计算的 NumPy 数组与结构化数组。

7.1 Excel VBA 中的数组

Excel VBA 中有静态数组、常量数组和动态数组等几种类型。本节介绍 Excel VBA 中数组的定义和计算、拆分、合并等操作。

7.1.1 静态数组

使用 Dim 语句,可以同时声明一系列具有相同数据类型的变量。因为这组变量的变量个数或者说数组的大小是确定的,所以称为静态数组。例如,下面使用 Dim 语句一次性创建 31 个短整型变量,这些变量的变量名都是 intID,但是可以用索引号对它们进行区分,如第 1 个变量为 intID(0)。数组中的每个元素或者说变量都有一个唯一的索引号,在默认情况下,索引号的基数为 0。因为基数为 0,所以 intID(30)定义的是 31 个变量。

```
Dim intID(30) As Integer
```

下面给数组中的前 3 个元素赋值。

```
intID(0)=1
intID(1)=2
intID(2)=3
```

下面从数组中读取元素的值。

```
Debug.Print intID(0)
```

下面遍历数组,读取数组中所有元素的值。

```
For intI=0 To 30
  Debug.Print intID(intI)
Next
```

可以使用关键字 To 指定数组的下界和上界,示例如下。

```
Dim intID(1 To 30) As Integer
```

由此,intID 数组的索引范围为 1~30。

也可以使用 Option Base 语句设置数组的下界,如在模块顶部添加下面的语句。

```
Option Base 1
```

由此,将数组的下界设置为 1。

如图 7-1 所示,使用 Option Base 语句将数组的下界设置为 1 以后,在 Test 过程中声明数组 arr(30)并给 arr(0)赋值时弹出"下标越界"的错误。

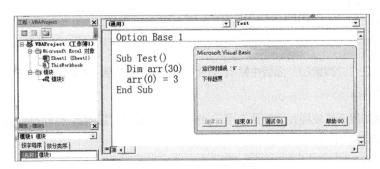

图 7-1 使用 Option Base 语句设置数组的下界

使用函数 UBound 和 LBound 可以获取指定数组的上界和下界,这个功能在不知道数组大小的情况下很有用。例如,将一个数据文件中的数据导入数组中但并不清楚这个数据的大小。下面定义一个数组,并获取它的下界和上界。示例文件的存放路径为 Samples\ch07\Excel VBA\数组类型.xlsm。

```
Sub Test()
  Dim intID(30) As Integer
  Debug.Print LBound(intID)
  Debug.Print UBound(intID)
End Sub
```

运行过程,在"立即窗口"面板中输出 0 和 30,表示数组 intID 的下界和上界分别为 0 和 30。

使用 IsArray 函数可以判断指定变量是不是数组,如果是则返回 True,否则返回 False。下面定义一个静态数组，使用 IsArray 函数判断它是不是数组。示例文件的存放路径为 Samples\ch07\Excel VBA\数组类型.xlsm。

```
Sub Test2()
  Dim intID(30) As Integer
  Debug.Print IsArray(intID)
End Sub
```

运行过程，在"立即窗口"面板中输出 True，表示 intID 是数组。

也可以使用 VarType 函数进行判断，如果指定的变量是数组，则返回值为 8192 加上数组数据类型对应的返回值。例如，声明数组的数据是短整型的，因为该类型的 VarType 函数的返回值为 2，所以最终数组的返回值为 8194（8192 加上 2）。

下面定义两个数组，一个是短整型的，另一个是变体类型的，使用 VarType 函数进行判断。示例文件的存放路径为 Samples\ch07\Excel VBA\数组类型.xlsm。

```
Sub Test3()
  Dim intID(30) As Integer
  Dim intID2()
  Debug.Print VarType(intID)
  Debug.Print VarType(intID2)
End Sub
```

运行过程，在"立即窗口"面板中输出 8194 和 8204。需要注意的是，变体类型的 VarType 函数的返回值为 12。

创建的数组如果不再使用，就需要使用 Erase 函数及时清空其内容并释放所占的内存。例如，清空前面创建的数组 intID。

```
Erase intID
```

7.1.2 常量数组

使用 Array 函数可以创建常量数组，此时直接指定具体的值作为数组的元素，所以称为常量数组。下面使用 Array 函数创建一个常量数组。示例文件的存放路径为 Samples\ch07\Excel VBA\数组类型.xlsm。

```
Sub Test4()
  Dim arr
  arr = Array(1, 2, "a", "b")
  Debug.Print arr(0), arr(2)
End Sub
```

运行过程，在"立即窗口"面板中输出 1 和 a。

在使用 Array 函数创建常量数组时需要注意以下两点。

(1)在声明变量时可以使用以下两种形式。

- 第一种形式如下。

```
Dim arr
```

- 第二种形式如下。

```
Dim arr()
```

但是不能使用以下两种形式声明变量。

- 第一种形式如下。

```
Dim arr(3)
```

- 第二种形式如下。

```
Dim arr() As Integer
```

第一种形式会触发"不能给数组赋值"的错误,第二种形式有可能出现"类型不匹配"的错误。

(2)在使用 Array 函数创建数组时,指定的值可以有不同的数据类型,如上面示例中的元素既有数字也有字符串,这一点与使用 Dim 语句创建的数组不同。

另外,还可以直接使用中括号创建数组。示例文件的存放路径为 Samples\ch07\Excel VBA\数组类型.xlsm。

```
Sub Test5()
  Dim arr
  arr = [{1, 2, "a", "b"}]
  Debug.Print arr(1), arr(3)
End Sub
```

运行过程,在"立即窗口"面板中输出 1 和 a。

使用中括号创建的数组的索引号的基数是 1,而使用 Array 函数创建的数组的索引号的基数是 0。

7.1.3 动态数组

使用数组的不便之处在于,有时不知道需要将数组的大小设置为多大比较合适,此时常常设置为一个足够大的数,但实际上往往用不了这么大的数组。因为 Excel VBA 为数组声明的每个元素分配内存,使用这种方法将造成内存上不必要的浪费。

使用动态数组可以在程序运行时改变数组的大小,从而有效地避免上面提到的问题。

可以按照下面的步骤创建动态数组。

(1)声明一个数组,该数组没有定义维数,示例如下。

```
Dim intPointNum() As Integer
```

（2）使用 ReDim 语句分配和改变数组的大小，示例如下。

```
ReDim intPointNum(10)
```

上述示例将数组的大小设置为 11。

当每次执行 ReDim 语句时，当前存储在数组中的值会全部丢失。Excel VBA 重新将数组元素的值设置为 Empty（针对 Variant 数组）、0（针对 Numeric 数组）、零长度的字符串（针对 String 数组）或 Nothing（针对对象的数组）。

如果希望改变数组的大小时保留数组中的元素，则可以使用有 Preserve 关键字的 ReDim 语句。例如，保留 intID 数组中原有的值，将数组的大小改为 NewSize 指定的大小。

```
ReDim Preserve intID(NewSize)
```

7.1.4　数组元素的增、删、改

在定义数组后，可以向数组中增加元素、修改数组中的元素或删除数组中的元素。其中，增加元素包括在数组的末尾追加元素和在数组的中间插入元素。

1. 追加数组元素

追加数组元素是将元素添加到数组的末尾，可以添加一个或多个元素，此时使用动态数组。追加元素前需要将数组的大小扩充至追加后的大小，并且使用 Preserve 关键字保留数组中原有的元素。

下面创建一个大小为 4 的动态数组，在数组末尾追加 2 个元素。先使用 ReDim Preserve 语句扩充数组的大小并保留原有的元素，然后添加新元素。编写的过程如下所示。示例文件的存放路径为 Samples\ch07\Excel VBA\数组元素的增、删、改.xlsm。

```vba
Sub Test()
  Dim sngArr() As Single
  Dim intI As Integer
  ReDim sngArr(3)
  sngArr(0) = 12
  sngArr(1) = 9
  sngArr(2) = 25
  sngArr(3) = 19
  '追加 2 个元素
  ReDim Preserve sngArr(5)    '保留原有的元素
  sngArr(4) = 31
  sngArr(5) = 26
  '输出数组中的元素
  For intI = 0 To UBound(sngArr)
    Debug.Print sngArr(intI);
  Next
```

```
End Sub
```
运行过程,在"立即窗口"面板中输出追加元素后的数组元素。
```
12 9 25 19 31 26
```

2. 插入数组元素

在原数组的中间位置插入元素,需要另外创建一个动态数组。首先将原数组中插入点前面的元素复制到动态数组中,然后在它后面追加要插入的元素,最后改变动态数组的大小并将原数组中插入点后面的元素追加到动态数组中。

下面创建一个大小为 4 的动态数组,并在数组的第 3 个元素的前面插入 2 个元素。编写的过程如下所示。示例文件的存放路径为 Samples\ch07\Excel VBA\数组元素增、删、改.xlsm。

```
Sub Test2()
  Dim sngArr(3) As Single
  Dim sngArr2() As Single
  Dim intI As Integer
  sngArr(0) = 12
  sngArr(1) = 9
  sngArr(2) = 25
  sngArr(3) = 19
  '在第 3 个元素的前面插入 2 个元素
  ReDim sngArr2(5)
  '复制插入点前面的元素
  For intI = 0 To 1
    sngArr2(intI) = sngArr(intI)
  Next
  '插入新元素
  sngArr2(2) = 31
  sngArr2(3) = 26
  '复制插入点后面的元素
  For intI = 2 To 3
    sngArr2(intI + 2) = sngArr(intI)
  Next
  '输出新数组中的元素
  For intI = 0 To UBound(sngArr2)
    Debug.Print sngArr2(intI);
  Next
End Sub
```

运行过程,在"立即窗口"面板中输出插入元素后的数组的元素。
```
12 9 31 26 25 19
```

3. 修改数组元素

修改数组中元素的值,直接对该元素用赋值语句重新赋值即可。下面创建一个数组,修改其中第 2 个和第 4 个元素的值。编写的过程如下所示。示例文件的存放路径为 Samples\ch07\Excel VBA\数组元素的增、删、改.xlsm。

```vba
Sub Test3()
  Dim sngArr(3) As Single
  sngArr(0) = 12
  sngArr(1) = 9
  sngArr(2) = 25
  sngArr(3) = 19
  '修改第 2 个和第 4 个元素的值
  sngArr(1) = 31
  sngArr(3) = 26
  Debug.Print sngArr(1)
  Debug.Print sngArr(3)
End Sub
```

运行过程，在"立即窗口"面板中输出修改后的元素。

```
31
26
```

4. 删除数组元素

删除数组中的元素，可以直接在原数组中删除并用后面的元素逐个覆盖前面被删除元素的位置，也可以另外创建一个数组，并将原数组中剩下的元素逐个添加到新数组中。

下面创建一个大小为 4 的动态数组，删除其中的第 2 个和第 4 个元素。编写的过程如下所示。示例文件的存放路径为 Samples\ch07\Excel VBA\数组元素的增、删、改.xlsm。

```vba
Sub Test4()
  Dim sngArr(3) As Single
  Dim sngArr2() As Single
  Dim intI As Integer
  Dim intK As Integer
  sngArr(0) = 12
  sngArr(1) = 9
  sngArr(2) = 25
  sngArr(3) = 19
  '删除第 2 个和第 4 个元素
  intK = 0
  ReDim sngArr2(UBound(sngArr) - 2)       '定义新数组的大小
  For intI = 0 To UBound(sngArr)
    If Not (intI = 1 Or intI = 3) Then    '删除第 2 个和第 4 个元素
      sngArr2(intK) = sngArr(intI)        'intK 作为新数组的索引号
      intK = intK + 1
    End If
  Next
```

```
    '输出新数组中的元素
    For intI = 0 To UBound(sngArr2)
      Debug.Print sngArr2(intI);
    Next
End Sub
```

运行过程，在"立即窗口"面板中输出删除部分元素后原数组中剩余的元素。

 12 25

7.1.5 数组元素的去重

对数组元素进行去重，需要另外创建一个数组。对原数组进行遍历，如果原数组中的元素在新数组中不存在，则添加到新数组中，否则不添加。

下面的程序可以实现对给定原始元素的去重。需要注意的是，为了判断给定元素是否在指定数组中已经存在，这里编写了函数 InArr，如果存在则返回 True，否则返回 False。关于自定义函数的相关内容，请参考第 10 章。示例文件的存放路径为 Samples\ch07\Excel VBA\数组元素的去重.xlsm。

```
Sub Test()
  Dim sngArr(3) As Single      '保存原始元素
  Dim sngArr2() As Single      '保存去重后的元素
  Dim intI As Integer
  Dim intK As Integer
  '原始元素
  sngArr(0) = 12
  sngArr(1) = 9
  sngArr(2) = 25
  sngArr(3) = 9
  intK = 0                     'intK 记录去重后元素的个数，基数为 0
  ReDim sngArr2(UBound(sngArr))
  sngArr2(0) = sngArr(0)       '初始化第 2 个数组
  '去重
  For intI = 0 To UBound(sngArr)              '遍历原始元素
    If Not InArr(sngArr2, sngArr(intI)) Then  '如果元素不在新数组中
      intK = intK + 1
      sngArr2(intK) = sngArr(intI)            '则把元素添加到新数组中
    End If
  Next
  ReDim Preserve sngArr2(intK)                '根据 intK 改变新数组的大小
  '输出去重后的结果
  For intI = 0 To UBound(sngArr2)
    Debug.Print sngArr2(intI);
  Next
End Sub
```

```vba
Function InArr(sngArr() As Single, sngNum As Single) As Boolean
  '判断元素在数组中是否存在
  Dim intI As Integer
  InArr = False
  '遍历数组进行比较
  For intI = LBound(sngArr) To UBound(sngArr)
    If sngNum = sngArr(intI) Then
      InArr = True
      Exit For
    End If
  Next
End Function
```

运行过程，在"立即窗口"面板中输出对原始元素去重后的结果。

```
12  9  25
```

7.1.6 数组元素的排序

在 Excel VBA 中，对数组元素进行排序需要编写排序算法。排序算法很多，本节使用冒泡法按从小到大的顺序进行排序。对于给定的一组数据，冒泡法从第 1 个元素开始，每个元素与它后面的所有元素进行比较，如果它比后面的元素大，就交换它们的位置，这样，每个位置上的元素都是它及后面元素中最小的，从而实现排序。

下面使用 Array 函数创建一个包含 8 个元素的数组，并使用冒泡法对各元素按从小到大的顺序进行排序。编写的程序如下所示。示例文件的存放路径为 Samples\ch07\Excel VBA\数组元素的排序.xlsm。

```vba
Sub Sort()
  Dim arr()
  Dim intI As Integer
  Dim intJ As Integer
  Dim temp
  arr = Array(1, 5, 6, 2, 9, 7, 3, 8)
  '使用冒泡法按从小到大的顺序进行排序
  For intI = LBound(arr) To UBound(arr)
    For intJ = intI+1 To UBound(arr)
      '与后面的每个元素进行比较，如果比后面的大，则交换位置
      If arr(intI) > arr(intJ) Then
        temp = arr(intI)
        arr(intI) = arr(intJ)
        arr(intJ) = temp
      End If
    Next
```

```
    Next
    '输出结果
    For intI = LBound(arr) To UBound(arr)
      Debug.Print arr(intI);  '紧凑格式输出
    Next
End Sub
```

运行过程,在"立即窗口"面板中输出排序后的结果。

```
 1  2  3  5  6  7  8  9
```

7.1.7 数组元素的计算

本节的内容涉及函数,有关函数的内容将在第 10 章中进行详细介绍。Excel VBA 中有两种函数,一种是内部函数,另一种是工作表函数。本节使用工作表函数对数组元素进行简单的统计计算。本节使用的工作表函数如表 7-1 所示。

表 7-1　本节使用的工作表函数

函　数	说　明
Count	数组中数字的总个数
CountA	数组中元素(数字、字符串等)的总个数
Max	数组中数据的最大值
Min	数组中数据的最小值
Large	数组中数据第 N 大的值
Small	数组中数据第 N 小的值
Sum	数组中数据的和
Average	数组中数据的均值
Mode	数组中数据的众数,即出现次数最多的值
Median	数组中数据的中值

下面创建两个数组并使用工作表函数进行简单的统计计算。示例文件的存放路径为 Samples\ch07\Excel VBA\数组元素的计算.xlsm。

```
Sub Test()
  Dim arr
  arr = Array(1, 2, 3, 4, 5, 7, 2, 4, 5, 9, 2)
  arr2 = Array(1, 2, "a", "b", 3, 4, 5, 7, 2, 4, 5, 9, 2)
  Debug.Print "数组 arr2 中数字的个数: " & CStr(Application.Count(arr2))
  Debug.Print "数组 arr2 中元素的个数: " & CStr(Application.CountA(arr2))
  Debug.Print "数组 arr 中数据的最大值: " & CStr(Application.Max(arr))
  Debug.Print "数组 arr 中数据的最小值: " & CStr(Application.Min(arr))
  Debug.Print "数组 arr 中数据的第 2 大值: " & CStr(Application.Large(arr, 2))
  Debug.Print "数组 arr 中数据的第 2 小值: " & CStr(Application.Small(arr, 2))
```

```
    Debug.Print "数组 arr 中数据的和:" & CStr(Application.Sum(arr))
    Debug.Print "数组 arr 中数据的均值:" & CStr(Application.Average(arr))
    Debug.Print "数组 arr 中数据的众数:" & CStr(Application.Mode(arr))
    Debug.Print "数组 arr 中数据的中值:" & CStr(Application.Median(arr))
End Sub
```

运行过程,在"立即窗口"面板中输出统计计算的结果。

```
数组 arr2 中数字的个数: 11
数组 arr2 中元素的个数: 13
数组 arr 中数据的最大值: 9
数组 arr 中数据的最小值: 1
数组 arr 中数据的第 2 大值: 7
数组 arr 中数据的第 2 小值: 2
数组 arr 中数据的和: 44
数组 arr 中数据的均值: 4
数组 arr 中数据的众数: 2
数组 arr 中数据的中值: 4
```

7.1.8 数组元素的拆分和合并

当使用 Split 函数对字符串进行分割时,分割的结果是放在一个数组中的。使用 Join 函数可以将数组中的字符串用指定的连接符进行连接,组成新的字符串。

下面先将给定的字符串以空格作为分隔符进行拆分,然后将拆分的结果用下画线进行合并。示例文件的存放路径为 Samples\ch07\Excel VBA\数组的拆分和合并.xlsm。

```
Sub Test()
  Dim str As String
  Dim arr
  Dim intI As Integer
  str = "Hello Excel VBA & Python"
  arr = Split(str)                '拆分,默认以空格作为分隔符进行拆分
  For intI = 0 To UBound(arr)
    Debug.Print arr(intI)         '输出拆分结果
  Next
  Debug.Print Join(arr, "_")      '用下画线进行合并
End Sub
```

运行过程,在"立即窗口"面板中输出如下结果。

```
Hello
Excel
VBA
&
Python
Hello_Excel_VBA_&_Python
```

7.1.9 数组元素的过滤

使用 Filter 函数可以实现对数组元素的过滤。Filter 函数的语法格式如下。

```
arr2 = Filter(arr,expr,rt)
```

其中，arr 为给定数组；expr 为过滤条件；rt 为布尔值，当值为 True 时表示返回查找结果，当值为 False 时表示返回"查找不到结果"；arr2 为返回的结果，用数组表示。示例文件的存放路径为 Samples\ch07\Excel VBA\数组元素的过滤.xlsm。

```
Sub Test()
  Dim arr
  Dim arr2
  Dim arr3
  Dim intI As Integer
  arr = Array(3, 6, 16, 9, "a26")    '指定数组
  arr2 = Filter(arr, 6, True)        '返回包含6的元素
  For intI = 0 To UBound(arr2)
    Debug.Print arr2(intI)
  Next
  Debug.Print
  arr3 = Filter(arr, 6, False)       '返回不包含6的元素
  For intI = 0 To UBound(arr3)
    Debug.Print arr3(intI)
  Next
End Sub
```

运行过程，在"立即窗口"面板中输出过滤结果，使用空行隔开两次过滤的结果。

```
6
16
a26

3
9
```

7.1.10 创建二维数组

前面介绍的都是一维数组，一维数组只有行或列一个维度。本节介绍的二维数组有行和列两个维度，所以二维数组有两个索引参数。

创建二维数组的方法与创建一维数组的方法类似。既可以使用 Dim 语句创建二维数组，也可以使用 Array 函数创建二维数组。下面创建一个 3 行 4 列的二维数组。

```
Dim intID(2,3) As Integer
```

需要注意的是，行索引号和列索引号的基数都是 0。

下面给二维数组的元素赋值。

```
intID(0,0)=1
intID(0,1)=2
```

读取二维数组元素的数据。

```
Debug.Print intID(0,0)
Debug.Print intID(0,1)
```

当使用 Array 函数创建二维数组时，每行数据用 Array 函数进行定义。示例文件的存放路径为 Samples\ch07\Excel VBA\二维数组.xlsm。

```
Sub Test()
  Dim arr
  arr = Array(Array("李丹", 95), Array("林旭", 86), Array("张琳", 89))
  Debug.Print arr(1)(1)
End Sub
```

运行过程，在"立即窗口"面板中输出 86。需要注意使用 Array 函数创建的二维数组的索引方式与使用 Dim 语句创建的二维数组的索引方式的异同。行索引号和列索引号的基数都是 0。

使用函数 Ubound 和 Lbound 可以获取二维数组各维度的上界和下界。示例文件的存放路径为 Samples\ch07\Excel VBA\二维数组.xlsm。

```
Sub Test2()
  Dim arr(2, 3) As Integer
  Debug.Print LBound(arr, 1)
  Debug.Print UBound(arr, 1)
  Debug.Print LBound(arr, 2)
  Debug.Print UBound(arr, 2)
End Sub
```

运行过程，在"立即窗口"面板中输出二维数组行的下界和上界，以及列的下界和上界。

```
0
2
0
3
```

7.1.11 改变二维数组的大小

当使用动态数组定义二维数组，并使用 ReDim Preserve 语句改变二维数组的大小时，只能改变其第 2 维的大小。例如，下面使用动态数组定义一个二维数组，并使用 ReDim Preserve 语句改变其第 1 维的大小。示例文件的存放路径为 Samples\ch07\Excel VBA\二维数组.xlsm。

```
Sub Test3()
  Dim arr()
```

```
    ReDim arr(2, 3)
    arr(0, 1) = 5
    ReDim Preserve arr(3, 3)
End Sub
```

运行过程，弹出的提示框中提示"下标越界"，如图 7-2 所示。这说明使用 ReDim Preserve 语句无法直接改变二维数组第 1 维的大小。

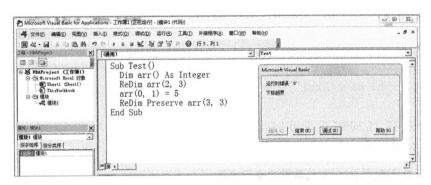

图 7-2　使用 ReDim Preserve 语句改变二维数组第 1 维的大小时出错

如果希望使用 ReDim Preserve 语句改变二维数组第 1 维的大小，需要先使用工作表函数 Transpose 对二维数组进行转置。将原来的第 1 维变成第 2 维，这时就可以使用 ReDim Preserve 语句进行修改，修改完后再转置回来，修改后的第 2 维变成第 1 维，这样就可以实现对原二维数组第 1 维大小的修改。

7.1.12　Excel 工作表与数组交换数据

可以将 Excel 工作表中的指定数据保存到数组中，或者将数组中的数据显示在 Excel 工作表的单元格区域中。

1．确定数组的维数

Excel VBA 中并没有提供函数用于获取给定数组的维数，但是可以利用 UBound 函数或 LBound 函数间接获取。这两个函数的第 2 个参数指定数组的某个维度，当该参数的值大于数组的最大维数时会出错，这样通过捕获错误得到该值，它减去 1 就是数组的最大维数。

下面编写一个用于获取数组维数的函数 Dims。关于自定义函数的编写方法，请参考第 10 章。示例文件的存放路径为 Samples\ch07\Excel VBA\工作表与数组交换数据.xlsm。

```
Function Dims(Arr()) As Integer
    On Error GoTo 1
    Dim intI As Integer
    Dim intUB As Integer
    '当 intI 大于最大维数时使用 UBound 函数会出错
```

```
    For intI = 1 To 60    'VBA 中最大 60 维
      intUB = Ubound(Arr, intI)
    Next
    Exit Function
1:
    Dims = intI - 1    '当 intI 大于最大维数时会出错,所以减去 1 就是最大维数
End Function
```

下面先创建一个动态数组,然后用 Dims 函数获取它的维数。

```
Sub Test()
  Dim Arr()
  ReDim Arr(2)    'Arr(2,3)或 Arr(2,3,4)
  Debug.Print Dims(Arr)
End Sub
```

运行过程,在"立即窗口"面板中输出数组的维数。数组 Arr(2)、Arr(2,3)和 Arr(2,3,4)对应的维数分别为 1、2 和 3。

2. 读取单元格区域中的单行数据或单列数据

在活动工作表的 B2:D5 范围内输入数据,如图 7-3 所示。下面获取 B2:D5 范围内第 1 列和第 1 行的数据。

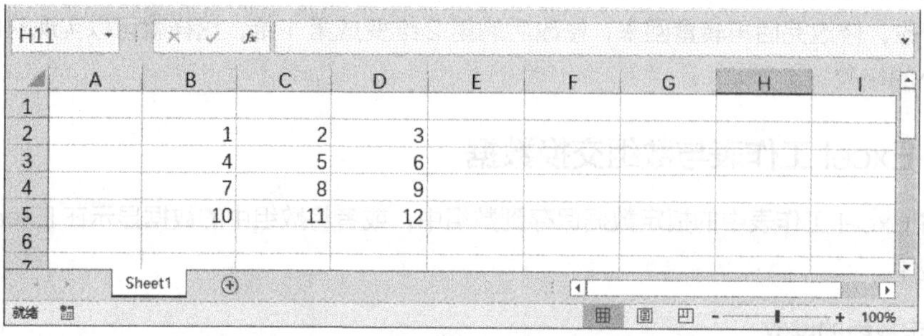

图 7-3 在 Excel 工作表中给定数据

下面编写过程,获取活动工作表中 B2:B5 范围内的数据并返回数组 Arr 中。调用 Dims 函数返回数组 Arr 的维数。示例文件的存放路径为 Samples\ch07\Excel VBA\工作表与数组交换数据.xlsm。

```
Sub Test2()
  Dim Arr()
  Arr = ActiveSheet.Range("B2:B5").Value    '将行数据返回数组
  Debug.Print Dims(Arr)                      '获取数组的维数
  Debug.Print LBound(Arr, 1);                '数组各维度的下界和上界
  Debug.Print UBound(Arr, 1);
  Debug.Print LBound(Arr, 2);
```

```
  Debug.Print UBound(Arr, 2);
End Sub
```

运行过程，在"立即窗口"面板中输出下面的结果。

```
2
1  4  1  1
```

其中，第 1 行的 2 表示数组 Arr 的维数为 2，是二维数组；第 2 行的 4 个数分别表示第 1 维和第 2 维的下界与上界。由此可见，数组 Arr 是一个 4 行 1 列的二维数组。

下面编写过程，获取活动工作表中 B2:D2 范围内的数据并返回数组 Arr。调用 Dims 函数返回数组 Arr 的维数。示例文件的存放路径为 Samples\ch07\Excel VBA\工作表与数组交换数据.xlsm。

```
Sub Test3()
  Dim Arr()
  Arr = ActiveSheet.Range("B2:D2").Value
  Debug.Print Dims(Arr)
  Debug.Print LBound(Arr, 1);
  Debug.Print UBound(Arr, 1);
  Debug.Print LBound(Arr, 2);
  Debug.Print UBound(Arr, 2);
End Sub
```

运行过程，在"立即窗口"面板中输出下面的结果。

```
2
1  1  1  3
```

其中，第 1 行的 2 表示数组 Arr 的维数为 2，是二维数组；第 2 行的 4 个数分别表示第 1 维和第 2 维的下界与上界。由此可知，数组 Arr 是一个 1 行 3 列的二维数组。

所以，Excel 工作表中单元格区域内的单列数据或单行数据都是以二维数组的形式保存的，而不是保存为一维数组。需要注意的是，从单元格区域获取的数组，行索引号和列索引号的基数都是 1，不是 0。

3. 将二维数组转换为一维数组

上面提及，Excel 工作表中单元格区域内的单列数据或单行数据保存到数组中时都是以二维数组的形式保存的，单列数据保存为多行 1 列的二维数组，单行数据保存为 1 行多列的二维数组。在 Excel VBA 中，使用工作表函数 Transpose 可以将单列数据对应的二维数组转换为一维数组。

下面编写过程，从图 7-3 所示的工作表中获取 B2:B5 范围内的单列数据并保存到数组 Arr 中，该数组现在是一个 4 行 1 列的二维数组。先使用工作表函数 Transpose 将二维数组 Arr 转换为一维数组 Arr2，再调用 Dims 函数获取数组 Arr2 的维数。示例文件的存放路径为 Samples\ch07\Excel VBA\工作表与数组交换数据.xlsm。

```vba
Sub Test4()
  Dim Arr()
  Dim Arr2()
  Arr = ActiveSheet.Range("B2:B5").Value
  Arr2 = Application.WorksheetFunction.Transpose(Arr) '将二维数组转换为一维数组
  Debug.Print Dims(Arr2)
  Debug.Print LBound(Arr2);
  Debug.Print UBound(Arr2);
End Sub
```

运行过程，在"立即窗口"面板中输出数组 Arr2 的维数与第 1 维的下界和上界。

```
1
 1  4
```

其中，第 1 行的 1 表示数组 Arr2 的维数，是一维数组；第 2 行的 1 和 4 分别表示该一维数组的下界和上界。

将单元格区域中单行数据对应的二维数组转换为一维数组，需要调用工作表函数 Transpose 两次。第一次将行数据转换为列数据，第二次将列数据对应的二维数组转换为一维数组。

下面的程序可以实现将单元格区域中单行数据对应的二维数组转换为一维数组。调用 Dims 函数获取两次转换的结果数组的维数。示例文件的存放路径为 Samples\ch07\Excel VBA\工作表与数组交换数据.xlsm。

```vba
Sub Test5()
  Dim Arr()
  Dim Arr2()   '第 1 次转换的结果
  Dim Arr3()   '第 2 次转换的结果
  Arr = ActiveSheet.Range("B2:D2").Value
  Arr2 = Application.WorksheetFunction.Transpose(Arr)  '将单行数据转换为单列数据
  Arr3 = Application.WorksheetFunction.Transpose(Arr2) '将二维数组转换为一维数组
  Debug.Print Dims(Arr2)
  Debug.Print Dims(Arr3)
  Debug.Print LBound(Arr3);
  Debug.Print UBound(Arr3);
End Sub
```

运行过程，在"立即窗口"面板中输出下面的结果。

```
2
1
 1  3
```

其中，第 1 行的 2 表示第 1 次转换后得到的单列数据对应的数组仍然是二维的；第 2 行的 1 表示第 2 次转换得到的数组是一维的；第 3 行的 1 和 3 分别表示一维数组的下界和上界。

4. 读取单元格区域中连续多行多列的数据

上面从单元格区域中获取了单列数据和单行数据，下面获取单元格区域中连续行和连续列构成的子区域中的数据。

使用下面的程序获取图 7-3 所示的工作表中 B2:D5 范围内的数据并返回数组 Arr 中。用 Dims 函数获取数组 Arr 的维数。示例文件的存放路径为 Samples\ch07\Excel VBA\工作表与数组交换数据.xlsm。

```
Sub Test6()
  Dim Arr()
  Arr = ActiveSheet.Range("B2:D5").Value
  Debug.Print Dims(Arr)
  Debug.Print LBound(Arr, 1);
  Debug.Print UBound(Arr, 1);
  Debug.Print LBound(Arr, 2);
  Debug.Print UBound(Arr, 2);
End Sub
```

运行过程，在"立即窗口"面板中输出数组 Arr 的维数与各维的下界和上界。

```
2
 1  4  1  3
```

其中，第 1 行的 2 表示数组 Arr 是二维的；第 2 行的 1 和 4 分别表示二维数组的第 1 维的下界和上界，1 和 3 分别表示二维数组的第 2 维的下界和上界。

5. 将一维数组写入单元格区域的行或列

在 Excel VBA 中，一维数组的数据可以直接或转置后写入单行单元格区域或单列单元格区域。

下面使用 Array 函数创建一个数组 Arr，把数组中的数据写入 Excel 工作表中以 C8 单元格打头的单行单元格区域内。示例文件的存放路径为 Samples\ch07\Excel VBA\工作表与数组交换数据.xlsm。

```
Sub Test7()
  Dim Arr()
  Arr = Array(1, 2, 3, 4)
  Range("C8").Resize(1, UBound(Arr) + 1) = Arr
End Sub
```

运行过程，在 Excel 工作表的 C8:F8 范围内写入数据，如图 7-4 所示。过程中的 Resize 函数从单元格 C8 开始向右扩展，扩展的大小为数组 Arr 的上界加 1。需要注意的是，使用 Array 函数创建的数组中的元素的索引号的基数为 0。

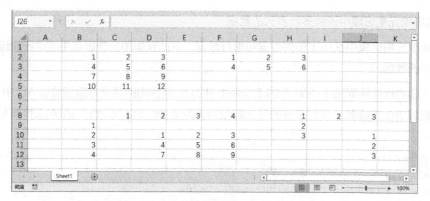

图 7-4 将数组数据输出到 Excel 工作表中

将一维数组的数据写入工作表中的单列单元格区域，需要先使用工作表函数 Transpose 对数组进行转置再写入。

下面使用 Array 函数创建一个一维数组，进行转置后写入工作表的 B9:B12 范围内。示例文件的存放路径为 Samples\ch07\Excel VBA\工作表与数组交换数据.xlsm。

```
Sub Test8()
  Dim Arr()
  Arr = Array(1, 2, 3, 4)
  Range("B9").Resize(UBound(Arr) + 1, 1) = _
    Application.WorksheetFunction.Transpose(Arr)
End Sub
```

运行过程，在 Excel 工作表的 B9:B12 范围内写入数据，如图 7-4 所示。需要注意的是，此时 Resize 函数是在列的方向上进行扩展的。

6. 将二维数组写入单元格区域的行或列

将二维数组表示的单行数据或单列数据写入单元格区域，可以直接写入或将数组转置后写入。

下面使用 Dim 语句创建一个二维数组表示单行数据，并将它写入工作表中以 H8 单元格打头的单行单元格区域内。示例文件的存放路径为 Samples\ch07\Excel VBA\工作表与数组交换数据.xlsm。

```
Sub Test9()
  Dim Arr(0, 2)
  Arr(0, 0) = 1: Arr(0, 1) = 2: Arr(0, 2) = 3
  Range("H8").Resize(1, 3) = Arr
End Sub
```

运行过程，在工作表中写入的数据如图 7-4 所示。

下面将二维数组表示的单行数据写入工作表中以 H8 单元格打头的单列单元格区域内。此时需要使用工作表函数 Transpose 对数组进行转置后再写入。示例文件的存放路径为 Samples\ch07\Excel VBA\工作表与数组交换数据.xlsm。

```
Sub Test10()
  Dim Arr(0, 2)
  Arr(0, 0) = 1: Arr(0, 1) = 2: Arr(0, 2) = 3
  Range("H8").Resize(3, 1) = Application.WorksheetFunction.Transpose(Arr)
End Sub
```

运行过程，在工作表中写入的数据如图 7-4 所示。

下面创建二维数组表示的单列数据，并将它写入工作表中以 J10 单元格打头的单列单元格区域中。可以直接写入。示例文件的存放路径为 Samples\ch07\Excel VBA\工作表与数组交换数据.xlsm。

```
Sub Test11()
  Dim Arr(2, 0)
  Arr(0, 0) = 1: Arr(1, 0) = 2: Arr(2, 0) = 3
  Range("J10").Resize(3, 1) = Arr
End Sub
```

运行过程，在工作表中写入的数据如图 7-4 所示。

7．将二维数组写入单元格区域

将二维数组表示的连续多行多列数据写入工作表的单元格区域，因为创建数组的方法不同，所以写入的方法也有所不同。使用 Dim 语句创建的二维数组可以直接写入，使用 Array 函数创建的二维数组需要使用 Transpose 函数两次才能写入。

下面使用 Dim 语句创建一个 2 行 3 列的二维数组，将数据写入以 F2 单元格打头的单元格区域。示例文件的存放路径为 Samples\ch07\Excel VBA\工作表与数组交换数据.xlsm。

```
Sub Test12()
  Dim Arr(1, 2)
  Arr(0, 0) = 1: Arr(0, 1) = 2: Arr(0, 2) = 3
  Arr(1, 0) = 4: Arr(1, 1) = 5: Arr(1, 2) = 6
  Range("F2").Resize(2,3) = Arr
End Sub
```

运行过程，在工作表中写入的数据如图 7-4 所示。

下面使用 Array 函数创建一个 3 行 3 列的二维数组，将数据写入以 D10 单元格打头的单元格区域。写入之前需要使用工作表函数 Transpose 对数组进行两次转置。示例文件的存放路径为 Samples\ch07\Excel VBA\工作表与数组交换数据.xlsm。

```
Sub Test13()
  Dim Arr()
```

```
  Arr = Array(Array(1, 2, 3), Array(4, 5, 6), Array(7, 8, 9))
  Arr = Application.WorksheetFunction.Transpose(Application.Transpose(Arr))
  Range("D10").Resize(3, 3) = Arr
End Sub
```

运行过程，在工作表中写入的数据如图 7-4 所示。

7.1.13 数组示例：给定数据的简单统计 1

如图 7-5 所示，工作表中的 B～D 列为学生成绩，计算各学生的成绩总分，以及各学科的最高分和平均分。

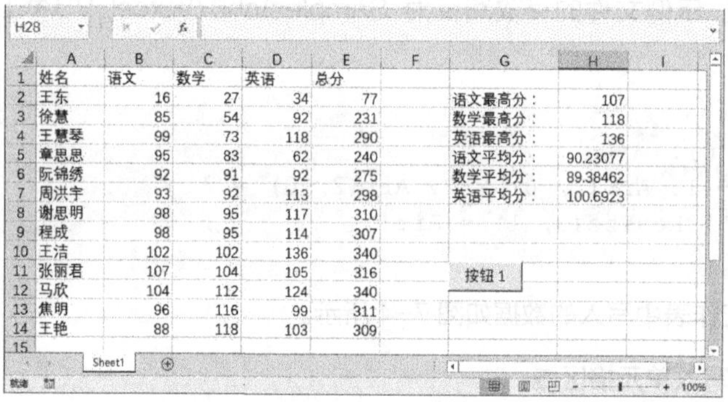

	A	B	C	D	E	F	G	H
1	姓名	语文	数学	英语	总分			
2	王东	16	27	34	77		语文最高分：	107
3	徐慧	85	54	92	231		数学最高分：	118
4	王慧琴	99	73	118	290		英语最高分：	136
5	章思思	95	83	62	240		语文平均分：	90.23077
6	阮锦绣	92	91	92	275		数学平均分：	89.38462
7	周洪宇	93	92	113	298		英语平均分：	100.6923
8	谢思明	98	95	117	310			
9	程成	98	95	114	307			
10	王洁	102	102	136	340			
11	张丽君	107	104	105	316		按钮 1	
12	马欣	104	112	124	340			
13	焦明	96	116	99	311			
14	王艳	88	118	103	309			

图 7-5 对学生成绩进行简单统计

先使用 For 循环遍历每行数据，将当前学生的学科成绩保存成一个一维数组，再使用工作表函数 Sum 求和，得到该学生的成绩总分。同样，将某个科目所有学生的成绩放到一个数组中，使用工作表函数 Max 和 Average 可以计算该科目的最高分和平均分。示例文件的存放路径为 Samples\ch07\Excel VBA\学生成绩统计.xlsm。

```
Sub Test()
  Dim intI As Integer
  Dim intR As Integer
  Dim sht As Object
  Set sht = ActiveSheet
  Dim sngScore
  '数据行数
  intR = sht.Range("A1").End(xlDown).Row
  '计算各学生的总分
  For intI = 2 To intR
    '将行数据保存到二维数组中
    sngScore = sht.Range("B" & CStr(intI) & ":D" & CStr(intI)).Value
    '将行数据转换为列数据，二维数组
    sngScore = Application.WorksheetFunction.Transpose(sngScore)
    '将二维数组转换为一维数组
```

```
  sngScore = Application.WorksheetFunction.Transpose(sngScore)
  '求总分并输出
  sht.Cells(intI, 5).Value = Application.WorksheetFunction.Sum(sngScore)
Next

'语文
'将"语文"列的数据保存到数组中,它是一个二维数组
sngScore = sht.Range("B2:B" & CStr(intR)).Value
'将二维数组转换为一维数组
sngScore = Application.WorksheetFunction.Transpose(sngScore)
'求最高分并输出
sht.Cells(2, 8).Value = Application.WorksheetFunction.Max(sngScore)
'求平均分并输出
sht.Cells(5, 8).Value = Application.WorksheetFunction.Average(sngScore)

'数学
sngScore = sht.Range("C2:C" & CStr(intR)).Value
sngScore = Application.WorksheetFunction.Transpose(sngScore)
sht.Cells(3, 8).Value = Application.WorksheetFunction.Max(sngScore)
sht.Cells(6, 8).Value = Application.WorksheetFunction.Average(sngScore)

'英语
sngScore = sht.Range("D2:D" & CStr(intR)).Value
sngScore = Application.WorksheetFunction.Transpose(sngScore)
sht.Cells(4, 8).Value = Application.WorksheetFunction.Max(sngScore)
sht.Cells(7, 8).Value = Application.WorksheetFunction.Average(sngScore)
End Sub
```

运行程序,输出的结果如图 7-5 所示。

7.1.14 数组示例:突出显示给定数据的重复值 1

如图 7-6 所示,工作表中的 A 列和 B 列分别为上半年先进工作者和下半年先进工作者的名单,试找出上半年和下半年都获得先进工作者称号的人员并将对应的单元格用蓝色背景突出显示。

图 7-6 突出显示给定数据的重复值

下面的过程先将工作表中 A 列和 B 列的获奖人员的姓名分别放到两个一维数组中，然后用两层嵌套的 For 循环，通过比较字符串找到重复的人员姓名，并亮显该单元格。示例文件的存放路径为 Samples\ch07\Excel VBA\突出显示重复值.xlsm。

```vba
Sub Test()
  Dim intI As Integer
  Dim intJ As Integer
  Dim intR1 As Integer
  Dim intR2 As Integer
  Dim sht As Object
  Set sht = ActiveSheet
  Dim sngName1, sngName2
  
  '上半年先进工作者的名单
  'A 列数据的行数
  intR1 = sht.Range("A1").End(xlDown).Row
  '获取上半年先进工作者的名单，二维数组
  sngName1 = sht.Range("A2:A" & CStr(intR1)).Value
  '将二维数组转换为一维数组
  sngName1 = Application.WorksheetFunction.Transpose(sngName1)
  '下半年先进工作者的名单
  'B 列数据的行数
  intR2 = sht.Range("B1").End(xlDown).Row
  '获取下半年先进工作者的名单，二维数组
  sngName2 = sht.Range("B2:B" & CStr(intR2)).Value
  '将二维数组转换为一维数组
  sngName2 = Application.WorksheetFunction.Transpose(sngName2)
  
  For intI = 1 To intR2 - 1
    For intJ = 1 To intR1 - 1
      '如果有重复，则亮显对应的单元格
      If sngName2(intI) = sngName1(intJ) Then
        sht.Cells(intJ + 1, 1).Interior.Color = RGB(0, 255, 255)
        sht.Cells(intI + 1, 2).Interior.Color = RGB(0, 255, 255)
      End If
    Next
  Next
End Sub
```

运行程序，查找和亮显效果如图 7-6 所示。

7.1.15 数组示例：求大于某数的最小值 1

如图 7-7 所示，工作表中的 A 列和 B 列已给定数据，在 B 列中查找大于 A 列中指定值的最小值。

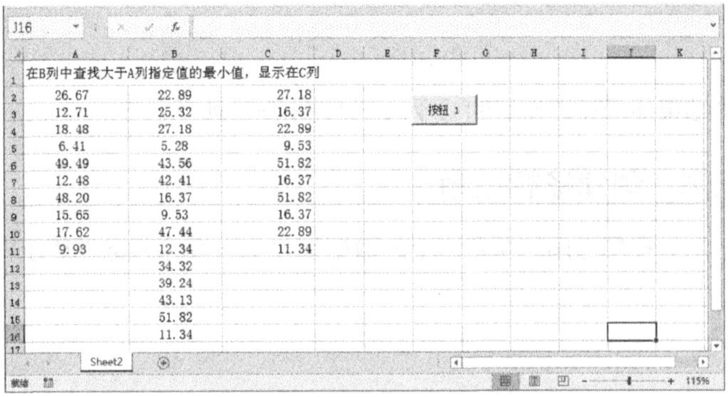

图 7-7 在 B 列中查找大于 A 列指定值的最小值

下面先将工作表中 B 列的数据放到一个一维数组中并从小到大排序，然后遍历 A 列的数据，通过比较获得当前数据在排序后数组中的位置。当它处于两个数据之间时，后一个数据就是数组中大于当前数据的最小值。示例文件的存放路径为 Samples\ch07\Excel VBA\求大于某数的最小值.xlsm。

```vba
Sub Test()
  Dim intI As Integer
  Dim intJ As Integer
  Dim intR1 As Integer
  Dim intR2 As Integer
  Dim sht As Object
  Set sht = ActiveSheet
  Dim sngV0, sngV()
  Dim sngData
  
  '数据行数
  intR1 = sht.Range("A2").End(xlDown).Row
  intR2 = sht.Range("B2").End(xlDown).Row
  '获取B列的数据，二维数组
  sngV0 = sht.Range("B2:B" & CStr(intR2)).Value
  '将二维数组转换为一维数组
  sngV = Application.WorksheetFunction.Transpose(sngV0)
  sngV = Sort(sngV)    '从小到大排序
  
  For intI = 2 To intR1
    For intJ = 1 To intR2 - 2
      '将A列的每个数据与排序后的 sngV 数组进行比较
      sngData = sht.Cells(intI, 1).Value
      '指定值位于排序后数组相邻值之间，后面的数据就是所求值
      If sngData >= sngV(intJ) And sngData <= sngV(intJ + 1) Then
        sht.Cells(intI, 3).Value = sngV(intJ + 1)
      End If
    Next
```

```
    Next
End Sub
```

运行程序，计算结果显示在工作表的 C 列中，如图 7-7 所示。

7.1.16　数组示例：创建杨辉三角 1

下面创建杨辉三角。杨辉三角的两条边上的数据都为 1，其余各数据等于它上方的两个数据之和，如下所示。

```
1
1 1
1 2 1
1 3 3 1
1 4 6 4 1
```

通过查看杨辉三角可知，三角形 A 列的值都是 1，斜边（也就是对应矩形的对角线）上的值也都是 1，三角形内部数据的值是它上方两个数的和。

编写的过程如下所示。示例文件的存放路径为 Samples\ch07\Excel VBA\杨辉三角.xlsm。

```
Sub YH()
  Dim intI As Long
  Dim intJ As Long
  Dim intTri(1 To 10, 1 To 10) As Integer
  Dim intN As Integer
  intN = 5
  '计算杨辉三角，所在矩形的右上半角中的数据为0
  intTri(1, 1) = 1
  For intI = 1 To intN - 1
    intTri(intI + 1, 1) = 1             'A列的值都是1
    intTri(intI + 1, intI + 1) = 1      '第2条边的值都是1
  Next
  For intI = 1 To intN - 1
    For intJ = 1 To intN - 1
      intTri(intI + 1, intJ + 1) = intTri(intI, intJ) + intTri(intI, intJ + 1)   '内部
    Next
  Next
  '输出杨辉三角
  For intI = 1 To intN
    For intJ = 1 To intN
      If intTri(intI, intJ) <> 0 Then
        ActiveSheet.Cells(intI + 1, intJ + 1).Value = intTri(intI, intJ)
      End If
    Next
  Next
```

```
End Sub
```
运行过程，在当前工作表中输出杨辉三角，如图 7-8 所示。

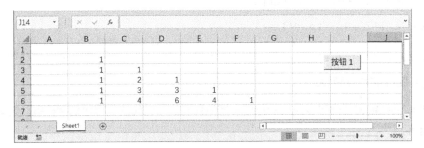

图 7-8　创建的杨辉三角

7.2　Python 中的数组：列表

列表是可修改的序列，可以存放任何类型的数据，用中括号表示。列表中的元素用逗号间隔，每个元素按照先后顺序有索引号，索引号的基数为 0。创建列表以后，可以进行索引、切片、增、删、改和排序等各种操作。

7.2.1　创建列表

可以使用多种方法创建列表。

1．使用中括号创建列表

可以使用中括号直接创建列表。下面创建一个没有元素的列表。

```
>>> a=[]
```

下面创建一个元素为一组数据的列表。

```
>>> a=[1,2,3,4,5]
>>> a
[1, 2, 3, 4, 5]
```

下面创建一个元素为一组字符串的列表。

```
>>> a=['excel', 'python', 'world']
>>> a
['excel', 'python', 'world']
```

列表的元素的数据类型可以不同，示例如下。

```
>>> a=[1,5, 'b',False]
```

```
>>> a
[1, 5, 'b', False]
```

列表的元素也可以是列表，示例如下。

```
>>> a=[[1],[2],3, 'four']
>>> a
[[1], [2], 3, 'four']
```

2. 使用 list 函数创建列表

使用 list 函数能将任何可以迭代的数据转换为列表。可迭代的数据包括字符串、区间、元组、字典、集合等。

当 list 函数不带参数时创建一个空的列表，示例如下。

```
>>> a=list()
>>> a
[]
```

1）把字符串转换为列表

当 list 函数的参数为字符串时，将该字符串转换为元素为字符串各字符组成的列表，示例如下。

```
>>> a=list('hello')
>>> a
['h', 'e', 'l', 'l', 'o']
```

2）把区间对象转换为列表

使用 range 函数创建一个区间对象，该对象在指定的范围内连续取值。range 函数可以包含 1 个、2 个或 3 个参数。当包含 3 个参数时指定区间的起点、终点和间隔的步长，例如，从 2 开始，每隔 2 个数取 1 次数，取到 10 为止。当包含 2 个参数时指定起点和终点，步长取 1。当包含 1 个参数时指定终点，起点取 0，步长取 1。

range 函数只有 1 个参数的示例如下。

```
>>> rg1=range(8)
>>> rg1
range(0, 8)
```

生成的区间对象从 0 开始，以 1 为间隔连续取 8 个值，即 0～7。所以，虽然从表面上看 range(0, 8) 定义的区间的终点为 8，但实际上不包括 8，即"包头不包尾"。可以使用中括号和索引号获取区间对象的值，如下面示例取区间的第 1 个值和最后一个值。

```
>>> rg1[0];rg1[7]
0
7
```

下面是 range 函数包含 3 个参数的示例,在 0~9 范围内每隔 2 个数取 1 次数。

```
>>> rg2=range(0,10,2)
>>> rg2
range(0, 10, 2)
```

通过索引获取区间的前 2 个数。

```
>>> rg2[0];rg2[1]
0
2
```

由此可知,相邻两个数之间的间隔为 2。

将区间对象作为 list 函数的参数可以创建列表。

```
>>> a=list(rg1)
>>> a
[0, 1, 2, 3, 4, 5, 6, 7]
>>> b=list(rg2)
>>> b
[0, 2, 4, 6, 8]
```

3)把元组、字典和集合转换为列表

使用 list 函数也可以把元组、字典和集合等可迭代对象转换为列表。关于元组、字典和集合,将在后面陆续介绍,这里先介绍操作效果。

将元组转换为列表的示例如下。

```
>>> a=(1, 'abc',True)
>>> list(a)
[1, 'abc', True]
```

将字典转换为列表的示例如下。

```
>>> a={'张三':89, '李四':92}
>>> list(a)
['张三', '李四']
```

将集合转换为列表的示例如下。

```
>>> a={1, 'abc',123, 'hi'}
>>> list(a)
[1, 123, 'hi', 'abc']
```

3. 列表的基本操作

使用 len 函数可以获取列表的长度,示例如下。

```
>>> a=[1,2,3,4,5,6]
```

```
>>> len(a)
6
```

使用列表对象的 count 方法可以指定元素在列表中出现的次数。下面创建一个列表，计算元素 2 在列表中出现的次数。

```
>>> a=[1,2,3,2,4,5,2,6]
>>> a.count(2)
3
```

使用成员运算符 in 或 not in 可以判断列表中包含或不包含指定元素，若满足条件则返回 True，否则返回 False。下面判断给定列表中是否包含元素 1，是否不包含元素 4。

```
>>> 1 in [1, 2, 3]
True
>>> 4 not in [1, 2, 3]
True
```

当使用 print 函数对列表数据进行格式化输出时需要使用索引获取列表的元素。下面创建一个列表，然后使用 print 函数进行格式化输出。

```
>>> student = ['张三', '95']
>>> print('姓名：{0[0]}，数学成绩：{0[1]}'.format(student))
姓名：张三，数学成绩：95
```

使用 for 循环可以遍历列表。下面对区间应用 for 循环，逐个输出区间中的每个数字。

```
>>> for i in range(6):
    print('当前数字：', i)
```

下面对列表应用 for 循环，逐个输出列表中每个城市的名称。

```
>>> ads=['北京', '上海', '广州']
>>> for ad in ads:
        print('当前地点：',ad)
```

对于列表，也可以使用区间，结合列表索引来输出列表中的元素。下面用索引输出列表中各城市的名称。

```
>>> ads=['北京','上海','广州']
>>> for index in range(len(ads)):
        print('当前地点：',ads[index])
```

4. 深入列表

列表中的每个元素都引用一个对象，每个对象有自己的内存地址、数据类型和值。各元素保存对应对象的地址。

下面创建一个列表，使用 id 函数获取列表中各元素引用的对象的地址。

```
>>> a=[1,2,3]
>>> id(a[0])
8791520672832
>>> id(a[1])
8791520672864
>>> id(a[2])
8791520672896
```

由此可知,各元素引用的对象的地址各不相同,所以它们是不同的对象。

7.2.2 索引和切片

创建列表和在列表中添加元素后,如果希望获取列表中的某个或某部分元素,并对它们进行后续操作,就需要使用索引和切片。索引一般是访问列表中的某个元素,切片则连续访问列表中的部分元素。

当使用中括号进行列表索引操作时,中括号中是要索引的元素在列表中的索引号。如果从左到右索引,则索引号的基数为 0;如果从右到左索引,则索引号的基数为-1。

下面创建一个列表 ls。

```
>>> ls=['a', 'b', 'c']
```

通过索引获取列表中的第 3 个元素。

```
>>> ls[2]
'c'
```

获取列表中的倒数第 2 个元素。

```
>>> ls[-2]
'b'
```

使用 index 方法可以获取指定元素在列表中首次出现的位置,语法格式如下。

```
index(value.[start, [end]])
```

其中,value 为指定的元素,start 和 end 指定搜索的范围。

下面创建一个列表 a。

```
>>> a=[1,2,3,4,2,5,6]
```

获取元素 2 在列表中第 1 次出现的位置,需要注意的是,位置索引号的基数为 0。

```
>>> a.index(2)
1
```

从第 3 个元素开始到最后一个元素,在这个范围内获取元素 2 第 1 次出现的位置。

```
>>> a.index(2,2)
```

4

切片操作是从给定的列表中连续获取多个元素。切片操作完整的定义是[start:end:step]，取值范围的起点、终点和步长之间用冒号间隔。这 3 个参数都可以省略。需要注意"包头不包尾"的原则。

若从左往右切片，则位置索引号的基数为 0。当省略 start 参数时，起点为列表的第一个元素；当省略 end 参数时，终点为列表的最后一个元素；当省略 step 参数时，步长为 1。

若从右往左切片，则位置索引号的基数为-1。各参数的值都为负，数字的大小为从右往左计数的大小。例如，最后一个元素的索引号为-1，倒数第 2 个元素的索引号为-2，以此类推。

列表的切片操作如表 7-2 所示。

表 7-2　列表的切片操作

切片操作	说　　明	示　　例	结　　果
[:]	提取整个列表	[1,2,3,4,5][:]	[1,2,3,4,5]
[start:]	提取从 start 位置开始到结尾的元素组成的列表	[1,2,3,4,5][2:]	[3,4,5]
[:end]	提取从头到 end-1 位置的元素组成的列表	[1,2,3,4,5][:2]	[1,2]
[start:end]	提取从 start 到 end-1 位置的元素组成的列表	[1,2,3,4,5][2:4]	[3,4]
[start:end:step]	提取从 start 到 end-1 位置的元素组成的列表，步长为 step	[1,2,3,4,5][1:4:2]	[2,4]
[-n:]	提取倒数 n 个元素组成的列表	[1,2,3,4,5][-3:]	[3,4,5]
[-m:-n]	提取从倒数第 m 个到倒数第 n 个元素组成的列表	[1,2,3,4,5][-4:-2]	[2,3]
[::-s]	步长为 s，从右向左反向提取组成的列表	[1,2,3,4,5][::-1]	[5,4,3,2,1]

7.2.3　添加列表元素

创建列表以后，可以使用多种方法在列表中添加元素。

1. 使用 append 方法

使用列表对象的 append 方法在其尾部添加新的元素。append 方法的速度比较快。下面创建一个列表，并使用 append 方法添加一个元素。

```
>>> a=[1,2,3,4]
>>> a.append(5)
>>> a
[1, 2, 3, 4, 5]
```

2. 使用 extend 方法

与 append 方法一样，使用 extend 方法也是在列表的尾部添加新的元素。与 append 方法的不同之处在于，使用 extend 方法在列表的末尾可以一次性追加另一个序列的多个值。所以，extend 方法更适合列表的拼接。

```
>>> a=[1,2,3,4]
>>> a.extend([5,6])
>>> a
[1, 2, 3, 4, 5, 6]
```

extend 方法的参数还可以是字符串、区间、元组、字典和集合等可迭代对象，示例如下。

```
>>> a=[1,2]
>>> a.extend('abc')          #添加字符串
>>> a
[1, 2, 'a', 'b', 'c']
>>> a.extend((3,4))          #添加元组
>>> a
[1, 2, 'a', 'b', 'c', 3, 4]
>>> a.extend(range(5,7))     #添加区间
>>> a
[1, 2, 'a', 'b', 'c', 3, 4, 5, 6]
```

3. 使用运算符

使用"+"可以将两个列表连接起来，组成一个新的列表，示例如下。

```
>>> [1, 2, 3]+[4, 5, 6]
[1, 2, 3, 4, 5, 6]
```

使用"*"扩展，可以将原有列表多次重复，生成新的列表。下面创建一个包含两个元素的列表，将它扩展 3 倍，生成新的列表 b。

```
>>> a=[1, 'a']
>>> b=a*3
>>> b
[1, 'a', 1, 'a', 1, 'a']
```

7.2.4 插入列表元素

使用列表对象的 insert 方法，可以在指定的位置插入指定的元素。insert 方法有两个参数：第 1 个参数指定插入的位置，指定一个索引号，即在它对应的元素的前面插入新元素，索引号的基数为 0；第 2 个参数指定插入的元素。

下面创建一个包含 4 个元素的列表，使用列表对象的 insert 方法在第 4 个元素的前面插入新元素 5。

```
>>> a=[1,2,3,4]
>>> a.insert(3,5)
>>> a
[1, 2, 3, 5, 4]
```

7.2.5 删除列表元素

在 Python 中，可以使用多种方法删除列表元素。

使用列表对象的 pop 方法可以删除指定位置的元素，如果没有指定位置，则删除列表末尾的元素。

下面创建一个列表，使用 pop 方法删除最后一个元素。

```
>>> a=[1,2,3,4,5,6]
>>> a.pop()
>>> a
[1, 2, 3, 4, 5]
```

继续删除列表中的第 3 个元素。需要注意的是，位置索引号的基数为 0。

```
>>> a.pop(2)
>>> a
[1, 2, 4, 5]
```

使用 del 命令可以删除指定位置的元素。下面删除列表中的第 4 个元素。

```
>>> a=[1,2,3,4,5,6]
>>> del a[3]
>>> a
[1, 2, 3, 5, 6]
```

pop 方法和 del 命令都是使用索引删除列表元素，使用 remove 方法可以直接删除列表中首次出现的指定元素。下面从列表中直接删除第 1 个元素 3。

```
>>> a=[1,2,3,4,5,6]
>>> a.remove(3)
>>> a
[1, 2, 4, 5, 6]
```

如果指定的元素在列表中不存在，则返回一个出错信息。

```
>>> a.remove(10)
Traceback (most recent call last):
  File "<pyshell#106>", line 1, in <module>
    a.remove(10)
ValueError: list.remove(x): x not in list
```

7.2.6 列表元素的去重

对列表元素进行去重，需要另外创建一个列表。对原有列表进行遍历，如果原有列表中的元素在新列表中不存在，则添加到新列表中，否则不添加。示例如下。

```
>>> a=[1,2,3,4,3,1]              #有重复值的列表
```

```
>>> b=[1]                    #新列表
>>> for i in range(len(a)):  #遍历原有列表
        r=a[i]               #原有列表中的当前值r
        if r not in b:       #如果r在新列表中不存在
            b.append(r)      #则将r添加到新列表
>>> b
[1, 2, 3, 4]
```

所以，最后新列表中的重复值被删除。

7.2.7 列表元素的排序

使用列表对象的 sort 方法可以对列表中的元素进行排序。在默认情况下，从小到大排序，不必设置方法参数。下面创建一个列表，使用 sort 方法将列表元素从小到大进行排序。

```
>>> ls=[4,2,1,3]
>>> ls.sort()
>>> ls
[1,2,3,4]
```

设置 sort 方法的 reverse 参数的值为 True，对列表中的元素按照从大到小的顺序进行排列。

```
>>> ls.sort(reverse=True)    #降序排列
>>> ls
[4,3,2,1]
```

还可以使用 Python 的内置函数 sorted 进行排序。sorted 函数不对原有列表进行修改，而是返回一个新列表。设置 sorted 函数的 reverse 参数的值为 True，将列表元素按降序排列。

```
>>> ls=[4,2,1,3]
>>> a=sorted(ls)
>>> a
[1,2,3,4]
>>> a=sorted(ls, reverse=True)
>>> a
[4,3,2,1]
```

7.2.8 列表元素的计算

使用函数 max、min 和 sum 等可以直接求取列表元素的最大值、最小值和累加和。下面创建一个列表，元素为数字 0～10，对它们进行简单的统计计算。

```
>>> a=range(11)
>>> max(a)    #最大值
10
>>> min(a)    #最小值
0
```

```
>>> sum(a)          #累加和
55
```

还可以使用 NumPy 包提供的统计分析函数进行计算。NumPy 包是专门为数组计算设计的，具有功能函数多、计算速度快等特点。关于 NumPy 包和 NumPy 数组的介绍请参考 7.4 节。

```
>>> import numpy as np    #导入NumPy包
>>> a=range(11)
>>> np.amax(a)            #最大值
10
>>> np.amin(a)            #最小值
0
>>> np.sum(a)             #累加和
55
>>> np.mean(a)            #均值
5.0
>>> np.median(a)          #中值
5.0
```

7.2.9 列表的拆分和合并

可以使用 split 方法按指定的分隔符分割字符串，分割后的结果以列表的形式返回。

下面给定一个字符串，使用 split 方法，用默认的空格作为分隔符进行分割，并返回一个列表。

```
>>> a='Where are you from'
>>> a.split()
['Where', 'are', 'you', 'from']
```

使用字符串对象的 join 方法可以用指定的分隔符连接列表给出的多个字符串。下面用变量 b 将需要连接的字符串用列表给出，并用变量 a 指定分隔符，连接列表中的各元素。

```
>>> a=','
>>> b=['hello','abc','python']
>>> a.join(b)
'hello,abc,python'
```

7.2.10 列表的过滤

过滤列表数据有多种方法，本节使用列表解析式和 filter 函数这两种方式进行过滤。

下面创建一个列表 a，元素为数字 0~8。使用列表解析式过滤列表中大于 3 的数字，并返回到列表 b 中。

```
>>> a=range(9)
>>> b=[i for i in a if i>3]
>>> b
[4, 5, 6, 7, 8]
```

列表 b 获取了列表 a 中大于 3 的元素。

下面使用 filter 函数进行过滤。filter 函数的第 1 个参数设置过滤的条件表达式，第 2 个参数指定要过滤的列表。过滤的条件表达式使用匿名函数指定列表 a 中的数字大于 3。

```
>>> a=range(9)
>>> b=filter(lambda i:i>3,a)
>>> b
<filter object at 0x00000000031A5608>
```

filter 函数返回的结果是一个 filter 对象，将它转换为列表。

```
>>> c=list(b)
>>> c
[4, 5, 6, 7, 8]
```

由此可知，列表 c 获取了列表 a 中大于 3 的元素。

7.2.11　二维列表

可以通过列表嵌套创建二维列表或多维列表。二维列表有两层中括号，即列表的元素也是列表。下面创建一个二维列表。

```
>>> a=[[1,2,3],[4,5,6],[7,8,9]]
>>> a
[[1, 2, 3], [4, 5, 6], [7, 8, 9]]
```

对二维列表进行索引和切片时，需要指定行维和列维两个方向上的索引号或取值范围。需要注意的是，行索引号和列索引号的基数为 0。

下面获取二维列表中第 2 行第 3 列的元素的值。

```
>>> a[1][2]
6
```

对二维列表进行切片，需要先了解 a[1] 和 a[1:2] 之间的区别。使用 a[1] 获取的是二维列表 a 中的第 2 个元素，是一个一维列表，示例如下。

```
>>> a[1]
[4, 5, 6]
```

使用 a[1:2] 获取的是一个二维列表，示例如下。

```
>>> a[1:2]
[[4, 5, 6]]
```

这样就比较容易理解下面的结果。

```
>>> a[1][0]
4
```

```
>>> a[1:2][0]
[4, 5, 6]
>>> a[1][0:1]
[4]
>>> a[1:2][0:1]
[[4, 5, 6]]
```

读者可以反复比较和理解两者之间的差别。

7.2.12　Excel 工作表与列表交换数据

Excel 数据与 Python 列表之间的读/写包括将 Excel 数据读取到 Python 列表和将 Python 列表数据写入 Excel 工作表中。

1. 将 Excel 数据读取到 Python 列表

将图 7-9 中工作表内的行数据、列数据和区域数据读取到 Python 列表中。

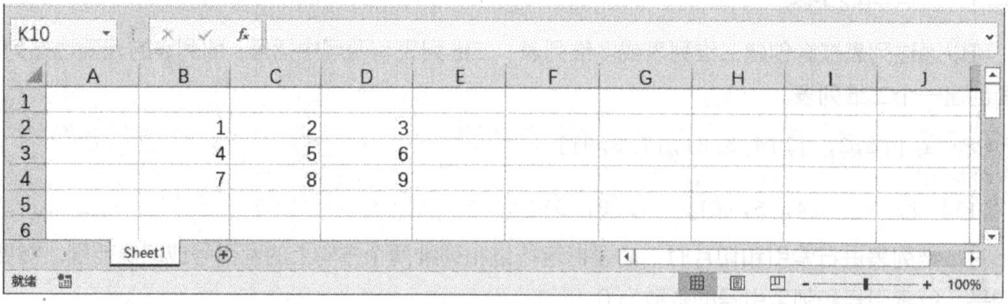

图 7-9　Excel 数据

具体实现如下。

```
>>> import xlwings as xw
>>> bk=xw.Book()
>>> sht=bk.sheets(1)
>>> lst=sht.range('B2:D2').value      #行数据
>>> lst
[1.0, 2.0, 3.0]
>>> lst2=sht.range('B2:B4').value     #列数据
>>> lst2
[1.0, 4.0, 7.0]
>>> lst3=sht.range('B2:D4').value     #区域数据
>>> lst3
[[1.0, 2.0, 3.0], [4.0, 5.0, 6.0], [7.0, 8.0, 9.0]]
```

由此可知，工作表单元格区域中的行数据和列数据读取出来后都用一维列表保存，区域数据用二维列表保存。

将选项工具中 expand 参数的值设置为'table'，可以将指定单元格扩展至它所在的单元格区域。下面获取 B2 单元格所在单元格区域的数据并保存到列表 lst4 中。

```
>>> lst4=sht.range('B2').options(expand='table').value
>>> lst4
[[1.0, 2.0, 3.0], [4.0, 5.0, 6.0], [7.0, 8.0, 9.0]]
```

2. 将 Python 列表数据写入 Excel 工作表

将 Python 列表数据写入 Excel 工作表中，指定单元格区域的第 1 个单元格写入即可。下面把一维列表行数据写入 Excel 工作表 sht 中。

```
>>> import xlwings as xw
>>> bk=xw.Book()
>>> sht=bk.sheets(1)
>>> lst=[1,2,3,4,5]
>>> sht.range('A1').value=lst    #将Python列表数据写入Excel工作表
```

运行结果如图 7-10 所示。

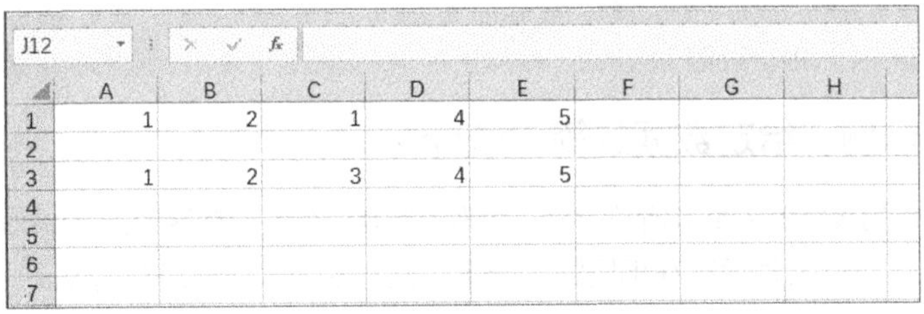

图 7-10 将 Python 列表数据写入 Excel 工作表

如果将 Python 列表数据写入 Excel 工作表的某列中，则分为两种情况：第一种是列表数据为二维列数据，可以直接写入；第二种是列表数据为一维行数据，在写入时进行转置。

第一种情况如下。

```
>>> import xlwings as xw
>>> bk=xw.Book()
>>> sht=bk.sheets(1)
>>> lst=[[1],[2],[3],[4],[5]]
>>> sht.range('C1').value=lst    #直接写入
```

第二种情况如下。

```
>>> import xlwings as xw
>>> bk=xw.Book()
>>> sht=bk.sheets(1)
>>> lst=[1,2,3,4,5]
>>> sht.range('E1').options(transpose=True).value=lst   #转置
```

运行结果如图 7-11 所示。

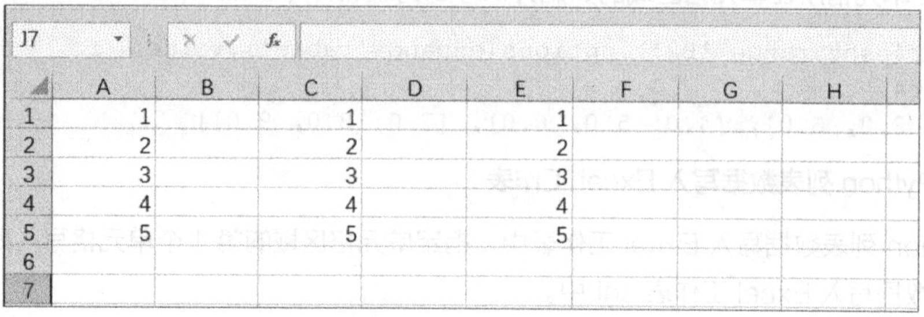

图 7-11 将列数据写入 Excel 工作表

将二维列表数据写入 Excel 工作表，指定目标单元格区域左上角的单元格即可写入。

```
>>> sht.range('A1').value=[[1,2],[3,4]]
```

将单元格区域中的数据读取到二维数组。

```
>>> a=sht.range('A1:B2').value
>>> a
[[1.0, 2.0], [3.0, 4.0]]
```

7.2.13 数组示例：给定数据的简单统计 2

下面用 Python 列表解决 7.1.13 节的问题。示例的数据文件的存放路径为 Samples\ch07\Python\学生成绩统计.xlsx，.py 文件保存在相同的目录下，文件名为 sam07-01.py。

```python
import xlwings as xw          #导入 xlwings 包
#从 constants 类中导入 Direction
from xlwings.constants import Direction
import os                     #导入 os 包
#获取.py 文件的当前路径
root = os.getcwd()
#创建 Excel 应用，可见，没有工作簿
app=xw.App(visible=True, add_book=False)
#打开数据文件，可写
bk=app.books.open(fullname=root+\
    r'\学生成绩统计.xlsx',read_only=False)
sht=bk.sheets(1)    #获取第 1 个工作表
#工作表中 A 列数据的最大行号
rows=sht.api.Range('A1').End(Direction.xlDown).Row

#计算各学生的总分
sc=[]
for i in range(2,rows+1):
    #获取学生成绩
```

```
    lst=sht.range('B'+str(i)+':D'+str(i)).value
    sc.append(sum(lst))    #求和,并添加到列表
#在 E 列输出各学生的总分
sht.range('E2').options(transpose=True).value=sc

#各科目的最高分和平均分
scc=sht.range('B2:B'+str(rows)).value      #语文
scm=sht.range('C2:C'+str(rows)).value      #数学
sce=sht.range('D2:D'+str(rows)).value      #英语
sht.cells(2, 8).value=max(scc)             #最高分
sht.cells(5, 8).value=sum(scc)/len(scc)    #平均分
sht.cells(3, 8).value=max(scm)
sht.cells(6, 8).value=sum(scm)/len(scm)
sht.cells(4, 8).value=max(sce)
sht.cells(7, 8).value=sum(sce)/len(sce)
```

运行程序,输出结果如图 7-5 所示。

7.2.14 数组示例:突出显示给定数据的重复值 2

下面用 Python 列表解决 7.1.14 节的问题。示例的数据文件的存放路径为 Samples\ch07\Python\突出显示重复值.xlsx,.py 文件保存在相同的目录下,文件名为 sam07-02.py。

```
import xlwings as xw      #导入 xlwings 包
#从 constants 类中导入 Direction
from xlwings.constants import Direction
import os                 #导入 os 包
#获取.py 文件的当前路径
root = os.getcwd()
#创建 Excel 应用,可见,没有工作簿
app=xw.App(visible=True, add_book=False)
#打开数据文件,可写
bk=app.books.open(fullname=root+\
    r'\突出显示重复值.xlsx',read_only=False)
sht=bk.sheets(1)          #获取第 1 个工作表
#工作表中 A 列数据的最大行号
row_num_1=sht.api.Range('A1').End(Direction.xlDown).Row
#工作表中 B 列数据的最大行号
row_num_2=sht.api.Range('B1').End(Direction.xlDown).Row
#A 列数据
data_1=sht.range('A2:A'+str(row_num_1)).value
#B 列数据
data_2=sht.range('B2:B'+str(row_num_2)).value

#遍历两列数据并进行比较
for i in range(row_num_2-2):
```

```
    for j in range(row_num_1-2):
        #如果有重复,则亮显对应的单元格
        if data_1[j]==data_2[i]:
            sht.api.Cells(j+2,1).Interior.Color=\
                xw.utils.rgb_to_int((0, 255, 255))
            sht.api.Cells(i+2,2).Interior.Color=\
                xw.utils.rgb_to_int((0, 255, 255))
```

运行程序,输出结果如图 7-6 所示。

7.2.15 数组示例:求大于某数的最小值 2

下面用 Python 列表解决 7.1.15 节的问题。示例的数据文件的存放路径为 Samples\ch07\Python\求大于某数的最小值.xlsx,.py 文件保存在相同的目录下,文件名为 sam07-03.py。

```
import xlwings as xw        #导入 xlwings 包
#从 constants 类中导入 Direction
from xlwings.constants import Direction
import os                   #导入 os 包
#获取.py 文件的当前路径
root = os.getcwd()
#创建 Excel 应用,可见,没有工作簿
app=xw.App(visible=True, add_book=False)
#打开数据文件,可写
bk=app.books.open(fullname=root+\
    r'\求大于某数的最小值.xlsx',read_only=False)
sht=bk.sheets(1)  #获取第 1 个工作表
#工作表中 A 列数据的最大行号
row_num_1=sht.api.Range('A2').End(Direction.xlDown).Row
#工作表中 B 列数据的最大行号
row_num_2=sht.api.Range('B2').End(Direction.xlDown).Row
#B 列数据
data_2=sht.range('B2:B'+str(row_num_2)).value
#从小到大排序
data_2_2=sorted(data_2)

#遍历两列数据并进行比较
for i in range(2,row_num_1+1):
    for j in range(row_num_2-2):
        #将 A 列的每个值与排序后的列表数据进行比较
        #如果当前数据位于列表数据中两个相邻数据之间,则取后者
        data_1=sht.cells(i,1).value
        if data_1>=data_2_2[j] and data_1<=data_2_2[j+1]:
            sht.cells(i,3).value=data_2_2[j+1]
```

运行程序,输出结果如图 7-7 所示。

7.2.16 数组示例：创建杨辉三角 2

下面用 Python 列表解决 7.1.16 节的问题。示例的数据文件的存放路径为 Samples\ch07\Python\杨辉三角.xlsx，.py 文件保存在相同的目录下，文件名为 sam07-04.py。

```python
import xlwings as xw         #导入 xlwings 包
#从 constants 类中导入 Direction
from xlwings.constants import Direction
import os                    #导入 os 包
#获取.py 文件的当前路径
root = os.getcwd()
#创建 Excel 应用，可见，没有工作簿
app=xw.App(visible=True, add_book=False)
#打开数据文件，可写
bk=app.books.open(fullname=root+\
    r'\杨辉三角.xlsx',read_only=False)
sht=bk.sheets(1)   #获取第 1 个工作表

#将三角形所在矩形区域的元素初始化为 0，大小假设为 5
tri=[]
for i in range(5):
    tri.append([])
    for j in range(5):
        tri[i].append(0)

#计算杨辉三角中各元素的值
tri[0][0]=1              #三角形最上面点的值为 1
for i in range(4):
    tri[i+1][0]=1        #第 1 列的值都是 1
    tri[i+1][i+1]=1      #对角线边的值都是 1
for i in range(4):
    for j in range(4):
        tri[i+1][j+1]=tri[i][j]+tri[i][j+1]   #内部

#在工作表中输出杨辉三角
for i in range(5):
    for j in range(5):
        if tri[i][j]!=0:
            sht.cells(i+2,j+2).value=tri[i][j]
```

运行程序，输出结果如图 7-8 所示。

7.3 Python 中的数组：元组

元组与列表类似。二者的不同之处在于，元组定义好之后，其中的数据不能修改。元组用小括号表示。创建元组以后，可以对它进行索引、切片和各种运算，这部分操作与列表的操作基本一样。

7.3.1 元组的创建和删除

可以使用小括号、tuple 函数和 zip 函数等创建元组。下面使用小括号创建元组，元组中的元素可以是不同类型的。

```
>>> t=('a',0,{},False)
>>> t
('a', 0, {}, False)
```

小括号可以省略，即使用如下形式。

```
>>> t='a',0,{},False
>>> t
('a', 0, {}, False)
```

如果元组中只有一个元素，则必须在末尾加逗号，示例如下

```
>>> t=(1,)
>>> t
(1,)
>>> type(t)
<class 'tuple'>
```

如果不在末尾加逗号，那么 Python 会把它作为整数处理，示例如下。

```
>>> t=(1)
>>> t
1
>>> type(t)
<class 'int'>
```

使用 tuple 函数，可以将其他类型的可迭代对象转换为元组。其他类型的可迭代对象包括字符串、区间、列表、字典、集合等。其他类型的可迭代对象作为 tuple 函数的参数给出。

```
>>> tuple()                    #不带参数
()
>>> tuple('abcde')             #转换为字符串
('a', 'b', 'c', 'd', 'e')
>>> tuple(range(5))            #转换为区间
(0, 1, 2, 3, 4)
>>> tuple([1,2,3,4,5])         #转换为列表
(1, 2, 3, 4, 5)
```

```
>>> tuple({1: '杨斌',2: '范进'})        #转换为字典
(1, 2)
>>> tuple({1,2,3,4,5})                  #转换为集合
(1, 2, 3, 4, 5)
```

使用 zip 函数可以将多个列表对应位置的元素组合成元组,并返回 zip 对象。

```
>>> a=[1,2,3]
>>> b=[4,5,6]
>>> c=zip(a,b)
>>> c
<zip object at 0x0000000002F61848>
```

使用 list 函数可以将 zip 对象转换为列表。

```
>>> d=list(c)
>>> d
[(1, 4), (2, 5), (3, 6)]
```

由此可知,列表的元素为元组,它们由变量 a 和 b 对应位置的元素组合而成。

虽然不能修改或删除元组中的元素,但是可以使用 del 命令删除整个元组。

```
>>> t=(1,2,3)
>>> del t
```

7.3.2 元组的索引和切片

元组的索引和切片操作与列表的索引和切片操作相同,所以读者可以参考 7.2.2 节的内容。与列表的不同之处在于,通过索引和切片将元组中的单个或多个元素提取出来以后,不能修改它们的值。

下面创建一个元组,并使用索引提取第 1 个元素和最后一个元素的数据。这里使用正向提取和反向提取,当使用正向提取时位置索引号的基数为 0,当使用反向提取时从右向左计数且位置索引号的基数为−1,倒数第 2 个元素的索引号就是−2。

```
>>> t=(1,2,3)
>>> t[0]
1
>>> t[-1]
3
```

也可以使用元组对象的 index 方法返回指定元素在元组中第 1 次出现的位置,位置索引号的基数为 0。下面返回元素 3 在元组中第 1 次出现的位置。

```
>>> t=(1,2,3,4,5,3,6)
>>> t.index(3)
2
```

index 方法还可以有第 2 个参数和第 3 个参数,用于指定取值范围的起点和终点。若省略终点

则终点取最后一个元素。下面返回元组中第 4 个元素到末尾元素 3 第 1 次出现的位置。

```
>>> t.index(3, 3)
5
```

元组的切片操作的规则与列表的切片操作的规则相同，有正向和反向之分，读者可以参考 7.2.2 节的内容。

```
>>> t=(1,2,3,4,5,6)
>>> t[1:5:2]          #第 2~5 个元素，每隔两个数取一次数
(2, 4)
>>> t[1:5]            #取第 2~5 个元素
(2, 3, 4, 5)
>>> t[1:]             #取第 2 个到最后一个元素
(2, 3, 4, 5, 6)
>>> t[:5]             #取第 1~5 个元素
(1, 2, 3, 4, 5)
>>> t[:]              #取全部元素
(1, 2, 3, 4, 5, 6)
>>> t[-5:-2]          #取倒数第 5 个到倒数第 2 个元素
(2, 3, 4)
>>> t[-5:]            #取倒数第 5 个到倒数第 1 个元素
(2, 3, 4, 5, 6)
```

需要注意的是，无法修改和删除元组中元素的值。例如，下面试图将元组 t 中的第 2 个元素的值改为 3，但给出的是出错信息。

```
>>> t=(1,2,3,4,5,6)
>>>t[1]=3
Traceback (most recent call last):
  File "<pyshell#152>", line 1, in <module>
    t[1]=3
TypeError: 'tuple' object does not support item assignment
```

7.3.3 基本运算和操作

可以使用运算符对指定元组进行操作。下面使用 "+" 连接两个元组。

```
>>> (1, 2, 3)+(4, 5, 6)
(1, 2, 3, 4, 5, 6)
```

下面使用 "*" 重复扩展给定元组。

```
>>> ('Hi')*3
('Hi', 'Hi', 'Hi')
```

下面使用 in 或 not in 判断元组中是否包含或不包含指定元素，若成立则返回 True，否则返回 False。

```
>>> 1 in (1, 2, 3)
True
>>> 3 not in (1, 2, 3)
True
```

下面使用 len 函数计算元组的长度，即元组中元素的个数。

```
>>> t=(1,2,3,4,5,6)
>>> len(t)
6
```

下面使用 max 函数和 min 函数返回元组中最大的元素和最小的元素。

```
>>> max(t)
6
>>> min(t)
1
```

7.4 Python 中的数组：NumPy 数组

Python 的 NumPy 包提供了 NumPy 数组。NumPy 包是为数组运算，特别是比较大型的数组运算设计的。NumPy 包是 Python 科学计算方面的基础包，也是很重要且必须掌握的一个包。

7.4.1 NumPy 包及其安装

NumPy 数组在数据输入/输出性能和存储效率方面比 Python 的嵌套列表好很多。一方面，NumPy 包底层是使用 C 语言编写的，效率远胜于纯 Python 代码；另一方面，NumPy 包使用矢量运算的技术，避免了多重嵌套 for 循环的使用，极大地提高了计算速度。所以，NumPy 包非常适用于多维数组的计算，数组越大，优势越明显。NumPy 包是 Python 实现数据分析、机器学习、深度学习的基础，SciPy、pandas、scikit-learn 和 TensorFlow 等包都是在它的基础上开发出来的。

本书使用从 Python 官网上下载的 Python 3.7.7 展开介绍的。因为 Python 3.7.7 并不包含 NumPy 包，所以在使用之前需要先进行安装。在 Power Shell 窗口使用 pip 工具安装即可。

在 Power Shell 窗口的提示符后输入下面的命令行即可安装 NumPy 包。

```
pip install numpy
```

NumPy 包一般安装在"C:\Users\用户名\ AppData\Local\Programs\Python\Python3x"下。其中，最后的 Python3x 对应 Python 软件的版本，如果版本为 3.7，则为 Python37。

7.4.2 创建 NumPy 数组

在 NumPy 中创建数组很简单，只需要用逗号间隔数组元素，并使用中括号括起来作为 array 函数的参数就可以。当然，也可以理解为将一个列表转换为 NumPy 数组，示例如下。

```
>>> import numpy as np
>>> a=np.array([1,2,3])
>>> print a
array([1, 2, 3])
```

可以使用 arange 函数用增量法创建向量。该函数返回一个 ndarray 对象，包含给定范围内的等间隔值。arange 函数的语法格式如下。

```
numpy.arange(start, stop, step, dtype)
```

其中，start 表示范围的起始值，默认为 0；stop 表示范围的终止值（不包含）；step 表示两个值的间隔，默认值为 1；dtype 表示返回的 ndarray 对象的数据类型，如果没有提供，则使用输入数据的数据类型。

下面的例子用来展示如何使用 arange 函数。

```
>>> x=np.arange(5)
>>> print(x)
[0 1 2 3 4]
```

下面使用 dtype 参数设置数据的数据类型。

```
>>> x = np.arange(5, dtype = float)
>>> print(x)
[0. 1. 2. 3. 4.]
```

当起始值大于终止值，并且步长值为负数时，生成逆序排列的数据序列。

```
>>> x = np.arange(10,0,-2)
>>> print(x)
[10 8 6 4 2]
```

使用 linspace 函数和 logspace 函数，可以创建等差数列和等比数列。

linspace 函数与 arange 函数类似，但是 linspace 函数指定范围内的均匀间隔数，而不是步长。linspace 函数的语法格式如下。

```
numpy.linspace(start, stop, num, endpoint, retstep, dtype)
```

其中，start 表示序列的起始值；stop 表示序列的终止值，如果 endpoint 为 true，则该值包含在序列中；num 表示要生成的等间隔数，默认值为 50；endpoint 表示序列中是否包含 stop 值，默认值为 true，此时间隔步长为(stop-start)/(num-1)，否则间隔步长为(stop-start)/num；retstep 的值如果为 true，则输出数据序列和连续数字之间的步长值；dtype 表示输出 ndarray 对象的数据类型。

下面的例子用来展示 linspace 函数的用法。

```
>>> x=np.linspace(10,20,5)
>>> print(x)
[10.  12.5  15.  17.5  20.]
```

将 endpoint 参数的值设置为 False，此时步长值为(20-10)/5=2。序列不包含终止值。

```
>>> x=np.linspace(10,20, 5, endpoint = False)
>>> print(x)
[10.  12.  14.  16.  18.]
```

使用 logspace 函数可以生成等比数列。它返回一个 ndarray 对象，其中包含在对数刻度上均匀分布的数字。刻度的起始值和终止值是某个底数的幂，通常为 10。

```
numpy.logscale(start, stop, num, endpoint, base, dtype)
```

其中，start 表示起始值是 base ** start；stop 表示终止值是 base ** stop；num 表示范围内的取值个数，默认值为 50；当 endpoint 为 true 时，终止值包含在输出数组中；base 表示对数函数的底数，默认值为 10；dtype 表示输出数据的数据类型，如果没有提供，则取决于其他参数。

下面的例子用来展示 logspace 函数的用法。

```
#在默认情况下，底数为 10
>>> x = np.logspace(1.0, 2.0, num = 10)
>>> print(x)
[ 10.          12.91549665   16.68100537   21.5443469   27.82559402
  35.93813664  46.41588834   59.94842503   77.42636827  100.         ]

#将对数函数的底数设置为 2
>>> x = np.logspace(1,10,num = 10, base = 2)
>>> print(x)
[ 2.   4.   8.   16.   32.   64.   128.   256.   512.   1024.]
```

使用 fromiter 函数可以通过迭代的方法根据任何可迭代对象构建一个 ndarray 对象，并返回一个新的一维数组。fromiter 函数的语法格式如下。

```
numpy.fromiter(iterable, dtype, count = -1)
```

其中，iterable 表示任何可迭代对象；dtype 表示返回数据的数据类型；count 表示需要读取的数据个数，默认为-1，读取所有数据。

下面的例子先从给定列表获得迭代器，然后使用该迭代器创建向量。

```
>>> lst = range(5)
>>> it = iter(lst)
>>> x = np.fromiter(it, dtype = float)
```

```
>>> print(x)
[0. 1. 2. 3. 4.]
```

通过列表嵌套的方法,可以直接创建二维数组和多维数组。例如,下面创建一个 2×2 的矩阵。

```
>>> c=np.array([[1.,2.],[3.,4.]])
>>> print(c)
[[1. 2.]
 [3. 4.]]
```

7.4.3 NumPy 数组的索引和切片

通过索引或切片,可以从 NumPy 数组中获取单个的值或连续多个值。下面使用 arange 函数创建一个 NumPy 数组。

```
>>> a=np.arange(8)
>>> a
array([0, 1, 2, 3, 4, 5, 6, 7])
```

获取数组中的第 3 个值。需要注意的是,索引号的基数为 0。

```
>>> a[2]
2
```

获取数组中的第 3~5 个值。需要注意"包头不包尾"原则,即不包含索引号 5 对应的第 6 个值。

```
>>> a[2:5]
array([2, 3, 4])
```

下面获取数组中的第 3 个及其后面所有的值(需要注意冒号的用法,冒号表示连续取值,即进行切片操作。如果冒号在前面,则表示前面的值全取;如果冒号在后面,则表示后面的值全取;如果冒号在两个数之间,则表示取这两个值确定的范围内的所有值)。

```
>>> a[2:]
array([2, 3, 4, 5, 6, 7])
```

下面获取数组中的前 5 个值。

```
>>> a[:5]
array([0, 1, 2, 3, 4])
```

下面获取数组中的倒数第 3 个值。

```
>>> a[-3]
5
```

下面获取数组中倒数第 3 个及其后面所有的值。

```
>>> a[-3:]
array([5, 6, 7])
```

7.4.4 NumPy 数组的计算

作为 Python 科学计算的基础包，NumPy 包封装了大量与基础数学、统计分析、线性代数和数值分析等相关的函数。使用这些函数，既可以很方便地进行计算，也可以利用它们进行二次开发。

1. 数学函数

NumPy 包中提供的基础数学函数如表 7-3 所示，包括求绝对值的函数、求平方的函数、平方根函数、指数函数、对数函数、圆整函数和三角函数等。

表 7-3　NumPy 包中提供的基础数学函数

函　　数	说　　明
abs、fabs	绝对值。对于非复数，使用 fabs 函数更快
square	元素取平方
sqrt	元素取平方根
exp	元素的指数
log、log10、log2	元素的自然对数、以 10 为底的对数、以 2 为底的对数
sign	计算元素的正负号，1 为正数，0 为零，-1 为负数
cell	元素取大于或等于该值的最小整数
floor	元素取小于或等于该值的最大整数
rint	元素取原值四舍五入的整数
cos、cosh、sin、sinh、tan、tanh	三角函数
arccos、arccosh、arcsin、arcsinh、arctan、arctanh	反三角函数

下面导入 NumPy 包，对于给定的列表数据，计算列表元素的平方值和正弦值。

```
>>> import numpy as np
>>> a=[3,2,5,1,4]
>>> np.square(a)      #平方值
array([ 9,  4, 25,  1, 16], dtype=int32)
>>> np.sin(a)         #正弦值
array([ 0.14112001,  0.90929743, -0.95892427,  0.84147098, -0.7568025 ])
```

2. 统计计算

NumPy 包中提供的统计函数如表 7-4 所示，包括求最小值、最大值、均值、中值、和、方差等统计量的函数。

表 7-4　NumPy 包中提供的统计函数

函　　数	说　　明
min	最小值
max	最大值

续表

函数	说明
mean	均值
median	中值
sum	和
prod	乘积
cumsum	累加求和
cumprod	累加求积
std	标准差
var	方差
argmin	最小值的索引
argmax	最大值的索引

下面导入 NumPy 包，对于给定的列表数据，计算指定的统计量。

```
>>> import numpy as np
>>> a=[3,2,5,1,4]
>>> np.max(a)          #最大值
5
>>> np.mean(a)         #均值
3.0
>>> np.sum(a)          #和
15
>>> np.median(a)       #中值
3.0
>>> np.var(a)          #方差
2.0
```

3. 构造特殊矩阵

在矩阵计算中，常常需要构造一些特殊矩阵，如元素全部为 0 的矩阵、元素全部为 1 的矩阵、单位矩阵等。NumPy 包中提供的构造特殊矩阵的函数如表 7-5 所示。

表 7-5　NumPy 包中提供的构造特殊矩阵的函数

函数	说明
zeros	创建一个元素全部为 0 的矩阵
ones	创建一个元素全部为 1 的矩阵
eye	创建一个对角线元素为 1，并且其余元素为 0 的矩阵
identity	创建一个指定大小的单位矩阵
random.randn	创建一个指定大小的矩阵，元素为随机数
empty	创建一个空矩阵

下面导入 NumPy 包，使用 NumPy 包中提供的函数构造特殊矩阵。

```
>>> import numpy as np
>>> np.ones((3,2))            #3 行 2 列的矩阵，元素全部为 1
array([[1., 1.],
       [1., 1.],
       [1., 1.]])
>>> np.zeros((2,4))           #2 行 4 列的矩阵，元素全部为 0
array([[0., 0., 0., 0.],
       [0., 0., 0., 0.]])
>>> np.random.randn(2,3)      #2 行 3 列的矩阵，元素全部为随机数
array([[ 0.76904717, -0.33417294,  0.89698686],
       [-1.88668519,  0.057794  ,  0.60373711]])
```

4. 表达式运算

可以对 NumPy 数组进行算术运算、比较运算和逻辑运算等，NumPy 包中提供的数组表达式运算函数如表 7-6 所示。

表 7-6 NumPy 包中提供的数组表达式运算函数

函数	说明
add	数组的对应元素相加
subtract	数组的对应元素相减
multiply	数组的对应元素相乘
divide、floor_divide	数组的对应元素相除或相除后向下圆整
power	第 1 个数组的元素使用第 2 个数组的对应元素进行指数运算
maximum、fmax	元素的最大值，fmax 函数忽略空值
minimum、fmin	元素的最小值，fmin 函数忽略空值
mod	元素求模运算
copysign	将第 2 个数组中元素的符号复制给第 1 个数组中的对应元素
greater、greater_equal、less、less_equal、equal、not_equal	比较运算，大于、大于或等于、小于、小于或等于、等于、不等于，相当于>、>=、<、<=、==、!=
logical_and、logical_or、logical_xor	逻辑运算，逻辑与、逻辑或、逻辑异或，相当于&、|、^

下面导入 NumPy 包，使用 NumPy 包中提供的函数对给定数组进行四则运算和比较运算。

```
>>> import numpy as np
>>> a=np.array([[1,2,3],[4,5,6]])
>>> b=np.array([[5,8,2],[4,9,3]])
>>> np.add(a,b)           #元素求和
array([[ 6, 10,  5],
       [ 8, 14,  9]])
>>> np.multiply(a,b)      #元素相乘
```

```
array([[ 5, 16,  6],
       [16, 45, 18]])
>>> np.greater(a,b)        #元素比较
array([[False, False,  True],
       [False, False,  True]])
```

5. 线性代数

NumPy 包中提供的线性代数计算函数如表 7-7 所示，包括转置、矩阵相乘、行列式、解线性方程和矩阵求逆等。

表 7-7　NumPy 包中提供的线性代数计算函数

函　　数	说　　明
transpose	转置
dot	点积，数组的对应元素相乘
vdot	两个向量的点积
inner	内积
matmul	矩阵相乘
linalg.det	行列式
linalg.solve	解线性方程
linalg.inv	矩阵求逆

下面导入 NumPy 包，使用 NumPy 包中提供的函数进行线性代数运算。

```
>>> import numpy as np
>>> a=[[1,2,3],[4,5,6],[7,8,9]]
>>> np.transpose(a)        #矩阵转置
array([[1, 4, 7],
       [2, 5, 8],
       [3, 6, 9]])
>>> np.linalg.det(a)       #行列式
6.66133814775094e-16
>>> np.linalg.inv(a)       #矩阵求逆
array([[-4.50359963e+15,  9.00719925e+15, -4.50359963e+15],
       [ 9.00719925e+15, -1.80143985e+16,  9.00719925e+15],
       [-4.50359963e+15,  9.00719925e+15, -4.50359963e+15]])
```

7.4.5　Excel 工作表与 NumPy 数组交换数据

使用 Python 的 xlwings 包可以很方便地实现 NumPy 数组的数据在 Excel 工作表中的读/写。下面将一个二维 NumPy 数组写入 Excel 工作表中以 B2 单元格为左上角的单元格区域中。

```
>>> import numpy as np
>>> sht=xw.Book().sheets(1)
```

```
>>> sht.range('B2').value=np.array([[1,2,3],[4,5,6],[7,8,9]])
```

运行效果如图 7-12 所示。

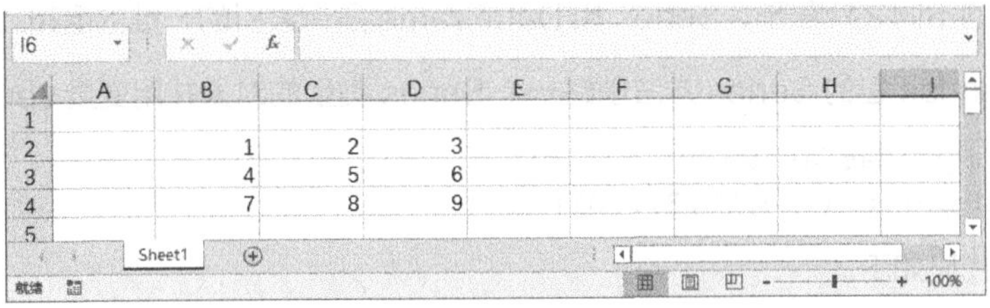

图 7-12　在 Excel 工作表中写入 NumPy 数组

将工作表中指定单元格区域内的数据读取到 NumPy 数组中，使用选项工具指定 np.array 值即可。下面将 B2 单元格所在单元格区域内的数据读取到 arr 数组中。

```
>>> arr=sht.range('B2').options(np.array, expand='table').value
>>> arr
array([[1., 2., 3.],
       [4., 5., 6.],
       [7., 8., 9.]])
```

7.5　Python 中带索引的数组：Series 和 DataFrame

Python 的 pandas 包提供了 Series 和 DataFrame 数据类型，用于描述和处理结构化数组，即带索引的一维数组和二维数组。如果把结构化数组理解为表，那么索引就是表中的表头字段。

7.5.1　pandas 包及其安装

pandas 包是在 NumPy 包的基础上开发出来的，所以继承了 NumPy 包计算速度快的优点。另外，pandas 包中提供了很多进行数据处理的函数，调用它们可以快速可靠地实现表数据的处理，并且代码很简洁。

本书使用从 Python 官网上下载的 Python 3.7.7 展开介绍。Python 3.7.7 并不包含 pandas 包，所以，在使用 pandas 包之前需要先进行安装。在 Power Shell 窗口中，可以使用 pip 工具安装 pandas 包。

在 Power Shell 窗口的提示符后输入下面的命令行即可安装 pandas 包。

```
pip install pandas
```

pandas 包一般安装在"C:\Users\用户名\ AppData\Local\Programs\Python\Python3x"下。最后的 Python3x 对应 Python 软件的版本，如果版本为 3.7，则为 Python37。

7.5.2 pandas Series

pandas 包提供了两种数据类型，即 Series 和 DataFrame，分别对应一维数组和二维数组。与 NumPy 数组的不同之处在于，Series 和 DataFrame 是带索引的一维数组和二维数组。

下面使用 pandas 包的 Series 方法创建一个 Series 类型的对象并用变量 ser 引用。

```
>>> import pandas as pd
>>> ser=pd.Series([10,20,30,40])
```

查看 ser 的代码如下。

```
>>> ser
0    10
1    20
2    30
3    40
dtype: int64
```

由此可知，Series 类型的数据显示为两列，第 1 列为索引标签，第 2 列为数据的一维数组。如果把索引看作 key，那么它是一个类似于字典的数据结构，每个数据由索引标签和对应的值组成。

1. 创建 Series 类型的对象

上面使用 pandas 包的 Series 方法创建了一个 Series 类型的对象。它实际上是利用列表数据创建的。使用 Series 方法，还可以将元组数据、字典数据、NumPy 数组等转换为 Series 类型的对象。

下面将元组数据转换为 Series 类型的对象。

```
>>> ser=pd.Series((10,20,30,40))
>>> ser
0    10
1    20
2    30
3    40
dtype: int64
```

下面将字典数据转换为 Series 类型的对象，此时字典数据的键被转换为 Series 数据的索引。

```
>>> ser=pd.Series({'a':10, 'b':20, 'c':30, 'd':40})
>>> ser
a    10
b    20
c    30
d    40
dtype: int64
```

下面将 NumPy 数组转换为 Series 类型的对象。

```
>>> ser=pd.Series(np.arange(10,50,10))
>>> ser
0    10
1    20
2    30
3    40
dtype: int32
```

上面在创建 Series 类型的对象时，除了利用字典创建的，Series 数据的索引都是自动创建且按照基数为 0 的顺序递增的整数。实际上，在创建 Series 类型的对象时，可以使用 index 参数指定索引。下面使用 index 参数指定所创建的 Series 数据的索引。

```
>>> ser=pd.Series(np.arange(10,50,10),index=['a', 'b', 'c', 'd'])
>>> ser
a    10
b    20
c    30
d    40
dtype: int32
```

还可以使用 name 参数指定 Series 类型的对象的名称。

```
>>> ser=pd.Series(np.arange(10,50,10),index=['a', 'b', 'c', 'd'],name='得分')
>>> ser
a    10
b    20
c    30
d    40
Name: 得分, dtype: int32
```

2. Series 对象的描述

使用 Series 对象的 shape、size、index、values 等属性可以获取数据的形状、大小、索引标签和值等。下面创建一个 Series 类型的对象 ser。

```
>>> ser=pd.Series(np.arange(10,50,10),index=['a', 'b', 'c', 'd'])
>>> ser
a    10
b    20
c    30
d    40
dtype: int32
```

下面使用 shape 属性获取 ser 的形状。

```
>>> ser.shape
(4,)
```

下面使用 size 属性获取 ser 的大小。

```
>>> ser.size
4
```

下面使用 index 属性获取 ser 的索引标签。

```
>>> ser.index
Index(['a', 'b', 'c', 'd'], dtype='object')
```

下面使用 values 属性获取 ser 的值。

```
>>> ser.values
array([10, 20, 30, 40])
```

使用 Series 类型的对象的 head 方法和 tail 方法可以获取对象中前面和后面指定个数的数据。在默认情况下，个数为 5。下面获取 ser 中前两个和后两个的数据。

```
>>> ser.head(2)
a    10
b    20
dtype: int32
>>> ser.tail(2)
c    30
d    40
dtype: int32
```

3. 索引和切片

创建 Series 类型的对象后，如果希望提取其中的某个值或某些值，则可以通过索引或切片来实现。可以使用中括号获取单个索引，此时返回的是元素类型；或者在中括号中使用一个列表获取多个索引，此时返回的是一个 Series 类型的对象。

下面创建一个 Series 类型的对象 ser。

```
>>> ser=pd.Series(np.arange(10,50,10),index=['a', 'b', 'c', 'd'])
>>> ser
a    10
b    20
c    30
d    40
dtype: int32
```

获取第 2 个值，它的索引标签为'b'。

```
>>> r1=ser['b']
>>> r1
```

20

下面使用 type 函数获取 r1 的数据类型。

```
>>> type(r1)
<class 'numpy.int32'>
```

返回的是元素的数据类型。

下面使用第 1 个和第 4 个元素的索引标签组成的列表来获取它们对应的值。

```
>>> r2=ser[['a', 'd']]
>>> r2
a    10
d    40
Name: 得分, dtype: int32
```

下面使用 type 函数获取 r2 的数据类型。

```
>>> type(r2)
<class 'pandas.core.series.Series'>
```

由此可知，此时返回的是 Series 类型的对象。

除了使用中括号，还可以使用 Series 类型的对象的 loc 方法和 iloc 方法进行索引。loc 方法使用数据的索引标签进行索引，iloc 方法则使用顺序编号进行索引。

下面获取 ser 中索引标签'a'和'd'对应的值。

```
>>> r3=ser.loc[['a', 'd']]
>>> r3
a    10
d    40
Name: 得分, dtype: int32
```

下面使用 iloc 方法获取 ser 中第 1 个和第 4 个数据。

```
>>> r4=ser.iloc[[0,3]]
>>> r4
a    10
d    40
Name: 得分, dtype: int32
```

使用冒号可以对 Series 类型的对象进行切片。下面获取 ser 中从'a'标签到'c'标签的连续值。

```
>>> r5=ser['a': 'c']
>>> r5
a    10
b    20
c    30
Name: 得分, dtype: int32
```

下面使用 iloc 方法获取 ser 中第 2 个及其以后的所有数据。

```
>>> r6=ser.iloc[1:]
>>> r6
b    20
c    30
d    40
Name: 得分, dtype: int32
```

4. 布尔索引

在中括号中使用布尔表达式可以实现布尔索引。

下面获取 ser 中值不超过 20 的数据。

```
>>> ser[ser.values<=20]
a    10
b    20
dtype: int32
```

下面获取 ser 中索引标签不为'a'的数据。

```
>>> ser[ser.index!= 'a']
b    20
c    30
d    40
dtype: int32
```

7.5.3 pandas DataFrame

pandas DataFrame 类型的数据是带行索引和列索引的。下面使用 pandas 包的 DataFrame 方法将一个二维列表转换为 DataFrame 类型的对象。

```
>>> import pandas as pd                  #导入 pandas 包
>>> data=[[1,2,3],[4,5,6],[7,8,9]]       #创建二维列表
>>> df=pd.DataFrame(data)                #利用二维列表创建 DataFrame 类型的对象
>>> df
   0  1  2
0  1  2  3
1  4  5  6
2  7  8  9
```

上面的 df 就是利用二维列表创建的 DataFrame 类型的对象，第 1 行的 0~2 为自动生成的列索引标签，第 1 列的 0~2 为自动生成的行索引标签，内部 3 行 3 列的 1~9 为 df 的值。

1. 创建 DataFrame 类型的对象

上面使用二维列表创建了 DataFrame 类型的对象。使用 index 参数可以设置行索引标签，使

用 columns 参数可以设置列索引标签。

```
>>> data=[[1,2,3],[4,5,6],[7,8,9]]
>>> df=pd.DataFrame(data,index=['a', 'b', 'c'],columns=['A', 'B', 'C'])
>>> df
   A  B  C
a  1  2  3
b  4  5  6
c  7  8  9
```

下面利用二维元组创建 DataFrame 类型的对象。

```
>>> data=((1,2,3),(4,5,6),(7,8,9))
>>> df=pd.DataFrame(data)
>>> df
   0  1  2
0  1  2  3
1  4  5  6
2  7  8  9
```

下面利用字典创建 DataFrame 类型的对象。字典中键值对的键表示列索引标签，值用数据区域的行数据组成列表表示。

```
>>> data={'a':[1,2,3], 'b':[4,5,6], 'c':[7,8,9]}
>>> df=pd.DataFrame(data)
>>> df
   a  b  c
0  1  4  7
1  2  5  8
2  3  6  9
```

下面利用 NumPy 数组创建 DataFrame 类型的对象。

```
>>> import numpy as np
>>> data=np.array(([1, 2, 3], [4, 5, 6],[7,8,9]))
>>> df=pd.DataFrame(data)
>>> df
   0  1  2
0  1  2  3
1  4  5  6
2  7  8  9
```

此外，还可以通过从文件导入数据来创建 DataFrame 类型的对象，这也是最常用的一种方法。可以从 Excel 文件等导入数据。这部分内容将在 7.5.4 节详细介绍。

使用 xlwings 包的转换器和选项工具，还可以直接从 Excel 工作表指定单元格区域获取数据并转换为 DataFrame 类型的对象。这部分内容将在 7.5.4 节详细介绍。

2. DataFrame 类型的对象的描述

创建 DataFrame 类型的对象以后，可以使用 info、describe、dtypes、shape 等一系列属性和方法进行描述。下面创建一个 DataFrame 类型的对象 df。

```
>>> data=[[1,2,3],[4,5,6],[7,8,9]]
>>> df=pd.DataFrame(data,index=['a', 'b', 'c'],columns=['A', 'B', 'C'])
>>> df
   A  B  C
a  1  2  3
b  4  5  6
c  7  8  9
```

使用 info 方法可以获取 df 的信息。

```
>>> df.info()
<class 'pandas.core.frame.DataFrame'>
Index: 3 entries, a to c
Data columns (total 3 columns):
 #   Column  Non-Null Count  Dtype
---  ------  --------------  -----
 0   A       3 non-null      int64
 1   B       3 non-null      int64
 2   C       3 non-null      int64
dtypes: int64(3)
memory usage: 96.0+ bytes
```

使用 info 方法获取的 DataFrame 类型的对象的信息包括对象的类型、行索引和列索引的信息、每列数据的列标签、非缺失值个数和数据类型、占用的内存等。

使用 dtypes 属性可以获取 df 每列数据的类型。

```
>>> df.dtypes
A    int64
B    int64
C    int64
dtype: object
```

使用 shape 属性可以获取 df 的行数和列数，并用元组给出。

```
>>> df.shape
(3, 3)
```

使用 len 函数可以获取 df 的行数和列数。

```
>>> len(df)              #行数
3
>>> len(df.columns)      #列数
3
```

使用 index 属性可以获取 df 的行索引标签。

```
>>> df.index
Index(['a', 'b', 'c'], dtype='object')
```

使用 columns 属性可以获取 df 的列索引标签。

```
>>> df.columns
Index(['A', 'B', 'C'], dtype='object')
```

使用 values 属性可以获取 df 的值。

```
>>> df.values
array([[1, 2, 3],
       [4, 5, 6],
       [7, 8, 9]], dtype=int64)
```

使用 head 方法可以获取前 n 行数据，在默认情况下 n=5。

```
>>> df.head(2)
   A  B  C
a  1  2  3
b  4  5  6
```

使用 tail 方法可以获取后 n 行数据，在默认情况下 n=5。

```
>>> df.tail(2)
   A  B  C
b  4  5  6
c  7  8  9
```

使用 describe 方法可以获取 df 每列数据的描述统计量，包括数据个数、均值、标准差、最小值、25%分位数、50%分位数、75%分位数、最大值等。

```
>>> df.describe()
         A    B    C
count  3.0  3.0  3.0
mean   4.0  5.0  6.0
std    3.0  3.0  3.0
min    1.0  2.0  3.0
25%    2.5  3.5  4.5
50%    4.0  5.0  6.0
75%    5.5  6.5  7.5
max    7.0  8.0  9.0
```

3. 索引和切片

创建 DataFrame 类型的对象后，如果希望提取其中的某行某列或某些行某些列，就需要通过索引或切片来实现。可以使用中括号获取单个索引，此时返回的是 Series 类型的；或者在中括号中使用一个列表获取多个索引，此时返回的是 DataFrame 类型的。

下面创建一个 DataFrame 类型的对象 df。

```
>>> data=[[1,2,3],[4,5,6],[7,8,9]]
>>> df=pd.DataFrame(data,index=['a', 'b', 'c'],columns=['A', 'B', 'C'])
>>> df
   A  B  C
a  1  2  3
b  4  5  6
c  7  8  9
```

使用中括号可以获取列索引标签为'A'的列。

```
>>> c1=df['A']
>>> c1
a    1
b    4
c    7
Name: A, dtype: int64
```

查看 c1 的数据类型。

```
>>> type(c1)
<class 'pandas.core.series.Series'>
```

由此可知，通过索引获取 DataFrame 类型的对象的单列时得到的是 Series 类型的数据。

下面使用 loc 方法获取行索引标签为'a'的行。

```
>>> r1=df.loc['a']
>>> r1
A    1
B    2
C    3
Name: a, dtype: int64
```

查看 r1 的数据类型。

```
>>> type(r1)
<class 'pandas.core.series.Series'>
```

由此可知，通过索引获取 DataFrame 类型的对象的单行时得到的是 Series 类型的数据。也可以使用 iloc 方法获取行，与 loc 方法不同的是，iloc 方法的参数为表示行编号的整数，而不是标签。

可以通过指定多个索引标签来获取多个行或列，将这多个行或列的索引标签组成列表放在中括号中。

```
>>> c23=df[['A', 'C']]
>>> c23
   A  C
a  1  3
```

```
b  4  6
c  7  9
>>> r23=df.loc[['a', 'c']]
>>> r23
   A  B  C
a  1  2  3
c  7  8  9
```

查看 c23 和 r23 的数据类型。

```
>>> type(c23)
<class 'pandas.core.frame.DataFrame'>
>>> type(r23)
<class 'pandas.core.frame.DataFrame'>
```

由此可知,获取多行和多列返回的是 DataFrame 类型的数据。

上面使用中括号获取列,其实使用 loc 方法也可以获取列,示例如下。

```
>>> c4=df.loc[:,'B']
>>> c4
a    2
b    5
c    8
Name: B, dtype: int64
```

中括号中的冒号表示"B"标签对应的各行数据全部选取。

当使用中括号获取列时,中括号中输入的是单列标签,此时返回的是 Series 类型的数据。如果中括号中输入的是单列标签组成的列表,那么返回的就是 DataFrame 类型的数据。

```
>>> c5=df[['B']]
>>> c5
   B
a  2
b  5
c  8
>>> type(c5)
<class 'pandas.core.frame.DataFrame'>
```

使用中括号索引列以后,引用 values 属性得到的是 NumPy 数组数据。

```
>>> ar=df['B'].values
>>> ar
array([2, 5, 8], dtype=int64)
>>> type(ar)
<class 'numpy.ndarray'>
```

使用冒号可以对 DataFrame 类型的数据进行切片。下面的切片取所有行,以及列标签为'A'到

'B'的所有列。

```
>>> df.loc[:,'A': 'B']
   A  B
a  1  2
b  4  5
c  7  8
```

下面的切片取行标签为'a'到'b'的所有行,以及列标签为'B'到'C'的所有列。

```
>>> df.loc['a': 'b', 'B': 'C']
   B  C
a  2  3
b  5  6
```

下面的切片取行标签'b'及其后面的所有行,以及列标签'B'及其前面的所有列。

```
>>> df.loc['b':,: 'B']
   A  B
b  4  5
c  7  8
```

4. 布尔索引

在中括号中使用布尔表达式可以实现布尔索引。

下面获取 df 中 B 列数据大于或等于 3 的行数据。

```
>>> df[df['B']>=3]
   A  B  C
b  4  5  6
c  7  8  9
```

下面获取 df 中 A 列数据大于或等于 2 并且 C 列数据等于 9 的行数据。

```
>>> df[(df['A']>=2)&(df['C']==9)]
   A  B  C
c  7  8  9
```

下面获取 df 中 B 列数据介于 4 和 9 之间的行数据。

```
>>> df[df['B'].between(4,9)]
   A  B  C
b  4  5  6
c  7  8  9
```

下面获取 df 中 A 列数据为 0~5 的整数的行数据。

```
>>> df[df['A'].isin(range(6))]
   A  B  C
a  1  2  3
```

```
b   4   5   6
```

下面先获取 df 中 B 列数据介于 4 和 9 之间的行数据,然后取 A 列和 C 列的数据。

```
>>> df[df['B'].between(4,9)][['A','C']]
   A  C
b  4  6
c  7  9
```

找到行标签为'b'的行中大于或等于 5 的数据。

```
>>> df.loc[['b']]>=5
       A     B     C
b  False  True  True
```

行标签为'b'的行中大于或等于 5 的数据对应的布尔值为 True。

7.5.4 Excel 与 pandas 交换数据

利用 pandas 包的 read_excel 方法可以将 Excel 数据导入 pandas,使用 to_excel 方法可以将 pandas 数据写入 Excel 文件。

利用 pandas 包的 read_excel 方法可以读取 Excel 数据。read_excel 方法的参数比较多,常用的参数如表 7-8 所示。利用这些参数,既可以导入规整数据,也可以处理很多不规范的 Excel 数据。导入后的数据是 DataFrame 类型的。

表 7-8　read_excel 方法常用的参数

参数	说明
io	Excel 文件的路径和名称
sheet_name	读取数据的工作表的名称,既可以指定名称,也可以指定索引号,如果不指定则读取第 1 个工作表
header	指定用哪行数据作为索引行,如果是多层索引,则用多行的行号组成列表进行指定
index_col	指定用哪列数据作为索引列,如果是多层索引,则用多列的列号或名称组成列表进行指定
usecols	如果只需要导入原始数据中的部分列数据,则使用该参数用列表进行指定
dtype	使用字典指定特定列的数据类型,如{'A':np.float64 }指定 A 列的数据为 64 位浮点型
nrows	指定需要读取的行数
skiprows	指定读入时忽略前面多少行
skip_footer	指定读入时忽略后面多少行
names	用列表指定列的列索引标签
engine	执行数据导入的引擎,如'xlrd'和'openpyxl'等

需要注意的是,使用 read_excel 方法导入数据有时会出现类似没有安装 xlrd 的错误或其他各种错误。因此,建议安装 openpyxl,在使用 read_excel 方法时指定 engine 参数的值为'openpyxl'。

把路径"Samples\ch07\Python\"下的示例文件"身份证号.xlsx"复制到 D 盘。该文件中有两个工作表，保存的是部分工作人员的身份信息。下面使用 pandas 包中的 read_excel 方法导入该文件的数据。

```
>>> import pandas as pd
>>> df=pd.read_excel(io='D:\身份证号.xlsx',engine='openpyxl')
>>> df
    工号   部门   姓名        身份证号       性别
0  1001  财务部  陈东   510321197810030016   女
1  1002  财务部  田菊   412823198005251008   男
2  1003  生产部  王伟   430225198003113024   男
3  1004  生产部  韦龙   430225198511163008   女
4  1005  销售部  刘洋   430225198008123008   女
```

在默认情况下，导入第 1 个工作表中的数据，将第 1 行数据作为表头，即列索引标签。行索引从 0 开始自动对行进行编号。

使用 sheet_name 参数可以指定打开某个或多个工作表，使用 index_col 参数可以指定某列作为行索引。下面同时打开前两个工作表，指定"工号"列作为行索引。

```
>>> df=pd.read_excel(io='D:\身份证号.xlsx',sheet_name=[0,1],index_col='工号',engine='openpyxl')
>>> df
{0:      部门    姓名        身份证号        性别
工号
1001   财务部   陈东   510321197810030016   女
1002   财务部   田菊   412823198005251008   男
1003   生产部   王伟   430225198003113024   男
1004   生产部   韦龙   430225198511163008   女
1005   销售部   刘洋   430225198008123008   女,  1:      部门    姓名
身份证号  性别
工号
1006   生产部   吕川   320325197001017024   女
1007   销售部   杨莉   420117197302174976   男
1008   财务部   夏东   132801194705058000   女
1009   销售部   吴晓   430225198001153024   男
1010   销售部   宋恩龙  320325198001017984   女}
```

现在同时导入两个工作表中的数据，并且将"工号"列的数据进行行索引。由此可知，此时返回的结果是字典类型的，字典中键值对的键为工作表的索引号，值为工作表的数据，并且是 DataFrame 类型的。可以使用 type 函数查看数据类型。

```
>>> type(df[0])
<class 'pandas.core.frame.DataFrame'>
```

其他参数读者可以自行测试，如选择列数据、忽略前面的部分行或后面的部分行、为没有列索引标签的数据添加标签等。

使用 to_excel 方法可以将 pandas 数据写入 Excel 文件中。例如，上面导入了前两个工作表的数据，现在希望将这两个工作表的数据合并后保存到另外一个 Excel 文件中。先使用 pandas 包中的 concat 方法垂向拼接两个工作表的数据，然后保存到 D 盘下的 new_file.xlsx 文件中。

```
>>> df1=df[0]
>>> df2=df[1]
>>> df0=pd.concat([df1,df2])
>>> df0
      部门    姓名           身份证号  性别
工号
1001  财务部   陈东   510321197810030016  女
1002  财务部   田菊   412823198005251008  男
1003  生产部   王伟   430225198003113024  男
1004  生产部   韦龙   430225198511163008  女
1005  销售部   刘洋   430225198008123008  女
1006  生产部   吕川   320325197001017024  女
1007  销售部   杨莉   420117197302174976  男
1008  财务部   夏东   132801194705058000  女
1009  销售部   吴晓   430225198001153024  男
1010  销售部   宋恩龙  320325198001017984  女
>>> df0.to_excel('D:\\new_file.xlsx')
```

合并后的数据被正确保存到指定的文件中。

使用 xlwings 包，可以实现多个 DataFrame 类型的数据在同一个工作表中的读/写操作。下面导入 xlwings 包，打开 D 盘下的"身份证号.xlsx"文件。该文件中有两个工作表，保存的是部分工作人员的身份信息。

```
>>> import xlwings as xw   #导入 xlwings 包
>>> #创建 Excel 应用，可见，不添加工作簿
>>> app=xw.App(visible=True, add_book=False)
>>> #打开数据文件，可写
>>> bk=app.books.open(fullname='D:\\身份证号.xlsx',read_only=False)
>>> #获取文件中的两个工作表
>>> sht1=bk.sheets[0]
>>> sht2=bk.sheets[1]
>>> #添加一个新工作表，放在最后面，并命名
>>> sht3=bk.sheets.add(after=bk.sheets(bk.sheets.count))
>>> sht3.name='多 DataFrame'
```

下面使用 xlwings 包的转换器和选项工具，将已有的两个工作表中的数据以 DataFrame 类型读取到 df1 和 df2。使用 pandas 包的 concat 方法垂向拼接 df1 和 df2，得到第 3 个 DataFrame 类型的 df3。

```
>>> df1=sht1.range('A1:E6').options(pd.DataFrame).value
```

```
>>> df2=sht2.range('A1:E6').options(pd.DataFrame).value
>>> df3=pd.concat([df1,df2])
```

将 df1、df2 和 df3 写入第 3 个工作表中的指定位置，只需要指定单元格区域的左上角单元格即可。

```
>>> sht3.range('A1').value=df1
>>> sht3.range('A8').value=df2
>>> sht3.range('G1').value=df3
```

第 3 个工作表的显示效果如图 7-13 所示。由此可知，使用 xlwings 包，可以实现多个 DataFrame 类型的数据在同一个工作表中的读/写。

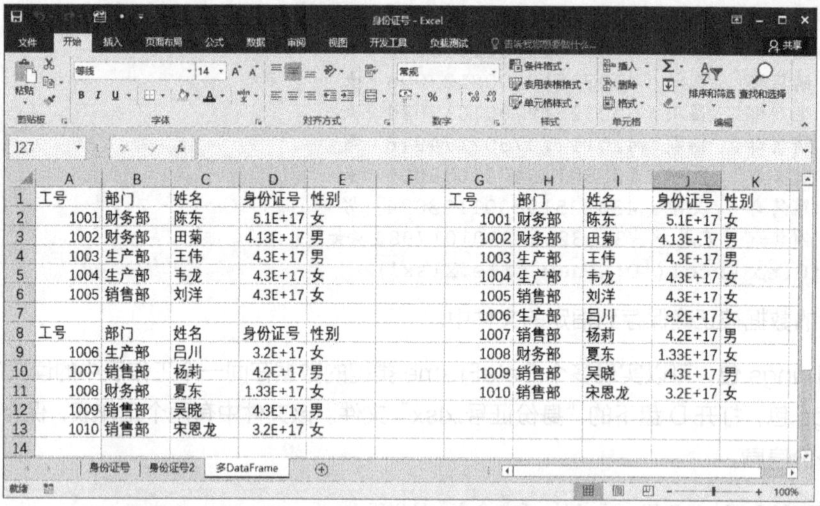

图 7-13　将多个 DataFrame 类型的数据写入同一个工作表

第 8 章
字典

我们都知道,查字典时可以从第 1 页开始,一页一页地往下找,直到找到为止。这样做明显效率低下,特别是字的位置比较靠后的时候。所以,查字典不能这样做,而应根据目录直接跳到对应的页码查找关于字的解释。字典中要查的每个字是唯一的,每个字都有对应的解释说明。

8.1 字典的创建

字典中的每个元素由一个键值对组成,其中键相当于真实字典中的字,而字在整个字典中作为字条是唯一的;值相当于字的解释说明。Python 中有字典数据类型,Excel VBA 中则需要引用外部库创建字典对象。

8.1.1 创建字典对象

【Excel VBA】

Excel VBA 中没有字典数据类型,也无法直接创建字典对象,而是需要通过引用第三方库创建字典对象并通过对该对象编程来实现字典相关的操作。

在 Excel VBA 中,创建字典对象有前期绑定与后期绑定两种方式。

如果使用后期绑定创建字典对象,就需要先创建一个 Object 类型的变量,然后使用 CreateObject 函数创建字典对象并用该变量进行引用。可以使用类似于下面的代码创建字典对象 dicT。

```
Dim dicT As Object
Set dicT = CreateObject("Scripting.Dictionary")
```

这样就可以使用字典对象的属性和方法进行编程,如向字典对象添加键值对。示例文件的存放路径为 Samples\ch08\Excel VBA\创建字典对象.xlsm。

```
Sub Test()
  Dim dicT As Object
  Set dicT = CreateObject("Scripting.Dictionary")

  '向字典对象添加键值对
  dicT.Add "No001", "刘丹"
  dicT.Add "No002", "朱晓琳"
  dicT.Add "No003", "马忠"
  Debug.Print dicT.Count    '3,字典的长度,即键值对的个数
End Sub
```

如果使用前期绑定创建字典对象,就需要按照下面的步骤进行操作。

(1)在 Excel 主界面的"开发工具"功能区中单击 Visual Basic 按钮,打开 Excel 的 VBA 开发环境。

(2)选择"工具"→"引用"命令,打开"引用"对话框,如图 8-1 所示。

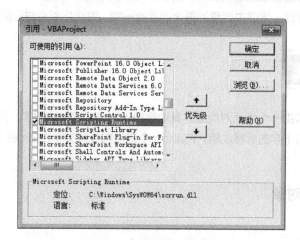

图 8-1 "引用"对话框

(3)在"可使用的引用"列表框中勾选 Microsoft Scripting Runtime 复选框。

(4)单击"确定"按钮。

在添加相关库的引用后,可以使用类似下面的代码创建字典对象 dicT。

```
Dim dicT As Scripting.Dictionary
Set dicT=New Scripting.Dictionary
```

也可以使用类似下面的代码创建字典对象 dicT。

```
Dim dicT As New Scripting.Dictionary
```

这样就可以使用字典对象的属性和方法进行编程，如向字典对象添加键值对。示例文件的存放路径为 Samples\ch08\Excel VBA\创建字典对象.xlsm。

```
Sub Test2()
  Dim dicT As Scripting.Dictionary
  Set dicT = New Scripting.Dictionary

  '向字典对象添加键值对
  dicT.Add "No001", "刘丹"
  dicT.Add "No002", "朱晓琳"
  dicT.Add "No003", "马忠"
  Debug.Print dicT.Count    '3
End Sub
```

【Python】

Python 中有字典数据类型。字典的键与值之间用冒号隔开，键值对之间用逗号隔开。整个字典用大括号括起来。需要注意的是，在整个字典中，键必须是唯一的。

下面用大括号创建字典。

```
>>> dt={}    #空字典
>>> dt
{}
>>> dt={'No001':'刘丹', 'No002':'朱晓琳', 'No003':'马忠'}
>>> dt
{'No001': '刘丹', 'No002': '朱晓琳', 'No003': '马忠'}
>>> len(dt)    #字典的长度
3
```

8.1.2 Excel VBA 中后期绑定与前期绑定的比较

8.1.1 节中的 Excel VBA 部分使用后期绑定和前期绑定实现了字典对象的创建，这两种绑定方式的主要区别在于对程序运行效率的影响不同，使用前期绑定比使用后期绑定的运行效率往往要快得多。

为了比较两种绑定方式的运行效率，在 Excel VBA 编程环境中新建一个模块，并添加下面的代码。代码有 LB 和 FB 两个过程，分别用于计算后期绑定和前期绑定两种方式完成 1 万次添加键值对时花费的时间。使用 API 函数 timeGetTime 进行计时，可以精确到毫秒，并且在模块顶部进行声明。示例文件的存放路径为 Samples\ch08\Excel VBA\创建字典对象.xlsm。

```
Private Declare Function timeGetTime Lib "winmm.dll" () As Long

Sub LB()
  '当使用后期绑定时，计算 1 万次添加键值对的用时
```

```vba
  Dim dblStart As Double
  Dim dblEnd As Double
  Dim lngI As Long
  '后期绑定
  Dim dicT As Object
  Set dicT = CreateObject("Scripting.Dictionary")
  dblStart = timeGetTime       '起始时间
  For lngI = 1 To 10000
    dicT.Add lngI, "刘丹"
  Next
  dblEnd = timeGetTime         '终止时间
  Debug.Print "后期绑定用时: " & CStr(dblEnd - dblStart)  '用时
  Set dicT = Nothing
End Sub

Sub FB()
  '当使用前期绑定时,计算1万次添加键值对的用时
  Dim dblStart As Double
  Dim dblEnd As Double
  Dim lngI As Long
  '前期绑定
  Dim dicT As Scripting.Dictionary
  Set dicT = New Scripting.Dictionary
  dblStart = timeGetTime       '起始时间
  For lngI = 1 To 10000
    dicT.Add lngI, "刘丹"
  Next
  dblEnd = timeGetTime         '终止时间
  Debug.Print "前期绑定用时: " & CStr(dblEnd - dblStart)  '用时
  Set dicT = Nothing
End Sub
```

先后执行 LB 和 FB 两个过程,在"立即窗口"面板中输出使用后期绑定和前期绑定这两种方式时 1 万次添加键值对的用时。

```
后期绑定用时: 31
前期绑定用时: 11
```

由此可知,当使用前期绑定时,工作效率有明显优势。

除了工作效率有明显优势,使用前期绑定还可以获得另外一些好处。勾选图 8-1 中"引用"对话框的 Microsoft Scripting Runtime 复选框以后,可以使用编程环境提供的对象浏览器查看该库提供的对象。

在编程环境中选择"视图"→"对象浏览器"命令,打开的对象浏览器如图 8-2 中的矩形框内所示。

图 8-2　对象浏览器

在对象浏览器左上角的下拉列表中选择库的名称 Scripting，该库左侧的列表框显示该库中的所有类和公共枚举类型。选择一个类以后，在右侧列表框中选择该类的成员，包括属性、方法和事件等。图 8-2 中显示了字典对应的 Dictionary 类的成员。选择类或类的成员名称以后，底部的灰色区域显示对应项的简单说明。

另外，在代码编辑器中用点引用前期绑定方式创建的字典对象的属性或方法时，会自动弹出该对象对应的属性和方法名称组成的智能提示列表框，如图 8-3 所示。这样，只需要在列表框中点选即可输入属性或方法名称，不需要记忆，从而提高编程效率。使用后期绑定创建的字典对象则没有这项功能，即用点引用对象的属性和方法时没有图 8-3 所示的智能提示列表框。

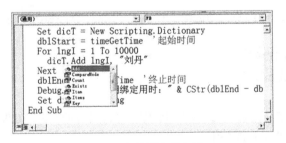

图 8-3　智能提示列表框

8.1.3　Python 中更多创建字典的方法

使用 dict 函数可以创建字典。dict 函数的参数，既可以以 key=value 的形式连续输入键和值，也可以将其他可迭代对象转换为字典，或者先使用 zip 函数生成 zip 对象，然后将 zip 对象转换为字典。

下面使用 key=value 的形式输入键和值，并生成字典。

```
>>> dt=dict(grade=5, class=2, id='s195201', name='LinXi')
>>> dt
{'grade': 5, 'class': 2, 'id': 's195201', 'name': 'LinXi'}
```

下面使用 dict 函数将其他可迭代对象转换为字典，其他可迭代对象包括列表、元组、集合等。

```
>>> dt=dict([('grade',5), ('class',2), ('id', 's195201'), ('name', 'LinXi')])
>>> dt=dict((('grade',5), ('class',2), ('id', 's195201'), ('name', 'LinXi')))
>>> dt=dict([['grade',5), ('class',2), ('id', 's195201'), ('name', 'LinXi']])
>>> dt=dict((['grade',5), ('class',2), ('id', 's195201'), ('name', 'LinXi']))
>>> dt=dict({('grade',5), ('class',2), ('id', 's195201'), ('name', 'LinXi')})
```

这几种转换得到的结果均为如下形式。

```
>>> dt
{'grade': 5, 'class': 2, 'id': 's195201', 'name': 'LinXi'}
```

先使用 zip 函数利用两个给定的列表得到 zip 对象，然后使用 dict 函数将该 zip 对象转换为字典。这适用于分别得到键和值序列，并组装成字典的情况。

```
>>> k=['grade', 'class', 'id', 'name']
>>> v=[5, 2, 's195201', 'LinXi']
>>> p=zip(k,v)
>>> dt=dict(p)
>>> dt
{'grade': 5, 'class': 2, ' id': 's195201', 'name': 'LinXi'}
```

使用 fromkeys 方法可以创建值为空的字典，示例如下。

```
>>> dt=dict.fromkeys(['grade', 'class', 'id', 'name"])
>>> dt
{'grade': None, 'class': None, ' id': None, 'name': None}
```

8.2 字典元素的索引

将键值对添加到字典中以后，如果对其中的某个或某些键值对进行处理，就需要先将它们从字典中找出来，这就是字典元素的索引。

8.2.1 获取键和值

字典元素由键值对组成，有键和值两个部分，所以字典元素的索引包括键的索引和值的索引。

先创建字典对象，然后添加键值对。示例文件的存放路径为 Samples\ch08\Excel VBA\字典元素的索引.xlsm。

【Excel VBA】

```
Sub Test()
  Dim dicT As Scripting.Dictionary
  Set dicT = New Scripting.Dictionary
  dicT.Add "No001", "刘丹"
  dicT.Add "No002", "朱晓琳"
  dicT.Add "No003", "马忠"
End Sub
```

【Python】

```
>>> dt={'No001':'刘丹', 'No002':'朱晓琳', 'No003':'马忠'}
```

本节下面的内容基于上面创建的字典对象进行介绍。

下面介绍键的索引。

【Excel VBA】

在 Excel VBA 中，使用字典对象的 Keys 方法可以获取字典的全部键，并以数组的形式返回。对数组进行索引，可以获取指定的键。

在上面的 Test 过程中添加下面的代码，字典对象 dicT 的所有键返回数组 arr。示例文件的存放路径为 Samples\ch08\Excel VBA\字典元素的索引.xlsm。

```
Dim arr()
Dim intI As Integer
arr = dicT.Keys
For intI = 0 To UBound(arr)            '输出所有键
   Debug.Print arr(intI) & vbTab;
Next
Debug.Print
Debug.Print arr(0)                     '输出第 1 个键
```

运行过程，在"立即窗口"面板中输出下面的结果。

```
No001   No002   No003
No001
```

第 1 行是输出的所有键，第 2 行是输出的第 1 个键。

【Python】

在 Python 中，使用字典对象的 keys 方法可以获取所有键。下面获取字典对象 dt 的所有键。

```
>>> kys=dt.keys()
```

keys 方法返回的是 dict_keys 类型的数据，将它转换为列表。

```
>>> lkys=list(kys)   #转换为列表
```
遍历列表,输出所有键。
```
>>> for ky in lkys:
        print(ky)
```
输出结果如下。
```
No001
No002
No003
```
获取第 1 个键。
```
>>> lkys[0]
'No001'
```
下面介绍值的索引。

【Excel VBA】

在 Excel VBA 中,使用字典对象的 Items 方法可以获取全部值,并以数组的形式返回。对数组进行索引,可以获取指定的值。

在 Test 过程中添加下面的代码,字典对象 dicT 的所有值返回数组 arr2,在"立即窗口"面板中输出第 1 个值。示例文件的存放路径为 Samples\ch08\Excel VBA\字典元素的索引.xlsm。

```
Dim arr2()
arr2 = dicT.Items
Debug.Print arr2(0)    '输出第 1 个值
```

运行过程,在"立即窗口"面板中输出下面的结果。

刘丹

【Python】

在 Python 中,使用字典对象的 values 方法可以获取所有值。下面获取字典对象 dt 的所有值。

```
>>> val=dt.values()
>>> val
dict_values(['刘丹', '朱晓琳', '马忠'])
```

下面获取第 1 个值。

```
>>> list(val)[0]
'刘丹'
```

也可以根据指定的键获取对应的值。

【Excel VBA】

在 Excel VBA 中,使用字典对象的 Item 属性,指定键作为该属性的参数,并获取对应的值。

在 Test 过程中添加下面的代码，获取键"No001"对应的值。示例文件的存放路径为 Samples\ch08\Excel VBA\字典元素的索引.xlsm。

```
Debug.Print dicT.Item("No001")
```

运行过程，在"立即窗口"面板中输出下面的结果。

```
刘丹
```

【Python】

在 Python 中，字典名称后面是中括号，在括号内输入键的名称可以获取该键对应的值。下面获取字典对象 dt 中键"No001"对应的值。

```
>>> dt['No001']
'刘丹'
```

使用字典对象的 get 方法也可以获得相同的结果，示例如下。

```
>>> dt.get('No001')
'刘丹'
```

【Python】

在 Python 中，使用字典对象的 items 方法可以获取所有键值对。

```
>>> dt.items()
dict_items([('No001', '刘丹'), ('No002', '朱晓琳'), ('No003', '马忠')])
```

8.2.2 键在字典中是否存在

因为要求字典的键在字典的所有键中必须是唯一的，所以有必要判断指定的键在字典中是否已经存在。下面使用 8.2.1 节创建的字典对象 dicT 和 dt 进行介绍。

【Excel VBA】

在 Excel VBA 中，可以使用字典对象的 Exists 方法进行判断，如果存在则返回 True，否则返回 False。在 Test 过程中添加下面的代码，用于判断字典对象 dicT 中是否存在键"No001"。示例文件的存放路径为 Samples\ch08\Excel VBA\字典元素的索引.xlsm。

```
Debug.Print dicT.Exists("No001")
```

运行过程，在"立即窗口"面板中输出下面的结果。

```
True
```

【Python】

在 Python 中，使用 in 或 not in 运算符可以判断字典中是否包含或不包含指定的键，如果成立则返回 True，否则返回 False。

```
>>> 'No001' in dt
True
>>> 'No002' not in dt
False
```

8.3 字典元素的增、删、改

创建字典对象以后,可以对对象进行添加键值对、修改键或值、删除指定键值对等操作。本节使用 8.2.1 节创建的字典对象 dicT 和 dt 进行介绍。

8.3.1 增加字典元素

创建字典对象以后,可以在字典对象中添加键值对。

【Excel VBA】

在 Excel VBA 中,使用字典对象的 Add 方法可以添加键值对。Add 方法的语法格式如下。

```
dic.Add key, item
```

其中,dic 为字典对象;第 1 个参数 key 为键,第 2 个参数 item 为键对应的值。需要注意的是,字典中的键在所有键中必须是唯一的。

下面在字典对象 dicT 中添加一个键值对,键为"No010",值为"田欣"。示例文件的存放路径为 Samples\ch08\Excel VBA\字典元素的增、删、改.xlsm。

```
dicT.Add "No010","田欣"
```

在默认情况下,字典对象中的键名是区分大小写的,即键名"No010"和"no010"会被视为两个不同的名称。如果要求键名区分大小写,就需要将字典对象的 CompareMode 属性的值设置为 1。当 CompareMode 属性的值为 1 时键名不区分大小写,当 CompareMode 属性的值为 0 时区分大小写。

```
dicT.CompareMode=1
```

【Python】

在字典对象 dt 中添加新的键值对,示例如下。

```
>>> dt['No010']='田欣'
>>> dt
{'No001': '刘丹', 'No002': '朱晓琳', 'No003': '马忠', 'No010': '田欣'}
```

也可以使用字典对象的 update 方法添加键值对,示例如下。

```
>>> dt.update({'No010':'田欣'})    #添加键值对
```

8.3.2 修改键和值

下面修改字典对象中的键。

【Excel VBA】

在 Excel VBA 中，使用字典对象的 Key 属性可以直接修改原有的键。下面将字典对象 dicT 中的键"No001"修改为"No004"。示例文件的存放路径为 Samples\ch08\Excel VBA\字典元素的增、删、改.xlsm。

```
dicT.Key("No001") = "No004"
```

【Python】

在 Python 中，不能直接修改字典的键，所以，对于要修改键的键值对，先用它的值和新的键名一起组成一个新的键值对添加到字典中，再把原来的键值对删除。下面将字典对象 dicT 中的键"No001"改为"No004"。

首先添加一个键为"No004"的键值对，其值为键"No001"对应的值。然后删除"No001"对应的键值对。

```
>>> dt['No004']=dt['No001']
>>> del dt['No001']
```

查看字典对象中所有的键值对。

```
>>> dt.items()
dict_items([('No002', '朱晓琳'), ('No003', '马忠'), ('No004', '刘丹')])
```

下面修改字典对象中的值。

【Excel VBA】

在 Excel VBA 中，使用字典对象的 Item 方法可以修改指定键对应的值。下面将字典对象 dicT 中第 1 个键的值改为"王东"。示例文件的存放路径为 Samples\ch08\Excel VBA\字典元素的增、删、改.xlsm。

```
dicT.Item("No001")="王东"
```

【Python】

在 Python 中，修改指定键对应的值，在字典对象后面用中括号指定键名，并指定新的值。下面将字典对象 dt 中第 1 个键的值改为"王东"。

```
>>> dt['No001']='王东'
```

也可以使用字典对象的 update 方法修改键值对。

```
>>> dt.update({'No001':'王东'})
>>> dt
```

```
{'No001': '王东', 'No002': '朱晓琳', 'No003': '马忠'}
```

8.3.3 删除字典元素

【Excel VBA】

在 Excel VBA 中，使用字典对象的 Remove 方法可以从字典中删除一个键值对，但使用 Remove 方法时需要指定键。Remove 方法的语法格式如下。

```
dic.Remove(key)
```

其中，dic 为字典对象；key 为键名。如果指定的键不存在，就会出错。

使用字典对象的 RemoveAll 方法可以清空字典。

【Python】

在 Python 中，使用 del 命令可以删除字典中的键值对。

```
>>> del dt['No001']
>>> dt
{'No002': '朱晓琳', 'No003': '马忠'}
```

将指定的键作为函数参数，使用字典对象的 pop 方法可以删除指定的键值对。pop 方法返回指定键对应的值。

```
>>> dt2=dt.pop('No001')
>>> dt2
'朱晓琳'
>>> dt
{'No003': '马忠'}
```

使用字典对象的 clear 方法可以清空字典中的所有键值对。

```
>>> dt.clear()
>>> dt
{}
```

8.4 字典数据的读/写

本节介绍字典数据的格式化输出，以及 Excel 工作表与字典之间的数据读/写。

8.4.1 字典数据的格式化输出

【Excel VBA】

Excel VBA 输出字典数据没有特别之处，需要格式化输出的地方可以使用 Format 函数实现。

下面先创建一个字典对象并添加键值对，然后在"立即窗口"面板中输出各键对应的值。其中，学员的成绩进行格式化输出，要求保留两位小数。示例文件的存放路径为 Samples\ch08\Excel VBA\字典数据的读写.xlsm。

```
Sub Test()
  Dim dicT As Scripting.Dictionary
  Set dicT = New Scripting.Dictionary
  dicT.Add "name", "张三"
  dicT.Add "sex", "男"
  dicT.Add "score", 92
  Debug.Print "姓名: " & dicT("name")
  Debug.Print "性别: " & dicT("sex")
  Debug.Print "成绩: " & Format(dicT("score"), "0.00")   '格式化输出
End Sub
```

运行过程，在"立即窗口"面板中输出字典数据。

```
姓名: 张三
性别: 男
成绩: 92.00
```

【Python】

当使用 print 函数输出字典数据时，可以用 format 函数指定输出的格式。下面创建一个字典。

```
>>> student = {'name':'张三','sex':'男','score':92}
```

使用"{}"占位，括号内既可以从 0 开始添加数字，也可以不添加数字。字典数据作为 format 函数的参数给出。

```
>>> print('姓名:{0},性别:{1},成绩:{2}'.format(student['name'],student['sex'],student['score']))
姓名:张三,性别:男,成绩:92
```

使用"{}"占位，括号内指定参数名称，format 函数的参数使用对应的参数名称并指定字典数据。

```
>>> print('姓名: {name}, 性别: {sex}, 成绩: {score}'.\
       format(name=student['name'],sex=student['sex'],score=student['score']))
姓名: 张三, 性别: 男, 成绩: 92
```

使用"{}"占位，括号内输入键的名称，format 函数的参数指定为字典名称，注意在字典名称前面添加两个"*"。

```
>>> print('姓名: {name}, 性别: {sex}, 成绩: {score}'.format(**student))
姓名: 张三, 性别: 男, 成绩: 92
```

使用"{}"占位，括号内添加字典的索引形式，字典名称可以用 0 代替。format 函数的参数指

定为字典名称。

```
>>> print('{0[name]}:{0[sex]},{0[score]}'.format(student))
张三:男,92
```

8.4.2 Excel 工作表与字典之间的数据读/写

Excel 工作表与字典之间的数据读/写包括两方面的内容，即将 Excel 工作表数据读取到字典中和将字典数据写入 Excel 工作表中。

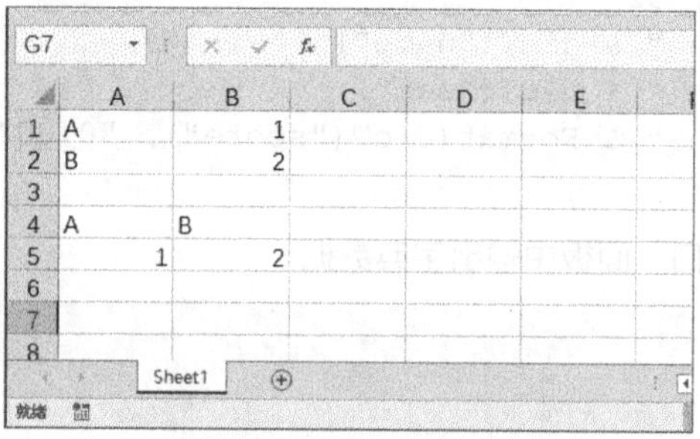

图 8-4 Excel 工作表数据

下面将图 8-4 所示的 Excel 工作表的单元格区域 A1:B2 和 A4:B5 内的数据读取并保存到字典中，A 和 B 作为字典的键，1 和 2 作为字典的值。

【Excel VBA】

下面的代码将图 8-4 所示的 Excel 工作表的单元格区域 A1:B2 内的数据读取并保存到字典中，A 和 B 作为字典的键，1 和 2 作为字典的值。示例文件的存放路径为 Samples\ch08\Excel VBA\字典数据的读写.xlsm。

```
Sub Test()
  Dim arr01()                '保存A1:A2单元格区域内的数据，二维数组
  Dim arr02()                '保存B1:B2单元格区域内的数据，二维数组
  Dim arr1()                 '将arr01()转换为一维数组
  Dim arr2()                 '将arr02()转换为一维数组
  Dim intI As Integer
  Dim intR As Integer        '一维数组的大小
  Dim dicT As Scripting.Dictionary
  Set dicT = New Scripting.Dictionary   '创建字典对象
  
  arr01 = Range("A1:A2")     '取数据
  arr02 = Range("B1:B2")
  arr1 = Application.WorksheetFunction.Transpose(arr01)  '转换为一维数组
  arr2 = Application.WorksheetFunction.Transpose(arr02)
  intR = UBound(arr1)
```

```
  For intI = 1 To intR        '将两个一维数组中的数据组成键值对添加到字典中
    dicT.Add arr1(intI), arr2(intI)
    Debug.Print arr1(intI) & vbTab & arr2(intI)    '输出
  Next
End Sub
```

运行过程，在"立即窗口"面板中输出字典数据。

```
A    1
B    2
```

下面的代码将图 8-4 所示的 Excel 工作表的单元格区域 A4:B5 内的数据读取并保存到字典中，A 和 B 作为字典的键，1 和 2 作为字典的值。需要注意的是，因为键和值的取值都是单元格区域内的行数据，所以将二维转换为一维时需要转置两次。第 1 次将行数据转换为列数据，第 2 次将二维转换为一维。示例文件的存放路径为 Samples\ch08\Excel VBA\字典数据的读写.xlsm。

```
Sub Test2()
  Dim arr01()              '保存 A4:B4 单元格区域内的数据，二维数组
  Dim arr02()              '保存 A5:B5 单元格区域内的数据，二维数组
  Dim arr1(), arr2()       '保存第 1 次转置的结果，二维数组
  Dim arr3(), arr4()       '保存二维转换为一维的结果，一维数组
  Dim intI As Integer
  Dim intR As Integer
  Dim dicT As Scripting.Dictionary
  Set dicT = New Scripting.Dictionary    '创建字典对象
  
  arr01 = Range("A4:B4")     '取数据
  arr02 = Range("A5:B5")
  arr1 = Application.WorksheetFunction.Transpose(arr01)  '行数据转换为列数据
  arr2 = Application.WorksheetFunction.Transpose(arr02)
  arr3 = Application.WorksheetFunction.Transpose(arr1)   '列数据转换为一维数组
  arr4 = Application.WorksheetFunction.Transpose(arr2)
  intR = UBound(arr3)
  For intI = 1 To intR        '将两个一维数组中的数据组成键值对添加到字典中
    dicT.Add arr3(intI), arr4(intI)
    Debug.Print arr3(intI) & vbTab & arr4(intI)    '输出
  Next
End Sub
```

运行过程，在"立即窗口"面板中输出字典数据。

```
A    1
B    2
```

【Python】

在 Python 中，使用 xlwings 包提供的字典转换器，可以轻松地将 Excel 工作表的单元格区域

数据读取到字典中。A4:B5 单元格区域内的数据是行方向的，使用 transpose 参数，并将其值设置为 True 进行转置。

编写的代码如下所示。

```
>>> import xlwings as xw
>>> bk=xw.Book()
```

在工作表中输入图 8-4 所示的数据。

```
>>> sht=xw.sheets.active
>>> sht.range('A1:B2').options(dict).value
{'A': 1.0, 'B': 2.0}
>>> sht.range('A4:B5').options(dict, transpose=True).value
{'A': 1.0, 'B': 2.0}
```

下面实现上面读取操作的逆操作，即给定字典，将数据以图 8-4 所示的两种形式写入 Excel 工作表中。假设给定字典的键为 A 和 B，值为 1 和 2。将数据写入工作表的 A1:B2 和 A4:B5 单元格区域内。

【Excel VBA】

创建字典对象并添加键值对。使用字典对象的 Keys 方法和 Items 方法可以获取它的所有键和值，并以一维数组的形式保存。需要注意的是，将一维数组的数据写入单元格区域的单列时需要先用工作表函数 Transpose 转换为二维数组，写入单元格区域的单行时需要用 Transpose 函数转换两次，第 1 次是将一维数组转换为二维列数据，第 2 次是将二维列数据转换为二维行数据。

第 1 种情况，将字典数据写入工作表的 A1:B2 单元格区域内，A 和 B 为列数据。编写的程序如下所示。示例文件的存放路径为 Samples\ch08\Excel VBA\字典数据的读写.xlsm。

```
Sub Test3()
  Dim arr1(), arr2()
  Dim intI As Integer
  Dim intR As Integer
  Dim dicT As Scripting.Dictionary
  Set dicT = New Scripting.Dictionary       '创建字典对象
  dicT.Add "A", 1                            '添加键值对
  dicT.Add "B", 2
  intR = dicT.Count
  Range("A1").Resize(intR, 1) = Application. _
          WorksheetFunction.Transpose(dicT.Keys)    '键，一维转换为二维写入
  Range("B1").Resize(intR, 1) = Application. _
          WorksheetFunction.Transpose(dicT.Items)   '值，一维转换为二维写入
End Sub
```

第 2 种情况，将字典数据写入工作表的 A4:B5 单元格区域内，A 和 B 为行数据。编写的程序

如下所示。示例文件的存放路径为 Samples\ch08\Excel VBA\字典数据的读写.xlsm。

```
Sub Test4()
  Dim arr1(), arr2()
  Dim intI As Integer
  Dim intR As Integer
  Dim dicT As Scripting.Dictionary
  Set dicT = New Scripting.Dictionary     '创建字典对象
  dicT.Add "A", 1                         '添加键值对
  dicT.Add "B", 2
  intR = dicT.Count
  Range("A4").Resize(1, intR) = Application. _
          WorksheetFunction.Transpose( _
          Application. _
          WorksheetFunction.Transpose(dicT.Keys))    '写入键，转换两次
  Range("A5").Resize(1, intR) = Application. _
          WorksheetFunction.Transpose( _
          Application. _
          WorksheetFunction.Transpose(dicT.Items))   '写入值，转换两次
End Sub
```

运行过程，在工作表中写入字典数据的效果如图 8-4 所示。

【Python】

在 Python 中，使用 xlwings 包提供的字典转换器可以很方便地将给定的字典数据写入 Excel 工作表中。对于下面代码中的字典 dic，写入列和写入行之后的效果如图 8-4 所示。

```
>>> import xlwings as xw
>>> bk=xw.Book()
>>> sht=xw.sheets.active
>>> dic={'a': 1.0, 'b': 2.0}
>>> sht.range('A1:B2').options(dict).value=dic
>>> sht.range('A4:B5').options(dict, transpose=True).value=dic
```

8.5 字典应用示例

为了帮助读者巩固本章所学的内容，本节安排了 3 个与字典有关的示例，并给出了 Excel VBA 和 Python 两个版本的代码。

8.5.1 应用示例 1：汇总多行数据中唯一值出现的次数

如图 8-5 所示，工作表的 B～H 列列举了多行人员姓名，其中有很多姓名是重复出现的，现在要求计算每个姓名出现的次数。

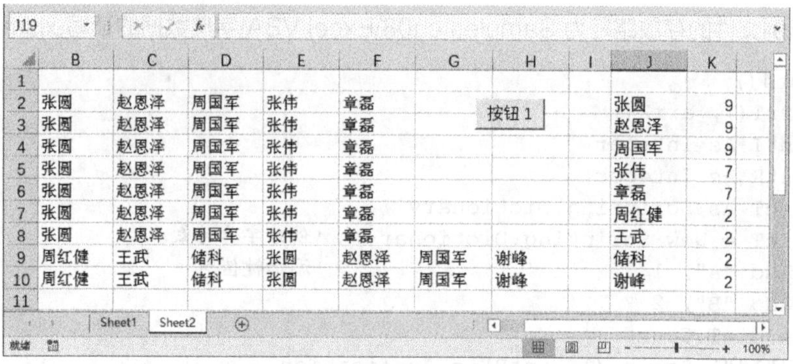

	B	C	D	E	F	G	H	I	J	K
1										
2	张圆	赵恩泽	周国军	张伟	章磊	按钮 1			张圆	9
3	张圆	赵恩泽	周国军	张伟	章磊				赵恩泽	9
4	张圆	赵恩泽	周国军	张伟	章磊				周国军	9
5	张圆	赵恩泽	周国军	张伟	章磊				张伟	7
6	张圆	赵恩泽	周国军	张伟	章磊				章磊	7
7	张圆	赵恩泽	周国军	张伟	章磊				周红健	2
8	张圆	赵恩泽	周国军	张伟	章磊				王武	2
9	周红健	王武	储科	张圆	赵恩泽	周国军	谢峰		储科	2
10	周红健	王武	储科	张圆	赵恩泽	周国军	谢峰		谢峰	2
11										

图 8-5 汇总多行数据中唯一值出现的次数

为了解决这个问题，可以创建一个字典，遍历所有姓名。如果字典的键中没有当前姓名，则在字典中添加该姓名作为键、1 作为值的键值对；如果字典的键中已经有当前姓名，则该姓名作为键对应的值加 1。

【Excel VBA】

示例文件的存放路径为 Samples\ch08\Excel VBA\汇总多行数据中唯一值出现的次数.xlsm。

```
Sub Test()
  Dim arr                  '保存原始数据
  Dim intI As Integer
  Dim intJ As Integer
  Dim d As Dictionary      '字典对象
  Set d = New Dictionary

  On Error Resume Next
  '获取原始数据
  arr = ActiveSheet.Range("B2:H10").Value
  For intI = 1 To UBound(arr, 1)
    For intJ = 1 To UBound(arr, 2)
      '遍历每个原始数据，如果不为空
      If arr(intI, intJ) <> "" Then
        '如果当前数据作为字典的键已经存在，则个数加 1
        If d.Exists(arr(intI, intJ)) Then
          d(arr(intI, intJ)) = d(arr(intI, intJ)) + 1
        Else  '如果不存在，则添加键值对，值为 1
          d.Add arr(intI, intJ), 1
        End If
      End If
    Next
  Next
```

```
    '输出所有键, 即唯一姓名及其对应的出现个数
    ActiveSheet.Range("J2").Resize(d.Count, 1).Value = _
        Application.WorksheetFunction.Transpose(d.Keys)
    ActiveSheet.Range("K2").Resize(d.Count, 1).Value = _
        Application.WorksheetFunction.Transpose(d.Items)
End Sub
```

运行程序,输出结果如图 8-5 中的 J 列和 K 列所示。

【Python】

示例的数据文件的存放路径为 Samples\ch08\Python\汇总多行数据中唯一值出现的次数.xlsx,.py 文件保存在相同的目录下,文件名为 sam08-01.py。

```
import xlwings as xw         #导入 xlwings 包
#从 constants 类中导入 Direction
from xlwings.constants import Direction
import os                    #导入 os 包
#获取.py 文件的当前路径
root = os.getcwd()
#创建 Excel 应用,可见,没有工作簿
app=xw.App(visible=True, add_book=False)
#打开数据文件,可写
bk=app.books.open(fullname=root+\
    r'\汇总多行数据中唯一值出现的次数.xlsx',read_only=False)
sht=bk.sheets(1)   #获取第 1 个工作表

d={}
arr=sht.range('B2:H10').value       #获取数据
for i in range(len(arr)):           #行
    for j in range(len(arr[0])):    #列
        #遍历每个原始数据,如果不为空
        if arr[i][j] is not None:
            if arr[i][j] in d:              #如果在字典中已经存在
                d[arr[i][j]]=d[arr[i][j]]+1 #则个数加 1
            else:                           #如果不存在
                d[arr[i][j]]=1              #则添加键值对,值为 1
#输出所有键,即唯一姓名及其对应出现的个数
sht.range('J2').options(transpose=True).value=list(d.keys())
sht.range('K2').options(transpose=True).value=list(d.values())
```

运行程序,输出结果如图 8-5 中的 J 列和 K 列所示。

8.5.2 应用示例 2:汇总球员奖项

如图 8-6 所示,A~C 列列举了金球奖、最佳球员和金靴奖的得奖球员名单,现在要求根据该数据对每个球员获得的奖项进行汇总。

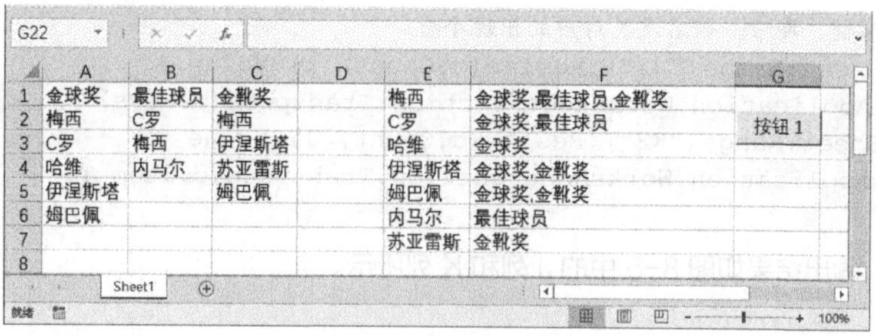

图 8-6 汇总球员奖项

解决问题的思路如下：创建一个字典，遍历所有球员的姓名，如果字典的键中没有当前姓名，则在字典中添加该姓名作为键，以及当前奖项作为值的键值对；如果字典的键中已经有当前姓名，则该姓名作为键对应的值添加当前奖项。

【Excel VBA】

示例文件的存放路径为 Samples\ch08\Excel VBA\汇总球员奖项.xlsm。

```vba
Sub Test()
  Dim intI As Long
  Dim intR As Long
  Dim d As Dictionary   '字典对象
  Set d = New Dictionary
  Dim sht As Object
  Set sht = ActiveSheet
  
  On Error Resume Next
  intR = sht.Range("A1").End(xlDown).Row    'A 列数据的行数
  For intI = 2 To intR
    '把 A 列数据添加到字典中，球员姓名作为键，值为"金球奖"
    d.Add sht.Cells(intI, 1).Value, "金球奖"
  Next
  intR = sht.Range("B1").End(xlDown).Row    'B 列数据的行数
  For intI = 2 To intR
    '判断 B 列球员的姓名在字典中是否已经存在
    If d.Exists(sht.Cells(intI, 2).Value) Then
      '如果已经存在，则对应键的值追加",最佳球员"字符串
      d(sht.Cells(intI, 2).Value) = _
            d(sht.Cells(intI, 2).Value) & ",最佳球员"
    Else
      '如果不存在，则添加新的键值对
      d.Add sht.Cells(intI, 2).Value, "最佳球员"
    End If
  Next
  intR = sht.Range("C1").End(xlDown).Row    'C 列数据的行数
```

```
    For intI = 2 To intR
      '判断C列球员的姓名在字典中是否已经存在
      If d.Exists(sht.Cells(intI, 3).Value) Then
        '如果已经存在，则对应键的值追加",金靴奖"字符串
        d(sht.Cells(intI, 3).Value) = _
              d(sht.Cells(intI, 3).Value) & ",金靴奖"
      Else
        '如果不存在，则添加新的键值对
        d.Add sht.Cells(intI, 3).Value, "金靴奖"
      End If
    Next

    '输出字典数据，E列为球员名，F列为对应奖项
    sht.Range("E1").Resize(d.Count, 1).Value = _
          Application.WorksheetFunction.Transpose(d.Keys)
    sht.Range("F1").Resize(d.Count, 1).Value = _
          Application.WorksheetFunction.Transpose(d.Items)
End Sub
```

运行程序，输出结果如图8-6中的E列和F列所示。

【Python】

示例的数据文件的存放路径为 Samples\ch08\Python\汇总球员奖项.xlsx，.py 文件保存在相同的目录下，文件名为 sam08-02.py。

```python
import xlwings as xw          #导入xlwings包
#从constants类中导入Direction
from xlwings.constants import Direction
import os                     #导入os包
#获取.py文件的当前路径
root = os.getcwd()
#创建Excel应用，可见，没有工作簿
app=xw.App(visible=True, add_book=False)
#打开数据文件，可写
bk=app.books.open(fullname=root+\
    r'\汇总球员奖项.xlsx',read_only=False)
sht=bk.sheets(1)    #获取第1个工作表
#工作表中A列数据的最大行号
row_num_1=sht.api.Range('A1').End(Direction.xlDown).Row
#工作表中B列数据的最大行号
row_num_2=sht.api.Range('B1').End(Direction.xlDown).Row
#工作表中C列数据的最大行号
row_num_3=sht.api.Range('C1').End(Direction.xlDown).Row

d={}
#将A列数据添加到字典中，球员姓名作为键，奖项作为值
```

```
for i in range(2,row_num_1):
    d[sht.cells(i,1).value]='金球奖'
#将 B 列数据添加到字典中
for i in range(2,row_num_2):
    #如果球员姓名已经存在则追加奖项，否则添加键值对
    if sht.cells(i,2).value in d:
        d[sht.cells(i,2).value]=d[sht.cells(i,2).value]+',最佳球员'
    else:
        d[sht.cells(i,2).value]='最佳球员'
#将 C 列数据添加到字典中
for i in range(2,row_num_3):
    #如果球员姓名已经存在则追加奖项，否则添加键值对
    if sht.cells(i,3).value in d:
        d[sht.cells(i,3).value]=d[sht.cells(i,3).value]+',金靴奖'
    else:
        d[sht.cells(i,3).value]='金靴奖'

#输出字典数据
sht.range('E1').options(transpose=True).value=list(d.keys())
sht.range('F1').options(transpose=True).value=list(d.values())
```

运行程序，输出结果如图 8-6 中的 E 列和 F 列所示。

8.5.3 应用示例 3：汇总研究课题的子课题

如图 8-7 所示，A 列和 B 列为研究课题及其子课题数据，现在要求汇总每个课题的子课题，将各子课题用“|”连接成字符串，并计算子课题的个数。

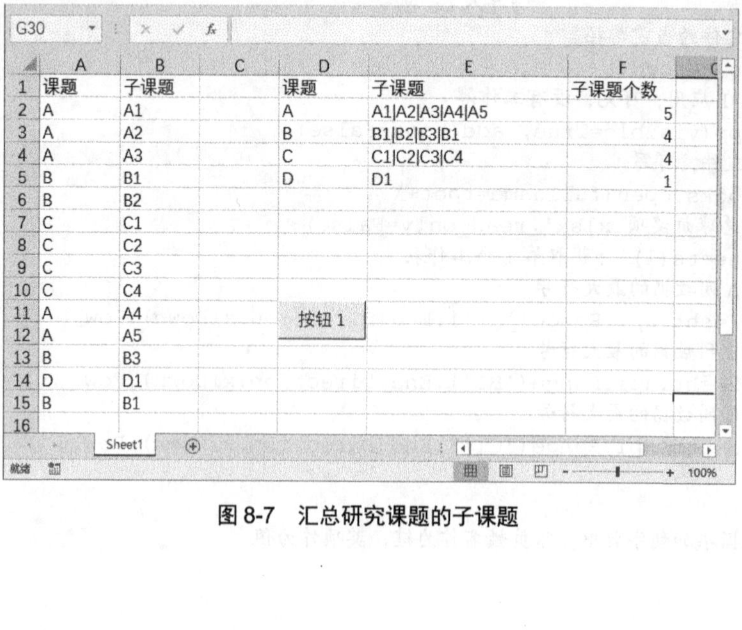

	A	B	C	D	E	F
1	课题	子课题		课题	子课题	子课题个数
2	A	A1		A	A1|A2|A3|A4|A5	5
3	A	A2		B	B1|B2|B3|B1	4
4	A	A3		C	C1|C2|C3|C4	4
5	B	B1		D	D1	1
6	B	B2				
7	C	C1				
8	C	C2				
9	C	C3				
10	C	C4				
11	A	A4				
12	A	A5				
13	B	B3				
14	D	D1				
15	B	B1				
16						

图 8-7 汇总研究课题的子课题

显然，这个问题是 8.5.1 节和 8.5.2 节中两个示例问题的综合。要解决这个问题需要创建两个字典，一个用于汇总各子课题的名称，另一个用于汇总子课题的个数。具体方法请参考 8.5.1 节和 8.5.2 节的两个示例，本节不再赘述。

【Excel VBA】

示例文件的存放路径为 Samples\ch08\Excel VBA\汇总研究课题的子课题.xlsm。

```vba
Sub Test()
  Dim intI As Integer
  Dim d1 As Dictionary  '字典对象，处理子课题的名称
  Set d1 = New Dictionary
  Dim d2 As Dictionary  '字典对象，处理子课题的个数
  Set d2 = New Dictionary
  Dim sht As Object
  Set sht = ActiveSheet
  Dim intR As Integer
  Dim strD
  
  On Error Resume Next
  '获取原始数据
  intR = sht.Range("A1").End(xlDown).Row
  For intI = 2 To intR
    strD = sht.Cells(intI, 1).Value
    '如果当前数据作为字典的键已经存在，
    '则追加新子课题的名称，个数加1
    If d1.Exists(strD) Then
      d1(strD) = d1(strD) & "|" & sht.Cells(intI, 2).Value
      d2(strD) = d2(strD) + 1
    Else  '如果不存在，则添加键值对，值为1
      d1.Add strD, sht.Cells(intI, 2).Value
      d2.Add strD, 1
    End If
  Next
  
  '输出课题名称
  sht.Range("D2").Resize(d1.Count, 1).Value = _
      Application.WorksheetFunction.Transpose(d1.Keys)
  '输出课题对应的子课题的名称
  sht.Range("E2").Resize(d1.Count, 1).Value = _
      Application.WorksheetFunction.Transpose(d1.Items)
  '输出课题对应的子课题的个数
  sht.Range("F2").Resize(d1.Count, 1).Value = _
      Application.WorksheetFunction.Transpose(d2.Items)
End Sub
```

运行程序，输出结果如图 8-7 中的 D~F 列所示。

【Python】

示例的数据文件的存放路径为 Samples\ch08\Python\汇总研究课题的子课题.xlsx，.py 文件保存在相同的目录下，文件名为 sam08-03.py。

```python
import xlwings as xw           #导入 xlwings 包
#从 constants 类中导入 Direction
from xlwings.constants import Direction
import os                      #导入 os 包
#获取.py 文件的当前路径
root = os.getcwd()
#创建 Excel 应用，可见，没有工作簿
app=xw.App(visible=True, add_book=False)
#打开数据文件，可写
bk=app.books.open(fullname=root+\
    r'\汇总研究课题的子课题.xlsx',read_only=False)
sht=bk.sheets(1)    #获取第 1 个工作表
#工作表中 A 列数据的最大行号
row_num=sht.api.Range('A1').End(Direction.xlDown).Row

d1={}   #字典 1，课题作为键，子课题的集合作为值
d2={}   #字典 2，课题作为键，子课题的个数作为值
for i in range(2,row_num):
    it=sht.cells(i,1).value
    #如果当前数据作为字典的键已经存在，
    #则追加新子课题的名称，个数加 1
    if it in d1:
        d1[it]=d1[it]+'|'+sht.cells(i,2).value
        d2[it]=d2[it]+1
    else:   #如果不存在，则在字典中添加新的键值对
        d1[it]=sht.cells(i,2).value
        d2[it]=1

#输出课题的名称
sht.range('D2').options(transpose=True).value=list(d1.keys())
#输出课题对应的子课题的名称
sht.range('E2').options(transpose=True).value=list(d1.values())
#输出课题对应的子课题的个数
sht.range('F2').options(transpose=True).value=list(d2.values())
```

运行程序，输出结果如图 8-7 中的 D~F 列所示。

第 9 章

集合

本章介绍一种新的数据类型–集合。首先介绍集合的相关概念和基本操作，然后结合 Excel VBA 和 Python 两种语言重点介绍集合运算。

9.1 集合的相关概念

在介绍各种集合运算之前，下面先介绍集合的基本概念，以及不同集合运算的概念。

9.1.1 集合的概念

集合是由指定对象组成的一个集体，集体中的每个成员称为元素。集合是只有键的字典，内部元素不能重复。集合中的元素是没有先后次序的，不能索引。可以向集合中添加元素，或者从集合中删除元素，但不能修改元素的值。对于多个集合，可以进行集合运算，计算它们的交集、并集和差集等。

9.1.2 集合运算

如图 9-1 所示，用圆形区域 A 和 B 表示两个集合，它们的交集是中间深色的重叠部分，即 C 区域，它们的并集是所有阴影区域。

如图 9-2 所示，用圆形区域 A 和 B 表示两个集合，它们的差集 $A-B$ 就是 A 减去 A 和 B 的交集，对应 A 区域的深色部分。

如图 9-3 所示，用圆形区域 A 和 B 表示两个集合，它们的对称差集为它们的并集减去它们的交集得到的新集合，对应图中的阴影部分。

如图 9-4 所示，用圆形区域 A 和 B 表示两个集合，如果 A 与 B 重叠或 A 被 B 包含，则称 A 表示的集合是 B 表示的集合的子集，B 表示的集合是 A 表示的集合的超集。如果排除大小相同并重叠的情况，即 A 完全被 B 包含，则称 A 表示的集合是 B 表示的集合的真子集，B 表示的集合是 A 表示的集合的真超集。

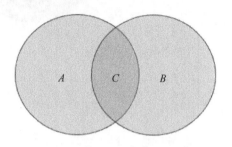

图 9-1　集合的交集运算和并集运算

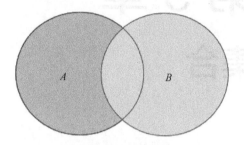

图 9-2　集合的差集运算

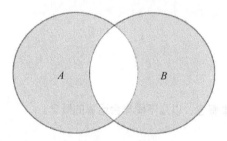

图 9-3　集合的对称差集运算

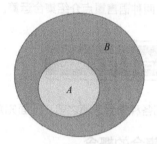

图 9-4　集合的子集和超集运算

9.2　集合的创建和修改

进行集合的相关操作和运算，需要先创建集合。有了集合以后，就可以对集合中的元素进行添加和删除等操作。需要注意的是，从概念上讲，集合元素是无序的，无法索引；集合元素的值也是不能改变的，除非删除以后添加一个新的值。

9.2.1　创建集合

【Excel VBA】

虽然 Excel VBA 中没有集合数据类型，但有一个 Collection 对象，也就是 VB 或 VBA 编程人员熟悉的集合对象，使用它可以非常方便地对不同的对象进行存储和管理。但本书不使用集合对象讨论集合，而是用数组代替集合。在 Excel VBA 中创建数组请参考第 7 章的内容。

【Python】

可以使用大括号直接创建集合。集合中的元素可以是不同的数据类型。下面创建一个集合。

```
>>> st={1, 'a'}
>>> st
{1, 'a'}
```

需要注意的是，集合中的元素可以无序，但是必须是唯一的，也就是不能重复。

也可以使用 set 函数创建集合，或者把其他可迭代对象转换为集合。其他可迭代对象包括字符串、区间、列表、元组、字典等。

```
>>> set({1,'a'})            #直接创建
{1, 'a'}
>>> set('abcd')             #转换字符串
{'b', 'c', 'd', 'a'}
>>> set(range(5))           #转换区间
{0, 1, 2, 3, 4}
>>> set([1,'a'])            #转换列表
{1, 'a'}
>>> set((1,'a'))            #转换元组
{1, 'a'}
>>> set({1:'a',2:'b'})      #转换字典
{1, 2}
```

如果可迭代对象中存在重复数据，则最后生成的集合中只保留一个。利用集合的这个特点，可以对给定数据进行去除重复数据的操作。

```
>>> st=set([1,'a',1,'a'])
>>> st
{1, 'a'}
```

集合中元素的个数称为集合的长度。使用 len 函数可以计算集合的长度。

```
>>> st={1,2}
>>> len(st)
2
```

也可以直接使用如下形式计算集合的长度。

```
>>> len({1,2})
2
```

9.2.2 集合元素的添加和删除

【Excel VBA】

本书用数组代替集合讨论问题，关于数组元素的添加和删除，请参考第 7 章的内容。

【Python】

使用集合对象的 add 方法可以在集合中添加元素。下面创建集合 st 并在集合中添加元素 4。

```
>>> st={1, 'a'}
>>> st.add(4)
>>> st
{1, 4, 'a'}
```

使用集合对象的 remove 方法可以从指定的集合中删除元素。下面从集合 st 中删除元素 4。

```
>>> st.remove(4)
>>> st
{1, 'a'}
```

使用集合对象的 clear 方法可以清空集合中的所有元素。

```
>>> st.clear()
>>> st
set()
```

9.3 集合运算

常见的集合运算包括集合的交集运算、并集运算、差集运算、对称差集运算、子集和超集运算等。Python 中提供了相应的函数可以直接进行计算，Excel VBA 中则需要编程求取。使用 Excel VBA 编程时涉及的编写函数的知识，请参考第 10 章的内容。

9.3.1 交集运算

对于两个给定的集合，交集运算求取的是两个集合中都有的元素。

【Excel VBA】

下面的 Intersection 函数用于求取两个给定集合的交集。两个集合分别用两个一维数组表示，它们的交集用一个一维数组表示。求交集时，首先用第 1 个数组的元素作为键创建一个字典，然后遍历第 2 个数组，用字典对象的 Exists 函数判断第 2 个数组的每个元素在字典中是否存在，如果存在，就是交集中的元素，把它添加到一个新的一维数组中。最后返回这个一维数组，即要求取的交集。示例文件的存放路径为 Samples\ch09\Excel VBA\交集运算.xlsm。

```
Function Intersection(arr1(), arr2())
  Dim intI As Integer
  Dim intK As Integer
  Dim arr3()
  Dim d As Dictionary
```

```
  Set d = New Dictionary

  '用第1个数组的元素作为键创建字典d
  For intI = LBound(arr1) To UBound(arr1)
    d(arr1(intI)) = ""
  Next
  intK = 0
  '遍历第2个数组,判断元素在字典d中是否存在
  '如果存在,则添加到新数组中
  For intI = LBound(arr2) To UBound(arr2)
    If d.Exists(arr2(intI)) Then
      ReDim Preserve arr3(intK)
      arr3(intK) = arr2(intI)
      intK = intK + 1
    End If
  Next
  '返回新数组,即所求的交集
  Intersection = arr3
End Function

Sub Test()
  Dim arr1(3), arr2(2)
  Dim arr3()
  arr1(0) = 9: arr1(1) = 1: arr1(2) = 8: arr1(3) = 12
  arr2(0) = 8: arr2(1) = 7: arr2(2) = 1
  '调用 Intersection 函数求交集
  arr3 = Intersection(arr1, arr2)
  Debug.Print "集合1: " & vbTab;
  For intI = LBound(arr1) To UBound(arr1)
    Debug.Print arr1(intI);
  Next
  Debug.Print
  Debug.Print "集合2: " & vbTab;
  For intI = LBound(arr2) To UBound(arr2)
    Debug.Print arr2(intI);
  Next
  Debug.Print
  Debug.Print "交集: " & vbTab;
  For intI = LBound(arr3) To UBound(arr3)   '输出交集中的元素
    Debug.Print arr3(intI);
  Next
End Sub
```

运行过程,在"立即窗口"面板中输出交集的元素。

集合1:　 9　1　8　12

```
集合2:   8 7 1
交集:    8 1
```

【Python】

在 Python 中，可以使用 "&" 运算符或集合对象的 intersection 方法求两个给定集合的交集。

```
>>> {9,1,8,12} & {8,7,1}
{8, 1}
>>> {9,1,8,12}.intersection({8,7,1})
{8, 1}
```

由此可知，两个给定集合的交集就是这两个集合共有的元素组成的新集合。

9.3.2 并集运算

将两个集合的元素放到一起并进行去重处理，得到的就是它们的并集。

【Excel VBA】

下面的 Union 函数用于求取两个给定集合的并集。两个集合分别用两个一维数组表示，它们的并集用一个一维数组表示。求并集时，用两个数组的元素作为键创建字典，因为字典的键在字典中必须是唯一的，所以具有去重的作用。最后用字典对象的 Keys 方法获取所有键，它们以一个一维数组的形式返回，即所求的并集。示例文件的存放路径为 Samples\ch09\Excel VBA\并集运算.xlsm。

```
Function Union(arr1(), arr2())
  Dim intI As Integer
  Dim d As Dictionary
  Set d = New Dictionary
  
  On Error Resume Next
  '用两个数组的元素创建字典
  For intI = LBound(arr1) To UBound(arr1)
    d(arr1(intI)) = ""
  Next
  For intI = LBound(arr2) To UBound(arr2)
    d(arr2(intI)) = ""
  Next
  
  '用字典对象的 Keys 方法获取所有键，对应数组就是所求的并集
  Union = d.Keys
End Function

Sub Test()
  Dim arr1(3), arr2(2)
  Dim arr3()
  arr1(0) = 9: arr1(1) = 1: arr1(2) = 8: arr1(3) = 12
```

```
    arr2(0) = 5: arr2(1) = 7: arr2(2) = 1
    '求并集
    arr3 = Union(arr1, arr2)
    Debug.Print "集合1: " & vbTab;
    For intI = LBound(arr1) To UBound(arr1)
      Debug.Print arr1(intI);
    Next
    Debug.Print
    Debug.Print "集合2: " & vbTab;
    For intI = LBound(arr2) To UBound(arr2)
      Debug.Print arr2(intI);
    Next
    Debug.Print
    Debug.Print "并集: " & vbTab;
    For intI = LBound(arr3) To UBound(arr3)
      Debug.Print arr3(intI);
    Next
End Sub
```

运行过程，在"立即窗口"面板中输出并集的所有元素。

```
集合1:    9  1  8  12
集合2:    5  7  1
并集:     9  1  8  12  5  7
```

【Python】

使用"|"运算符或集合对象的 union 方法可以求两个给定集合的并集。

```
>>> {9,1,8,12} | {8,7,1}
{1, 7, 8, 9, 12}
>>> {9,1,8,12}.union({8,7,1})
{1, 7, 8, 9, 12}
```

由此可知，两个给定集合的并集就是这两个集合的所有元素放在一起并删除重复元素后得到的新集合。

9.3.3 差集运算

对于给定的两个集合 A 和 B，A 和 B 的差集为 A 减去 A 和 B 的交集，B 和 A 的差集为 B 减去 A 和 B 的交集。

【Excel VBA】

下面的 Difference 函数用于求取先后给定的两个集合的差集。两个集合分别用两个一维数组表示，它们的差集用一个一维数组表示。求差集时，用第 2 个数组的元素作为键创建字典，遍历第 1 个数组，如果它的元素在字典中不存在，则将它添加到新数组中。最后返回新数组，就是先后给定的两个集合的差集。示例文件的存放路径为 Samples\ch09\Excel VBA\差集运算.xlsm。

```vba
Function Difference(arr1(), arr2())
  Dim intI As Integer
  Dim intK As Integer
  Dim arr3()
  Dim d As Dictionary
  Set d = New Dictionary
  
  '用第 2 个数组的元素作为键创建字典
  For intI = LBound(arr2) To UBound(arr2)
    d(arr2(intI)) = ""
  Next
  intK = 0
  '遍历第 1 个数组, 如果元素不在字典中, 则添加到新数组
  For intI = LBound(arr1) To UBound(arr1)
    If Not d.Exists(arr1(intI)) Then
      ReDim Preserve arr3(intK)
      arr3(intK) = arr1(intI)
      intK = intK + 1
    End If
  Next
  '返回新数组
  Difference = arr3
End Function

Sub Test()
  Dim arr1(3), arr2(2)
  Dim arr3()
  arr1(0) = 9: arr1(1) = 1: arr1(2) = 8: arr1(3) = 12
  arr2(0) = 8: arr2(1) = 7: arr2(2) = 1
  '求差集, 即 arr1-arr2
  arr3 = Difference(arr1, arr2)
  Debug.Print "集合 1: " & vbTab;
  For intI = LBound(arr1) To UBound(arr1)
    Debug.Print arr1(intI);
  Next
  Debug.Print
  Debug.Print "集合 2: " & vbTab;
  For intI = LBound(arr2) To UBound(arr2)
    Debug.Print arr2(intI);
  Next
  Debug.Print
  Debug.Print "差集, 集合 1-集合 2: " & vbTab;
  For intI = LBound(arr3) To UBound(arr3)
```

```
      Debug.Print arr3(intI);
    Next
    Debug.Print
    Debug.Print "差集，集合 2-集合 1: " & vbTab;
    '求差集，即 arr2-arr1
    arr3 = Difference(arr2, arr1)
    For intI = LBound(arr3) To UBound(arr3)
      Debug.Print arr3(intI);
    Next
End Sub
```

运行过程，在"立即窗口"面板中输出集合 1 减去集合 2 的差集和集合 2 减去集合 1 的差集。

```
集合 1:    9  1  8  12
集合 2:    8  7  1
差集，集合 1-集合 2:    9  12
差集，集合 2-集合 1:    7
```

【Python】

可以使用减号或集合对象的 difference 方法求两个给定集合的差集。

```
>>> {9,1,8,12}-{8,7,1}
{9, 12}
>>> {9,1,8,12}.difference({1,2,5})
{9, 12}
>>> {8,7,1} - {9,1,8,12}
{7}
>>> {8,7,1}.difference({9,1,8,12})
{7}
```

由此可知，两个给定集合的差集就是它们各自减去二者的交集后得到的新集合。

9.3.4 对称差集运算

对于给定的两个集合，它们的并集减去交集得到的是它们的对称差集。

【Excel VBA】

下面的 SymDif 函数用于求取两个给定集合的对称差集。两个集合分别用两个一维数组表示，它们的对称差集用一个一维数组表示。下面的代码首先求给定集合的交集和并集，然后求并集和交集的差集并返回，这就是所求的两个给定集合的对称差集。示例文件的存放路径为 Samples\ch09\Excel VBA\对称差集运算.xlsm。

```
Function SymDif(arr1(), arr2())
  Dim intI As Integer
  Dim intK As Integer
  Dim arr3(), arr4(), arr5()
```

```vba
    Dim d As Dictionary
    Dim d2 As Dictionary
    Set d = New Dictionary
    Set d2 = New Dictionary
    
    '求交集
    For intI = LBound(arr1) To UBound(arr1)
      d(arr1(intI)) = ""
    Next
    intK = 0
    For intI = LBound(arr2) To UBound(arr2)
      If d.Exists(arr2(intI)) Then
        ReDim Preserve arr3(intK)
        arr3(intK) = arr2(intI)
        d2(arr3(intK)) = ""
        intK = intK + 1
      End If
    Next
    
    '求并集
    For intI = LBound(arr2) To UBound(arr2)
      d(arr2(intI)) = ""
    Next
    arr4 = d.Keys
    
    '求对称差集，并集-交集
    intK = 0
    For intI = LBound(arr4) To UBound(arr4)
      If Not d2.Exists(arr4(intI)) Then
        ReDim Preserve arr5(intK)
        arr5(intK) = arr4(intI)
        intK = intK + 1
      End If
    Next
    SymDif = arr5
End Function

Sub Test()
    Dim arr1(3), arr2(2)
    Dim arr3()
    arr1(0) = 9: arr1(1) = 1: arr1(2) = 8: arr1(3) = 12
    arr2(0) = 8: arr2(1) = 7: arr2(2) = 1
    arr3 = SymDif(arr1, arr2)
    Debug.Print "集合1: " & vbTab;
    For intI = LBound(arr1) To UBound(arr1)
```

```
    Debug.Print arr1(intI);
  Next
  Debug.Print
  Debug.Print "集合2: " & vbTab;
  For intI = LBound(arr2) To UBound(arr2)
    Debug.Print arr2(intI);
  Next
  Debug.Print
  Debug.Print "对称差集: " & vbTab;
  For intI = LBound(arr3) To UBound(arr3)
    Debug.Print arr3(intI);
  Next
End Sub
```

运行过程，在"立即窗口"面板中输出给定集合的对称差集。

```
集合1:    9  1  8  12
集合2:    8  7  1
对称差集:    9  12  7
```

【Python】

使用"^"运算符或集合对象的 symmetric_difference 方法可以计算给定集合的对称差集。

```
>>> {9,1,8,12}^{8,7,1}
{7, 9, 12}
>>> {9,1,8,12}.symmetric_difference({8,7,1})
{7, 9, 12}
```

集合{9,1,8,12}和{8,7,1}的并集为{1, 7, 8, 9, 12}，交集为{1,8}，对称差集等于给定集合的并集减去交集，所以为{7, 9, 12}。

9.3.5 子集和超集运算

对于给定的集合 A 和 B，如果集合 A 大于或等于集合 B，并且集合 B 中的所有元素都在集合 A 中，则称集合 B 是集合 A 的子集，集合 A 是集合 B 的超集。

【Excel VBA】

下面的 IsSubset 函数用于判断给定的集合 arr2 是否为集合 arr1 的子集。两个集合分别用两个一维数组表示。如果集合 arr2 是集合 arr1 的子集，则返回 True，否则返回 False。示例文件的存放路径为 Samples\ch09\Excel VBA\子集和超集运算.xlsm。

```
Function IsSubset(arr1(), arr2()) As Boolean
  'arr1>=arr2，判断集合 arr2 是否为集合 arr1 的子集
  Dim intI As Integer
  Dim intK As Integer
```

```vba
    Dim arr3()
    Dim d As Dictionary
    Set d = New Dictionary
    '用第 1 个数组的元素作为键创建字典
    For intI = LBound(arr1) To UBound(arr1)
      d(arr1(intI)) = ""
    Next
    
    IsSubset = True
    '如果集合 arr2 比集合 arr1 大，则返回 False
    If UBound(arr2) - LBound(arr2) > UBound(arr1) - LBound(arr2) Then
      IsSubset = False
    '否则
    Else
      '如果第 2 个数组中的元素都在字典中，则返回 True
      For intI = LBound(arr2) To UBound(arr2)
        If Not d.Exists(arr2(intI)) Then
          IsSubset = False
          Exit Function
        End If
      Next
    End If
End Function

Sub Test()
  Dim arr1(3), arr2(2)
  arr1(0) = 9: arr1(1) = 1: arr1(2) = 8: arr1(3) = 12
  arr2(0) = 8: arr2(1) = 9: arr2(2) = 1
  Debug.Print "集合 1: " & vbTab;
  For intI = LBound(arr1) To UBound(arr1)
    Debug.Print arr1(intI);
  Next
  Debug.Print
  Debug.Print "集合 2: " & vbTab;
  For intI = LBound(arr2) To UBound(arr2)
    Debug.Print arr2(intI);
  Next
  Debug.Print
  Debug.Print "集合 2 是集合 1 的子集:" & vbTab;
  Debug.Print IsSubset(arr1, arr2)    '子集判断
End Sub
```

运行过程，在"立即窗口"面板中输出下面的结果。判断结果为 True，这说明集合 2 是集合 1 的子集。

```
集合 1:    9  1  8  12
```

```
集合2：  8 9 1
集合2是集合1的子集：    True
```

【Python】

使用"<="运算符或集合对象的 issubset 方法可以进行子集运算。对于集合 A 和集合 B，如果 A<=B，或者 A.issubset(B)的返回值为 True，则集合 A 是集合 B 的子集。

```
>>> {8,9,1} <= {9,1,8,12}
True
>>> {8,9,1}.issubset({9,1,8,12})
True
```

对于集合 A 和集合 B，如果 A<B，则集合 A 是集合 B 的真子集。

```
>>> {8,9,1} < {9,1,8,12}
True
```

对于集合 A 和集合 B，如果 A>=B，或者 A.issuperset(B)的返回值为 True，则集合 A 是集合 B 的超集。

```
>>> {9,1,8,12} >= {8,9,1}
True
>>> {9,1,8,12}.issuperset({8,9,1})
True
```

对于集合 A 和集合 B，如果 A>B，则集合 A 是集合 B 的真超集。

```
>>> {9,1,8,12} > {8,9,1}
True
```

9.4 集合应用示例

为了帮助读者巩固本章所学内容，本节安排了 3 个与集合有关的示例，并给出了 Excel VBA 和 Python 两个版本的代码。

9.4.1 应用示例 1：统计参加兴趣班的所有学生

如图 9-5 所示，A 列和 B 列列举了参加绘画班和钢琴班的学生名单，现在要求统计参加兴趣班的所有学生。

图 9-5 统计参加兴趣班的所有学生

如果把绘画班和钢琴班分别作为两个集合，则所求问题就转换为求两个集合的并集。

【Excel VBA】

示例文件的存放路径为 Samples\ch09\Excel VBA\统计参加兴趣班的所有学生.xlsm。

```
Sub Test()
  Dim intI As Integer
  Dim intR1 As Integer    'A列数据的个数
  Dim intR2 As Integer    'B列数据的个数
  Dim arr1(), arr2(), arr3()  'A列和B列的数据，合并后的数据
  Dim sht As Object
  Set sht = ActiveSheet
  
  'A列和B列数据的个数
  intR1 = sht.Range("A1").End(xlDown).Row
  intR2 = sht.Range("B1").End(xlDown).Row
  '获取A列和B列的数据，二维
  arr1 = sht.Range("A2:A" & CStr(intR1)).Value
  arr2 = sht.Range("B2:B" & CStr(intR2)).Value
  '将A列和B列的数据由二维转换为一维
  arr1 = Application.WorksheetFunction.Transpose(arr1)
  arr2 = Application.WorksheetFunction.Transpose(arr2)
  '求并集
  arr3 = Union(arr1, arr2)
  '输出合并后的结果
  sht.Range("D2").Resize(UBound(arr3) - LBound(arr3)+1, 1).Value = _
```

```
              Application.WorksheetFunction.Transpose(arr3)
End Sub
```

运行程序，汇总结果如图 9-5 中的 D 列所示。

【Python】

示例的数据文件的存放路径为 Samples\ch09\Python\统计参加兴趣班的所有学生.xlsx，.py 文件保存在相同的目录下，文件名为 sam09-01.py。

```
import xlwings as xw          #导入 xlwings 包
#从 constants 类中导入 Direction
from xlwings.constants import Direction
import os                     #导入 os 包
#获取.py 文件的当前路径
root = os.getcwd()
#创建 Excel 应用，可见，没有工作簿
app=xw.App(visible=True, add_book=False)
#打开数据文件，可写
bk=app.books.open(fullname=root+\
    r'\统计参加兴趣班的所有学生.xlsx',read_only=False)
sht=bk.sheets(1)   #获取第 1 个工作表

#工作表中 A 列数据的最大行号
row_num_1=sht.api.Range('A1').End(Direction.xlDown).Row
#工作表中 B 列数据的最大行号
row_num_2=sht.api.Range('B1').End(Direction.xlDown).Row
#A 列数据
data_1=sht.range('A2:A'+str(row_num_1)).value
#B 列数据
data_2=sht.range('B2:B'+str(row_num_2)).value
#将列表转换为集合
set_1=set(data_1)
set_2=set(data_2)
#求并集
set_3=set_1.union(set_2)

#输出并集，即所有参加兴趣班的学生
sht.range('D2').options(transpose=True).value=list(set_3)
```

运行程序，汇总结果如图 9-5 中的 D 列所示。

9.4.2 应用示例 2：跨表去重

如图 9-6 所示，上面两个图分别显示工作簿中的两个工作表，表中都是部门人员信息，现在要求从第 1 个工作表中删除与第 2 个工作表中重复的数据行。

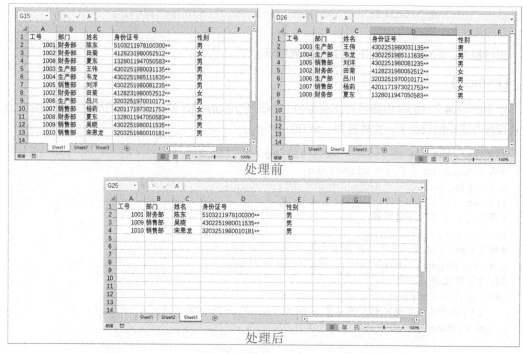

图 9-6 从第 1 个工作表中删除与第 2 个工作表中重复的数据行

如果把两个工作表的"工号"列的数据分别作为两个集合中的元素,则所求问题就转换为求这两个集合的差集,并将差集的工号对应的数据行复制到第 3 个工作表中。

【Excel VBA】

示例文件的存放路径为 Samples\ch09\Excel VBA\身份证号-跨表去重.xlsm。

```
Sub Test()
  Dim intI As Integer
  Dim intN As Integer
  Dim intR1 As Integer    '第 1 个工作表的数据个数
  Dim intR2 As Integer    '第 2 个工作表的数据个数
  Dim arr1(), arr2()      '两个工作表的数据
  Dim arr3()              '差集运算结果
  
  '两个工作表的数据个数
  intR1 = Sheets(1).Range("A1").End(xlDown).Row
  intR2 = Sheets(2).Range("A1").End(xlDown).Row
  '获取两个工作表的工号数据,二维
  arr1 = Sheets(1).Range("A2:A" & CStr(intR1)).Value
  arr2 = Sheets(2).Range("A2:A" & CStr(intR2)).Value
  '将两个工作表的工号数据由二维转换为一维
```

```
    arr1 = Application.WorksheetFunction.Transpose(arr1)
    arr2 = Application.WorksheetFunction.Transpose(arr2)
    '集合求差集,即获取第 1 个工作表中不包含第 2 个工作表中的工号
    arr3 = Difference(arr1, arr2)

    '在第 3 个工作表中输出结果
    Sheets(1).Rows(1).Copy Sheets(3).Rows(1)
    intN = 1
    '遍历第 1 个工作表的 A 列,如果工号在差集中存在
    '则复制该行数据并添加到第 3 个工作表
    For intI = LBound(arr1) To UBound(arr1)
      If InArr(arr1(intI), arr3) Then
        intN = intN + 1
        Sheets(1).Rows(intI + 1).Copy Sheets(3).Rows(intN)
      End If
    Next
    Sheets(3).Activate
End Sub

Function InArr(Val, arr()) As Boolean
  '判断 Val 在数组 arr 中是否存在
  Dim intI As Integer
  InArr = False
  For intI = LBound(arr) To UBound(arr)
    If Val = arr(intI) Then
      InArr = True
      Exit For
    End If
  Next
End Function
```

运行程序,统计结果如图 9-6 中的下图所示。

【Python】

示例的数据文件的存放路径为 Samples\ch09\Python\身份证号-跨表去重.xlsx,.py 文件保存在相同的目录下,文件名为 sam09-02.py。

```
import xlwings as xw        #导入 xlwings 包
#从 constants 类中导入 Direction
from xlwings.constants import Direction
import os                   #导入 os 包
#获取.py 文件的当前路径
root = os.getcwd()
#创建 Excel 应用,可见,没有工作簿
app=xw.App(visible=True, add_book=False)
#打开数据文件,可写
```

```python
bk=app.books.open(fullname=root+\
    r'\身份证号-跨表去重.xlsx',read_only=False)
sht1=bk.sheets(1)    #获取第1个工作表
sht2=bk.sheets(2)    #获取第2个工作表
sht3=bk.sheets(3)

#第1个工作表中A列数据的最大行号
row_num_1=sht1.api.Range('A1').End(Direction.xlDown).Row
#第2个工作表中A列数据的最大行号
row_num_2=sht2.api.Range('A1').End(Direction.xlDown).Row
#第1个工作表中的A列数据
data_1=sht1.range('A2:A'+str(row_num_1)).value
#第2个工作表中的A列数据
data_2=sht2.range('A2:A'+str(row_num_2)).value
#列表转换为集合
set_1=set(data_1)
set_2=set(data_2)
#差集运算
set_3=set_1.difference(set_2)

#复制表头
sht1.api.Rows(1).Copy()              #复制第1个工作表的第1行
sht3.api.Activate()                  #跨表复制,需要先激活目标工作表
sht3.api.Range('A1').Select()        #选择粘贴的位置
sht3.api.Paste()                     #粘贴
#遍历第1个工作表中的A列,如果当前工号在集合3中存在
#则将行数据复制到第3个工作表
n=1   #记录复制数据的行数
for i in range(2,row_num_1):
    if sht1.cells(i,1).value in set_3:
        n+=1
        sht1.api.Rows(i).Copy()      #整行复制
        sht3.api.Activate()
        sht3.api.Rows(n).Select()
        sht3.api.Paste()
```

运行程序,统计结果如图9-6中的下图所示。

9.4.3 应用示例3:找出报和没有报两个兴趣班的学生

如图9-7所示,工作表的A列和B列列举了参加绘画班和钢琴班的学生名单,现在要求统计报了两个兴趣班学生和只报了一个兴趣班的学生。

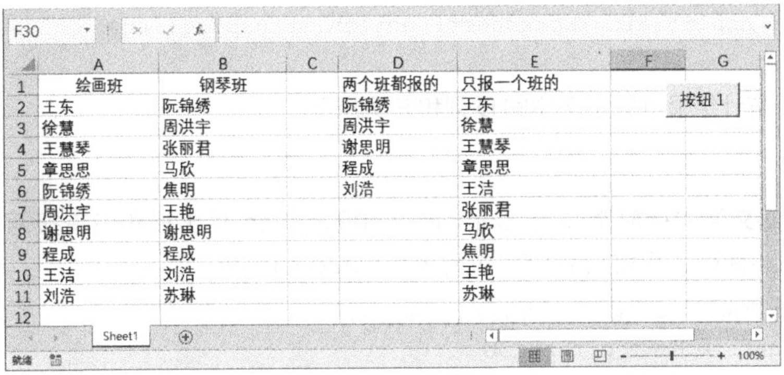

图 9-7　统计报了两个兴趣班的学生和只报了一个兴趣班的学生

如果把绘画班和钢琴班分别作为两个集合，则统计报了两个兴趣班的学生就是求两个集合的交集，统计只报了一个兴趣班的学生就是求两个集合的对称差集。

【Excel VBA】

示例文件的存放路径为 Samples\ch09\Excel VBA\找出报和没有报两个兴趣班的学生.xlsm。

```
Sub Test()
  Dim intI As Integer
  Dim intR1 As Integer    'A列数据个数
  Dim intR2 As Integer    'B列数据个数
  Dim arr1(), arr2()      'A列和B列的数据
  Dim arr3(), arr4()      '交集运算和对称差集运算的结果
  Dim sht As Object
  Set sht = ActiveSheet
  
  'A列和B列的数据个数
  intR1 = sht.Range("A1").End(xlDown).Row
  intR2 = sht.Range("B1").End(xlDown).Row
  '获取A列和B列的数据，二维
  arr1 = sht.Range("A2:A" & CStr(intR1)).Value
  arr2 = sht.Range("B2:B" & CStr(intR2)).Value 交
  '将A列和B列的数据由二维转换为一维
  arr1 = Application.WorksheetFunction.Transpose(arr1)
  arr2 = Application.WorksheetFunction.Transpose(arr2)
  '求交集，即报了两个兴趣班的学生
  arr3 = Intersection(arr1, arr2)
  '求对称差集，即只报了一个兴趣班的学生
  arr4 = SymDif(arr1, arr2)
  '输出结果
  sht.Range("D2").Resize(UBound(arr3) - LBound(arr3) + 1, 1).Value = _
          Application.WorksheetFunction.Transpose(arr3)
  sht.Range("E2").Resize(UBound(arr4) - LBound(arr4) + 1, 1).Value = _
```

```
            Application.WorksheetFunction.Transpose(arr4)
End Sub
```

运行程序,统计结果如图 9-7 中的 D 列和 E 列所示。

【Python】

示例的数据文件的存放路径为 Samples\ch09\Python\找出报和没有报两个兴趣班的学生.xlsx,.py 文件保存在相同的目录下,文件名为 sam09-03.py。

```
import xlwings as xw         #导入xlwings包
#从constants类中导入Direction
from xlwings.constants import Direction
import os                    #导入os包
#获取.py文件的当前路径
root = os.getcwd()
#创建Excel应用,可见,没有工作簿
app=xw.App(visible=True, add_book=False)
#打开数据文件,可写
bk=app.books.open(fullname=root+\
    r'\找出报和没有报两个兴趣班的学生.xlsx',read_only=False)
sht=bk.sheets(1)    #获取第1个工作表

#工作表中A列数据的最大行号
row_num_1=sht.api.Range('A1').End(Direction.xlDown).Row
#工作表中B列数据的最大行号
row_num_2=sht.api.Range('B1').End(Direction.xlDown).Row
#A列数据
data_1=sht.range('A2:A'+str(row_num_1)).value
#B列数据
data_2=sht.range('B2:B'+str(row_num_2)).value
#将列表转换为集合
set_1=set(data_1)
set_2=set(data_2)
#求交集
set_3=set_1.intersection(set_2)
#求对称差集
set_4=set_1.symmetric_difference(set_2)

#输出交集,即报了两个兴趣班的学生
sht.range('D2').options(transpose=True).value=list(set_3)
#输出对称差集,即只报了一个兴趣班的学生
sht.range('E2').options(transpose=True).value=list(set_4)
```

运行程序,统计结果如图 9-7 中的 D 列和 E 列所示。

第 10 章 函数

前面已经介绍了变量、表达式和流程控制,变量是最基本的语言元素,表达式是短语或一行语句,流程控制则用多行语句描述一个完整的逻辑。本章介绍函数。函数用于实现一个相对完整的功能。将功能写成函数后,可以被反复调用,从而减少代码量,提高编程效率。函数可以分为内部函数、第三方库函数和自定义函数等。

10.1 内部函数

Excel VBA 和 Python 中都提供了很多内部函数,使用内部函数可以很方便地完成各种任务。

10.1.1 常见的内部函数

【Excel VBA】

Excel VBA 中常见的内部函数主要有数学函数、日期时间函数、随机数生成函数、数据类型转换函数和字符串处理函数等。

Excel VBA 中提供的数学函数如表 10-1 所示。

表 10-1 Excel VBA 中提供的数学函数

函 数	说 明
Abs	求绝对值
Exp	求以 e 为底的幂值
Sqr	求平方根,参数大于或等于 0
Log	求自然对数,要求参数大于 0

函　数	说　明
Sng	求参数的符号,如果参数大于 0 则返回 1,如果参数等于 0 则返回 0,如果参数小于 0 则返回 -1
Sin	求正弦值
Cos	求余弦值
Tan	求正切值
Atn	求余切值

Excel VBA 中提供的日期时间函数如表 10-2 所示。

表 10-2　Excel VBA 中提供的日期时间函数

函　数	说　明
Date	返回系统日期
Time	返回系统时间
Year	返回系统当前年份
Month	返回系统当前月份
Day	返回系统当前日期
Weekday	返回系统当前星期
Hour	返回系统的小时数,0～23
Minute	返回系统的分钟数,0～59
Second	返回系统的秒数,0～59

有关字符串函数的内容请参考第 6 章。有关数据类型转换函数的内容请参考第 2 章。

在 Excel VBA 中,使用 Rnd 函数可以生成随机数,为了生成不重复的随机数可以使用 Randomize 函数生成随机数种子。

下面的代码可以随机测试一些 Excel VBA 函数。示例文件的存放路径为 Samples\ch10\Excel VBA\内部函数.xlsm。

```
Sub Test()
  Const PI = 3.1415926
  '数学函数
  Debug.Print Exp(2)
  Debug.Print Sin(PI / 4)
  '日期时间函数
  Debug.Print Date
  Debug.Print Year(Now)
  '随机数生成函数
  Randomize
  Debug.Print Rnd()
End Sub
```

运行过程，在"立即窗口"面板中输出测试函数的计算结果。

```
7.38905609893065
.707106771713121
2021/9/1
 2021
.1633657
```

【Python】

Python 中的内部函数包括数据类型转换函数、数据操作函数、数据输入/输出函数、文件操作函数和数学计算函数等。

数据类型转换函数包括 bool、int、float、complex、str、list、tuple、dict 等，在介绍变量的数据类型时已经介绍过，此处不再赘述。

数据操作函数包括 type、format、range、slice、len 等，除 slice 外都已经介绍过。slice 函数定义一个切片对象，指定切片方式。将这个切片对象作为参数传递给一个可迭代对象，可以实现该可迭代对象的切片。

下面创建一个列表，第 1 个切片对象取前 6 个元素，第 2 个切片对象在 2~8 的范围内隔一个数取一个数，并分别用这两个切片对象对列表进行切片。

```
>>> a=list(range(10))
>>> a
[0, 1, 2, 3, 4, 5, 6, 7, 8, 9]
>>> slice1=slice(6)          #取前 6 个元素
>>> a[slice1]
[0, 1, 2, 3, 4, 5]
>>> slice2=slice(2,9,2)      #在 2~8 的范围内每隔一个数取一个数
>>> a[slice2]
[2, 4, 6, 8]
```

数据输入/输出函数包括 input 和 print 等，第 1 章已经介绍过，此处不再赘述。文件操作函数包括 file 和 open，用于打开文件。

数学计算函数如表 10-3 所示。

表 10-3　数学计算函数

函　　数	说　　明	函　　数	说　　明
abs	求绝对值	round	对浮点数进行圆整
eval	计算给定表达式	sum	求和
max	求最大值	sorted	排序
min	求最小值	filter	过滤
pow	幂运算		

下面列举几个例子来介绍数学计算函数的使用。

```
>>> abs(-3)                    #求绝对值
3
>>> pow(3,2)                   #求3的平方
9
>>> round(2.78)                #对2.78进行圆整
3
>>> a=list(range(-5,5))        #创建一个列表
>>> a
[-5, -4, -3, -2, -1, 0, 1, 2, 3, 4]
>>> max(a)                     #求列表元素的最大值
4
>>> min(a)                     #求列表元素的最小值
-5
>>> sum(a)                     #求列表元素的和
-5
>>> sorted(a,reverse=True)     #对列表元素逆序排列
[4, 3, 2, 1, 0, -1, -2, -3, -4, -5]
>>> def filtertest(a):         #定义一个函数,过滤规则为列表中的元素值大于0
        return a>0
>>> b=filter(filtertest,a)     #使用函数定义的规则对列表a进行过滤
>>> list(b)                    #以列表显示过滤结果
[1, 2, 3, 4]
```

10.1.2 Python 标准模块函数

Python 中内置了很多标准模块,每个标准模块中有很多封装好的函数,用于提供一定的功能。下面主要介绍 math 模块、cmath 模块和 random 模块,它们提供数学运算、复数运算和随机数生成的功能。

1. math 模块中的数学运算函数

math 模块中提供了大量的数学运算函数,包括一般数学操作函数、三角函数、对数函数、指数函数、双曲函数、数论函数和角度弧度转换函数等。

使用 math 模块中的数学运算函数之前需要先导入 math 模块。导入 math 模块的语法格式如下。

```
>>> import math
```

使用 dir 函数可以列出 math 模块中提供的全部数学运算函数。

```
>>> dir(math)
['__doc__', '__loader__', '__name__', '__package__', '__spec__', 'acos',
'acosh', 'asin', 'asinh', 'atan', 'atan2', 'atanh', 'ceil', 'copysign', 'cos',
'cosh', 'degrees', 'e', 'erf', 'erfc', 'exp', 'expm1', 'fabs', 'factorial',
'floor', 'fmod', 'frexp', 'fsum', 'gamma', 'gcd', 'hypot', 'inf', 'isclose',
```

```
'isfinite', 'isinf', 'isnan', 'ldexp', 'lgamma', 'log', 'log10', 'log1p', 'log2',
'modf', 'nan', 'pi', 'pow', 'radians', 'remainder', 'sin', 'sinh', 'sqrt', 'tan',
'tanh', 'tau', 'trunc']
```

math 模块中的数学运算函数如表 10-4 所示。

表 10-4 math 模块中的数学运算函数

函数	说明	函数	说明
math.ceil(x)	返回大于或等于 x 的最小整数	math.sqrt(x)	返回 x 的平方根
math.fabs(x)	返回 x 的绝对值	math.sin(x)	返回 x 的正弦值
math.floor(x)	返回小于或等于 x 的最大整数	math.cos(x)	返回 x 的余弦值
math.fsum(iter)	返回可迭代对象的元素的和	math.tan(x)	返回 x 的正切值
math.gcd(*ints)	返回给定整数参数的最大公约数	math.atan(x)	返回 x 的反正切值
math.isfinite(x)	如果 x 不是无穷大或缺失值则返回 True，否则返回 False	math.asin(x)	返回 x 的反正弦值
math.isinf(x)	如果 x 是无穷大则返回 True，否则返回 False	math.acos(x)	返回 x 的反余弦值
math.isnan(x)	如果 x 是 NaN 则返回 True，否则返回 False	math.sinh(x)	返回 x 的双曲正弦值
math.isqrt(n)	返回 n 的整数平方根（平方根向下取整），n≥0	math.cosh(x)	返回 x 的双曲余弦值
math.lcm(*ints)	返回给定整数参数的最小公倍数	math.tanh(x)	返回 x 的双曲正切值
math.trunc(x)	返回 x 的截尾整数	math.asinh(x)	返回 x 的反双曲正弦值
math.exp(x)	返回 e 的 x 次幂	math.acosh(x)	返回 x 的反双曲余弦值
math.log(x[,base])	返回 x 的自然对数	math.atanh(x)	返回 x 的反双曲正切值
math.log2(x)	返回 x 以 2 为底的对数	math.dist(p,q)	返回 p 点和 q 点之间的距离
math.log10(x)	返回 x 以 10 为底的对数	math.degrees(x)	将 x 从弧度转换为角度
math.pow(x,y)	返回 x 的 y 次幂	math.radians(x)	将 x 从角度转换为弧度

2. cmath 模块中的复数运算函数

使用 cmath 模块中提供的函数可以进行复数运算。导入 cmath 模块，使用 dir 函数可以列出该模块中的所有函数。

```
>>> import cmath
>>> dir(cmath)
['__doc__', '__loader__', '__name__', '__package__', '__spec__', 'acos',
'acosh', 'asin', 'asinh', 'atan', 'atanh', 'cos', 'cosh', 'e', 'exp', 'inf',
'infj', 'isclose', 'isfinite', 'isinf', 'isnan', 'log', 'log10', 'nan', 'nanj',
'phase', 'pi', 'polar', 'rect', 'sin', 'sinh', 'sqrt', 'tan', 'tanh', 'tau']
```

大部分复数运算的意义与实数运算的意义相同，只是参数是复数。

3. random 模块中的随机数生成函数

random 模块中提供了各种随机数生成函数。导入 random 模块的语法格式如下。

```
>>> import random as rd
```

使用 random 方法生成 0~1 的随机数。

```
>>> rd01 = rd.random()
>>> print(rd01)
0.8929443975828429
```

使用 randrange 方法从指定序列中随机选取一个数。randrange 方法可以指定序列的起点、终点和步长。下面指定序列为 10~50，步长为 2，从这个序列中随机取一个数。

```
>>> print(rd.randrange(10,50,2))
26
```

使用循环可以连续生成随机数。下面连续生成 10 个取自该序列的随机数，并组成一个列表。

```
>>> lst=[]
>>> for i in range(10):
        lst.append(rd.randrange(10,50,2))
>>> lst
[14, 12, 46, 36, 40, 34, 18, 46, 22, 30]
```

使用 uniform 方法可以生成指定范围内满足均匀分布的随机数。下面生成 10 个 1~2 的满足均匀分布的随机数，并组成一个列表。

```
>>> lst=[]
>>> for i in range(10):
        a=rd.uniform(1,2)
        lst.append(float("%0.3f"%a))
>>> lst
[1.59, 1.974, 1.589, 1.918, 1.904, 1.666, 1.418, 1.024, 1.429, 1.643]
```

使用 choice 方法可以从指定的可迭代对象中随机选取一个数。下面创建一个列表，并使用 choice 方法从中随机选取一个数。

```
>>> lst = [1,2,5,6,7,8,9,10]
>>> print(rd.choice(lst))
9
```

使用 shuffle 方可以将可迭代对象中的数据进行置乱，即随机排序。

```
>>> rd.shuffle(lst)
>>> lst
[2, 7, 5, 1, 8, 6, 10, 9]
```

使用 sample 方法可以从指定序列中随机选取指定大小的样本。下面从列表 lst 中随机取 6 个数组成新的样本。

```
>>> samp=rd.sample(lst, 6)
>>> samp
[6, 1, 5, 2, 8, 7]
```

10.2 第三方库函数

【Excel VBA】

Excel VBA 中可以使用第三方库函数。创建或获取第三方库后，在 Excel VBA 编程环境中，选择"工具"→"引用"命令，打开"引用"对话框，如图 10-1 所示。在列表中找到要引用的库，或者单击"浏览"按钮找到要引用的库的文件，单击"确定"按钮完成引用。引用进来的第三方库可以使用对象浏览器查看。

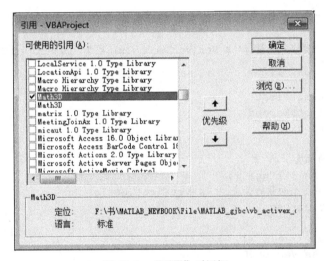

图 10-1 "引用"对话框

为了在 VB 中引入向量和矩阵计算，笔者曾经使用 VB 写了一个动态链接库 Math3D.dll，下面在 Excel VBA 编程环境中引用它并编码进行测试。该文件的存放路径为 Samples\ch10\Excel VBA\第三方库函数.xlsm。Math3D.dll 位于相同的目录下，使用下面的代码需要先引用它。

```
Sub Test()
  Dim vctFirst As Vector3D
  Dim vctSecond As Vector3D
  Dim mtxFirst As Matrix3D
  Dim mtxSecond As Matrix3D
  
  Set vctFirst = New Vector3D
  Set vctSecond = New Vector3D
```

```vba
    Set mtxFirst = New Matrix3D
    Set mtxSecond = New Matrix3D
    
    '第 1 个向量
    vctFirst.x = 10#
    vctFirst.y = 78.5
    vctFirst.Z = 102.9
    
    '第 2 个向量
    vctSecond.x = 109.2
    vctSecond.y = 82.5
    vctSecond.Z = 180.8
    
    '在窗体中输出第 1 个向量和第 2 个向量
    Dim strFirst As String
    Dim strSecond As String
    strFirst = "第 1 个向量: " & Str(vctFirst.x) & " " & Str(vctFirst.y) & " " & Str(vctFirst.Z)
    strSecond = "第 2 个向量: " & Str(vctSecond.x) & " " & Str(vctSecond.y) & " " & Str(vctSecond.Z)
    Debug.Print
    Debug.Print strFirst
    Debug.Print strSecond
    Debug.Print
    
    '第 1 个向量的长度
    Dim strLen As String
    strLen = "第 1 个向量的长度: " & vctFirst.GetLength
    Debug.Print strLen
    
    '向量运算
    Dim vctAdd As Vector3D
    Dim vctSub As Vector3D
    Dim dblMulDot As Double
    Dim vctMulCro As Vector3D
    Dim vctDev As Vector3D
    Set vctAdd = vctFirst.Add(vctSecond)
    Set vctSub = vctFirst.Subtract(vctSecond)
    dblMulDot = vctFirst.MultDot(vctSecond)
    Set vctMulCro = vctFirst.MultCross(vctSecond)
    Set vctDev = vctFirst.Devide(2)
    
    '输出运算结果
    Dim strAdd As String
    Dim strSub As String
```

```
    Dim strMulDot As String
    Dim strMulCro As String
    Dim strDev As String
    
    strAdd = "向量的和: " & Str(vctAdd.x) & " " & Str(vctAdd.y) & " " & Str(vctAdd.Z)
    strSub = "向量的差: " & Str(vctSub.x) & " " & Str(vctSub.y) & " " & Str(vctSub.Z)
    strMulDot = "向量点乘: " & Str(dblMulDot)
    strMulCro = "向量叉乘: " & Str(vctMulCro.x) & " " & Str(vctMulCro.y) & " " & Str(vctMulCro.Z)
    strDev = "第1个向量除以2: " & Str(vctDev.x) & " " & Str(vctDev.y) & " " & Str(vctDev.Z)
    
    Debug.Print strAdd
    Debug.Print strSub
    Debug.Print strMulDot
    Debug.Print strMulCro
    Debug.Print strDev
End Sub
```

运行过程,在"立即窗口"面板中输出计算结果。

```
第1个向量: 10  78.5   102.9
第2个向量: 109.2  82.5  180.8

第1个向量的长度: 129.81009205759
```

【Python】

在 Python 中引用第三方库,或者说第三方模块,或者说第三方包,需要先安装该库,然后在使用该库的代码中进行导入。第 7 章介绍的 NumPy 和 pandas 都是第三方包,读者可以参考对应的内容了解其用法。

10.3 自定义函数

除了使用内部提供的函数和第三方提供的函数,Excel VBA 和 Python 还可以通过自定义函数来实现一定的功能。自定义函数同样可以被反复调用,从而节省代码量并提高编程效率。

10.3.1 函数的定义和调用

【Excel VBA】

Excel VBA 中有两种形式的函数:一种是没有返回值的,称为过程;另一种是可以有返回值的,称为函数。

过程由 Sub...End Sub 结构定义。其语法格式如下。

```
[ | Private | Public ] _
    Sub name[([param[, ...]])]
        执行语句...
    End Sub
```

其中，Private 和 Public 为可选项，用于定义过程是私有的还是公共的，即定义过程的作用范围。在使用 Private 关键字时需要说明该过程只在本模块中使用，一般是为模块中的其他函数服务的；在使用 Public 关键字时该过程可以被其他模块中的函数调用。Sub...End Sub 结构定义过程的主体，name 为过程名称，param 为定义过程的参数，Sub 行和 End Sub 行之间为需要执行的语句行。

运行下面的过程时会在"立即窗口"面板中输出一段字符串。

```
Private Sub Output()
    Debug.Print "Hello,VBA!"
End Sub
```

在同一模块中编写过程代码，并调用该过程。

```
Sub Test()
    Output
End Sub
```

运行该过程，在"立即窗口"面板中输出结果。

```
Hello,VBA!
```

在 Excel VBA 中，函数由 Function...End Function 结构定义。其语法格式如下。

```
[ | Private | Public ] _
    Function name[type][([param[, ...]])] [As type]
        执行语句...
    End Function
```

其中，Function...End Function 结构定义函数的主体，As type 表示返回值的数据类型，其他关键字和名称的说明与过程的相同。

下面的函数 Sum 用于计算两个给定浮点数的和，结果以浮点数返回。

```
Private Function Sum(sngA As Single,sngB As Single) As Single
    Sum=sngA+sngB
End Function
```

在同一模块中编写过程代码，并调用该函数。

```
Sub Test()
    Debug.Print Sum(1.2, 8.3)
End Sub
```

运行该函数，在"立即窗口"面板中输出 1.2 和 8.3 的和，即 9.5。

【Python】

在 Python 中，自定义函数的语法格式如下。

```
def functionname(parameters):
    '函数说明文档'
    函数体
    return [表达式]
```

其中，def 和 return 为关键字，functionname 为函数名，parameters 为参数列表。需要注意的是，小括号后面有一个冒号。冒号后面的第 1 行添加注释，用于说明函数的功能，可以使用 help 函数进行查看。函数体各语句用代码定义函数的功能。以 def 关键字打头，return 语句结束，如果有表达式则返回函数的返回值，如果没有表达式则返回 None。

定义好函数后，可以在模块中的其他位置进行调用，调用时需要指定函数名和参数，如果有返回值则指定引用返回值的变量。

函数既可以没有参数，也可以没有返回值。下面定义一个函数，用一连串的星号作为输出内容的分隔行。定义该函数后进行 3 种运算，并在输出结果时调用该函数绘制星号分隔行分隔各种运算结果。该文件的存放路径为 Samples\ch10\Python\sam10-001.py。

```
def starline():              #定义 starline 函数，绘制星号分隔行
    '星号分隔行'              #函数的功能说明
    print('*'*40)            #输出 40 个星号
    return

a=1;b=2
print('a={},b={}'.format(1,2))
print('a+b={}'.format(a+b))        #对两个数进行加法运算
starline()                         #调用 starline 函数绘制分隔行
print('a={},b={}'.format(1,2))
print('a-b={}'.format(a-b))        #对两个数进行减法运算
starline()                         #调用 starline 函数绘制分隔行
print('a={},b={}'.format(1,2))
print('a*b={}'.format(a*b))        #对两个数进行乘法运算
help(starline)                     #输出 starline 函数的功能说明
```

在 Python IDLE 文件脚本窗口中，选择 Run→Run Module 命令，IDLE 命令行窗口显示下面的结果。

```
>>> = RESTART: .../Samples/ch10/Python\sam10-001.py
a=1,b=2
a+b=3
****************************************
```

```
a=1,b=2
a-b=-1
******************************************
a=1,b=2
a*b=2
Help on function starline in module __main__:
starline()
    星号分隔行
```

由此可知，函数定义好以后可以进行重复调用，从而提高编程效率。最后显示了 starline 函数的功能说明。

上面定义的 starline 函数既没有参数，也没有返回值。下面定义一个 mysum 函数，对两个给定的数求和。所以，mysum 函数有两个输入参数和一个返回值。该文件的存放路径为 Samples\ch10\Python\sam10-002.py。

```python
def mysum(a,b):    #求和
    '求两个数的和'
    return a+b

print('3+6={}'.format(mysum(3,6)))       #计算并输出 3 和 6 的和
print('12+9={}'.format(mysum(12,9)))     #计算并输出 12 和 9 的和
```

在 Python IDLE 文件脚本窗口中，选择 Run→Run Module 命令，IDLE 命令行窗口显示下面的结果。

```
>>> = RESTART: .../Samples/ch10/Python\sam10-002.py
3+6=9
12+9=21
```

10.3.2 有多个返回值的情况

【Excel VBA】

在 Excel VBA 中，当函数有多个返回值时，可以使用两种方法来返回：一种是利用过程传入参数，完成计算后用参数传出返回值；另一种是将返回值保存到数组中，返回数组。

下面编写 Sum 过程，先计算两个给定参数的和与差，然后将得到的和与差用参数传回。

```vb
Private Sub Sum(sngA As Single, sngB As Single)
    '传入计算参数，计算结果用参数返回
    Dim sngC As Single, sngD As Single
    sngC = sngA + sngB
    sngD = sngA - sngB
    sngA = sngC
    sngB = sngD
End Sub
```

在同一模块中编写过程代码，调用 Sum 过程，输入参数完成计算后将返回值用参数传回。

```
Sub Test()
  Dim sngA As Single, sngB As Single
  sngA = 8
  sngB = 3
  Sum sngA, sngB
  Debug.Print sngA; sngB
End Sub
```

运行过程，在"立即窗口"面板中输出计算结果。

11 5

需要注意的是，在 Test 过程中调用 Sum 过程前后参数 sngA 和 sngB 的值发生了改变，在 10.3.6 节会进行介绍。

传递多个返回值的另一种方法是将它们保存到数组中返回。下面的 Sum2 函数将两个给定参数的和与差保存到数组中，并返回数组。

```
Private Function Sum2(sngA As Single, sngB As Single)
  Dim sngT(1) As Single
  sngT(0) = sngA + sngB
  sngT(1) = sngA - sngB
  Sum2 = sngT
  Erase sngT
End Function
```

在同一模块中编写过程代码，先调用 Sum2 函数并将计算结果返回到一个数组中，然后在"立即窗口"面板中输出数组的值。

```
Sub Test2()
  Dim sngR
  sngR = Sum2(8, 3)
  Debug.Print sngR(0); sngR(1)
End Sub
```

运行过程，在"立即窗口"面板中输出 8 和 3 的和与差。

11 5

【Python】

在 Python 中，当函数有多个返回值时既可以使用 return 语句直接返回，也可以先将各返回值写入列表，然后返回列表。

下面定义一个函数，指定两个参数值，返回它们的和与差。该文件的存放路径为 Samples\ch10\Python\sam10-003.py。

```
def mycomp(a,b):                #计算两个给定值的和与差
```

```
        c=a+b
        d=a-b
        return c,d

c,d=mycomp(2,3)              #调用mycomp函数，计算2和3的和与差
print('2+3={}'.format(c))    #输出和
print('2-3={}'.format(d))    #输出差
```

在 Python IDLE 文件脚本窗口中，选择 Run→Run Module 命令，IDLE 命令行窗口显示下面的结果。

```
>>> = RESTART: .../Samples/ch10/Python\sam10-003.py
2+3=5
2-3=-1
```

当有多个返回值时，也可以将这多个返回值添加到列表中，并使用 return 语句返回该列表。下面改写上面的示例。该文件的存放路径为 Samples\ch10\Python\sam10-004.py。

```
def mycomp(a,b):             #计算两个给定值的和与差
    data=[]
    data.append(a+b)
    data.append(a-b)
    return data              #和与差以列表的形式返回

data=mycomp(2,3)             #调用mycomp函数，计算2和3的和与差
print(data)                  #输出元素为和与差的列表
```

在 Python IDLE 文件脚本窗口中，选择 Run→Run Module 命令，IDLE 命令行窗口显示下面的结果。

```
>>> = RESTART: .../Samples/ch10/Python\sam10-004.py
 [5, -1]
```

10.3.3　可选参数和默认参数

可选参数是非必需参数，既可以有，也可以没有。默认参数是定义了默认值的参数，它们必须是可选参数，不能给必需参数定义默认值。对于可选参数，调用函数时如果没有赋值就使用预先定义的默认值，如果赋了新值就覆盖默认值。

【Excel VBA】

在 Excel VBA 中，使用 Optional 关键字可以定义可选参数。下面定义一个 Para 过程，该过程有 3 个参数，后面两个参数为可选参数。

```
Private Sub Para(strID As String, Optional strName As String, _
                 Optional sngScore As Single)
  Debug.Print strID & vbTab;
```

```
'如果没有使用可选参数就不输出它们的值
  If Not strName = "" Then Debug.Print strName & vbTab;
  If Not sngScore = 0 Then Debug.Print sngScore;
  Debug.Print
End Sub
```

在同一模块中编写过程，调用 Para 过程并使用不同数目的参数。

```
Sub Test()
  Para "ID001"
  Para "ID001", "姜林"
  Para "ID001", "徐庶", 95
  Para "ID001", , 95    '没有给第 2 个参数赋值
End Sub
```

运行过程，在"立即窗口"面板中输出下面的结果。

```
ID001
ID001   姜林
ID001   徐庶    95
ID001   95
```

可以给可选参数定义默认值，如下面给 sngScore 参数定义默认值 80。

```
Private Sub Para2(strID As String, Optional strName As String, _
                Optional sngScore As Single=80)
  Debug.Print strID & vbTab;
  If Not strName = "" Then Debug.Print strName & vbTab;
  Debug.Print sngScore;
  Debug.Print
End Sub
```

编写测试过程。

```
Sub Test2()
  Para2 "ID001"
  Para2 "ID001", , 90
End Sub
```

运行过程，在"立即窗口"面板中输出结果。

```
ID001   80
ID001   90
```

由此可知，虽然调用 Para2 过程时没有给第 3 个参数赋值，但是因为给该参数定义了默认值，所以输出的仍然是它的默认值 80。如果给该参数赋了新值，则新值会覆盖默认值。

【Python】

在定义函数时，对函数参数使用赋值语句可以指定该参数的默认值。下面定义的 para 函数有

两个参数，即 id 和 score，指定 score 参数的默认值为 80。该文件的存放路径为 Samples\ch10\Python\sam10-005.py。

```python
def para(id, score=80):        #指定 score 参数的默认值为 80
    print('ID: ',id)           #输出 id
    print('Score: ',score)     #输出得分
    return

para('No001')                  #调用 para 函数，只指定 id 参数的值
para('No002',90)               #调用 para 函数，指定两个参数的值
```

在 Python IDLE 文件脚本窗口中，选择 Run→Run Module 命令，IDLE 命令行窗口显示下面的结果。

```
>>> = RESTART: .../Samples/ch10/Python\sam10-005.py
ID:  No001
Score:  80
ID:  No002
Score:  90
```

由此可知，当没有传入 score 参数的值时，取默认值 80。

10.3.4 可变参数

所谓可变参数，指的是参数的个数是不确定的，可以是 0 个、1 个或任意个。

【Excel VBA】

在 Excel VBA 中，可以使用一个数组指定可变参数，并且在参数前添加 ParamArray 关键字。包含可变参数的函数的定义如下所示。

```
Function FunName(ParamArray paras() As Variant)
    执行语句...
End Function
```

需要注意的是，可变参数的数据必须是变体类型的。可变参数必须是参数列表中的最后一个参数，并且不能与可选参数一起使用。

下面定义函数求取一组数据的和，这组数据的个数是不确定的。

```
Private Function MySum(ParamArray paras()) As Single
    Dim para
    Dim sngR As Single
    sngR = 0
    For Each para In paras
        sngR = sngR + para
    Next
```

```
    MySum = sngR
End Function
```

编写过程，调用 MySum 函数累加求和。

```
Sub Test()
  Debug.Print MySum(1, 2, 3)
  Debug.Print MySum(1, 2, 3, 4, 5, 6, 7, 8)
End Sub
```

运行过程，在"立即窗口"面板中输出参数个数不同的计算结果。

```
6
36
```

【Python】

Python 中包含可变参数的函数的定义如下所示。

```
def functionname([args,] *args_tuple ):
    函数体
    return [表达式]
```

其中，[args,]定义必选参数，*args_tuple 定义可变参数。*args_tuple 是作为一个元组传递进来的。

下面定义一个函数用于求和运算。该运算的第 1 个数据是确定的，后面的数据不确定，数据个数和数据大小都不确定。该文件的存放路径为 Samples\ch10\Python\sam10-006.py。

```
def mysum(arg1,*vartuple):    #arg1 为必选参数，*vartuple 为可变参数
    sum=arg1
    for var in vartuple:       #累加求和
        sum+=var
    return sum

a=mysum(10,10,20,30)           #调用 mysum 函数，指定参数求和
print(a)
```

在 Python IDLE 文件脚本窗口中，选择 Run→Run Module 命令，IDLE 命令行窗口显示下面的结果。

```
>>> = RESTART: .../Samples/ch10/Python\sam10-006.py
70
```

10.3.5 参数为字典

【Excel VBA】

在 Excel VBA 中，字典可以像其他类型的数据一样传递。下面的过程 OutputData 在"立即窗

口"面板中输出指定字典的键值对数据。

```vba
Private Sub OutputData(dicT As Dictionary)
  Dim strID
  For Each strID In dicT.Keys
    Debug.Print strID & vbTab & dicT(strID)
  Next
End Sub
```

编写过程,创建字典并调用 OutputData 过程输出数据。

```vba
Sub Test()
  Dim dicT As Dictionary
  Set dicT = New Dictionary
  dicT.Add "NO001", 89
  dicT.Add "NO002", 92
  dicT.Add "NO003", 79
  OutputData dicT
End Sub
```

运行过程,在"立即窗口"面板中输出新创建的字典对象 dicT 的数据。

```
NO001    89
NO002    92
NO003    79
```

【Python】

在 Python 中,如果函数的参数带两个星号,则表示该参数为字典。传递字典参数的函数的语法格式为如下。

```python
def functionname([args,] **args_dict):
    '函数_文档字符串'
    函数体
    return [表达式]
```

其中,[args,]定义必选参数,**args_dict 定义字典参数(注意有两个星号)。字典参数对应用赋值语句表示的两个实参,分别对应字典的键和值。

下面定义一个函数,参数为字典,用于输出字典数据。该文件的存放路径为 Samples\ch10\Python\sam10-007.py。

```python
def paradict(**vdict):            #参数为字典
    print (vdict)

paradict(id='No001',score=80)     #调用函数,需要注意实参的输入方式
```

在 Python IDLE 文件脚本窗口中,选择 Run→Run Module 命令,IDLE 命令行窗口显示下面的结果。

```
>>> = RESTART: .../Samples/ch10/Python\sam10-007.py
{'id': 'No001', 'score': 80}
```

10.3.6 传值还是传址

在函数中，当对象作为参数传递时，需要搞清楚函数传递的是对象的地址还是对象的值。传址和传值的主要区别在于，在函数体中对参数的值进行修改，调用该函数前后，如果采用传址方式传递，则该参数的值会改变，如果采用传值方式传递，则该参数的值不变。

【Excel VBA】

在 Excel VBA 中，在过程中传递参数有传值和传址两种方式，默认按传址方式传递参数。在 10.3.2 节的 Excel VBA 示例代码中，Sum 过程先用两个参数传入数据，然后用这两个参数传出它们的和与差。在测试过程中，调用 Sum 过程的前后，参数的值发生了变化，所以在默认情况下，Excel VBA 函数是按传址方式传递参数的。使用 ByVal 关键字，可以指定参数按传值方式进行传递。

下面修改 Sum 过程，设置两个参数按传值方式进行传递。

```
Private Sub Sum(ByVal sngA As Single, ByVal sngB As Single)
  Dim sngC As Single, sngD As Single
  sngC = sngA + sngB
  sngD = sngA - sngB
  sngA = sngC
  sngB = sngD
End Sub
```

在同一模块中编写过程，并调用 Sum 过程进行计算。

```
Sub Test()
  Dim sngA As Single, sngB As Single
  sngA = 8
  sngB = 3
  Sum sngA, sngB
  Debug.Print sngA; sngB
End Sub
```

运行过程，在"立即窗口"面板中输出计算结果。

```
 8  3 
```

由此可知，由于 Sum 过程设置参数按传值方式传递，因此在测试过程中调用 Sum 过程前后参数的值没有变化。

【Python】

在 Python 中，对于不可变类型，包括字符串、元组和数字，当作为函数参数时是按传值方式传递的。此时传递的是对象的值，修改的是一个复制的对象，不影响对象本身。对于可变类型，包括列表和字典，当作为函数参数时是按传址方式传递的。此时传递的是对象本身，修改它以后在函数外部也会受影响。

下面举例进行说明。对于不可变类型，下面的函数传递的是一个字符串，查看调用该函数前后参数的值有没有变化。该文件的存放路径为 Samples\ch10\Python\sam10-008.py。

```
def TP(a):
    a= 'python'    #将参数的值修改为"python"

b= 'hello'         #给变量b赋初值"hello"
TP(b)              #将变量b作为参数调用函数
print(b)           #输出变量b的值
```

在 Python IDLE 文件脚本窗口中，选择 Run→Run Module 命令，IDLE 命令行窗口显示下面的结果。

```
>>> = RESTART: .../Samples/ch10/Python\sam10-008.py
hello
```

由此可知，调用函数前后变量的值不变，参数按照传值方式传递。

对于可变类型，下面的函数传递的是一个列表，在函数体中给列表添加一个列表元素。该文件的存放路径为 Samples\ch10\Python\sam10-009.py。

```
def TP(lst):                    #参数为列表
    lst.append([6,7,8,9])       #给传入的列表添加一个列表元素
    return

lst = [1,2,3,4,5]
print(lst)
TP(lst)                         #将列表作为参数调用函数
print(lst)
```

在 Python IDLE 文件脚本窗口中，选择 Run→Run Module 命令，IDLE 命令行窗口显示下面的结果。

```
>>> = RESTART: .../Samples/ch10/Python\sam10-009.py
 [1, 2, 3, 4, 5]
 [1, 2, 3, 4, 5, [6, 7, 8, 9]]
```

由此可知，调用函数前后列表发生了变化，参数按照传址方式传递。

10.4 变量的作用范围和生存期

变量是有作用范围的，有的变量只能在函数中使用，有的变量可以在整个程序中使用。变量的

生存期是指变量从创建到从内存中消失的这段时间。

10.4.1 变量的作用范围

【Excel VBA】

在 Excel VBA 中，根据变量的作用范围不同，可以把变量分为全局变量、模块级变量和过程级变量。这里用到的模块和工程的概念，读者可参考第 11 章的内容。

全局变量在标准模块中声明并使用 Public 关键字。它的作用范围是整个工程。全局变量的名称的第 1 个字母通常使用 g，示例如下。

```
Public gstrVar As String
```

虽然使用全局变量可以带来一些便利，但应该尽量避免使用它，因为在工程中的任何地方都可以改变它的值，这样容易出错，并且出错后不容易排查。另外，全局变量在程序的执行过程中始终占用内存，因此可能会影响程序的运行效率。

模块级变量的作用域为它所在的模块，一般在模块顶部使用关键字 Private 或 Dim 进行定义。它作用于模块中的所有过程和函数。模块级变量的名称的第 1 个字母通常使用 m，示例如下。

```
Private mlngColor As Long
```

过程级变量在过程或函数中定义，并且只能在本过程或函数中使用，级别最低。

【Python】

根据变量的作用范围，变量可分为局部变量和全局变量。局部变量是定义在函数内部的变量，只在对应函数的内部有效。全局变量是在函数外面创建的变量，或者使用 global 关键字声明的变量。全局变量可以在整个程序范围内进行访问。

下面定义一个 f1 函数，函数中的 v 为局部变量，它的作用范围就是 f1 函数的内部。该文件的存放路径为 Samples\ch10\Python\sam10-010.py。

```
v=10            #给变量 v 赋值 10
print(v)

def f1():       #函数 f1，给局部变量 v 赋值 20
    v=20

f1()            #调用 f1 函数
print(v)
```

在 Python IDLE 文件脚本窗口中，选择 Run→Run Module 命令，IDLE 命令行窗口显示下面的结果。

```
>>> = RESTART: .../Samples/ch10/Python\sam10-010.py
```

```
10
10
```

由此可知，调用 f1 函数前后变量 v 的值没有改变，即 f1 函数中设置变量 v 的值只在函数内部有效。

下面在 f1 函数中使用 global 关键字将变量 v 声明为全局变量，修改它的值，并查看它的作用范围。该文件的存放路径为 Samples\ch10\Python\sam10-011.py。

```
v=10
print(v)

def f1():
    global v        #用 global 关键字将 v 声明为全局变量
    v=20            #将变量 v 的值修改为 20

def f2():
    print(v)        #输出变量 v 的值

f1()                #调用函数 f1
print(v)
f2()                #调用函数 f2
```

在 Python IDLE 文件脚本窗口中，选择 Run→Run Module 命令，IDLE 命令行窗口显示下面的结果。

```
>>> = RESTART: .../Samples/ch10/Python\sam10-011.py
10
20
20
```

由此可知，由于 f1 函数中将 v 声明为全局变量，调用 f1 函数前后 v 的值发生了改变。另外，在其他函数中也可以使用全局变量。

10.4.2 变量的生存期和 Excel VBA 中的静态变量

变量的生存期是指变量从创建到从内存中消失的这段时间，所以 Excel VBA 中过程级变量的生存期是从创建到运行超出过程范围时为止，模块级变量的生存期是从创建到运行超出本模块时为止，全局变量的生存期是从创建到程序结束运行时为止。

对于 Dim 关键字声明的过程级变量，仅当它所在的过程在执行时这些变量才存在。当过程执行完毕，变量的值就不存在了，并且变量所占的内存也被释放。当下一次执行该过程时，它的所有过程级变量将重新初始化。

为了保留过程级变量的值，可以将它们定义为静态变量。在过程内部使用 Static 关键字声明一个或多个静态变量的用法和 Dim 语句的用法完全一样,示例如下。

```
Static sngSum As Single
```

下面用 AccuSum 函数计算 1~20 的累加和。

```
Private Function AccuSum(intA As Integer) As Integer
  Static intSum As Integer
  intSum = intSum + intA
  AccuSum = intSum
End Function
```

由于将 intSum 声明为静态变量,因此退出 AccuSum 函数时该变量会保留值。在同一模块中添加下面的测试过程。

```
Sub Test()
  Dim intI As Integer
  For intI = 1 To 10
    Debug.Print AccuSum(intI);
  Next
End Sub
```

运行过程,在"立即窗口"面板中输出 1~10 的累加和,如下所示。

```
1  3  6  10  15  21  28  36  45  55
```

10.5　Python 中的匿名函数

顾名思义,匿名函数就是没有显式命名的函数。它用更简洁的方式定义函数。Python 中使用 lambda 关键字创建匿名函数,语法格式如下。

```
fn=lambda [arg1 [,arg2, ..., argn]]: 表达式
```

其中,lambda 为关键字,在它后面声明参数,并且冒号后面是函数表达式。fn 可以作为函数的名称使用,调用格式如下。

```
v=fn(arg1 [,arg2, ..., argn])
```

下面在命令行中定义一个对两个数求积的匿名函数。

```
>>> rt=lambda a,b: a*b
```

该函数的两个参数为 a 和 b,函数表达式为 a*b。

调用该函数,计算并输出给定数据的积。

```
>>> print(rt(2,5))
10
```

10.6 函数应用示例

为了帮助读者巩固本章所学的内容，本节安排了 3 个与函数有关的示例，并给出了 Excel VBA 和 Python 两个版本的代码。

10.6.1 应用示例 1：计算圆环的面积

如图 10-2 所示，工作表中的 C 列和 D 列为各圆环的外半径和内半径的数据，现在利用数据计算各圆环的面积。计算圆环面积的公式为 S=pi*(r1^2-r2^2)，其中，pi 为圆周率，r1 和 r2 为圆环的外半径和内半径。

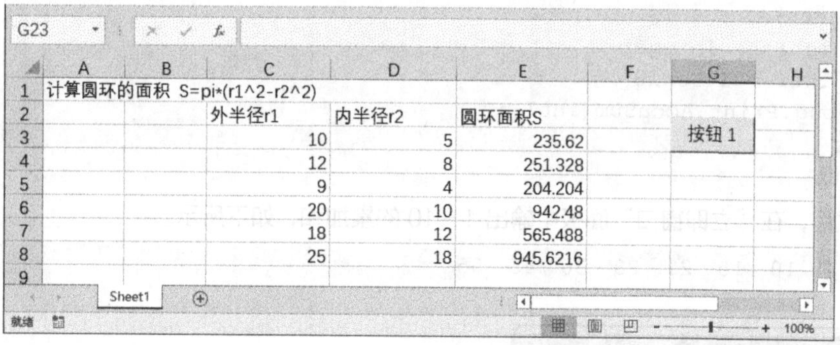

图 10-2　计算圆环的面积

在计算各圆环的面积之前，需要先将计算面积的公式写成函数，这样对每个圆环进行计算时，可以重复调用该函数计算面积。

【Excel VBA】

示例文件的存放路径为 Samples\ch10\Excel VBA\计算圆环的面积.xlsm。

```vba
Function CircleArea(dblR1 As Double, dblR2 As Double) As Double
  '计算圆环的面积
  'dblR1 为外半径，dblR2 为内半径
  CircleArea = 3.1416 * (dblR1 * dblR1 - dblR2 * dblR2)
End Function

Sub Test()
  Dim intI As Integer
  Dim intR As Integer                    '数据最大行号
  Dim intL As Integer, intU As Integer
  Dim dblR1(), dblR2(), dblArea()        '外半径、内半径、面积
  Dim sht As Object
  Set sht = ActiveSheet
```

```
    intR = sht.Range("C2").End(xlDown).Row
    '获取数据,并转换为一维数组
    dblR1 = sht.Range("C3:C" & CStr(intR)).Value
    dblR1 = Application.WorksheetFunction.Transpose(dblR1)
    dblR2 = sht.Range("D3:D" & CStr(intR)).Value
    dblR2 = Application.WorksheetFunction.Transpose(dblR2)
    intL = LBound(dblR1)
    intU = UBound(dblR1)
    ReDim dblArea(intL To intU)
    
    '调用函数计算各圆环的面积
    For intI = intL To intU
      dblArea(intI) = CircleArea(CDbl(dblR1(intI)), CDbl(dblR2(intI)))
    Next
    
    '输出结果
    sht.Range("E3").Resize(intU - intL + 1, 1).Value = _
            Application.WorksheetFunction.Transpose(dblArea)
End Sub
```

运行程序,在工作表的 E 列输出各圆环的面积。

【Python】

示例的数据文件的存放路径为 Samples\ch10\Python\计算圆环的面积.xlsx,.py 文件保存在相同的目录下,文件名为 sam10-01.py。

```
def circle_area(r1,r2):
    #计算圆环的面积
    #r1 为外半径, r2 为内半径
    return 3.1416*(r1*r1-r2*r2)

import xlwings as xw        #导入 xlwings 包
#从 constants 类中导入 Direction
from xlwings.constants import Direction
import os                   #导入 os 包
#获取.py 文件的当前路径
root = os.getcwd()
#创建 Excel 应用,可见,没有工作簿
app=xw.App(visible=True, add_book=False)
#打开数据文件,可写
bk=app.books.open(fullname=root+\
    r'\计算圆环的面积.xlsx',read_only=False)
sht=bk.sheets(1)    #获取第 1 个工作表
#工作表中 C 列数据的最大行号
row_num=sht.api.Range('C2').End(Direction.xlDown).Row
```

```python
areas=[]
#调用函数计算各圆环的面积,并将结果添加到列表中
for i in range(row_num-2):
    areas.append(circle_area(sht.cells(i+3,3).\
                 value,sht.cells(i+3,4).value))
#输出结果
sht.range('E3').options(transpose=True).value=areas
```

运行程序,在工作表的 E 列输出各圆环的面积。

10.6.2 应用示例 2:递归计算阶乘

如图 10-3 所示,工作表的 C 列给出了整数 1~10,现在计算它们各自对应的阶乘,并输出到 D 列。

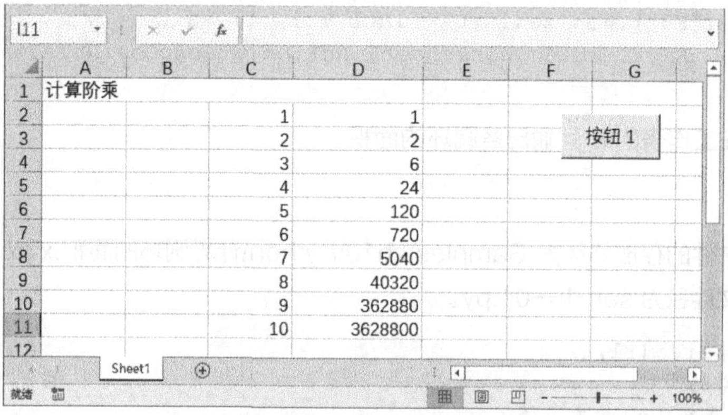

图 10-3 计算给定整数的阶乘

在计算之前,需要先构造一个计算指定整数阶乘的函数。整数 n 的阶乘 $n!$ 可以看作 n 与 $n-1$ 的阶乘的乘积,即 $n \times (n-1)!$,而 $n-1$ 的阶乘又可以看作 $n-1$ 与 $n-2$ 的阶乘的乘积,即 $(n-1) \times (n-2)!$,如此可以用递归算法进行计算。

【Excel VBA】

首先构造递归函数 Factorial,然后遍历 C 列的每个整数,调用该函数计算阶乘。示例文件的存放路径为 Samples\ch10\Excel VBA\递归计算阶乘.xlsm。

```vba
Function Factorial(lngN As Long) As Long
    '用递归求 lngN 的阶乘
    If lngN > 1 And lngN <= 20 Then
        Factorial = lngN * Factorial(lngN - 1)
    Else
        Factorial = 1
```

```
    End If
End Function

Sub Test()
  Dim intI As Integer
  Dim intR As Integer        '数据最大行号
  Dim intL As Integer, intU As Integer
  Dim lngN(), lngV()         '给定的数字及其阶乘
  Dim sht As Object
  Set sht = ActiveSheet
  intR = sht.Range("C2").End(xlDown).Row
  '获取数据,并转换为一维数组
  lngN = sht.Range("C2:C" & CStr(intR)).Value
  lngN = Application.WorksheetFunction.Transpose(lngN)
  intL = LBound(lngN)
  intU = UBound(lngN)
  ReDim lngV(intL To intU)
  
  '调用函数求阶乘
  For intI = intL To intU
    lngV(intI) = Factorial(CLng(lngN(intI)))
  Next
  
  '输出结果
  sht.Range("D2").Resize(intU - intL + 1, 1).Value = _
          Application.WorksheetFunction.Transpose(lngV)
End Sub
```

运行程序,在工作表的 D 列输出各整数的阶乘。

【Python】

首先构造递归函数 factorial,然后遍历 C 列的每个整数,调用该函数计算阶乘。示例的数据文件的存放路径为 Samples\ch10\Python\递归计算阶乘.xlsx,.py 文件保存在相同的目录下,文件名为 sam10-02.py。

```
def factorial(n):
    #计算整数 n 的阶乘
    if n==1:return 1
    return n*factorial(n-1)

import xlwings as xw      #导入 xlwings 包
#从 constants 类中导入 Direction
from xlwings.constants import Direction
import os                 #导入 os 包
#获取.py 文件的当前路径
```

```python
root = os.getcwd()
#创建 Excel 应用, 可见, 没有工作簿
app=xw.App(visible=True, add_book=False)
#打开数据文件, 可写
bk=app.books.open(fullname=root+\
    r'\递归计算阶乘.xlsx',read_only=False)
sht=bk.sheets(1)    #获取第 1 个工作表
#工作表中 C 列数据的最大行号
row_num=sht.api.Range('C2').End(Direction.xlDown).Row

lst=[]
#调用函数计算各整数的阶乘, 并将结果添加到列表中
for i in range(row_num-1):
    lst.append(factorial(sht.cells(i+2,3).value))

#输出结果
sht.range('D2').options(transpose=True).value=lst
```

运行程序, 在工作表的 D 列输出各整数的阶乘。

10.6.3 应用示例 3: 删除字符串中的数字

如图 10-4 所示, 工作表的 C 列给出了一些由字母和数字组成的字符串, 现在删除这些字符串中的数字。

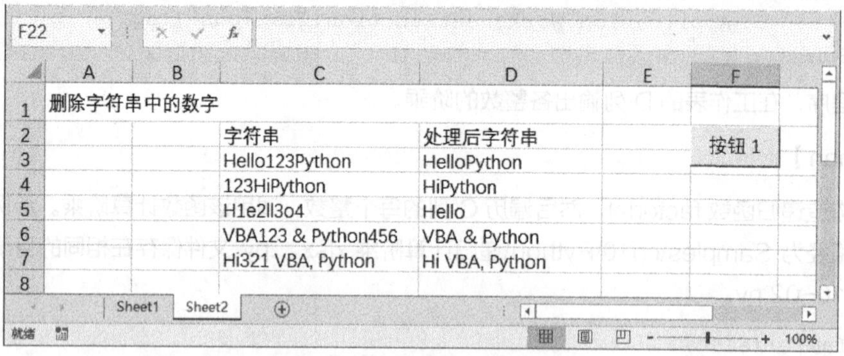

图 10-4 删除字符串中的数字

在处理这些字符串之前, 需要先构造一个删除字符串中数字的函数。数字的 ASCII 码为 48～57, 遍历字符串中的每个字符, 获取当前字符的 ASCII 码, 如果它落在 48～57 的范围内则删除, 否则保留。

【Excel VBA】

首先构造删除字符串中数字的函数 DelNumers, 然后遍历 C 列的每个字符串, 重复调用

DelNumers 函数进行处理。Excel VBA 中用 Asc 函数获取字符的 ASCII 码。示例文件的存放路径为 Samples\ch10\Excel VBA\删除字符串中的数字.xlsm。

```vba
Function DelNumers(strOri As String)
  Dim strChar As String
  Dim strTemp As String
  Dim intI As Integer
  strTemp = ""
  '变量字符串中的每个字符
  For intI = 1 To Len(strOri)
    strChar = Mid(strOri, intI, 1)
     '数字的 ASCII 码为 48~57
     '如果不在这个范围内则添加字符，否则忽略
    If Asc(strChar) < 48 Or Asc(strChar) > 57 Then
      strTemp = strTemp & strChar
    End If
  Next
  DelNumers = strTemp
End Function

Sub Test()
  Dim intI As Integer
  Dim intR As Integer
  Dim intL As Integer, intU As Integer
  Dim strV(), strR()
  Dim sht As Object
  Set sht = ActiveSheet
  intR = sht.Range("C2").End(xlDown).Row
  '获取数据，并转换为一维数组
  strV = sht.Range("C3:C" & CStr(intR)).Value
  strV = Application.WorksheetFunction.Transpose(strV)
  intL = LBound(strV)
  intU = UBound(strV)
  ReDim strR(intL To intU)
  '调用函数删除数字
  For intI = intL To intU
    strR(intI) = DelNumers(CStr(strV(intI)))
  Next
  
  '输出结果
  sht.Range("D3").Resize(intU - intL + 1, 1).Value = _
          Application.WorksheetFunction.Transpose(strR)
End Sub
```

运行程序，在工作表的 D 列输出删除数字后的字符串。

【Python】

首先构造删除字符串中数字的函数 del_numbers，然后遍历 C 列的每个字符串，重复调用 del_numbers 函数进行处理。Python 中用 ord 函数获取字符的 ASCII 码。示例的数据文件的存放路径为 Samples\ch10\Python\删除字符串中的数字.xlsx，.py 文件保存在相同的目录下，文件名为 sam10-03.py。

```python
def del_numbers(st):
    #从给定字符串中删除数字
    st0=''
    #遍历字符串中的每个字符
    for i in range(len(st)):
        #数字的ASCII码为48~57
        #如果不在这个范围内则添加字符，否则忽略
        if ord(st[i])<48 or ord(st[i])>57:
            st0=st0+st[i]
    return st0

import xlwings as xw         #导入xlwings包
#从constants类中导入Direction
from xlwings.constants import Direction
import os                    #导入os包
#获取.py文件的当前路径
root = os.getcwd()
#创建Excel应用，可见，没有工作簿
app=xw.App(visible=True, add_book=False)
#打开数据文件，可写
bk=app.books.open(fullname=root+\
    r'\删除字符串中的数字.xlsx',read_only=False)
sht=bk.sheets(1)   #获取第1个工作表
#工作表中C列数据的最大行号
row_num=sht.api.Range('C3').End(Direction.xlDown).Row

lst=[]
#调用函数计算各整数的阶乘，并将结果添加到列表中
for i in range(row_num-2):
    lst.append(del_numbers(sht.cells(i+3,3).value))

#输出结果
sht.range('D3').options(transpose=True).value=lst
```

运行程序，在工作表的 D 列中输出删除数字后的字符串。

第 11 章

模块与工程

前面介绍的变量、表达式、流程控制和函数等都是程序片段，一个或多个变量、语句和函数可以组成模块（模块是一个文件）。多个模块协同工作，组成工程。

11.1 模块

模块是一种文件，其中可包含变量、语句和函数等。模块包括 Python 内置模块、第三方模块、自定义模块、类模块和窗体模块等。

11.1.1 内置模块和第三方模块

【Excel VBA】

虽然 Excel VBA 中没有内置模块，但是可以引用第三方模块扩展功能，读者可以参考 10.2 节的内容。

【Python】

第 10 章在介绍内置模块的函数时介绍了 math 模块、cmath 模块和 random 模块。这几个都是 Python 内置的模块，安装 Python 软件时它们就已经存在，所以不需要另外安装。

除了内置模块，Python 中还有很多第三方模块，如 NumPy、Pandas 和 Matplotlib 等。使用第三方模块可以大幅提高工作效率。使用第三方模块需要先进行安装。

11.1.2 函数式自定义模块

函数式自定义模块中定义的函数可以在其他模块中使用。

【Excel VBA】

在 Excel VBA 编程环境中，选择"插入"→"模块"命令，插入一个新的模块。在该模块中输入代码，包括模块级变量或全局变量的声明和过程或函数等。

如图 11-1 所示，添加模块 1 后在右侧的代码窗口中输入代码，添加一个求给定参数的和的函数，以及一个测试过程 Test。Test 过程调用求和函数求两个数的和并在"立即窗口"面板中输出。

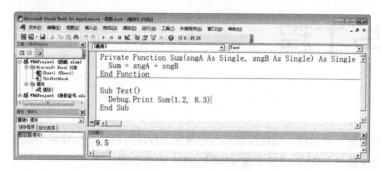

图 11-1　Excel VBA 中的模块

在定义求和函数 Sum 时使用了 Private 关键字，这说明它是私有的，只能在本模块中调用。如果使用 Public 关键字，则说明它是全局的，可以在其他模块中调用。

【Python】

除了内置模块和已经做好的第三方模块，Python 中还可以创建模块，也就是自定义模块。本书以文件方式提供的示例文件都是自定义模块文件。自定义模块在 Python IDLE 文件脚本窗口中输入和编辑。

在 Python 命令行窗口中选择 File→New File 命令，打开编写脚本文件的窗口，如图 11-2 所示。在该窗口中输入变量、语句、函数和类，完成工作任务。

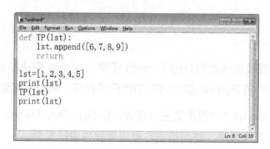

图 11-2　编写脚本文件的窗口

如图 11-2 所示，该窗口中定义了一个 TP 函数，用于合并给定列表和一个新列表。函数下面给定列表，并输出它，调用 TP 函数合并列表，再输出合并后的结果。

11.1.3 脚本式自定义模块

脚本式自定义模块中没有函数,而是用多条语句定义连续的动作序列。

【Excel VBA】

Excel VBA 中无法创建脚本式自定义模块。

【Python】

第 5 章在介绍流程控制时使用的示例文件都是脚本式自定义模块文件。

11.1.4 类模块

Excel VBA 和 Python 中都可以创建类模块,类模块用代码描述现实世界中的对象。有了类以后,就可以生成类的示例,即对象,它是现实世界中的对象基于类代码的抽象、模拟和简化。由于篇幅有限,这里不展开介绍。

11.1.5 窗体模块

窗体模块用于创建程序的图形用户界面,以便于用户交互输入和输出数据。

【Excel VBA】

在 Excel VBA 编程环境中,可以创建窗体模块。选择"插入"→"窗体模块"命令,添加一个名为 UserForm1 的窗体。先单击工具箱中的控件按钮,然后在灰色界面面板上移动鼠标指针,可以绘制对应的控件。单击该控件,可以在左下角的"属性"列表框中设置和修改控件的属性值。

如图 11-3 所示,该设计界面的目的是计算在上面两个文本框中输入的数据的和并显示在第 3 个文本框中。

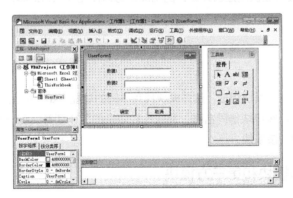

图 11-3 设计界面

双击"确定"按钮,进入代码窗口,如图 11-4 所示,这就是窗体模块。此时自动创建一个按钮双击事件的代码框架,在框架中添加代码,实现计算功能。

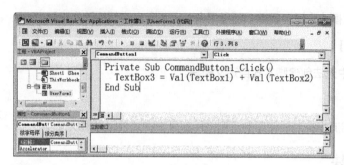

图 11-4　窗体模块

单击工具条中三角形按钮运行程序,弹出的对话框如图 11-5 所示。这就是刚刚设计的界面。在上面两个文本框中输入 1 和 5,单击"确定"按钮,在第 3 个文本框中输出 6。

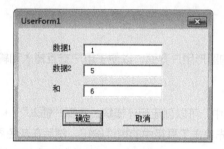

图 11-5　运行程序

【Python】

Python Shell 中没有提供创建窗体模块的功能。可以使用 Tkinter 等模块创建图形用户界面。

11.2　工程

较大的工程常常由多个模块组成,这些模块具有不同的功能,如有的负责计算,有的负责绘图,有的负责图形用户界面,多模块协同合作,完成比较复杂的工作任务。在一个模块中使用其他模块的函数或类,需要先导入该模块。

11.2.1　使用内置模块和第三方模块

【Excel VBA】

在 Excel VBA 中,可以引用第三方模块扩展自己的功能,具体内容请参考 10.2 节。

【Python】

使用内置模块中的函数和类，需要先使用 import 命令导入该模块，语法格式如下。

```
import module1[, module2[, ... moduleN]]
```

当调用模块中的函数时，可以使用如下格式。

```
模块名.函数名
```

如果只引入模块中的某个函数，则可以使用 from...import 语句。

下面在模块中导入 math 模块，并调用它的 sin 函数、cos 函数和常量 pi 计算给定 30°的正弦值和余弦值。示例文件的存放路径为 Samples\ch11\Python\sam11-01.py。

```
import math                  #导入 math 模块
from math import cos         #从 math 模块中导入 cos 函数
angle=math.pi/6              #用常量 pi 计算 30°
a=math.sin(angle)            #用 math.sin()函数计算 30°的正弦值
b=cos(angle)                 #用 cos 函数计算 30°的余弦值
print(a)                     #输出正弦值
print(b)                     #输出余弦值
```

在 Python IDLE 文件脚本窗口中，选择 Run→Run Module 命令，IDLE 命令行窗口显示下面的结果。

```
>>> = RESTART: ...\Samples\ch01\Python\sam11-01.py
0.49999999999999994
0.8660254037844387
```

11.2.2 使用其他自定义模块

【Excel VBA】

在 Excel VBA 中，一个模块中的过程和函数可以调用其他模块中 Public 关键字定义的变量、过程和函数。

在图 11-1 的模块 1 中，如果将 Sum 函数前面的 Private 关键字改为 Public，那么它就是公共函数，在其他模块中也可以进行调用。添加模块 2，并添加如下代码。

```
Sub Test()
  Debug.Print Sum(2, 8)
End Sub
```

运行过程，在"立即窗口"面板中输出 10。

【Python】

对于自定义模块而言，因为模块文件保存的位置不确定，所以直接使用 import 语句可能会出错。

在一般情况下，使用 import 语句导入模块后，Python 会按照以下顺序查找指定的模块文件。

（1）当前目录，即该模块文件所在的目录。

（2）PYTHONPATH（环境变量）指定的目录。

（3）Python 默认的安装目录，即 Python 可执行文件所在的目录。

所以，只要自定义模块文件放在这 3 种目录下，就能被 Python 找到。这里面用得最多的是第 1 种目录，即将导入和被导入的模块放在同一个目录下。

第 12 章
调试与异常处理

程序编写完成以后，难免会出现这样或那样的错误，如果不能捕获到这些错误并进行处理，程序运行过程就会中断。本章介绍 Excel VBA 和 Python 中进行异常捕获和处理的方法。

12.1 Excel VBA 中的调试

使用 Excel VBA 编程会出现输入错误、运行时错误和逻辑错误等，针对不同类型的错误，有不同的调试手段。

12.1.1 输入错误的调试

对于输入错误，在模块最开始处添加 Option Explicit 语句就可以解决。使用 Option Explicit 语句可以对本模块中的所有变量进行类型检查，输入错误的变量会被认为是没有定义的变量。例如，在示例程序中窗体模块的第 1 行添加该语句。示例文件的存放路径为 Samples\ch12\Excel VBA\输入错误.xlsm。

```
Option Explicit
Private mdblDate1 As Double
Private mdlbDate2 As Double
```

此时如果在 Test 过程中把 mdblDate1 写成 mdblDat1，则运行程序时显示的错误信息如图 12-1 所示。

```
Sub Test()
  mdblDat1 = 0
  mdblDate2 = 0
End Sub
```

图 12-1 错误信息

12.1.2 运行时错误的调试

运行时错误指的是程序运行过程中出现的错误,可以通过编写容错语句来避免。使用 Excel VBA 中提供的 Err、Error、On Error、Resume 等对象和语句可以避免发生运行时错误。

下面的程序首先用 On Error 语句声明,一旦发现错误就转向 X 标签行,然后用 Err 对象的 Raise 方法生成错误。因为生成了错误,所以跳转到 X 行,在"立即窗口"面板中输出出错信息,执行下一行,Resume Next 语句使从发生错误的下一行继续运行,在"立即窗口"面板中输出信息。示例文件的存放路径为 Samples\ch12\Excel VBA\运行时错误.xlsm。

```
Sub Test()
    On Error GoTo X
    Err.Raise 1
    Debug.Print "现在重新开始"
    Exit Sub
X:  Debug.Print "Err="; Err.Description
    Resume Next
End Sub
```

运行过程,在"立即窗口"面板中显示运行结果,如图 12-2 所示。

图 12-2 运行时错误

12.1.3 逻辑错误的调试

当发生逻辑错误时,程序不会报错,但是得不到正确的结果。因为得不到错误提示,所以逻辑错误的调试比输入错误和运行时错误的调试更难。

对于逻辑错误,使用 VB 工程的"调试"菜单中的选项可以取得比较好的调试效果。"调试"菜单如图 12-3 所示。主要的调试手段有定点调试、监视调试和断点调试等。作为程序调试的示例程序,在新建模块中添加下列代码。示例文件的存放路径为 Samples\ch12\Excel VBA\逻辑错误.xlsm。

```
Function Square(dblA As Double) As Double
  '求给定数的平方
  Square = dblA * dblA
End Function

Sub Sum()
  Dim dblData1 As Double
  Dim dblData2 As Double
  dblData1 = 12
  dblData2 = Square(3)
  Debug.Print dblData1 + dblData2
End Sub
```

定点调试包括逐语句、逐过程、运行到光标处等方法，是比较常用的。定点调试可以快速找到可能出问题的代码块，并集中精力进行排查。

监视调试可以用表达式对选定代码的运行情况进行监视。选择"调试"→"添加监视"命令，打开"添加监视"对话框，如图 12-4 所示。在"表达式"文本框中输入 dblData2 = 9，在"监视类型"选项组中选中"当监视值为真时中断"单选按钮，单击"确定"按钮，显示"监视窗口"面板，如图 12-5 所示。在运行程序时，当 dblData2 = 9 时中断运行。

图 12-3　"调试"菜单

图 12-4　"添加监视"对话框

断点调试需要设置断点，当程序运行时，会在断点处停下来。如图 12-6 所示，在指定行前面的灰色区域单击就可以在该行设置断点。当程序运行时，就会在该行停下来。此时将鼠标指针指向变量会显示变量的值，也可以利用"立即窗口"面板确定当前指定表达式的值。如图 12-6 所示，在"立即窗口"面板中输入?dblData2，按 Enter 键，显示变量 dblData2 的值为 9。

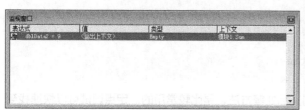
图 12-5 "监视窗口"面板

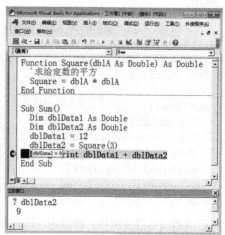
图 12-6 断点调试

12.2 Python 中的异常处理

本节介绍在 Python 中进行异常处理的方法。

12.2.1 常见异常

Python 中常见的异常如表 12-1 所示。对于不同类型的错误，Python 为它们指定了名称。在编程过程中如果出现错误，可以捕获该错误并判断它是否是指定类型的错误，并进行对应的处理。

表 12-1 Python 中常见的异常

异　　常	说　　明
ArithmeticError	算术运算引发的错误
FloatingPointError	浮点计算引发的错误
OverflowError	计算结果过大导致的溢出错误
ZeroDivisionError	除数为 0
AttributeError	属性引用或赋值失败导致的错误
BufferError	当无法执行与缓冲区相关的操作时引发的错误
ImportError	导入模块/对象失败导致的错误
ModuleNotFoundError	没有找到模块或在 sys.modules 中找到 None 导致的
IndexError	序列中没有此索引导致的
KeyError	映射中没有这个键导致的

续表

异常	说明
MemoryError	内存溢出错误
NameError	对象未声明或未初始化导致的错误
UnboundLocalError	访问未初始化的本地变量导致的错误
OSError	操作系统错误
FileExistsError	创建已存在的文件或目录导致的错误
FileNotFoundError	使用不存在的文件或目录导致的错误
InterruptedError	系统调用被输入信号中断导致的错误
IsADirectoryError	在目录上请求文件操作导致的错误
NotADirectoryError	在不是目录的对象上请求目录操作导致的错误
TimeoutError	系统函数在系统级别超时
RuntimeError	运行时错误
SyntaxError	语法错误
SystemError	解释器发现内部错误
TypeError	对象类型错误

12.2.2 异常捕获：单分支的情况

在 Python 中，使用 try...except...else...finally...结构捕获异常，根据需要既可以使用简单的单分支形式，也可以使用多分支、带 else 和 finally 等形式。

下面介绍单分支的情况。单分支捕获异常的语法格式有以下两种。

第 1 种格式如下。

```
try:
    <语句>
except:
    print('异常说明')
```

第 2 种格式如下。

```
try:
    <语句>
except <异常名>:
    print('异常说明')
```

第 1 种格式捕获所有错误，第 2 种格式捕获指定错误。其中，try 部分正常执行指定的代码，except 部分捕获错误并进行相关显示和处理。一般尽量避免使用第 1 种格式，或者在多分支情况下处理未知错误。

在下面的代码中，try 部分试图使用一个没有声明和赋值的变量，使用 except 捕获 NameError

类型的错误并输出。

```
>>> try:
        f
except NameError as e:
    print(e)
```

按 Enter 键，因为使用了没有声明的变量，所以捕获到"名称 f 没有定义"的错误，输出结果如下。

```
name 'f' is not defined
```

12.2.3 异常捕获：多分支的情况

如果捕获到的错误可能属于多种类型，则使用多分支的形式进行处理。多分支捕获异常的语法格式如下。

```
try:
    <语句>
except (<异常名1>, <异常名2>, ...):
    print('异常说明')
```

下面这段代码执行除法运算，如果出现错误，则捕获除数为 0 的错误和变量未定义的错误，在 except 语句中用元组指定这两个错误的名称，并输出捕获到的错误结果。

```
>>> b=0
>>> try:
        3/b
except (ZeroDivisionError,NameError) as e:
    print(e)
```

按 Enter 键，捕获到的错误如下。

```
division by zero
```

多分支捕获错误也可以写成下面的形式，按照先后顺序进行判断。

```
try:
    <语句>
except <异常名1>:
    print('异常说明1')
except <异常名2>:
    print('异常说明2')
except <异常名3>:
    print('异常说明3')
```

改写上面的示例代码，如下所示。

```
>>> try:
        3/0
```

```
except ZeroDivisionError as e:
    print(e)
except NameError as e:
    print(e)
```

按 Enter 键得到相同的输出结果。

```
division by zero
```

12.2.4 异常捕获：try...except...else...

单分支和多分支用于捕获错误并进行处理，如果没有捕获到错误应该如何处理呢？这就用到了本节介绍的 try...except...else...结构，如下所示。其中，else 部分在没有发现异常时进行处理。

```
try:
    <语句>
except <异常名1>:
    print('异常说明1')
except <异常名2>:
    print('异常说明2')
else:
    <语句>
```

下面的代码计算 3/2，如果没有捕获到错误则输出一系列等号。

```
>>> b=2
>>> try:
        3/b
except (ZeroDivisionError,NameError) as e:
    print(e)
else:
    print('==========')
```

按 Enter 键，计算结果为 1.5，没有捕获到错误，所以输出一系列等号。

```
1.5
==========
```

12.2.5 异常捕获：try...finally...

try...finally...结构在无论是否发生异常的情况下都会执行 finally 部分的代码。其语法格式如下所示。

```
try:
    <语句>
finally:
    <语句>
```

在下面的示例代码中，计算 3/0，因为除数为 0，所以 except 部分会捕获到除数为 0 的错误，输出出错信息。但是即使出错，也会执行 finally 部分的代码进行处理。

```
>>> try:
        3/0
except ZeroDivisionError as e:
    print(e)
finally:
    print('执行finally')
```

按 Enter 键，输出下面的结果，第 1 条为除数为 0 的错误信息，第 2 条为 finally 部分的输出结果。

```
division by zero
执行finally
```

第 13 章
深入 Excel 对象模型

本章比较全面地介绍 Excel 对象模型中的四大对象，即 Excel 应用对象、工作簿对象、工作表对象和单元格对象，并归纳了与它们有关的各种操作。

13.1 Excel 对象模型概述

Excel 对象模型是与 Excel 图形界面有关的对象组成的层次体系，有了 Excel 对象模型，Python 就可以通过编程控制 Excel 并与之交互操作。

13.1.1 关于 Excel 对象模型的更多内容

前面在介绍 Python 语法时列举了很多示例，这些示例需要从 Excel 工作表中读取数据，或者处理完数据后将结果写入 Excel 工作表中，所以，不可避免地涉及与 Excel 对象模型有关的操作。

本章对 Excel 对象模型中的四大对象进行比较系统的介绍，包括对象常见属性和方法的使用（如单元格区域的背景设置、字体设置等）、比较常见的操作（如单元格区域的选择、复制和粘贴等）、数据处理方法。

13.1.2 xlwings 的两种编程方式

本书结合 Python 的 xlwings 包介绍 Excel 对象模型。xlwings 包提供了两种编程方式：第 1 种称为 Python xlwings API 方式。它实际上是一种类 VBA 的编程方式，使用的语法与 VBA 的基本相同，熟悉 VBA 语法的读者很容易掌握。第 2 种是在对 win32com 包进行二次封装后使用的新语法，称为 Python xlwings 方式。它封装了一些比较常用的功能，缺失的功能可以通过使用 API 函数进行弥补。

例如，要选择工作表中的 A1 单元格，可以使用以下两种方式。

【Python xlwings】

```
>>> sht=bk.sheets(1)
>>> sht.range('A1').select()
```

【Python xlwings API】

```
>>> sht=bk.sheets(1)
>>> sht.api.Range('A1').Select()
```

需要注意的是，在 Python 中，变量、属性和方法的名称是区分大小写的。如果采用 Python xlwings 方式，那么 range 属性和 select 方法都是小写的，是重新封装后的写法。如果采用 Python xlwings API 方式，那么在 sht 对象后面引用 API，后面就可以使用 VBA 中的引用方式，Range 属性和 Select 方法的首字母都是大写的。所以，采用 Python xlwings API 方式可以使用大多数 VBA 的编程代码，懂 VBA 编程的读者很快就能上手。当然，使用 Python xlwings 方式会有一些编码、效率方面的好处，有一些扩展的功能。

在本章后面的讲解过程中，对于每个知识点，笔者会尽可能列举 Excel VBA、Python xlwings 和 Python xlwings API 这 3 种编程方式，以便于读者对比学习。如果没有提供 Python xlwings 方式，则说明对应功能可能没有封装到新语法中。

13.2　Excel 应用对象

Application 对象表示 Excel 应用本身，是 Workbook、Worksheet、Range 等其他对象的根对象。

13.2.1　Application 对象

使用 Excel 对象模型，需要先创建 Application 对象。

【Excel VBA】

在 Excel VBA 中，直接使用 Application 表示 Application 对象，不需要单独创建，而且在很多情况下可以省略。

在其他应用程序（如 Word、PowerPoint）中创建 Excel 应用，经常使用下面的方式创建 Application 对象。

```
Dim App As Object
Set xl = CreateObject("Excel.Sheet")
Set App=xl.Application
```

【Python xlwings】

当使用 xlwings 包时，使用顶级函数 App 可以创建 App 对象。

```
>>> import xlwings as xw
>>> app = xw.App()
>>> app2 = xw.App()
```

下面查看变量 app 中工作簿的个数。

【Excel VBA】

```
Application.Workbooks.Count
```

也可以省略 Application。

```
Workbooks.Count
```

【Python xlwings】

```
>>> app.books.count
```

【Python xlwings API】

```
>>> app.api.Workbooks.Count
```

如果采用 Python xlwings 方式，则激活应用 app2，使其成为当前应用。

```
>>> app2.activate()
```

Apps 对象是所有 App 对象的集合。

```
>>> import xlwings as xw
>>> xw.apps
```

使用 add 方法可以创建一个新的应用程序。新的应用程序自动成为活动的应用程序。

```
>>> xw.apps.add()
```

使用 active 属性可以返回活动的应用程序。

```
>>> xw.apps.active
```

使用 count 属性可以返回应用程序的个数。

```
>>> xw.apps.count
2
```

每个 Excel 应用都有一个唯一的 PID 值，可以用它对应用集合进行索引。使用 keys 方法可以获取全部应用的 PID 值，并以列表的形式返回。

```
>>> pid=xw.apps.keys()
>>> pid
[3672, 4056]
```

可以使用 PID 值引用单个的应用。下面获取第 1 个应用的标题。

```
>>> xw.apps[pid[0]].api.Caption
'工作簿1 - Excel'
```

如果采用 Python xlwings 方式，则 App 对象没有 Caption 属性，采用的是 API 的用法。

使用 kill 方法可以强制 Excel 应用通过终止其进程退出。

```
>>> app.kill()
```

使用 Quit(quit)方法可以退出应用程序而不保存任何工作簿。

【Excel VBA】

```
Application.Quit
```

【Python xlwings】

```
>>> app.quit()
```

13.2.2 位置、大小、标题、可见性和状态属性

每个 Excel 应用都是一个 Excel 图形窗口，可以获取与窗口相关的一些属性。

Left 属性和 Top 属性的值定义窗口左上角点的横坐标和纵坐标，即定义窗口的位置。

【Excel VBA】

```
Application.Left      '30.25
Application.Top       '95.25
```

【Python xlwings API】

```
>>> app.api.Left
30.25
>>> app.api.Top
95.25
```

Width 属性和 Height 属性的值定义窗口的宽度和高度，即定义窗口的大小。

【Excel VBA】

```
Application.Width     '635.25
Application.Height    '390.0
```

【Python xlwings API】

```
>>> app.api.Width
635.25
>>> app.api.Height
390.0
```

使用 Caption 属性的值表示窗口的标题。

【Excel VBA】

```
Application.Caption  ' '工作簿1 - Excel'
```

【Python xlwings API】

```
>>> app.api.Caption
'工作簿1 - Excel'
```

使用 Visible 属性可以返回或设置窗口的可见性。当 Visible 属性的值为 True 时，窗口可见；当 Visible 属性的值为 False 时，窗口不可见。

【Excel VBA】

```
Application.Visible  'True
```

【Python xlwings API】

```
>>> app.api.Visible
True
```

使用 WindowState 属性可以定义窗口的显示状态，包括 3 种状态，即窗口最小化、最大化和正常显示，其常数分别对应 xlMinimized、xlMaximized 和 xlNormal，对应的值为 –4140、–4137 和 –4143。

【Excel VBA】

```
Application.WindowState  '-4143
```

【Python xlwings API】

```
>>> app.api.WindowState
-4143
```

下面设置窗口最大化。

【Excel VBA】

```
Application.WindowState=xlMaximized
```

【Python xlwings API】

```
>>> app.api.WindowState=xw.constants.WindowState.xlMaximized
```

13.2.3 其他常用属性

下面介绍几个比较常用且很有用的属性，包括 ScreenUpdating(screen_updating)属性、DisplayAlerts(display_alerts)属性和 WorksheetFunction 属性。

1. 刷新画面

Excel 为用户提供的图形用户界面相当于一个功能强大的虚拟办公环境。从编程的角度来讲，读者需要知道的是，这个图形用户界面是由图形组成的，是"画"出来的。另外，当使用鼠标和键盘进行单击、移动、按下、释放等操作时，这个画面都会刷新，即所谓的重画。当对工作表、单元格进行频繁的操作时，会频繁地重画整个界面。

重画是需要时间的。所以，如果能关闭这个重画的操作，就能显著提高脚本的运行速度。这就是 ScreenUpdating(screen_updating)属性的意义所在。

当设置 ScreenUpdating(screen_updating)属性的值为 False 时，关闭刷新画面的操作，此后对工作表、单元格所做的任何改变不会在界面上显示出来，直到将 ScreenUpdating(screen_updating)属性的值设置为 True。

【Excel VBA】
```
Application.ScreenUpdating=False
```

【Python xlwings】
```
>>> app.screen_updating=False
```

需要注意的是，操作完成以后，需要将 ScreenUpdating(screen_updating)属性的值设置为 True。

2. 显示警告

编写程序，从来不是一蹴而就的事情，需要不断地调试，不断地发现错误并改正错误。即使没有错误，也会有不完美的地方。此时，程序在运行时可能会弹出一些对话框，给出一些提示或警告等。这会中断程序的运行，需要进行人工干预，关闭这些对话框以后程序才会继续运行。所以，它对于自动化操作来说是一大威胁。

这样的提示或警告并不是程序出错导致的，不会影响程序的结果。将 DisplayAlerts (display_alerts)属性的值设置为 False，可以禁止弹出这些对话框，从而保证程序流畅运行。当然，任务处理完以后，还需要将 DisplayAlerts (display_alerts)属性的值设置为 True。

【Excel VBA】
```
Application.DisplayAlerts=False
```

【Python xlwings】
```
>>> app.display_alerts=False
```

3. 调用工作表函数

Excel 工作表函数的功能非常强大，在编写脚本时，如果能够调用它们进行处理，就能达到事半功倍的效果。

利用 WorksheetFunction 属性可以调用工作表函数，从而轻松完成很多任务。

对于图 13-1 所示的工作表中给定的数据，可以使用工作表函数 CountIf 统计其中大于 8 的数据的个数。

图 13-1　给定的数据

编写的代码如下。

【Excel VBA】

```
lngN=WorksheetFunction.CountIf(Range("B2:F5"),">8")    '7.0
```

【Python xlwings API】

```
>>> app.api.WorksheetFunction.CountIf(app.api.Range('B2:F5'), '>8')
7.0
```

输出结果为 7.0，表示工作表给定范围内大于 8 的数据有 7 个。

13.3　工作簿对象

工作簿对象是工作表对象的父对象，是对现实办公场景中文件夹的抽象和模拟。一个工作簿中可以有一个或多个工作表。使用工作簿对象的属性和方法，可以对工作簿进行设置和操作。

与工作簿有关的对象，在 Excel VBA 和 Python xlwings API 方式下主要有 Workbook、Workbooks 和 ActiveWorkbook 等对象，在 Python xlwings 方式下有 Book 和 books 两种对象。复数形式的类表示集合，所有单数形式的对象都在对应集合中存储和管理。ActiveWorkbook 表示当前活动工作簿。

13.3.1　创建和打开工作簿

如果采用 Python xlwings 方式，则使用 books 对象的 add 方法，或者 xlwings 包的 Book 方法创建工作簿。新建一个 application 对象也会创建一个工作簿。如果采用 Excel VBA 和 Python xlwings API 方式,则使用 Workbooks 对象的 Add 方法创建工作簿。

【Excel VBA】

```
Workbooks.Add
```

【Python xlwings】

```
>>> import xlwings as xw
>>> >>> app=xw.App(add_book=False)
>>> bk=app.books.add()
```

或者使用如下格式。

```
>>> bk=xw.Book()
```

或者使用如下格式。

```
>>> app=xw.App()
>>> bk=app.books.active
```

【Python xlwings API】

```
>>> import xlwings as xw
>>> app=xw.App()
>>> bk=app.api.Workbooks.Add()
```

如果采用 Python xlwings API 方式,则创建 application 对象时会创建一个工作簿,用 Workbooks.Add 方法再创建一个,实际上是创建了两个工作簿。可以使用下面的代码引用上面创建的工作簿。

```
>>> bk=app.api.Workbooks(1)
```

创建一个新工作簿,新工作簿自动成为活动工作簿。如果采用 Python xlwings 方式,则使用 books 对象的 active 属性获取当前活动工作簿。

```
>>> bk=app.books.active
>>> bk.name
'工作簿1'
```

如果采用 Python xlwings API 方式,则使用 ActiveWorkbook 对象引用活动工作簿。

```
>>> app.api.ActiveWorkbook.Name
'工作簿1'
```

如果采用 Python xlwings API 方式,则可以在新建工作簿的同时指定工作簿中工作表的类型。指定工作表类型,既可以直接指定,也可以指定一个文件,新建工作簿中工作表的类型与该文件中的相同。

【Excel VBA】

```
Workbooks.Add xlWBATChart
```

```
Workbooks.Add "C:\temp.xlsx"
```

【Python xlwings API】

```
>>> bk=app.api.Workbooks.Add(xw.constants.WBATemplate.xlWBATChart)
>>> bk=app.api.Workbooks.Add(r'C:\temp.xlsx')
```

工作表类型参数的取值可以有 4 个，分别为 xlWBATWorksheet、xlWBATChart、xlWBATExcel4MacroSheet 和 xlWBATExcel4IntlMacroSheet，表示普通工作表、图表工作表、宏工作表和国际宏工作表。

对于已经存在的工作簿文件，如果采用 Python xlwings 方式，则使用 books 对象的 open 方法打开；如果采用 Excel VBA 和 Python xlwings API 方式，则使用 Workbooks 对象的 Open 方法打开。如果工作簿尚未打开则打开并返回。如果工作簿已经打开，不会引发异常，则只返回工作簿对象。open(Open)方法的参数是一个字符串，用于指定完整的路径名和文件名。如果只指定文件名，则在当前工作目录中查找该文件。

【Excel VBA】

```
Workbooks.Open "C:\1.xlsx"
```

【Python xlwings】

```
>>> app.books.open(r'C:\1.xlsx')
<Book [1.xls]>
```

也可以使用 Book 对象打开 Excel 文件。

```
>>> xw.Book(r'C:\1.xlsx')
<Book [1.xls]>
```

【Python xlwings API】

```
>>> bk=app.api.Workbooks.Open(r'C:\1.xlsx')
```

13.3.2 引用、激活、保存和关闭工作簿

如果采用 Python xlwings 方式，则 book 对象是 books 对象的成员，可以直接用 book 对象在 books 对象中的索引号进行引用。

```
>>> import xlwings as xw
>>> app=xw.App()
>>> app.books[0]
<Book [工作簿1]>
```

也可以使用小括号进行引用，示例如下。

```
>>> app.books(1)
<Book [工作簿1]>
```

需要注意的是,如果使用中括号引用则基数为 0,如果使用小括号引用则基数为 1。

如果同时打开了多个 Excel 应用,则可以使用工作簿的名称进行引用。

下面创建一个新的 Excel 应用,引用其中名称为"工作簿 1"的工作簿。

```
>>> app = xw.App()
>>> app.books['工作簿1']
```

如果已经存在多个 Excel 应用,则可以用 xw.apps.keys 方法获取它们的 PID 索引,通过 PID 索引得到需要的应用,并用该应用的 books 属性建立对工作簿的引用。

```
>>> pid=xw.apps.keys()
>>> pid
[3672, 4056]
>>> app=xw.apps[pid[0]]
>>> app.books[0]
<Book [工作簿1]>
```

使用 activate 方法可以激活工作簿。

```
>>> app.books(1).activate()
```

使用 books 对象的 active 属性可以返回活动工作簿。

```
>>> app.books.active.name
'工作簿1'
```

使用 save 方法可以保存工作簿。

```
>>> bk.save()
>>> bk.save(r'C:\path\to\new_file_name.xlsx')
```

使用 close 方法可以关闭工作簿但不保存。

```
>>> bk.close()
```

如果采用 Excel VBA 和 Python xlwings API 方式,则可以用索引号和名称引用工作簿。

【Excel VBA】

```
Set bk=Workbooks(1)
Set bk=Workbooks("工作簿1")
```

【Python xlwings API】

```
>>> bk=app.api.Workbooks(1)
>>> bk=app.api.Workbooks('工作簿1')
```

使用 Activate 方法可以激活工作簿。

【Excel VBA】

```
Workbooks(1).Activate
```

【Python xlwings API】

```
>>> app.api.Workbooks(1).Activate()
```

使用 ActiveWorkbook 对象可以引用活动工作簿。

【Excel VBA】

```
ActiveWorkbook.Name  ' '工作簿1'
```

【Python xlwings API】

```
>>> app.api.ActiveWorkbook.Name
'工作簿1'
```

当保存工作簿的更改时，若使用 Excel VBA 和 Python xlwings API 方式则调用 Workbook 对象的 Save 方法，若使用 Python xlwings 方式则调用 book 对象的 save 方法。

【Excel VBA】

```
Set bk=Workbooks(1)
bk.Save
```

【Python xlwings】

```
>>> bk=app.books(1)
>>> bk.save()
```

【Python xlwings API】

```
>>> bk=app.api.Workbooks(1)
>>> bk.Save()
```

如果想将文件另存为一个新的文件，或者第 1 次保存一个新建的工作簿，就用 SaveAs 方法。参数指定文件保存的路径及文件名。如果省略路径，则默认将文件保存在当前目录中。如果采用 Python xlwings 方式，则可以直接使用 save 方法指定文件路径进行保存。

【Excel VBA】

```
Set bk=Workbooks(1)
bk.SaveAs "D:\test.xlsx"
```

【Python xlwings】

```
>>> bk=app.books(1)
>>> bk.save(r'D:\test.xlsx')
```

【Python xlwings API】

```
>>> bk=app.api.Workbooks(1)
>>> bk.SaveAs(r'D:\test.xlsx')
```

使用 SaveAs 方法将工作簿另存为新文件后，将自动关闭原文件，并打开新文件。如果希望继续保留原文件而不打开新文件,则可以使用 SaveCopyAs 方法。

【Excel VBA】

```
Set bk=Workbooks(1)
bk.SaveCopyAs "D:\test.xlsx"
```

【Python xlwings API】

```
>>> bk=app.api.Workbooks(1)
>>> bk.SaveCopyAs(r'D:\test.xlsx')
```

使用工作簿对象的 Close(close)方法可以关闭工作簿。如果不带参数,则关闭所有打开的工作簿。

【Excel VBA】

```
Workbooks(1).Close
```

【Python xlwings】

```
>>> app.books(1).close()
```

【Python xlwings API】

```
>>> app.api.Workbooks(1).Close()
```

13.4 工作表对象

因为单元格是包含在工作表中的,所以工作表对象是单元格对象的父对象。工作表对象是对现实办公场景中工作表单据的抽象和模拟。使用工作表对象提供的属性和方法,可以通过编程的方式控制和操作工作表。

13.4.1 相关对象

与工作表有关的对象,如果采用 Excel VBA 和 Python xlwings API 方式,则主要有 Worksheet、Worksheets、Sheet 和 Sheets 等,如果采用 Python xlwings 方式则只有 sheet 和 sheets 两种。复数形式的类表示集合,所有单数形式的对象都在对应集合中存储和管理。

Worksheet 和 Sheet 都表示工作表,它们有什么区别呢?在 Excel 主界面中,右击工作表选项卡下面的标题处,在弹出的下拉菜单中选择"插入"命令,如图 13-2 所示。弹出的对话框如图 13-3 所示,在该对话框中选择一种工作表类型,单击"确定"按钮,可以插入一个新的工作表。

从图 13-3 中可以看出,如果采用 Excel VBA 和 Python xlwings API 方式,则工作表主要有 4 种类型,即普通工作表、图表工作表、宏工作表和对话框工作表,最常用的是普通工作表。所以,上面提到的 Worksheet 对象和 Sheet 对象之间的区别主要在于：Worksheet 对象表示普通工作表，Worksheets 对象中保存的是所有普通工作表；Sheet 对象可以是 4 种工作表类型中的任何一种，Sheets 对象中包含所有类型的工作表。如果采用 Python xlwings 方式则没有这种区分，sheet 对象和 sheets 对象只针对普通工作表。

图 13-2　选择"插入"命令

图 13-3　选择一种工作表类型

13.4.2　创建和引用工作表

使用集合对象的 add(Add)方法可以创建新的工作表。如果采用 Python xlwings 方式，则使用 sheets 对象的 add 方法创建；如果采用 Excel VBA 和 Python xlwings API 方式，则使用 Worksheets 对象或 Sheets 对象的 Add 方法创建。

新创建的工作表自动放到集合中进行存储，按照存放的先后顺序，每个工作表都有一个索引号。当需要对集合中的某个工作表进行操作时，需要先把它从集合中找出来，这个查找操作就是工作表的引用。可以使用索引号或工作表的名称进行引用。

1. Python xlwings 方式

可以使用 sheets 对象的 add 方法创建工作表，语法格式如下。

```
bk.sheets.add(name=None, before=None, after=None)
```

其中，bk 表示指定的工作簿。add 方法有 3 个参数。

- name：新工作表的名称。如果不指定，则使用 Sheet 加数字的方式自动命名，数字按照添加顺序自动累加。
- before：指定在该工作表之前插入新表。
- after：指定在该工作表之后插入新表。

在默认情况下，创建的新工作表自动成为活动工作表。

下面使用不带参数的 add 方法在 bk 工作簿中插入一个新的普通工作表。需要注意的是，如果采用 Python xlwings 方式，则默认使用 add 方法创建的新工作表放在所有已有工作表的后面。

```
>>> bk.sheets.add()
```

可以用 before 参数和 after 参数为新建的工作表指定位置。新建的工作表 sht 在已有的第 2 个工作表之前插入。

```
>>> bk.sheets.add(before=bk.sheets(2))
```

新建的工作表 sht 在已有的第 2 个工作表之后插入。

```
>>> bk.sheets.add(after=bk.sheets(2))
```

新建的工作表自动放到集合中存储，并且每个工作表都有一个唯一的索引号。可以用索引号对工作表进行引用。在 Python xlwings 方式下，既可以用中括号进行引用，也可以用小括号进行引用。前者引用的基数为 0，即集合中第 1 个工作表对象的索引号为 0；后者引用的基数为 1，即集合中第 1 个工作表对象的索引号为 1。

```
>>> bk.sheets[0]
<Sheet [test.xlsx]MySheet>
>>> bk.sheets(1)
<Sheet [test.xlsx]MySheet>
```

也可以使用工作表的名称进行引用。

```
>>> sht=bk.sheets['Sheet1']
>>> sht.name='MySheet'
```

2. Excel VBA 和 Python xlwings API 方式

可以使用 Worksheets 对象的 Add 方法创建新工作表，语法格式如下。

【Excel VBA】

```
bk.WorkSheets.Add Before, After, Count, Type
```

【Python xlwings API】

```
bk.api.WorkSheets.Add(Before, After, Count, Type)
```

其中，bk 表示指定的工作簿。Add 方法有 4 个参数，皆为可选。

- Before：指定在该工作表之前插入新工作表。
- After：指定在该工作表之后插入新工作表。
- Count：插入工作表的个数。
- Type：插入工作表的类型。

由此可知，如果采用 Python xlwings API 方式，则可以指定工作表的类型，一次可以插入多个工作表。

Type 参数的取值如表 13-1 所示。

表 13-1 Type 参数的取值

名　　称	值	说　　明
xlChart	-4109	图表工作表
xlDialogSheet	-4116	对话框工作表
xlExcel4IntlMacroSheet	4	Excel 4.0 国际宏工作表
xlExcel4MacroSheet	3	Excel 4.0 宏工作表
xlWorksheet	-4167	普通工作表

下面使用不带参数的 Add 方法创建新的普通工作表。此时创建的工作表自动添加到所有工作表的最前面，但需要注意的是，在 Python xlwings 方式下是放在最后面的。在默认情况下，新工作表的名称为 Sheet 后面添加数字的形式，如 Sheet2、Sheet3 等。数字是从 2 开始连续累加的。

【Excel VBA】

```
bk.Worksheets.Add
```

【Python xlwings API】

```
>>> bk.api.Worksheets.Add()
```

新工作表在第 2 个工作表之前插入。

【Excel VBA】

```
bk.Worksheets.Add Before:=bk.Worksheets(1)
```

【Python xlwings API】

```
>>> bk.api.Worksheets.Add (Before=bk.api.Worksheets(1))
```

一次插入 3 个工作表，并且放在最前面。需要注意的是，在这 3 个工作表中，后生成的工作表始终在最前面插入。

【Excel VBA】

```
bk.Worksheets.Add Count:=3
```

【Python xlwings API】

```
>>> bk.api.Worksheets.Add(Count=3)
```

下面指定新工作表的类型，创建一个新的图表工作表。

【Excel VBA】

```
bk.Worksheets.Add Type:=xlChart
```

【Python xlwings API】

```
>>> bk.api.Worksheets.Add(Type=xw.constants.SheetType.xlChart)
```

也可以组合使用参数设置。

【Excel VBA】

```
bk.Worksheets.Add Before:=bk.Worksheets(2), Count:=3
```

【Python xlwings API】

```
>>> bk.api.Worksheets.Add (Before=bk.api.Worksheets(2), Count=3)
```

在创建新工作表后,可以用工作表对象的 Name 属性修改工作表的名称。

【Excel VBA】

```
Set sht=bk.Worksheets.Add
sht.Name="MySheet"
```

【Python xlwings API】

```
>>> sht=bk.api.Worksheets.Add()
>>> sht.Name= 'MySheet'
```

也可以使用 Sheets 对象的 Add 方法创建新工作表,在语法上与使用 Worksheets.Add 方法的语法完全相同。

【Excel VBA】

```
Set sht=bk.Sheets.Add
Set sht=bk.Sheets.Add Before:=bk.Worksheets(2)
Set sht=bk.Sheets.Add Count:=3
Set sht=bk.Sheets.Add Type:=xlChart
```

【Python xlwings API】

```
>>> sht=bk.api.Sheets.Add()
>>> sht=bk.api.Sheets.Add (Before=bk.api.Worksheets(2))
>>> sht=bk.api.Sheets.Add(Count=3)
>>> sht=bk.api.Sheets.Add(Type=xw.constants.SheetType.xlChart)
```

可以使用索引号和名称两种方式引用工作表。

【Excel VBA】

```
Set sht=Worksheets(1)
Set sht=Worksheets("Sheet1")
```

【Python xlwings】

```
>>> sht=bk.sheets[0]
>>> sht=bk.sheets(1)
>>> sht=bk.sheets('Sheet1')
```

【Python xlwings API】

```
>>> sht=bk.api.Worksheets(1)
>>> sht=bk.api.Worksheets('Sheet1')
>>> sht=bk.api.Sheets(1)
>>> sht=bk.api.Sheets('Sheet1')
```

13.4.3 激活、复制、移动和删除工作表

使用工作表对象的 Activate(activate)方法或 Select(select)方法可以激活指定工作表，激活以后的工作表就是活动工作表。

如果采用 Python xlwings 方式，则使用工作表对象的 activate 方法或 select 方法激活第 2 个工作表；如果采用 Excel VBA 和 Python xlwings API 方式，则使用工作表对象的 Activate 方法或 Select 方法激活。

【Excel VBA】

```
bk.Worksheets(2).Activate
bk.Worksheets(2).Select
```

【Python xlwings】

```
>>> bk.sheets[1].activate()
>>> bk.sheets[1].select()
```

【Python xlwings API】

```
>>> bk.api.Worksheets(2).Activate()
>>> bk.api.Worksheets(2).Select()
```

激活以后，它就成为当前工作簿的活动工作表。如果采用 Python xlwings 方式，则用 sheets 对象的 active 属性获取当前活动工作表；如果采用 Excel VBA 和 Python xlwings API 方式，则用 ActiveSheet 引用活动工作表。需要注意的是，如果采用 Excel VBA 方式，则引用 Application 对象的 ActiveSheet 属性；如果采用 Python xlwings API 方式，则使用的是工作簿对象的 ActiveSheet 属性。

【Excel VBA】

```
ActiveSheet.Name   'Sheet1'
```

【Python xlwings API】

```
>>> bk.sheets.active.name
'Sheet1'
```

【Python xlwings API】

```
>>> bk.api.ActiveSheet.Name
```

```
'Sheet1'
```

复制工作表,如果采用 Excel VBA 和 Python xlwings API 方式,则使用 Copy 方法。

使用不带参数的 Copy 方法,会复制一个工作表并在新工作簿中打开。

【Excel VBA】
```
bk.Sheets("Sheet1").Copy
```

【Python xlwings API】
```
>>> bk.api.Sheets('Sheet1').Copy()
```

也可以在使用 Copy 方法时指定位置参数,确定将生成的新工作表放在指定工作表的前面或后面。需要注意的是,参数名称区分大小写。

【Excel VBA】
```
bk.Sheets("Sheet1").Copy Before:=bk.Sheets("Sheet2")
bk.Sheets("Sheet1").Copy After:=bk.Sheets("Sheet2")
```

【Python xlwings API】
```
>>> bk.api.Sheets('Sheet1').Copy(Before=bk.api.Sheets('Sheet2'))
>>> bk.api.Sheets('Sheet1').Copy(After=bk.api.Sheets('Sheet2'))
```

可以跨工作簿复制。假设 bk2 是另一个工作簿,将当前工作簿 bk 中的第 1 个表复制到 bk2 工作簿中的第 2 个表的前面或后面。

【Excel VBA】
```
bk.Sheets("Sheet1").Copy Before:=bk2.Sheets("Sheet2")
bk.Sheets("Sheet1").Copy After:=bk2.Sheets("Sheet2")
```

【Python xlwings API】
```
>>> bk.api.Sheets('Sheet1').Copy(Before=bk2.api.Sheets('Sheet2'))
>>> bk.api.Sheets('Sheet1').Copy(After=bk2.api.Sheets('Sheet2'))
```

移动工作表与复制工作表类似,使用工作表的 Move 方法。

使用不带参数的 Move 方法,会创建一个新工作簿并将指定的工作表移到该工作簿中打开。

【Excel VBA】
```
bk.Sheets("Sheet1").Move
```

【Python xlwings API】
```
>>> bk.api.Sheets('Sheet1').Move()
```

也可以在使用 Move 方法时指定位置参数,确定将工作表移到指定的工作表的前面或后面。

【Excel VBA】

```
bk.Sheets("Sheet1").Move Before:=bk.Sheets("Sheet3")
bk.Sheets("Sheet1").Move After:=bk.Sheets("Sheet3")
```

【Python xlwings API】

```
>>> bk.api.Sheets('Sheet1').Move(Before=bk.api.Sheets('Sheet3'))
>>> bk.api.Sheets('Sheet1').Move(After=bk.api.Sheets('Sheet3'))
```

也可以跨工作簿移动工作表，只需要在赋位置参数时指定目标工作簿对象即可。

【Excel VBA】

```
bk.Sheets("Sheet1").Move Before:=bk2.Sheets("Sheet2")
```

【Python xlwings API】

```
>>> bk.api.Sheets('Sheet1').Move(Before=bk2.api.Sheets('Sheet2'))
```

使用列表，可以同时移动多个工作表。下面将工作表 Sheet2 和 Sheet3 移到工作表 Sheet1 的前面。

【Excel VBA】

```
bk.Sheets(Array("Sheet2", "Sheet3")).Move Before:=bk.Sheets(1)
```

【Python xlwings API】

```
>>> bk.api.Sheets(['Sheet2', 'Sheet3']).Move(Before=bk.api.Sheets(1))
```

删除工作表使用 Sheets（sheets）对象的 Delete（delete）方法，使用列表可以一次删除多个工作表。

【Excel VBA】

```
bk.Sheets("Sheet1").Delete
bk.Sheets(Array("Sheet2", "Sheet3")).Delete
```

【Python xlwings】

```
>>> bk.sheets('Sheet1').delete()
>>> bk.sheets(['Sheet2', 'Sheet3']).delete()
```

【Python xlwings API】

```
>>> bk.api.Sheets('Sheet1').Delete()
>>> bk.api.Sheets(['Sheet2', 'Sheet3']).Delete()
```

13.4.4 隐藏和显示工作表

通过设置工作表对象的 visible(Visible)属性，可以隐藏或显示工作表。

在 Python xlwings 方式下，如果将工作表对象的 visible 属性的值设置为 False 或 0 则隐藏工作表，如果将工作表对象的 visible 属性的值设置为 True 或 1 则显示工作表。下面隐藏工作簿 bk 中的工作表 Sheet1。

```
>>> bk.sheets("Sheet1").visible = False
>>> bk.sheets("Sheet1").visible = 0
```

在 Excel VBA 和 Python xlwings API 方式下，使用工作表对象的 Visible 属性显示或隐藏工作表。下面 3 行代码的作用一样，用于隐藏工作簿 bk 中的工作表 Sheet1。

【Excel VBA】

```
bk.Sheets("Sheet1").Visible=False
bk.Sheets("Sheet1").Visible=xlSheetHidden
bk.Sheets("Sheet1").Visible=0
```

【Python xlwings API】

```
>>> bk.api.Sheets('Sheet1').Visible = False
>>> bk.api.Sheets('Sheet1').Visible = xw.constants.SheetVisibility.xlSheetHidden
>>> bk.api.Sheets('Sheet1').Visible = 0
```

采用这种方法隐藏的工作表，选择图 13-2 中的"取消隐藏"命令，在打开的对话框中可以找到对应的工作表名称，选择它可以取消隐藏。

在 Excel VBA 和 Python xlwings API 方式下，还有一种深度隐藏。深度隐藏的工作表无法通过菜单取消隐藏，只能通过属性窗口设置或用代码取消隐藏。使用下面的代码可以对工作表进行深度隐藏。

【Excel VBA】

```
bk.Sheets("Sheet1").Visible=xlSheetVeryHidden
bk.Sheets("Sheet1").Visible=2
```

【Python xlwings API】

```
>>> bk.api.Sheets('Sheet1').Visible=xw.constants.SheetVisibility.xlSheetVeryHidden
>>> bk.api.Sheets('Sheet1').Visible=2
```

无论以何种方式隐藏工作表，都可以使用下面的代码中的任意一行来显示它。

【Excel VBA】

```
bk.Sheets("Sheet1").Visible = True
bk.Sheets("Sheet1").Visible = xlSheetVisible
bk.Sheets("Sheet1").Visible = 1
bk.Sheets("Sheet1").Visible = -1
```

【Python xlwings】

```
>>> bk.sheets('Sheet1').visible = True
>>> bk.sheets('Sheet1').visible = 1
```

【Python xlwings API】

```
>>> bk.api.Sheets('Sheet1').Visible = True
>>> bk.api.Sheets('Sheet1').Visible = xw.constants.SheetVisibility.xlSheetVisible
>>> bk.api.Sheets('Sheet1').Visible = 1
>>> bk.api.Sheets('Sheet1').Visible = -1
```

13.4.5 选择行和列

选择单行，先引用该单行，然后用 Select（select）方法选择即可。下面选择第 1 行。

【Excel VBA】

```
sht.Rows(1).Select
sht.Range("1:1").Select
sht.Range("A1").EntireRow.Select
```

【Python xlwings】

```
>>> sht['1:1'].select()
```

【Python xlwings API】

```
>>> sht.api.Rows(1).Select()
>>> sht.api.Range('1:1').Select()
>>> sht.api.Range('a1').EntireRow.Select()
```

选择多行，先引用该多行，然后用 Select（select）方法选择即可。下面选择第 1~5 行。

【Excel VBA】

```
sht.Rows("1:5").Select
sht.Range("1:5").Select
sht.Range("A1:A5").EntireRow.Select
```

【Python xlwings】

```
>>> sht['1:5'].select()
>>> sht[0:5,:].select()
```

【Python xlwings API】

```
>>> sht.api.Rows('1:5').Select()
>>> sht.api.Range('1:5').Select()
>>> sht.api.Range('A1:A5').EntireRow.Select()
```

选择不连续行，先引用该不连续行，然后用 Select（select）方法选择即可。下面选择第 1~5 行和第 7~10 行。

【Excel VBA】

```
sht.Range("1:5,7:10").Select
```

【Python xlwings】

```
>>> sht.range('1:5,7:10').select()
```

【Python xlwings API】

```
>>> sht.api.Range('1:5,7:10').Select()
```

选择单列，先引用该单列，然后用 Select（select）方法选择即可。下面选择第 1 列。

【Excel VBA】

```
sht.Columns(1).Select
sht.Columns("A").Select
sht.Range("A:A").Select
sht.Range("A1").EntireColumn.Select
```

【Python xlwings】

```
>>> sht.range('A:A').select()
```

【Python xlwings API】

```
>>> sht.api.Columns(1).Select()
>>> sht.api.Columns('A').Select()
>>> sht.api.Range('A:A').Select()
>>> sht.api.Range('A1').EntireColumn.Select()
```

选择多列，先引用该多列，然后用 Select（select）方法选择即可。下面选择 B 列和 C 列。

【Excel VBA】

```
sht.Columns("B:C").Select
sht.Range("B:C").Select
sht.Range("B1:C2").EntireColumn.Select
```

【Python xlwings】

```
>>> sht.range('B:C').select()
>>> sht[:,1:3].select()
```

【Python xlwings API】

```
>>> sht.api.Columns('B:C').Select()
>>> sht.api.Range('B:C').Select()
>>> sht.api.Range('B1:C2').EntireColumn.Select()
```

选择不连续列，先引用该不连续列，然后用 Select（select）方法选择即可。下面选择 C~E 列和 G~I 列。

【Excel VBA】
```
sht.Range("C:E,G:I").Select
```

【Python xlwings】
```
>>> sht.range('C:E,G:I').select()
```

【Python xlwings API】
```
>>> sht.api.Range('C:E,G:I').Select()
```

13.4.6 复制/剪切行和列

在 Excel VBA 和 Python xlwings API 方式下，引用行与列后，用单元格对象的 Copy 方法和 Cut 方法复制和剪切行与列。

进行复制时，首先用 Copy 方法将源数据复制到剪贴板，选择要粘贴的目标位置，然后用工作表对象的 Paste 方法进行粘贴。下面将第 2 行的内容复制到第 7 行。

【Excel VBA】
```
sht.Rows("2:2").Copy
sht.Range("A7").Select
sht.Paste
```

【Python xlwings API】
```
>>> sht.api.Rows('2:2').Copy()
>>> sht.api.Range('A7').Select()
>>> sht.api.Paste()
```

进行剪切时，首先用 Cut 方法将源数据剪切到剪贴板，选择要粘贴的目标位置，然后用工作表对象的 Paste 方法进行粘贴。剪切与复制的区别在于，剪切后源数据就会清空，而复制不会清空源数据。剪切相当于移动操作。下面将第 2 行的内容剪切到第 7 行。

【Excel VBA】
```
sht.Rows("2:2").Cut
sht.Range("A7").Select
sht.Paste
```

【Python xlwings API】
```
>>> sht.api.Rows('2:2').Cut()
>>> sht.api.Range('A7').Select()
>>> sht.api.Paste()
```

也可以一次剪切多行。首先选择多行，然后用 Selection 对象的 Cut 方法进行剪切。需要注意的是，Excel VBA 和 Python xlwings API 方式获取 Selection 对象的方法不一样。下面将第 2 行和第 3 行的内容剪切到第 7 行和第 8 行。

【Excel VBA】

```
sht.Rows("2:3").Cut
sht.Range("A7").Select
sht.Paste
```

【Python xlwings API】

```
>>> sht.api.Rows ('2:3').Cut()
>>> sht.api.Range('A7').Select()
>>> sht.api.Paste()
```

列的复制和剪切与行的类似，只是引用的是列。下面将 A 列的内容复制到 E 列。

【Excel VBA】

```
sht.Columns("A:A").Copy
sht.Range("E1").Select
sht.Paste
```

【Python xlwings API】

```
>>> sht.api.Columns('A:A').Copy()
>>> sht.api.Range('E1').Select()
>>> sht.api.Paste()
```

将第 1 列的内容剪切到第 5 列。

【Excel VBA】

```
sht.Columns("A:A").Cut
sht.Range("E1").Select
sht.Paste
```

【Python xlwings API】

```
>>> sht.api.Columns('A:A').Cut()
>>> sht.api.Range('E1').Select()
>>> sht.api.Paste()
```

将 B 列和 C 列的内容剪切到 F 列和 G 列。

【Excel VBA】

```
sht.Columns("B:C").Cut
sht.Range("F1").Select
sht.Paste
```

【Python xlwings API】
```
>>> sht.api.Columns('B:C').Cut()
>>> sht.api.Range('F1').Select()
>>> sht.api.Paste()
```

13.4.7 插入行和列

使用单元格对象的 Insert(insert)方法引用行或列后，可以实现插入行或列。对于图 13-4 所示的工作表数据，设置第 2 行的格式，A2 单元格的背景色设置为绿色，C2 单元格的背景色设置为蓝色，E2 单元格的背景色设置为红色，在第 3 行上面插入行，复制第 2 行的格式。编写的代码如下。

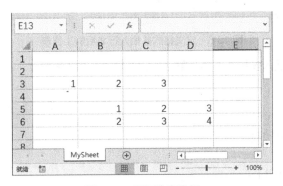

图 13-4　原工作表数据

【Excel VBA】
```
sht.Range("A2").Interior.Color=RGB(0, 255, 0)
sht.Range("C2").Interior.Color=RGB(0, 0, 255)
sht.Range("E2").Interior.Color=RGB(255, 0, 0)
sht.Rows(3).Insert Shift:=xlShiftDown,CopyOrigin:=xlFormatFromLeftOrAbove
```

【Python xlwings】
```
>>> sht.range('A2').color=(0,255,0)
>>> sht.range('C2').color=(0,0,255)
>>> sht.range('E2').color=(255,0,0)
>>> sht['3:3'].insert(shift='down',copy_origin='format_from_left_or_above')
```

【Python xlwings API】
```
>>> sht.api.Range('A2').Interior.Color=xw.utils.rgb_to_int((0, 255, 0))
>>> sht.api.Range('C2').Interior.Color=xw.utils.rgb_to_int((0, 0, 255))
>>> sht.api.Range('E2').Interior.Color=xw.utils.rgb_to_int((255, 0, 0))
>>>sht.api.Rows(3).Insert(Shift=xw.constants.InsertShiftDirection.xlShiftDown,CopyOrigin=xw.constants.InsertFormatOrigin.xlFormatFromLeftOrAbove)
```

定义第 2 行的格式并在第 3 行上面插入行之后的效果如图 13-5 所示。插入的第 3 行复制了第

2 行的格式,原来位置的行及以下数据依次向下移。

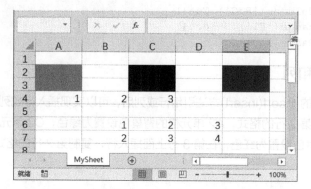

图 13-5　定义格式并插入行之后的工作表

使用循环可以连续插入多行。下面在第 3 行上方插入 4 个空白行。

【Excel VBA】

```
For intI = 0 To 3
  sht.Rows(3).Insert
Next
```

【Python xlwings API】

```
>>> for i in range(4):
        sht.api.Rows(3).Insert()
```

下面在活动工作表中先选择一个行,然后在该行上方插入一个空白行。

【Excel VBA】

```
ActiveSheet.Rows(Selection.Row).Insert
```

【Python xlwings API】

```
>>> bk.sheets.active.api.Rows(bk.selection.row).Insert()
```

在实际应用中,经常需要遍历多个行,在其中找到满足条件的行,并在它上面插入空白行。下面遍历工作表 sht 中第 3 列的各行,找到值为 2 的单元格,并在它所在的行上面插入一行。

【Excel VBA】

```
For intI = 10 To 2 Step -1
  If ActiveSheet.Cells(intI, 2).Value = 2 Then
    ActiveSheet.Cells(intI, 2).EntireRow.Insert
  End If
Next
```

【Python xlwings API】
```
>>> for i in range(10,2,-1):
        if sht.cells(i,3).value==2:
            sht.api.Cells(i,3).EntireRow.Insert()
```
插入列的操作与插入行的操作基本相同，只是单元格区域的引用方式和 Insert(insert)方法的参数设置不一样。

【Excel VBA】
```
sht.Columns(2).Insert
```

【Python xlwings】
```
>>> sht['B:B'].insert()
```

【Python xlwings API】
```
>>> sht.api.Columns(2).Insert()
```

使用循环可以连续插入多列。

【Excel VBA】
```
For intI = 1 To 2
  ActiveSheet.Cells(1, 2).EntireColumn.Insert
Next
```

【Python xlwings API】
```
>>> for i in range(1,3):
        sht.cells(1, 2).EntireColumn.Insert()
```

使用循环隔列插入列，可以将循环时计数变量的步长设置为 2，或者在循环体中对单元格进行引用时间隔引用列。下面使用第 2 种方法隔列插入列。

【Excel VBA】
```
For intI = 1 To 8
  ActiveSheet.Cells(1, 2 * intI).EntireColumn.Insert
Next
```

【Python xlwings API】
```
>>> for i in range(1,9):
        sht.cells(1, 2*i).EntireColumn.Insert()
```

13.4.8 删除行和列

引用行或列以后，使用工作表对象的 Delete(delete)方法可以删除行或列。

1. 删除单行单列/多行多列/不连续行和列

单行单列、多行多列及不连续行和列的删除，可以参考 13.4.5 节的内容，二者的引用方式相同，把 Select(select)方法换成 Delete(delete)方法即可，本节不再赘述。

2. 删除空行

删除空行有多种方法，下面介绍两种。

第 1 种是使用 13.5.7 节介绍的 SpecialCells 方法，先找到空格，然后删除空格所在的行。

【Excel VBA】

```
sht.Columns("A:A").SpecialCells(xlCellTypeBlanks).EntireRow.Delete
```

【Python xlwings API】

```
>>> sht.api.Columns('A:A').SpecialCells(xw.constants.\
            CellType.xlCellTypeBlanks).EntireRow.Delete()
```

第 2 种方法是使用工作表函数，这就需要使用 13.2.1 节介绍的 Application 对象，使用该对象的 WorksheetFunction 属性，继续引用其 CountA 方法。CountA 方法的参数为工作表的行，如果是空行，则返回 0。据此可以删除所有的空行。

【Excel VBA】

```
intRows = ActiveSheet.UsedRange.Rows.Count
For intI = intRows To 1 Step -1
  If Application.WorksheetFunction.CountA(ActiveSheet.Rows(intI)) = 0 Then
    ActiveSheet.Rows(intI).Delete
  End If
Next
```

【Python xlwings API】

```
>>> a= sht.used_range.rows.count
>>> for i in range(a,1,-1):
        if app.api.WorksheetFunction.CountA(sht.api.Rows(i))==0:
            sht.api.Rows(i).Delete()
```

3. 删除重复行

删除重复行需要先把重复行找出来。使用工作表函数 COUNTIF 可以找出重复行。如图 13-6 所示，A 列是给定的数据，在单元格 B1 中添加公式=COUNTIF($A$1:$A$8,A1)，下拉填充，结果如图中的 B 列所示，B 列中的每个数据表示左侧数据重复的次数，大于 1 的表示有重复。据此可以找出重复行。

图 13-6 使用 COUNTIF 函数查找重复行

编写如下代码，对工作表中的 A 列数据使用 COUNTIF 函数进行判断，如果返回值大于 1，则表示为重复行，需要删除。

【Excel VBA】

```
intRows = sht.Cells(sht.Rows.Count, 1).End(xlUp).Row
For intI = intRows To 1 Step -1
  If Application.WorksheetFunction.CountIf(sht.Columns(1), _
           sht.Cells(intI, 1)) > 1 Then
    sht.Rows(intI).Delete
  End If
Next
```

【Python xlwings API】

```
>>> a=sht.cells(sht.api.Rows.Count, 1).end('up').row
>>> for i in range(a,1,-1):
        if app.api.WorksheetFunction.CountIf(sht.api.Columns(1), \
                  sht.api.Cells(i,1))>1:
            sht.api.Rows(i).Delete()
```

13.4.9 设置行高和列宽

如果采用 Excel VBA 和 Python xlwings API 方式，那么使用单元格对象的 RowHeight 属性可以设置和获取行高，使用 ColumnWidth 属性可以设置和获取列宽（本节行高和列宽的单位为磅）。

下面先将第 3 行的行高设置为 30，再将第 5 行的行高设置为 40，最后设置全部行的行高为 30。

【Excel VBA】

```
sht.Rows(3).RowHeight = 30
sht.Range("C5").EntireRow.RowHeight = 40
sht.Range("C5").RowHeight = 40
sht.Cells.RowHeight = 30
```

【Python xlwings API】

```
>>> sht.api.Rows(3).RowHeight = 30
>>> sht.api.Range('C5').EntireRow.RowHeight = 40
>>> sht.api.Range('C5').RowHeight = 40
>>> sht.api.Cells.RowHeight = 30
```

下面先将第 2 列的列宽设置为 20,再将第 4 列的列宽设置为 15,最后设置全部列的列宽为 10。

【Excel VBA】

```
sht.Columns(2).ColumnWidth = 20
sht.Range("C4").ColumnWidth = 15
sht.Range("C4").EntireColumn.ColumnWidth = 15
sht.Cells.ColumnWidth = 10
```

【Python xlwings API】

```
>>> sht.api.Columns(2).ColumnWidth = 20
>>> sht.api.Range('C4').ColumnWidth = 15
>>> sht.api.Range('C4').EntireColumn.ColumnWidth = 15
>>> sht.api.Cells.ColumnWidth = 10
```

如果采用 Python xlwings 方式,使用工作表对象的 autofit 方法,就可以在整个工作表上自动调整行、列或两者的高度和宽度。autofit 方法的语法格式如下。

```
sht.autofit(axis=None)
```

其中,sht 表示需要设置的工作表。当参数 axis 的值为'rows'或'r'时,自动调整行;当参数 axis 的值为'columns'或'c'时,自动调整列。如果不带参数,则自动调整行和列。

```
>>> sht.autofit('c')
```

自动调整工作表列宽前后的效果如图 13-7 和图 13-8 所示。

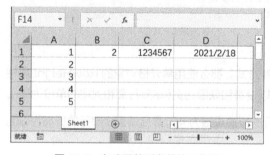

图 13-7　自动调整列宽前的工作表

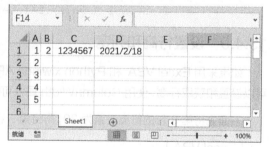

图 13-8　自动调整列宽后的工作表

13.5 单元格对象

单元格对象是工作表对象的子对象，使用单元格对象的属性和方法可以对它进行设置与修改。

【Excel VBA】

首先创建或获取一个工作簿对象 bk，示例如下。

```
Set bk=Workbooks.Add
```

新添加的工作簿的名称为工作簿 1，包含一个名称为 Sheet1 的工作表。获取该工作表，并赋给变量 sht。

```
Set sht=bk.Worksheets(1)
```

在默认情况下，新添加的工作表就是活动工作表，所以也可以按如下形式引用。

```
Set sht=bk.ActiveSheet
strName=sht.Name        'Sheet1
```

【Python xlwings】

首先导入 xlwings 包。

```
>>> import xlwings as xw
```

然后用 Book 方法创建一个工作簿对象 bk。

```
>>> bk=xw.Book()
```

新建的工作簿中会自动添加一个名称为 Sheet1 的工作表。获取该工作表，并赋给变量 sht。

```
>>> sht=bk.sheets(1)
```

在默认情况下，新添加的工作表就是活动工作表，所以也可以按如下形式引用。

```
>>> sht= bk.sheets active
>>> sht.name
'Sheet1'
```

13.5.1 引用单元格

引用单元格，即找到单元格。这是进行后续操作的前提。下面分别介绍引用单个单元格、引用多个单元格、引用当前单元格、用单元格的名称进行引用和用变量进行引用。

1. 引用单个单元格

使用工作表对象的 Range(range、api.Range)属性和 Cells(cells、api.Cells)属性可以引用单个单元格。如果采用 Python xlwings 方式，还可以用中括号进行引用。下面引用和选择工作表 sht 中的单元格 A1。

【Excel VBA】

```
sht.Range("A1").Select
sht.Cells(1, "A").Select
sht.Cells(1,1).Select
```

【Python xlwings】

```
>>> sht.range('A1').select()
>>> sht.range(1,1).select()
>>> sht['A1'].select()
>>> sht.cells(1,1).select()
>>> sht.cells(1, 'A').select()
```

【Python xlwings API】

```
>>> sht.api.Range('A1').Select()
>>> sht.api.Cells(1, 'A').Select()
>>> sht.api.Cells(1,1).Select()
```

2. 引用多个单元格

使用工作表对象的 Range(range、api.Range)属性可以引用多个单元格,在引用时,将各单元格的坐标组成的字符串作为参数即可。如果采用 Python xlwings 方式,还可以用中括号进行引用。下面引用和选择工作表 sht 中的单元格 B2、C5 和 D7。

【Excel VBA】

```
sht.Range("B2, C5, D7").Select
```

【Python xlwings】

```
>>> sht.range('B2, C5, D7').select()
>>> sht['B2, C5, D7'].select()
```

【Python xlwings API】

```
>>> sht.api.Range('B2, C5, D7').Select()
```

运行效果如图 13-9 所示。

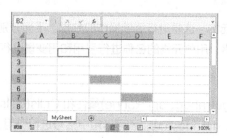

图 13-9 引用和选择多个单元格

3. 引用当前单元格

如果采用 Excel VBA 方式,则使用 Application 对象的 ActiveCell 属性引用当前活动工作簿中活动工作表内的活动单元格。下面给工作表 sht 中的单元格 C3 添加值 3.0,先选择它,然后用 ActiveCell 属性获取当前单元格的值。

```
sht.Range("C3").Value=3.0
sht.Range("C3").Select
sngA=ActiveCell.Value    '3.0
```

使用 xlwings 包来实现,首先获取所有 Application 对象的 key 值,用 xlwings 包的 apps 属性,通过索引获取当前 Application 对象。然后给单元格 C3 赋值 3.0,选择它,用 Python xlwings API 方式获取 ActiveCell 属性的值。选择一个单元格,它就是活动单元格。

```
>>> pid=xw.apps.keys()
>>> app=xw.apps[pid[0]]
>>> sht['C3'].value=3.0
>>> sht['C3'].select()
>>> a=app.api.ActiveCell.Value
>>> a
3.0
```

4. 用单元格的名称进行引用

如果单元格有名称,则可以用它的名称进行引用。下面首先将单元格 C3 的名称设置为 test,然后用该名称引用此单元格。

【Excel VBA】

```
Set cl=sht.Range("C3")
cl.Name="test"
sht.Range("test").Select
```

【Python xlwings】

```
>>> cl=sht.cells(3,3)
>>> cl.name='test'
>>> sht.range('test').select()
```

【Python xlwings API】

```
>>> cl=sht.api.Range('C3')
>>> cl.Name='test'
>>> sht.api.Range('test').Select()
```

5. 用变量进行引用

在编程过程中,常常需要动态设置单元格的坐标,这就需要使用变量。当使用单元格对象的 Range(range)属性引用单元格时,可以先将行号或列号的数字部分转换成字符串,然后组合成一个完整的坐标字符串进行引用。在使用 Cells（cells）属性时，如果有必要也进行相应的处理，转换数据类型即可。下面用变量引用单元格 C3。

【Excel VBA】

```
intI = 3
Debug.Print sht.Range("C" & CStr(intI)).Value
Debug.Print sht.Cells(intI, intI).Value
```

【Python xlwings】

```
>>> i=3
>>> sht.range('C'+ str(i)).value
>>> sht.cells(i,i).value
```

【Python xlwings API】

```
>>> i=3
>>> sht.api.Range('C'+ str(i)).Value
>>> sht.api.Cells(i,i).Value
```

13.5.2　引用整行和整列

引用整行，如果采用 Excel VBA 和 Python xlwings API 方式，则可以使用工作表对象的 Rows 属性和 Range 属性实现。Rows 属性有一个参数，指定要引用行的行号。当使用 Range 属性时，可以将"行号:行号"形式的字符串作为参数进行引用，或者引用该行上的任意一个单元格后接着引用其 EntireRow 属性获取整行。如果采用 Python xlwings 方式，还可以使用中括号进行引用。下面引用和选择第 1 行。

【Excel VBA】

```
sht.Rows(1).Select
sht.Range("1:1").Select
sht.Range("A1").EntireRow.Select
```

【Python xlwings】

```
>>> sht.range('1:1').select()
>>> sht['1:1'].select()
```

【Python xlwings API】

```
>>> sht.api.Rows(1).Select()
>>> sht.api.Range('1:1').Select()
>>> sht.api.Range('A1').EntireRow.Select()
```

引用多行的使用方法与引用单行的类似，只是需要指定起始行和终止行的行号，中间用冒号隔开。指定一个占据多行的任意单元格区域，用 EntireRow 属性可以引用该单元格区域占用的连续多行。下面引用和选择工作表 sht 中的第 1~5 行。

【Excel VBA】

```
sht.Rows("1:5").Select
sht.Range("1:5").Select
sht.Range("A1:C5").EntireRow.Select
```

【Python xlwings】

```
>>> sht.range('1:5').select()
>>> sht['1:5'].select()
>>> sht[0:5,:].select()
```

【Python xlwings API】

```
>>> sht.api.Rows('1:5').Select()
>>> sht.api.Range('1:5').Select()
>>> sht.api.Range('A1:C5').EntireRow.Select()
```

需要注意在 Python xlwings 方式下 sht[0:5,:] 的引用方法，中括号中的第 2 个冒号是切片的用法，表示逗号前面指定的是连续多行的所有列。

引用整列，如果采用 Excel VBA 和 Python xlwings API 方式，则可以使用工作表对象的 Columns 属性和 Range 属性实现。Columns 属性有一个参数，用于指定要引用列的列号，可以用数字或字母表示。当使用 Range 属性时，可以将"列号:列号"形式的字符串作为参数进行引用，或者引用该列上的任意一个单元格后接着引用其 EntireColumn 属性获取整列。下面引用和选择 A 列。

【Excel VBA】

```
sht.Columns(1).Select
sht.Columns("A").Select
sht.Range("A:A").Select
sht.Range("A1").EntireColumn.Select
```

【Python xlwings】

```
>>> sht.range('A:A').select()
```

【Python xlwings API】

```
>>> sht.api.Columns(1).Select()
>>> sht.api.Columns('A').Select()
>>> sht.api.Range('A:A').Select()
>>> sht.api.Range('A1').EntireColumn.Select()
```

引用多列的使用方法与引用单列的类似，只是需要指定起始列和终止列的列号，中间用冒号隔开。指定一个占据多列的任意单元格区域，用 EntireRow 属性可以引用该单元格区域占用的连续多列。下面引用和选择工作表 sht 中的 B 列和 C 列。

【Excel VBA】

```
sht.Columns("B:C").Select
sht.Range("B:C").Select
sht.Range("B1:C2").EntireColumn.Select
```

【Python xlwings】

```
>>> sht.range('B:C').select()
>>> sht[:,1:3].select()
```

【Python xlwings API】

```
>>> sht.api.Columns('B:C').Select()
>>> sht.api.Range('B:C').Select()
>>> sht.api.Range('B1:C2').EntireColumn.Select()
```

13.5.3 引用单元格区域

单元格区域，指的是连续引用行方向和列方向上的 $m \times n$ 个单元格得到的矩形区域。可以将单元格看作大小为 1×1 的特殊单元格区域。本节分为引用一般单元格区域、引用用活动单元格构造的单元格区域、引用用偏移构造的单元格区域、用名称引用单元格区域和引用单元格区域内的单元格等几种情况进行介绍。

1. 引用一般单元格区域

引用一般单元格区域，需要指定单元格区域左上角单元格和右下角单元格的坐标，二者之间用冒号隔开组成字符串作为工作表对象 Range(range)属性的唯一参数，或者各自作为字符串作为 Range(range)属性的两个参数。在指定单元格区域左上角单元格和右下角单元格的坐标时也可以使用工作表对象的 Range(range)属性或 Cells(cells)属性。下面引用和选择单元格区域 A3:C8：

【Excel VBA】

```
sht.Range("A3:C8").Select
sht.Range("A3","C8").Select
sht.Range(sht.Range("A3"), sht.Range("C8")).Select
sht.Range(sht.Cells(3,1),sht.Cells(8,3)).Select
```

【Python xlwings】

```
>>> sht.range('A3:C8').select()
>>> sht.range('A3', 'C8').select()
>>> sht.range(sht.range('A3'),sht.range('C8')).select()
>>> sht.range(sht.cells(3,1),sht.cells(8,3)).select()
>>> sht.range((3,1),(8,3)).select()
```

【Python xlwings API】
```
>>> sht.api.Range('A3:C8').Select()
>>> sht.api.Range('A3', 'C8').Select()
>>> sht.api.Range(sht.api.Range('A3'), sht.api.Range('C8')).Select()
>>> sht.api.Range(sht.api.Cells(3,1),sht.api.Cells(8,3)).Select()
```

运行效果如图 13-10 所示。

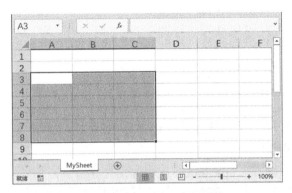

图 13-10　选择一个单元格区域

2. 引用用活动单元格构造的单元格区域

当单元格区域的起点或终点为活动单元格时，用活动单元格的引用进行替换即可。下面指定要引用单元格区域的左上角单元格为 A3，右下角单元格为活动单元格，并选择该单元格区域。

【Excel VBA】
```
sht.Range("A3", ActiveCell).Select
```

【Python xlwings API】
```
>>> sht.api.Range('A3', app.api.ActiveCell).Select()
```

3. 引用用偏移构造的单元格区域

对已有单元格区域进行整体偏移，可以得到一个新的单元格区域。使用单元格区域对象的 Offset(offset)方法可以进行偏移。3 种方式在使用上有所不同。

当采用 Excel VBA 和 Python xlwings 方式时，使用 Offset(offset)方法可以对给定的单元格区域进行整体平移；当采用 Python xlwings API 方式时，使用 Offset 方法只能对单元格区域的左上角进行平移。所以，对于后者，分别对单元格区域的左上角和右下角进行平移后，重新组合成一个单元格区域进行选择。

对于 Excel VBA 和 Python xlwings 方式，当只给一个参数时，表示上下方向的偏移，如果参数的值大于 0 则表示向下偏移，如果参数的值小于 0 则表示向上偏移。当给两个参数时，如果第 1

个参数的值为 0 则表示左右方向的偏移，大于 0 表示向右偏移，小于 0 表示向左偏移。如果两个参数的值都不为 0，则表示上下和左右两个方向都有偏移。

对于 Python xlwings API 方式，参数使用的不同之处就是基数为 1，即上面 Excel VBA 和 Python xlwings 方式的描述中值为 0 的地方改为 1，值为 1 的地方改为 2。

【Excel VBA】

```
sht.Range("A3:C8").Offset(1).Select         'A4:C9
sht.Range("A3:C8").Offset(0,1).Select       'B3:D8
sht.Range("A3:C8").Offset(1,1).Select       'B4:D9
```

【Python xlwings】

```
>>> sht.range('A3:C8').offset(1).select()       #A4:C9
>>> sht.range('A3:C8').offset(0,1).select()     #B3:D8
>>> sht.range('A3:C8').offset(1,1).select()     #B4:D9
```

【Python xlwings API】

```
>>> sht.api.Range(sht.api.Range('A3').Offset(2),\
                  sht.api.Range('C8').Offset(2)).Select()     #A4:C9
>>> sht.api.Range(sht.api.Range('A3').Offset(1,2),\
                  sht.api.Range('C8').Offset(1,2)).Select()   #B3:D8
>>> sht.api.Range(sht.api.Range('A3').Offset(2,2),\
                  sht.api.Range('C8').Offset(2,2)).Select()   #B4:D9
```

4. 用名称引用单元格区域

如果单元格区域有名称，则可以用名称引用单元格区域。下面先将单元格区域 A3:C8 命名为 MyData，然后用该名称引用单元格区域。

【Excel VBA】

```
Set cl = sht.Range("A3:C8")
cl.Name = "MyData"
sht.Range("MyData").Select
```

【Python xlwings】

```
>>> cl = sht.range('A3:C8')
>>> cl.name = 'MyData'
>>> sht.range('MyData').select()
```

【Python xlwings API】

```
>>> cl = sht.api.Range('A3:C8')
>>> cl.Name = 'MyData'
>>> sht.api.Range('MyData').Select()
```

5. 引用单元格区域内的单元格

引用单元格区域内的单元格，有坐标索引、线性索引和切片等方法。

坐标索引，单元格在单元格区域内的坐标是相对坐标，是相对于单元格区域左上角计算得到的。这与单元格区域偏移的计算方法相同。需要注意的是，使用 Python xlwings 方式和其他两种方式，偏移的基数不同，前者的基数为 0，后者的基数为 1。

【Excel VBA】

```
Dim Rng As Object
Set Rng=sht.Range("B2:D5")
Rng(1,1).Select    'B2
```

【Python xlwings】

```
>>> rng=sht.range('B2:D5')
>>> rng[0,0].select()   #B2，注意基数为 0
```

【Python xlwings API】

```
>>> rng=sht.api.Range('B2:D5')
>>> rng(1,1).Select()
```

线性索引的索引参数只有一个，其值是对单元格区域内的单元格按照先行后列的顺序进行编号得到的。需要注意的是，当采用 Python xlwings 方式时，编号是从 0 开始的，如下所示。

```
0  1  2
3  4  5
```

当采用 Python xlwings API 方式时，编号是从 1 开始的，如下所示。

```
1  2  3
4  5  6
```

对于给定的单元格区域 B2:D5，下面用线性索引引用单元格 D2。

【Excel VBA】

```
Dim Rng As Object
Set Rng=sht.Range("B2:D5")
Rng(3).Select
```

【Python xlwings】

```
>>> rng=sht.range('B2:D5')
>>> rng[2].select()
```

【Python xlwings API】

```
>>> rng=sht.api.Range('B2:D5')
>>> rng(3).Select()
```

当采用 Python xlwings 方式时，通过切片可以从单元格区域内取出部分连续数据。

```
>>> rng=sht.range('B2:D5')
>>> rng[1:3,1:3].select()        #切片 C3:D4
>>> rng[:,2].select()            #切片 D2:D5
```

13.5.4 引用所有单元格、特殊单元格区域、单元格区域的集合

本节介绍引用所有单元格、引用特殊单元格区域、引用单元格区域的集合等内容。

1. 引用所有单元格

如果采用 Python xlwings 方式，则可以使用工作表对象的 cells 属性引用工作表中的所有单元格。如果采用另外两种方式，则还可以通过引用所有行或所有列来实现。

【Excel VBA】

```
sht.Cells.Select
sht.Range(sht.Cells(1,1),sht.Cells(sht.Cells.Rows.Count, _
                     sht.Cells.Columns.Count)).Select
```

引用所有行的示例如下。

```
sht.Rows.Select
```

引用所有列的示例如下。

```
sht.Columns.Select
```

【Python xlwings】

```
>>> sht.cells.select()
```

【Python xlwings API】

```
>>> sht.api.Cells.Select()
>>> sht.api.Range(sht.api.Cells(1,1),\
                  sht.api.Cells(sht.api.Cells.Rows.Count,\
                  sht.api.Cells.Columns.Count)).Select()
```

引用所有行的示例如下。

```
>>> sht.api.Rows.Select()
```

引用所有列的示例如下。

```
>>> sht.api.Columns.Select()
```

2. 引用特殊单元格区域

这里介绍的特殊单元格区域包括多个单元格区域、给定单元格的当前单元格区域和工作表的已用单元格区域等。

1)一次引用多个单元格区域

当使用工作表对象的 Range(range)属性一次引用多个单元格区域时,多个单元格区域之间用逗号隔开,单元格区域用区域左上角单元格和右下角单元格的坐标表示,坐标之间用冒号隔开。下面一次引用和选择工作表 sht 中的 A2、B3:C8、E2:F5 这 3 个单元格区域。

【Excel VBA】

```
sht.Range("A2, B3:C8, E2:F5").Select
```

【Python xlwings】

```
>>> sht['A2, B3:C8, E2:F5'].select()
>>> sht.range('A2, B3:C8, E2:F5').select()
```

【Python xlwings API】

```
>>> sht.api.Range('A2, B3:C8, E2:F5').Select()
```

运行效果如图 13-11 所示。

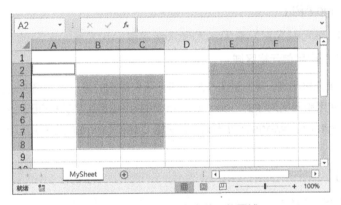

图 13-11　一次引用多个单元格区域

2)引用给定单元格的当前单元格区域

什么是给定单元格的当前单元格区域?图 13-12 所示的阴影部分表示的是单元格 C3 的当前单元格区域。单元格的当前单元格区域,指的是从该单元格向上、下、左、右 4 个方向扩展,直到包含数据的矩形区域第 1 次被空格组成的矩形环包围,即在 4 个方向上都是空行或空列(在单元格区域的范围内为空行或空列,不是指整个行或列是空的)。

当引用给定单元格的当前单元格区域时,如果采用的是 Python xlwings 方式则使用单元格对象的 current_region 属性,如果采用的是 Excel VBA 或 Python xlwings API 方式则使用 CurrentRegion 属性。

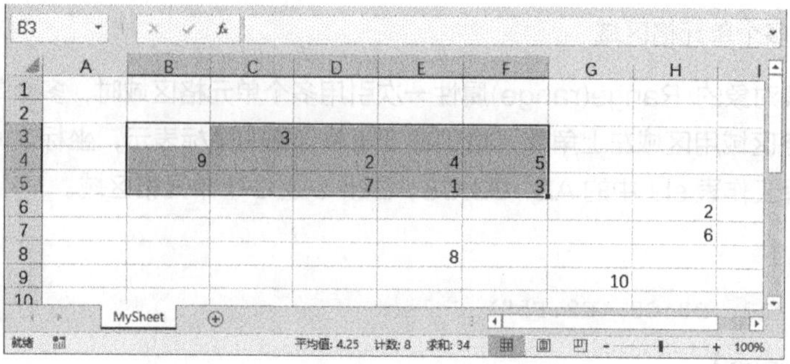

图 13-12 单元格 C3 的当前单元格区域

【Excel VBA】

```
sht.Range("C3").CurrentRegion.Select
```

【Python xlwings】

```
>>> sht.range('C3').current_region.select()
```

【Python xlwings API】

```
>>> sht.api.Range('C3').CurrentRegion.Select()
```

3）引用工作表的已用单元格区域

工作表的已用单元格区域，指的是工作表中包含所有数据的最小单元格区域。如果采用 Python xlwings 方式，则使用单元格对象的 used_range 属性引用指定工作表的已用单元格区域；如果采用 Excel VBA 和 Python xlwings API 方式，则使用 UsedRange 属性引用指定工作表的已用单元格区域。

【Excel VBA】

```
sht.UsedRange.Select
```

【Python xlwings】

```
>>> sht.used_range.select()
```

【Python xlwings API】

```
>>> sht.api.UsedRange.Select()
```

对于工作表 sht 中给定的单元格数据，它的已用单元格区域如图 13-13 所示。

3. 引用单元格区域的集合

单元格区域的集合运算包括单元格区域的并运算和单元格区域的交运算。如图 13-14 所示，两个矩形单元格区域放在一起，有部分重叠。两个矩形单元格区域的并包括全部阴影部分，交为二者的重叠部分，即图中的深色阴影部分。

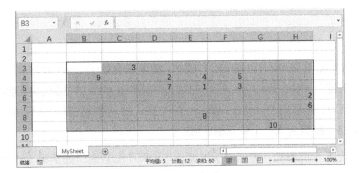

图 13-13　工作表的已用单元格区域

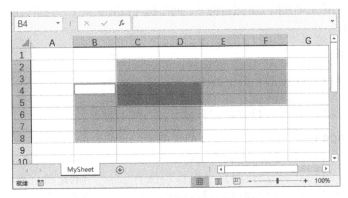

图 13-14　单元格区域的并与交

如果采用 Excel VBA 和 Python xlwings API 方式，则使用 Application 对象的 Union 方法获取两个单元格区域的并，使用 Intersect 方法获取两个单元格区域的交。下面计算单元格区域 B4:D8 和 C2:F5 的并与交。

【Excel VBA】

```
Union(sht.Range("B4:D8"), sht.Range("C2:F5")).Select
Intersect(sht.Range("B4:D8"), sht.Range("C2:F5")).Select
```

【Python xlwings API】

```
>>> app.api.Union(sht.api.Range('B4:D8'),\
                  sht.api.Range('C2:F5')).Select()
>>> app.api.Intersect(sht.api.Range('B4:D8'),\
                      sht.api.Range('C2:F5')).Select()
```

13.5.5　扩展引用当前工作表中的单元格区域

13.5.3 节介绍了单元格区域的偏移，即通过将单元格区域进行整体平移可以获取新的单元格区域。本节介绍另外一种方式，即通过对已有单元格向上、下、左、右进行扩展来获得新的单元格区域。使用单元格对象的 Resize(resize)方法可以扩展单元格区域。需要注意的是，3 种方式的设置有所不同。

当采用 Excel VBA 和 Python xlwings 方式时，使用 Resize(resize)方法可以直接得到扩展后的单元格区域；当采用 Python xlwings API 方式时，使用 Resize 方法只能得到原单元格扩展后的位置上的单元格。所以，当采用 Python xlwings API 方式时，需要先获取单元格区域的右下角单元格，然后与原单元格重新组合成一个单元格区域。

如果只给一个大于 1 的参数，表示向下扩展。当给两个参数时，如果第 1 个参数的值为 1，第 2 个参数的值大于 1 则向右扩展。如果两个参数都大于 1，则表示向下和向右两个方向都扩展。

下面演示通过对指定单元格 C2 进行向下、向右和向右下等 3 个方向的扩展来得到新的单元格区域，并选择它们。

【Excel VBA】

```
sht.Range("C2").Resize(3).Select            'C2:C4
sht.Range("C2").Resize(1, 3).Select         'C2:E2
sht.Range("C2").Resize(3, 3).Select         'C2:E4
```

【Python xlwings】

```
>>> sht.range('C2').resize(3).select()          #创建C2:C4单元格区域
>>> sht.range('C2').resize(1, 3).select()       #创建C2:E2单元格区域
>>> sht.range('C2').resize(3, 3).select()       #创建C2:E4单元格区域
```

【Python xlwings API】

```
>>> sht.api.Range('C2', sht.api.Range('C2').Resize(3)).Select()
>>> sht.api.Range('C2', sht.api.Range('C2').Resize(1, 3)).Select()
>>> sht.api.Range('C2', sht.api.Range('C2').Resize(3, 3)).Select()
```

从当前单元格开始创建一个 3 行 3 列的单元格区域。

【Excel VBA】

```
ActiveCell.Resize(3, 3).Select
```

【Python xlwings API】

```
>>> sht.api.Range(app.api.ActiveCell, app.api.ActiveCell.Resize(3, 3)).Select()
```

如果采用 Python xlwings 方式，则使用单元格对象的 expand 方法还可以得到另外一种扩展结果。对于单元格区域内的一个单元格，使用它的 expand 方法可以获取单元格区域内从它到右端的行区域、从它到底部的列区域，以及它所在的整个表格区域。

需要注意的是，使用 expand 方法只能向右和向下扩展。

```
>>> sht.range('C4').expand('table').select()
>>> sht.range('C4').expand().select()       #与上面的使用方式等价
>>> sht.range('C4').expand('down').select()
>>> sht.range('C4').expand('right').select()
```

使用 expand 方法对 C4 单元格进行 table 扩展后的效果如图 13-15 所示。

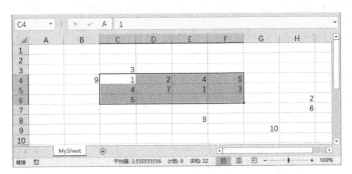

图 13-15　使用 expand 方法对 C4 单元格进行 table 扩展后的效果

13.5.6　引用末行或末列

引用末行或末列，即获取数据区域末行的行号或末列的列号。

引用末行有两种方法：一是从顶部的某单元格开始由上向下找，数据区域的末行即最后一个非空行；二是从工作表的底部向上找，为数据区域内的第一个非空行。这里需要使用单元格对象的 End(end) 方法。

示例工作表如图 13-16 所示，可以采用不同的方式获取数据区域末行的行号和末列的列号。需要注意的是，Excel VBA 和 Python xlwings API 方式使用枚举常数的方法不同。

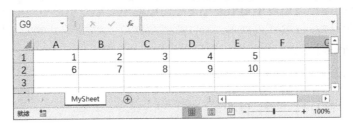

图 13-16　示例工作表

【Excel VBA】

```
intR=sht.Range("A1").End(xlDown).Row                        '2
intR=sht.Cells(1,1).End(xlDown).Row                         '2
intR=sht.Range("A" & CStr(sht.Rows.Count)).End(xlUp).Row    '2
intR=sht.Cells(sht.Rows.Count,1).End(xlUp).Row              '2
```

【Python xlwings】

```
>>> sht.range('A1').end('down').row
2
>>> sht.cells(1,1).end('down').row
2
>>> sht.range('A'+str(sht.api.Rows.Count)).end('up').row
2
>>> sht.cells(sht.api.Rows.Count,1).end('up').row
2
```

【Python xlwings API】

```
>>> sht.api.Range('A1').End(xw.constants.Direction.xlDown).Row
2
>>> sht.api.Cells(1,1).End(xw.constants.Direction.xlDown).Row
2
>>>sht.api.Range('A'+str(sht.api.Rows.Count)).\
            End(xw.constants.Direction.xlUp).Row
2
>>> sht.api.Cells(sht.api.Rows.Count,1).\
            End(xw.constants.Direction.xlUp).Row
2
```

下面采用 Python xlwings 和 Python xlwings API 方式引用末列。引用末列也有两种方法：一是从左侧的某单元格开始由左向右找，数据区域的末列即最后一个非空列；二是从工作表的最右端向左找，为数据区域内的第一个非空列。当 end 方法的参数为 right 时由左向右找，当 end 方法的参数为 left 时由右向左找。

【Excel VBA】

```
intC=sht.Range("A1").End(xlToRight).Column               '5
intC=sht.Cells(1,1).End(xlToRight).Column                '5
intC=sht.Cells(1,sht.Columns.Count).End(xlToLeft).Column '5
```

【Python xlwings】

```
>>> sht.range('A1').end('right').column
5
>>> sht.cells(1,1).end('right').column
5
>>> sht.cells(1,sht.api.Columns.Count).end('left').column
5
```

【Python xlwings API】

```
>>> sht.api.Range('A1').End(xw.constants.Direction.xlToRight).Column
5
>>> sht.api.Cells(1,1).End(xw.constants.Direction.xlToRight).Column
```

```
5
>>>sht.api.Cells(1,sht.api.Columns.Count).\
            End(xw.constants.Direction.xlToLeft).Column
5
```

13.5.7　引用特殊的单元格

所谓特殊的单元格，指的是内容为空的单元格、有批注的单元格、有公式的单元格等。使用单元格对象的 SpecialCells 方法，可以把这些特殊的单元格找出来。如果采用 Excel VBA 和 Python xlwings API 方式，则其引用格式如下。

```
rng.SpecialCells(Type,Value)
```

其中，rng 表示指定的单元格区域。SpecialCells 方法有两个参数：Type 为必选参数，表示特殊单元格的类型，其取值如表 13-2 所示；Value 为可选参数，当 Type 参数的值为 xlCellTypeConstants 或 xlCellTypeFormulas 时设置必要的值。

表 13-2　Type 参数的取值

名称	值	说明
xlCellTypeAllFormatConditions	-4172	任意格式的单元格
xlCellTypeAllValidation	-4174	包含验证条件的单元格
xlCellTypeBlanks	4	空单元格
xlCellTypeComments	-4144	包含注释的单元格
xlCellTypeConstants	2	包含常量的单元格
xlCellTypeFormulas	-4123	包含公式的单元格
xlCellTypeLastCell	11	所用单元格区域中的最后一个单元格
xlCellTypeSameFormatConditions	-4173	格式相同的单元格
xlCellTypeSameValidation	-4175	验证条件相同的单元格
xlCellTypeVisible	12	所有可见单元格

下面的例子使用 SpecialCells 方法选择单元格 A1 当前单元格区域中的空单元格。

【Excel VBA】

```
sht.Range("A1").CurrentRegion.SpecialCells(xlCellTypeBlanks).Select
```

【Python xlwings API】

```
>>> sht.api.Range('A1').CurrentRegion.\
        SpecialCells(xw.constants.CellType.xlCellTypeBlanks).Select()
```

运行效果如图 13-17 所示。

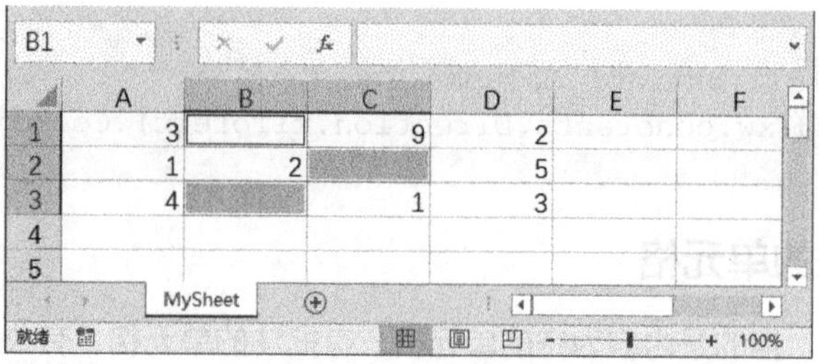

图 13-17 选择空单元格

13.5.8　单元格区域的行数、列数、左上角、右下角、形状、大小

下面介绍几个与单元格区域的维度、形状、大小等有关的属性。

使用单元格区域对象的 Rows(rows) 属性和 Columns(columns) 属性返回对象的 Count(count)属性，可以获取单元格区域的行数和列数。下面获取工作表 sht 已用单元格区域的行数和列数（使用图 13-16 中的数据）。

【Excel VBA】

```
sht.UsedRange.Rows.Count         '2
sht.UsedRange.Columns.Count      '5
```

【Python xlwings】

```
>>> sht.used_range.rows.count
2
>>> sht.used_range.columns.count
5
```

【Python xlwings API】

```
>>> sht.api.UsedRange.Rows.Count
2
>>> sht.api.UsedRange.Columns.Count
5
```

使用单元格区域对象的 Row(row)属性和 Column(column)属性，可以获取单元格区域左上角单元格的坐标，即其行号和列号。

【Excel VBA】

```
sht.UsedRange.Row         '1
sht.UsedRange.Column      '1
```

【Python xlwings】

```
>>> sht.used_range.row
1
```

```
>>> sht.used_range.column
1
```

【Python xlwings API】

```
>>> sht.api.UsedRange.Row
1
>>> sht.api.UsedRange.Column
1
```

在 Python xlwings 方式下，使用单元格区域对象的 last_cell 属性返回对象的 row 属性和 column 属性，可以获取单元格区域右下角单元格的坐标，即其行号和列号。在 Excel VBA 和 Python xlwings API 方式下，可以利用工作表的已用单元格区域来获取单元格区域右下角单元格的坐标。

【Excel VBA】

```
Set rng=sht.UsedRange
rng.Rows(rng.Rows.Count).Row                '2
rng.Columns(rng.Columns.Count).Column       '5
```

【Python xlwings】

```
>>> sht.used_range.last_cell.row
2
>>> sht.used_range.last_cell.column
5
```

【Python xlwings API】

```
>>> rng=sht.api.UsedRange
>>> rng.Rows(rng.Rows.Count).Row
2
>>> rng.Columns(rng.Columns.Count).Column
5
```

在 Python xlwings 方式下，引用单元格区域对象的 shape 属性可以获取单元格区域的形状。

```
>>> sht.used_range.shape
(2, 5)
```

在 Python xlwings 方式下，引用单元格区域对象的 size 属性可以获取单元格区域的大小。

```
>>> sht.used_range.size
10
```

13.5.9 插入单元格或单元格区域

使用单元格对象的 Insert(insert)方法可以插入单元格或单元格区域。

在 Python xlwings 方式下，insert 方法的语法格式如下所示。

```
rng.insert(shift=None, copy_origin='format_from_left_or_above')
```

其中，rng 表示指定的单元格或单元格区域。insert 方法两个参数的意义为：

- shift 参数：定义插入单元格或单元格区域的方向。当值为 down 时表示上下方向插入，原位置及其以下的数据依次向下移；当值为 right 时表示左右方向插入，原位置及其右边的数据依次向右移。
- copy_origin 参数：表示插入的单元格或单元格区域的格式与周边哪个的相同。当值为 format_from_left_or_above 时与左侧或上边单元格或单元格区域的相同，当值为 format_from_right_or_below 时与右侧或下边单元格或单元格区域的相同。

在 Excel VBA 和 Python xlwings API 方式下，Insert 方法的语法格式如下。

```
rng.Insert(Shift, CopyOrigin)
```

其中，rng 表示指定的单元格或单元格区域。Insert 方法两个参数的意义为：

- Shift 参数：定义插入单元格或单元格区域的方向。当值为 xlShiftDown 或 xw.constants.InsertShiftDirection.xlShiftDown 时表示上下方向插入，原位置及其以下的数据依次向下移；当值为 xlShiftRight 或 xw.constants.InsertShiftDirection.xlShiftRight 时表示左右方向插入，原位置及其右边的数据依次向右边移。
- CopyOrigin 参数：表示插入的单元格或单元格区域的格式与周边哪个的相同。当值为 xlFormatFromLeftOrAbove 或 xw.constants.InsertFormatOrigin.xlFormatFromLeftOrAbove 时，与左侧或上边单元格或单元格区域的相同；当值为 xlFormatFromRightOrBelow 或 xw.constants.InsertFormatOrigin.xlFormatFromRightOrBelow 时，与右侧或下边单元格或单元格区域的相同。

对于图 13-18 所示的工作表数据，将 A1 单元格的背景色设置为绿色，在 A2 处和 B4:C5 处插入单元格和单元格区域。

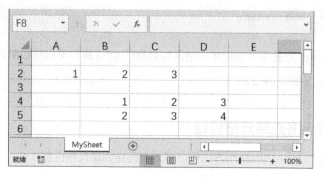

图 13-18 工作表数据

【Excel VBA】
```
sht.Range("A1").Interior.Color=RGB(0, 255, 0)
sht.Range("A2").Insert _
        Shift:=xlShiftDown,CopyOrigin:=xlFormatFromLeftOrAbove
sht.Range("B4:C5").Insert
```

【Python xlwings】
```
>>> sht.range('A1').color=(0,255,0)
>>> sht.range('A2').insert(shift='down',\
                copy_origin='format_from_left_or_above')
>>> sht.range('B4:C5').insert()
```

【Python xlwings API】
```
>>> sht.api.Range('A1').Interior.Color=xw.utils.rgb_to_int((0, 255, 0))
>>> sht.api.Range('A2').Insert(\
        Shift=xw.constants.InsertShiftDirection.xlShiftDown,\
        CopyOrigin=xw.constants.InsertFormatOrigin.\
        xlFormatFromLeftOrAbove)
>>> sht.api.Range('B4:C5').Insert()
```

插入单元格和单元格区域后的工作表如图 13-19 所示。由此可知，在 A2 处插入的单元格复制了 A1 单元格的格式。按照设置，插入单元格或单元格区域后，原来位置及其以下数据依次向下移动。

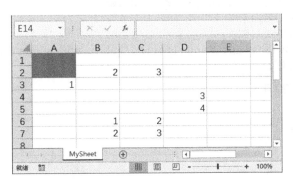

图 13-19　插入单元格和单元格区域后的工作表

13.5.10　单元格的选择和清除

选择单元格有两种方法，即激活或选择，分别用单元格对象的 Activate 方法（仅用于 Excel VBA 和 Python xlwings API 方式）或 Select(select)方法实现。

【Excel VBA】
```
sht.Range("A1:B10").Select
```

```
sht.Range("A1:B10").Activate
```

【Python xlwings】

```
>>> sht.range('A1:B10').select()
```

【Python xlwings API】

```
>>> sht.api.Range('A1:B10').Select()
>>> sht.api.Range('A1:B10').Activate()
```

选取不连续的单元格和单元格区域，只需要引用不连续的单元格和单元格区域，并激活或选择即可。下面是在3种方式下的实现方法。采用 Excel VBA 和 Python xlwings API 方式，还可以通过单元格区域的并运算来实现。

【Excel VBA】

```
sht.Range("A1:A5,C3,E1:E5").Activate
sht.Range("A1:A5,C3,E1:E5").Select
Union(sht.Range("A1:A5"),sht.Range("C3"),sht.Range("E1:E5")).Select
```

【Python xlwings】

```
>>> sht.range('A1:A5,C3,E1:E5').select()
```

【Python xlwings API】

```
>>> sht.api.Range('A1:A5,C3,E1:E5').Activate()
>>> sht.api.Range('A1:A5,C3,E1:E5').Select()
>>> pid=xw.apps.keys()
>>> app=xw.apps[pid[0]]
>>>app.api.Union(sht.api.Range('A1:A5'),sht.api.Range('C3'),sht.api.Range('E1:E5')).Select()
```

运行效果如图 13-20 所示。

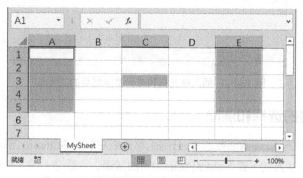

图 13-20　选取不连续的单元格和单元格区域

清除单元格或单元格区域中的内容可以有多种选择。下面使用 Clear(clear) 方法清除全部内容。

【Excel VBA】
```
sht.Range("B1:B5").Clear
```
【Python xlwings】
```
>>> sht.range('B1:B5').clear()
```
【Python xlwings API】
```
>>> sht.api.Range('B1:B5').Clear()
```
使用 ClearContents(clear_contents)方法可以清除指定单元格区域中的内容。

【Excel VBA】
```
sht.Range("B1:B5").ClearContents
```
【Python xlwings】
```
>>> sht.range('B1:B5').clear_contents()
```
【Python xlwings API】
```
>>> sht.api.Range('B1:B5').ClearContents()
```
使用 ClearComments 方法可以清除批注。

【Excel VBA】
```
sht.Range("B1:B5").ClearComments
sht.Range("B1:B5").ClearFormats
```
【Python xlwings API】
```
>>> sht.api.Range('B1:B5').ClearComments()
>>> sht.api.Range('B1:B5').ClearFormats()
```

13.5.11 单元格的复制、粘贴、剪切和删除

复制和粘贴单元格区域的完整过程如下。

【Excel VBA】
```
sht.Range("A1").Select
Selection.Copy
sht.Range("C1").Select
sht.Paste
```
【Python xlwings API】
```
>>> sht.range('A1').select()
>>> bk.selection.api.Copy()
>>> sht.range('C1').select()
```

```
>>> sht.api.Paste()
```

首先选择要复制的单元格或单元格区域,使用 Copy 方法将数据复制到剪贴板,然后选择进行粘贴的目标单元格或单元格区域,使用 Paste 方法进行粘贴。如果省略选择单元格或单元格区域的步骤,则可以简化为如下形式。

【Excel VBA】

```
sht.Range("A1").Copy sht.Range("C1")
```

【Python xlwings API】

```
>>> sht.api.Range('A1').Copy(sht.api.Range('C1'))
```

其中,A1 是源单元格,C1 是目标单元格。

下面将单元格 A1 的当前单元格区域复制到以 A4 为左上角单元格的目标区域。

【Excel VBA】

```
sht.Range("A1").CurrentRegion.Copy sht.Range("A4")
```

【Python xlwings API】

```
>>> sht.api.Range('A1').CurrentRegion.Copy(sht.api.Range('A4'))
```

运行效果如图 13-21 所示。

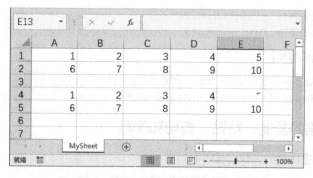

图 13-21 将单元格区域复制到指定位置

在 Excel VBA 和 Python xlwings API 方式下,使用单元格对象的 PasteSpecial 方法可以进行选择性粘贴。PasteSpecial 方法的语法格式如下。

【Excel VBA】

```
rng.PasteSpecial Paste, Operation, SkipBlanks, Transpose
```

【Python xlwings API】

```
rng.PasteSpecial(Paste, Operation, SkipBlanks, Transpose)
```

其中，rng 表示指定的单元格区域。PasteSpecial 方法有 4 个参数。
- Paste 参数：表示选择性粘贴的类型，取值如表 13-3 所示。

表 13-3　Paste 参数的取值

名　称	值	说　明
xlPasteAll	-4104	粘贴全部内容
xlPasteComments	-4144	粘贴批注
xlPasteFormats	-4122	粘贴格式
xlPasteFormulas	-4123	粘贴公式
xlPasteFormulasAndNumberFormats	11	粘贴公式和数字格式
xlPasteValues	-4163	粘贴值
xlPasteValuesAndNumberFormats	12	粘贴值和数字格式

- Operation 参数：粘贴时是否与原有内容进行运算及运算的类型，取值如表 13-4 所示。

表 13-4　Operation 参数的取值

名　称	值	说　明
xlPasteSpecialOperationAdd	2	复制的数据将与目标单元格中的值相加
xlPasteSpecialOperationDivide	5	目标单元格中的值除以复制的数据
xlPasteSpecialOperationMultiply	4	复制的数据将与目标单元格中的值相乘
xlPasteSpecialOperationNone	-4142	粘贴操作中不执行任何计算
xlPasteSpecialOperationSubtract	3	目标单元格中的值减去复制的数据

- SkipBlanks 参数：忽略空单元格。
- Transpose 参数：对行列数据进行转置。

下面举例说明 PasteSpecial 方法的使用。

下面的代码把图 13-21 中工作表内第 1 行的数据复制到第 4 行。

【Excel VBA】

```
sht.Range("A1:E1").Copy
sht.Range("A4:E4").PasteSpecial Paste:=xlPasteValues
```

【Python xlwings API】

```
>>> sht.api.Range('A1:E1').Copy()
>>>sht.api.Range('A4:E4').PasteSpecial(Paste=\
             xw.constants.PasteType.xlPasteValues)
```

下面的代码先给单元格 B1 添加一个批注，然后将工作表内第 1 行的批注复制到第 5 行。

【Excel VBA】

```
sht.Range("B1").AddComment "CommentTest"
sht.Range("A1:E1").Copy
sht.Range("A5:E5").PasteSpecial Paste:=xlPasteComments
```

【Python xlwings API】

```
>>> sht.api.Range('B1').AddComment('CommentTest')
>>> sht.api.Range('A1:E1').Copy()
>>>sht.api.Range('A5:E5').PasteSpecial(Paste=xw.constants.PasteType.xlPasteComments)
```

下面的代码先给单元格 A2 添加一些格式，包括将背景色设置为绿色，字号设置为 20，加粗，倾斜，然后将工作表内第 2 行的格式复制到第 6 行。

【Excel VBA】

```
sht.Range("A2").Interior.Color=RGB(0,255,0)
sht.Range("A2").Font.Size=20
sht.Range("A2").Font.Bold=True
sht.Range("A2").Font.Italic=True
sht.Range("A2:E2").Copy
sht.Range("A6:E6").PasteSpecial Paste:=xlPasteFormats
```

【Python xlwings API】

```
>>> sht.range('A2').color=(0,255,0)
>>> sht.api.Range('A2').Font.Size=20
>>> sht.api.Range('A2').Font.Bold=True
>>> sht.api.Range('A2').Font.Italic=True
>>> sht.api.Range('A2:E2').Copy()
>>>sht.api.Range('A6:E6').PasteSpecial(Paste=\
         xw.constants.PasteType.xlPasteFormats)
```

运行效果如图 13-22 所示。

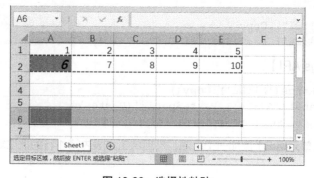

图 13-22　选择性粘贴

剪切操作，实际上是进行复制→粘贴以后把原来位置上的数据删除。使用单元格对象的 Cut 方法可以把源单元格的内容移到目标单元格中。下面把 A1:E1 单元格区域的数据剪切到 A7:E7 单元格区域中。

【Excel VBA】
```
sht.Range("A1:E1").Cut Destination:=sht.Range("A7")
```

【Python xlwings API】
```
>>> sht.api.Range('A1:E1').Cut(Destination=sht.api.Range('A7'))
```

参数名称 Destination 可以省略，如下所示。

【Excel VBA】
```
sht.Range("A1:E1").Cut sht.Range("A7")
```

【Python xlwings API】
```
>>> sht.api.Range('A1:E1').Cut(sht.api.Range('A7'))
```

使用单元格对象的 delete(Delete)方法可以删除单元格或单元格区域。

在 Python xlwings 方式下，delete 方法的语法格式如下。

```
rng.delete(shift=None)
```

其中，rng 为单元格或单元格区域对象。shift 参数的取值为"left"或"up"。当取值为"up"时，删除单元格后，该单元格下面的单元格依次向上移；当取值为"left"时，删除单元格后，该单元格右侧的单元格依次向左移。如果不带参数，那么 Excel 会根据前面的引用情况自行判断使用哪个值。

在 Excsl VBA 和 Python xlwings API 方式下，Delete 方法的语法格式如下。

```
rng.Delete(Shift)
```

其中，rng 为单元格或单元格区域对象。当 shift 参数的取值为 xlShiftToUp 时，删除单元格后，该单元格下面的单元格依次向上移；当 shift 参数的取值为 xlShiftLeft 时，删除单元格后，该单元格右侧的单元格依次向左移。如果不带参数，那么 Excel 会根据前面的引用情况自行判断使用哪个值。

下面删除单元格 A2 和单元格区域 C3:E5。

【Excel VBA】
```
sht.Range("A2").Delete Shift:=xlShiftToUp
sht.Range("C3:E5").Delete
```

【Python xlwings】
```
>>> sht['A2'].delete(shift='up')
>>> sht['C3:E5'].delete()
```

【Python xlwings API】

```
>>>sht.api.Range('A2').Delete(Shift=xw.constants.DeleteShiftDirection.xlShiftToUp)
>>>sht.api.Range('C3:E5').Delete()
```

13.5.12 单元格的名称、批注和字体设置

使用单元格对象的 Name(name)属性可以获取或设置单元格或单元格区域的名称。下面将单元格 C3 的名称设置为 test，并用该名称进行引用。

【Excel VBA】

```
Set cl=sht.Range("C3")
cl.Name="test"
sht.Range("test").Select
```

【Python xlwings】

```
>>> cl=sht.cells(3,3)
>>> cl.name='test'
>>> sht.range('test').select()
```

【Python xlwings API】

```
>>> cl=sht.api.Range('C3')
>>> cl.Name='test'
>>> sht.api.Range('test').Select()
```

也可以为单元格区域设置名称，并用名称引用单元格区域。下面将 A3:C8 单元格区域命名为 MyData，并用该名称进行引用。

【Excel VBA】

```
Set cl = sht.Range("A3:C8")
cl.Name = "MyData"
sht.Range("MyData").Select
```

【Python xlwings】

```
>>> cl =sht.range('A3:C8')
>>> cl.name ='MyData'
>>> sht.range('MyData').select()
```

【Python xlwings API】

```
>>> cl=sht.api.Range('A3:C8')
>>> cl.Name ='MyData'
>>> sht.api.Range('MyData').Select()
```

使用单元格对象的 AddComment 方法可以为单元格添加批注。另外，使用 AddComment 方

法的 Text 属性可以设置批注的内容。

【Excel VBA】
```
sht.Range("A3").AddComment Text:="单元格批注"
```

【Python xlwings API】
```
>>> sht.api.Range('A3').AddComment(Text='单元格批注')
```

使用单元格对象的 Comment 属性可以获取单元格的批注。获取的批注是一个 Comment 对象，有批注相关的若干属性，利用这些属性可以对批注进行设置。Comments 是工作簿中所有 Comment 对象的集合。

下面使用一个判断结构判断 A3 单元格中是否有批注。

【Excel VBA】
```
If sht.Range("A3").Comment Is Nothing Then
  Debug.Print "A3 单元格中没有批注。"
Else
  Debug.Print "A3 单元格中已有批注。"
End If
```

【Python xlwings API】
```
>>> if sht.api.Range('A3').Comment is None:
    Print('A3 单元格中没有批注。')
 else:
    Print('A3 单元格中已有批注。')
```

使用 Comment 对象的 Visible 属性可以隐藏 A3 单元格中的批注。

【Excel VBA】
```
sht.Range("A3").Comment.Visible=False
```

【Python xlwings API】
```
>>> sht.api.Range('A3').Comment.Visible=False
```

使用 Comment 对象的 Delete 方法可以删除 A3 单元格中的批注。

【Excel VBA】
```
sht.Range("A3").Comment.Delete
```

【Python xlwings API】
```
>>> sht.api.Range('A3').Comment.Delete()
```

单元格对象的 Font 属性返回一个 Font 对象。利用 Font 对象的属性和方法，可以对单元格或单元格区域中文本的字体进行设置。

下面的代码设置的是 A1:E1 单元格区域中的字体的样式。

【Excel VBA】

```
sht.Range("A1:E1").Font.Name = "宋体"            '设置字体为宋体
sht.Range("A1:E1").Font.ColorIndex = 3           '设置字体颜色为红色
sht.Range("A1:E1").Font.Size = 20                '设置字号为20
sht.Range("A1:E1").Font.Bold = True              '设置字体加粗
sht.Range("A1:E1").Font.Italic = True            '设置字体倾斜显示
sht.Range("A1:E1").Font.Underline = _
        xlUnderlineStyleDouble                    '为文字添加双下画线
```

【Python xlwings API】

```
>>> sht.api.Range('A1:E1').Font.Name = '宋体'              #设置字体为宋体
>>> sht.api.Range('A1:E1').Font.ColorIndex = 3            #设置字体颜色为红色
>>> sht.api.Range('A1:E1').Font.Size = 20                 #设置字号为20
>>> sht.api.Range('A1:E1').Font.Bold = True               #设置字体加粗
>>> sht.api.Range('A1:E1').Font.Italic = True             #设置字体倾斜显示
>>> sht.api.Range('A1:E1').Font.Underline=xw.constants.\
        UnderlineStyle.xlUnderlineStyleDouble             #为文字添加双下画线
```

运行效果如图 13-23 所示。

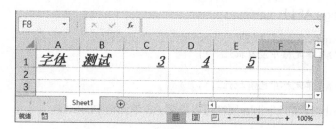

图 13-23　单元格区域中的字体设置

下画线样式的设置如表 13-5 所示。

表 13-5　下画线样式的设置

名　称	值	说　明
xlUnderlineStyleDouble	-4119	粗双下画线
xlUnderlineStyleDoubleAccounting	5	紧靠在一起的两条细下画线
xlUnderlineStyleNone	-4142	无下画线
xlUnderlineStyleSingle	2	单下画线
xlUnderlineStyleSingleAccounting	4	不支持

关于字体颜色的设置，有以下几种方法。

第 1 种是设置为 RGB 颜色，即用红色、绿色和蓝色分量来定义颜色，使用 Font 对象的 Color

属性进行设置。如果习惯通过指定 RGB 分量来设置颜色，在 Excel VBA 方式下，使用 RGB 函数进行设置；在 Python xlwings 方式下，使用 xlwings.utils 模块中的 rgb_to_int 方法将类似于 (255,0,0) 的 RGB 分量指定转换为整型值，并赋给 Color 属性。

【Excel VBA】

```
sht.Range("A3:E3").Font.Color = RGB(0, 0, 255)
```

【Python xlwings API】

```
>>> sht.api.Range('A3:E3').Font.Color =xw.utils.rgb_to_int((0, 0, 255))
```

也可以直接将一个表示颜色的整数赋给 Color 属性。

【Excel VBA】

```
sht.Range("A3:E3").Font.Color = 16711680
```

【Python xlwings API】

```
>>> sht.api.Range('A3:E3').Font.Color =16711680  #或 0x0000FF
```

第 2 种是使用索引着色，此时需要有一张颜色查找表，如图 13-24 所示。系统预定义了很多种颜色，而且每种颜色都有一个唯一的索引号。当进行索引着色时，将某个索引号指定给 Font 对象的 ColorIndex 属性即可。

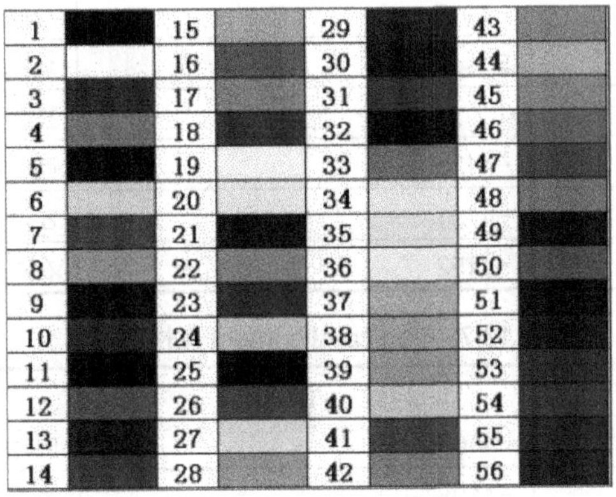

图 13-24　索引着色的颜色查找表

下面将 A1:E1 单元格区域内的字体颜色设置为红色。

【Excel VBA】

```
sht.Range("A1:E1").Font.ColorIndex = 3
```

【Python xlwings API】

```
>>> sht.api.Range('A1:E1').Font.ColorIndex = 3
```

第 3 种是使用主题颜色。系统预定义了很多主题颜色，可以便捷地使用它们进行字体着色。每种主题颜色有对应的整数编号，将必要的编号指定给 Font 对象的 ThemeColor 属性即可。

下面将 A3:E3 单元格区域内的字体颜色设置为淡蓝色。

【Excel VBA】

```
sht.Range("A3:E3").Font.ThemeColor = 5
```

【Python xlwings API】

```
>>> sht.api.Range('A3:E3').Font.ThemeColor = 5
```

13.5.13 单元格的对齐方式、背景色和边框

单元格内容的对齐包括水平方向的对齐和垂直方向的对齐，分别用单元格对象的 HorizontalAlignment 属性和 VerticalAlignment 属性设置。

HorizontalAlignment 属性的取值如表 13-6 所示，VerticalAlignment 属性的取值如表 13-7 所示。

表 13-6 HorizontalAlignment 属性的取值

名　　称	值	说　　明
xlHAlignCenter	-4108	居中对齐
xlHAlignCenterAcrossSelection	7	跨列居中对齐
xlHAlignDistributed	-4117	分散对齐
xlHAlignFill	5	填充
xlHAlignGeneral	1	按数据类型对齐
xlHAlignJustify	-4130	两端对齐
xlHAlignLeft	-4131	左对齐
xlHAlignRight	-4152	右对齐

表 13-7 VerticalAlignment 属性的取值

名　　称	值	说　　明
xlVAlignBottom	-4107	底对齐
xlVAlignCenter	-4108	居中对齐
xlVAlignDistributed	-4117	分散对齐
xlVAlignJustify	-4130	两端对齐
xlVAlignTop	-4160	顶对齐

下面将 C3 单元格中的内容设置为水平居中对齐和垂直居中对齐。

【Excel VBA】

```
sht.Range("C3").HorizontalAlignment = xlHAlignCenter
```

```
sht.Range("C3").VerticalAlignment = xlVAlignCenter
```

【Python xlwings API】

```
>>> sht.api.Range('C3').HorizontalAlignment = \
                  xw.constants.HAlign.xlHAlignCenter
>>> sht.api.Range('C3').VerticalAlignment = \
                  xw.constants.VAlign.xlVAlignCenter
```

如果采用 Python xlwings 方式，则可以直接给单元格对象的 color 属性赋值。颜色可以用 (R,G,B)形式的 RGB 颜色设置，其中，R、G、B 各分量从 0~255 中取值。

如果采用 Excel VBA 和 Python xlwings API 方式，则用单元格对象的 Interior 属性设置其背景色。Interior 属性返回一个 Interior 对象，使用该对象的 Color 属性、ColorIndex 属性和 ThemeColor 属性，可以用 RGB 颜色着色、索引着色和主题颜色着色等不同的方法对单元格进行着色。关于这几种着色方法的介绍可以参考 13.5.12 节，此处不再赘述。

下面举例说明。

【Excel VBA】

```
sht.Range("A1:E1").Interior.Color=RGB(0, 255, 0)
sht.Range("A1:E1").Interior.Color=65280
sht.Range("A1:E1").Interior.ColorIndex=6
sht.Range("A1:E1").Interior.ThemeColor=5
```

【Python xlwings】

```
>>> sht.range('A1:E1').color=(210, 67, 9)
>>> sht['A:A, B2, C5, D7:E9'].color=(100,200,150)
```

【Python xlwings API】

```
>>> sht.api.Range('A1:E1').Interior.Color=xw.utils.rgb_to_int((0, 255, 0))
>>> sht.api.Range('A1:E1').Interior.Color=65280
>>> sht.api.Range('A1:E1').Interior.ColorIndex=6
>>> sht.api.Range('A1:E1').Interior.ThemeColor=5
```

使用单元格或单元格区域对象的 Borders 属性可以设置表框。Borders 属性返回 Borders 对象，利用该对象的属性和方法可以设置表框的颜色、线型与线宽等。

下面对 B2 单元格的当前单元格区域设置表框。

【Excel VBA】

```
sht.Range("B2").CurrentRegion.Borders.LineStyle=xlContinuous
sht.Range("B2").CurrentRegion.Borders.ColorIndex = 3
sht.Range("B2").CurrentRegion.Borders.Weight=xlThick
```

【Python xlwings API】

```
>>>sht.api.Range('B2').CurrentRegion.Borders.LineStyle=\
        xw.constants.LineStyle.xlContinuous
>>> sht.api.Range('B2').CurrentRegion.Borders.ColorIndex=3
>>> sht.api.Range('B2').CurrentRegion.Borders.Weight=\
        xw.constants.BorderWeight.xlThick
```

表框设置效果如图 13-25 所示。

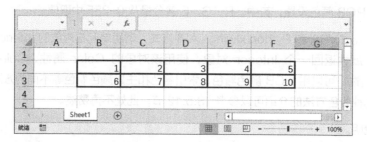

图 13-25　表框设置效果

13.6　Excel 对象模型应用示例

本节介绍几个比较实用的示例,以此来加强读者对 Excel VBA 和 Python xlwings 的学习与理解。

13.6.1　应用示例 1:批量新建和删除工作表

Excel 脚本开发的好处之一就是可以让计算机自动处理批量任务,大幅度提高工作效率,避免出错。本节采用 Excel VBA 与 Python xlwings 方式批量新建和删除工作表。

1. 批量新建工作表

下面使用 for 循环,利用 Worksheets 对象的 Add 方法批量新建工作表。

【Excel VBA】

示例文件的存放路径为 Samples\ch013\Excel VBA\应用示例 1\批量新建和删除工作表.xlsm。

```
Sub ShtAdd10()
  Dim intI As Integer
  For intI = 1 To 10    '批量新建10个工作表
    '新建的工作表放在所有工作表的最后面
    Sheets.Add After:=Sheets(Sheets.Count)
  Next
```

```
End Sub
```
运行过程，批量新建的 10 个工作表如图 13-26 所示。

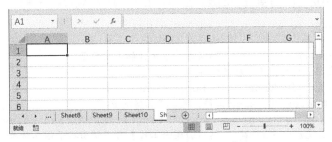

图 13-26　批量新建的 10 个工作表

【Python xlwings】

示例的.py 文件的保存路径为 Samples\ch13\Python\示例 1-1，文件名为 sam13-101.py。

```
import xlwings as xw      #导入 xlwings 包，别名为 xw
app=xw.App()              #创建 Excel 应用
bk=app.books(1)           #获取工作簿对象
for i in range(1,11):     #批量新建 10 个工作表
    #新建的工作表放在所有工作表的最后面
    bk.api.Worksheets.Add(After=bk.api.Worksheets(bk.api.Worksheets.Count))
```

在 Python IDLE 文件脚本窗口中，选择 Run→Run Module 命令，批量新建的 10 个工作表如图 13-26 所示。

2. 批量删除工作表

【Excel VBA】

示例文件的存放路径为 Samples\ch013\Excel VBA\应用示例 1\批量新建和删除工作表.xlsm。需要注意的是，当删除工作表时必须从后往前删，这样剩下的工作表的索引号不会变。

```
Sub ShtDelete10()
  Dim intI As Integer
  Application.DisplayAlerts = False
  For intI = 11 To 2 Step -1   '批量删除 10 个工作表
    Sheets(intI).Delete
  Next
  Application.DisplayAlerts = True
End Sub
```

运行过程，批量删除 10 个工作表。

【Python】

本示例使用 for 循环，利用 Sheets 对象的 Delete 方法批量删除指定工作簿中的工作表。该工

作簿文件的存放路径为 Samples\ch13\Python\示例 1-2\test01.xlsx，其中有 11 个工作表，编号为 1～11，从前往后依次排列。示例的.py 文件的保存路径为 Samples\ch13\Python\示例 1-2，文件名为 sam13-102.py。需要注意的是，当删除工作表时是从后往前删的。

```python
import xlwings as xw              #导入 xlwings 包
import os                         #导入 os 包
root=os.getcwd()                  #获取.py 文件的当前目录
#创建 Excel 应用，可见，不添加工作簿
app=xw.App(visible=True, add_book=False)
#打开当前目录下的 test01.xlsx 文件，返回工作簿对象
bk=app.books.open(fullname=root+r'\test01.xlsx',read_only=False)
app.display_alerts=False          #后面删除工作表时不弹出提示信息对话框
for i in range(11,1,-1):          #批量删除 10 个工作表
    bk.api.Sheets(i).Delete()
app.display_alerts=True
```

在 Python IDLE 文件脚本窗口中，选择 Run→Run Module 命令，从后往前批量删除 10 个工作表。

13.6.2 应用示例 2：按工作表的某列分类并拆分为多个工作表

现有各部门的工作人员信息如图 13-27 中处理前的工作表所示。现在根据 A 列的值对工作表数据进行拆分，将每个部门的工作人员信息归总到一起组成一个新表，表的名称为该部门的名称。拆分的思路是遍历工作表的每一行，如果以部门名称命名的工作表不存在，则创建该名称的新表；如果已经存在，则将该行信息追加到这个已经存在的工作表中。

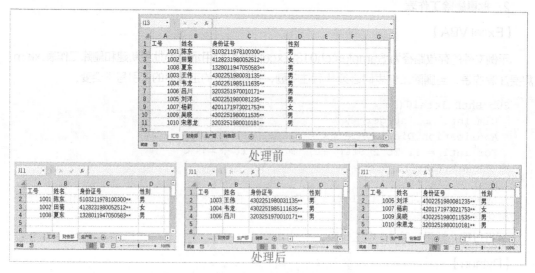

图 13-27　按部门将工作表拆分为多个新表

下面采用 Excel VBA 和 Python xlwings 方式进行拆分。

【Excel VBA】

示例文件的存放路径为 Samples\ch013\Excel VBA\应用示例 2\各部门员工.xlsm。

```vba
Sub CF()
  '按工作表的 A 列分类，并拆分到多个工作表
  Dim lngI As Long, lngJ As Long
  Dim strT As String, strS As String
  Dim lngN As Long, lngR As Long

  Application.ScreenUpdating = False      '取消窗口重画
  Application.DisplayAlerts = False       '取消警告提示信息对话框的显示

  '遍历数据表的每一行
  For lngI = 2 To Range("A" & Rows.Count).End(xlUp).Row
    Worksheets("汇总").Select
    strT = Range("A" & lngI).Text         '获取该行所属部门的名称
    If InStr(strS, strT) = 0 Then
      '如果是新部门，则将名称添加到 strS，复制表头和数据
      strS = strS & strT & " "
      Worksheets.Add after:=Worksheets(Worksheets.Count)
      ActiveSheet.Name = strT
      Worksheets("汇总").Rows(1).Copy ActiveSheet.Rows(1)
      Worksheets("汇总").Rows(lngI).Copy ActiveSheet.Rows(2)
    Else
      '如果是已经存在的部门名称，则直接追加数据行
      Worksheets(strT).Select
      lngR = ActiveSheet.Range("A" & ActiveSheet.Rows.Count).End(xlUp).Row + 1
      Worksheets("汇总").Rows(lngI).Copy ActiveSheet.Rows(lngR)
    End If
  Next

  '删除新生成的工作表的第 1 列
  For intI = 2 To Worksheets.Count
    Worksheets(intI).Columns(1).Delete
  Next

  Application.ScreenUpdating = True
  Application.DisplayAlerts = True
End Sub
```

运行程序，拆分工作表，效果如图 13-27 中处理后的工作表所示。

【Python xlwings】

采用 Python xlwings 方式进行拆分的代码如下所示。示例的数据文件的存放路径为 Samples\ch13\Python\应用示例2\各部门员工.xlsx,.py 文件保存在相同的目录下,文件名为 sam13-103.py。

```python
import xlwings as xw           #导入 xlwings 包
#从 constants 类中导入 Direction
from xlwings.constants import Direction
import os                      #导入 os 包
root = os.getcwd()             #获取当前工作目录,即.py 文件所在的目录
#创建 Excel 应用,可见,不添加工作簿
app=xw.App(visible=True, add_book=False)
#打开当前目录下的"各部门员工.xlsx"文件,可写,返回工作簿对象
bk=app.books.open(fullname=root+r'\各部门员工.xlsx',read_only=False)
app.screen_updating=False      #取消窗口重画
app.display_alerts=False       #取消警告提示信息对话框的显示
sht=bk.sheets(1)               #获取"汇总"工作表
#获取该工作表中数据区域的行数
irow=sht.api.Range('A'+str(sht.api.Rows.Count)).End(Direction.xlUp).Row
strs=[]                        #创建空列表 strs
for i in range(2,irow+1):      #遍历数据表的每一行
    sht2=bk.api.Worksheets('汇总')             #获取"汇总"工作表
    strt=sht2.Range('A'+str(i)).Text           #获取该行所属部门名称
    if(strt not in strs):
        #如果是新部门,则将名称添加到 strs 列表,复制表头和数据
        strs.append(strt)
        bk.api.Worksheets.Add(After=bk.api.Worksheets(bk.api.Worksheets.Count))
        bk.api.ActiveSheet.Name = strt
        bk.api.Worksheets('汇总').Rows(1).Copy(bk.api.ActiveSheet.Rows(1))
        bk.api.Worksheets('汇总').Rows(i).Copy(bk.api.ActiveSheet.Rows(2))
    else:
        #如果是已经存在的部门名称,则直接追加数据行
        bk.api.Worksheets(strt).Select()
        r=bk.api.ActiveSheet.Range('A'+\
            str(bk.api.ActiveSheet.Rows.Count)).\
            End(Direction.xlUp).Row + 1
        bk.api.Worksheets('汇总').Rows(i).\
            Copy(bk.api.ActiveSheet.Rows(r))

#删除新生成的工作表的第1列
for i in range(1,bk.api.Worksheets.Count+1):
    bk.api.Worksheets(i).Columns(1).Delete()

app.screen_updating=True
app.display_alerts=True
```

在 Python IDLE 文件脚本窗口中，选择 Run→Run Module 命令，进行工作表拆分。拆分效果如图 13-27 中处理后的工作表所示。

13.6.3 应用示例 3：将多个工作表分别保存为工作簿

现有各部门的工作人员信息如图 13-28 中处理前的工作表所示。不同部门的工作人员信息单独放在一个工作表中，现在要求将不同工作表中的数据单独保存为工作簿文件。

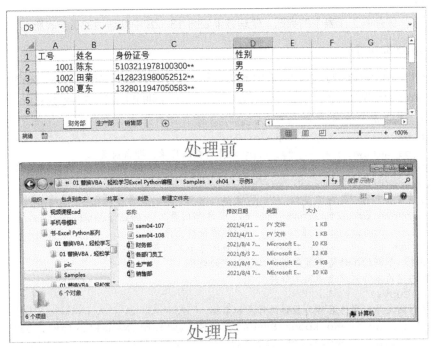

图 13-28 将多个工作表分别保存为工作簿文件

下面采用 Excel VBA 和 Python xlwings 方式将各工作表数据保存为单独的工作簿文件。

【Excel VBA】

示例文件的存放路径为 Samples\ch013\Excel VBA\应用示例 3\各部门员工.xlsm。

```
Sub SaveToFile()
    Application.ScreenUpdating = False    '取消窗口重画

    Dim strFolder As String
    strFolder = ThisWorkbook.Path          '获取当前目录
    Dim shtT As Worksheet
    For Each shtT In Worksheets            '遍历每个工作表，分别保存
        '创建一个新的工作簿并复制原始工作表中的数据
```

```
            '新创建的工作簿就是活动工作簿
            shtT.Copy
            '保存到文件,文件名称为原始工作表的名称
            ActiveWorkbook.SaveAs strFolder & "\" & shtT.Name & ".xlsx", 51
            ActiveWorkbook.Close
        Next
        
        Application.ScreenUpdating = True
End Sub
```

运行程序,保存各工作表中的数据。处理效果如图 13-28 中处理后的工作表所示。

【Python xlwings】

采用 Python xlwings 方式来实现的代码如下所示。示例的数据文件的存放路径为 Samples\ch13\Python\应用示例3\各部门员工.xlsx,.py 文件保存在相同的目录下,文件名为 sam13-104.py。

```
import xlwings as xw          #导入 xlwings 包
import os                     #导入 os 包
root = os.getcwd()            #获取 .py 文件所在的目录,即当前目录
#创建 Excel 应用,可见,不添加工作簿
app=xw.App(visible=True, add_book=False)
#打开当前目录下的"各部门员工.xlsx"文件,可写,返回工作簿对象
bk=app.books.open(fullname=root+r'\各部门员工.xlsx',read_only=False)
app.screen_updating=False     #取消窗口重画
for sht in bk.api.Worksheets:  #遍历每个工作表,分别保存
    #创建一个新的工作簿并复制原始工作表中的数据
    #新创建的工作簿就是活动工作簿
    sht.Copy()
    #保存到文件,文件名称为原始工作表的名称
    app.api.ActiveWorkbook.SaveAs(root+'\\'+sht.Name+'.xlsx', 51)
    app.api.ActiveWorkbook.Close()

app.screen_updating=True
```

在 Python IDLE 文件脚本窗口中,选择 Run→Run Module 命令,保存各工作表中的数据。处理效果如图 13-28 中处理后的工作表所示。

13.6.4 应用示例 4:将多个工作表合并为一个工作表

13.6.2 节将一个工作表根据某列的值拆分为多个工作表,本节介绍的是将多个工作表合并为一个工作表。

现有各部门的工作人员信息如图 13-29 中处理前的工作表所示。不同部门的工作人员信息单独放在一个工作表中,现在要求将不同工作表中的数据合并到"汇总"工作表中,并添加"部门"列,列的值为数据来源工作表的表名。

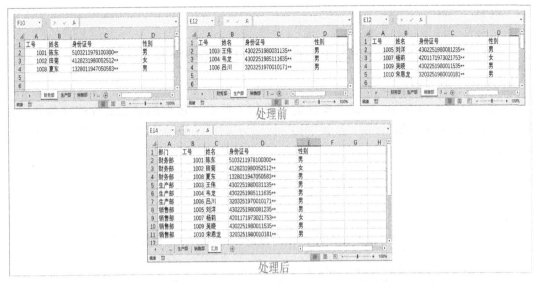

图 13-29 将多个工作表合并为一个工作表

下面采用 Excel VBA 和 Python xlwings 方式将各工作表合并为"汇总"工作表。

【Excel VBA】

示例文件的存放路径为 Samples\ch013\Excel VBA\应用示例 4\各部门员工.xlsm。

```
Sub CombineSheets()
  Dim shtT As Worksheet, lngRow As Long, rngT As Range
  Dim lngRT As Long, lngRT2 As Long, lngI As Long
  Worksheets("汇总").Select        '选择"汇总"工作表
  Cells.Clear                     '清空"汇总"表
  Range("A1").Value = "部门"
  Worksheets(1).Range("A1:D1").Copy Range("B1")    '复制表头
  For Each shtT In Worksheets     '遍历"汇总"工作表外的每个工作表
    If shtT.Name <> "汇总" Then
      '将各部门工作表的数据复制到"汇总"工作表
      Set rngT = Range("A65536").End(xlUp).Offset(1, 1)
      lngRow = shtT.Range("A1").CurrentRegion.Rows.Count - 1
      shtT.Range("A2").Resize(lngRow, 4).Copy rngT
      '在"汇总"工作表的 A 列添加部门名称
      lngRT = Range("A65536").End(xlUp).Row + 1
      lngRT2 = lngRT + lngRow - 1
      '将当前工作表的名称作为"部门"列的值进行添加
      For lngI = lngRT To lngRT2
        Cells(lngI, 1).Value = shtT.Name
      Next
    End If
```

```
    Next
End Sub
```

运行程序，处理效果如图 13-29 中处理后的"汇总"工作表所示。

【Python xlwings】

采用 Python xlwings 方式来实现的代码如下所示。示例的数据文件的存放路径为 Samples\ch13\Python 应用\示例4\各部门员工.xlsx，.py 文件保存在相同的目录下，文件名为 sam13-105.py。

```python
import xlwings as xw           #导入 xlwings 包
#从 constants 类中导入 Direction
from xlwings.constants import Direction
import os                      #导入 os 包
root = os.getcwd()             #获取.py 文件所在的目录，即当前目录
#创建 Excel 应用，可见，不添加工作簿
app=xw.App(visible=True, add_book=False)
#打开当前目录下的"各部门员工.xlsx"文件，可写，返回工作簿对象
bk=app.books.open(fullname=root+r'\各部门员工.xlsx',read_only=False)
sht= bk.api.Worksheets('汇总')    #获取"汇总"工作表
sht.Cells.Clear()                 #清空"汇总"工作表
sht.Range('A1').Value = '部门'
bk.api.Worksheets(1).Range('A1:D1').Copy(sht.Range('B1'))   #复制表头
for shtt in bk.api.Worksheets:    #遍历"汇总"工作表外的每个工作表
    if shtt.Name!= '汇总':
        #将各部门工作表的数据复制到"汇总"工作表
        rngt=shtt.Range('A2',shtt.Cells(shtt.\
            Range('A'+str(shtt.Rows.Count)).\
            End(Direction.xlUp).Row,4))
        row=sht.Range('A1').CurrentRegion.Rows.Count+1
        rngt.Copy(sht.Cells(row,2))   #复制数据
        #在"汇总"工作表的 A 列添加部门名称
        rt=sht.Range('A'+str(sht.Rows.Count)).\
            End(Direction.xlUp).Row + 1
        row2=shtt.Range('A1').CurrentRegion.Rows.Count-1
        rt2=rt+row2
        #将当前工作表的名称作为"部门"列的值进行添加
        for i in range(rt,rt2):
            sht.Cells(i,1).Value=shtt.Name
```

在 Python IDLE 文件脚本窗口中，选择 Run→Run Module 命令，将各工作表中的数据合并到"汇总"工作表中，并添加"部门"列。处理效果如图 13-29 中处理后的"汇总"工作表所示。

第 14 章 界面设计

界面设计是程序设计的主要内容之一，提供了人机交互的友好环境。可以使用图形界面显示信息、输入数据和输出数据等。在 Excel VBA 中，既可以添加窗体模块，也可以通过拖曳操作在窗体上交互绘制控件并通过窗体和控件的成员进行编程，从而实现图形用户界面的设计。在 Python 中，可以使用 Tkinter、wxPython 和 PyQt 等模块进行界面设计。因为 Tkinter 是内置模块，并且具有使用简便、功能齐全等特点，所以本书结合 Tkinter 进行介绍。

14.1 窗体

窗体是一个容器对象，可以包含各种控件，并与这些控件一起组成程序界面。一个标准工程的界面中必须至少包含一个窗体。

14.1.1 创建窗体

下面介绍采用 Excel VBA 和 Python Tkinter 方式创建窗体的方法。

【Excel VBA】

打开 Excel 后，单击"开发工具"→Visual Basic 按钮，打开 Excel VBA 编程环境。如果没有找到"开发工具"功能区，则需要先按照 1.2.1 节介绍的步骤进行加载。

在 Excel VBA 编程环境中，选择"插入"→"用户窗体"命令，添加一个名为 UserForm1 的窗体，如图 14-1 所示。同时显示一个"工具箱"浮动窗口，提供向窗体添加控件的各种按钮。14.2 节会对控件进行详细介绍。左下角为"属性"面板，当窗体被选中时，"属性"面板中显示的就是窗体的各种属性和它们的值。双击窗体进入代码编辑窗口。

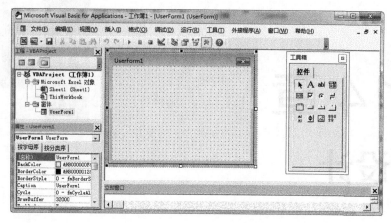

图 14-1 用 Excel VBA 创建窗体

【Python Tkinter】

在 Python 中使用 Tkinter 创建窗体，打开 Python IDLE 文件脚本窗口，在 Python Shell 窗口中输入如下命令行。

```
>>> from tkinter import *
>>> form = Tk()    #创建窗体
```

创建的默认窗体如图 14-2 所示。

图 14-2 创建的默认窗体

14.1.2 窗体的主要属性、方法和事件

创建窗体后，设置属性可以改变其外观，使用方法可以进行各种操作，使用事件可以对第三方动作做出响应。

【Excel VBA】

在 Excel VBA 中，通过"属性"面板可以查看窗体的主要属性。窗体的主要属性包括以下几个。

- Left 属性、Top 属性、Width 属性和 Height 属性：用于设置窗体左上角的横坐标、纵坐标，以及窗体的宽度和高度。
- BackColor 属性和 ForeColor 属性：用于设置窗体的背景色和前景色。
- BorderStyle 属性：用于确定窗体边框的类型。
- Caption 属性：用于设置窗体的标题。
- Picture 属性：用于在窗体上显示图片。

在 Excel VBA 中，为窗体设置属性有两种方法：一种是在设计阶段进行设置，称为设计时；另一种是在程序运行阶段通过代码进行设置，称为运行时。

设计时是选择窗体后，在界面左下角的"属性"面板中直接输入指定属性的值，如指定 BackColor 属性的值为黄色。运行时则使用代码进行设置，如下面的代码在激活窗体时将窗体的背景色修改为黄色。

```
Private Sub UserForm_Activate()
  Me.BackColor = RGB(255, 255, 0)
End Sub
```

窗体的主要方法有以下几种。

- Show 方法：显示窗体。
- Move 方法：移动窗体。该方法常用于改变窗体的大小，此时比直接使用 Left 属性、Top 属性、Width 属性、Height 属性等要快一些。

窗体的主要事件有以下几个。

- Activate 事件：激活窗体时触发。
- Click 事件：单击窗体时触发。
- Resize 事件：改变窗体的大小时触发。
- MouseDown 事件、MouseMove 事件和 MouseUp 事件：鼠标在窗体上按下、移动和弹起时触发。

例如，上面的 UserForm_Activate 过程在定义激活窗体这个事件发生时，将窗体的背景色修改为黄色。

【Python Tkinter】

在 Python Tkinter 中，设置窗体的属性需要先创建窗体对象 form。

```
>>> from tkinter import *
>>> form=Tk()
```

使用窗体对象的 keys 方法可以获取该对象的所有属性，示例如下。

```
>>> form.keys()
['bd', 'borderwidth', 'class', 'menu', 'relief', 'screen', 'use', 'background',
'bg', 'colormap', 'container', 'cursor', 'height', 'highlightbackground',
'highlightcolor', 'highlightthickness', 'padx', 'pady', 'takefocus', 'visual',
'width']
```

在 Python Tkinter 中，设置窗体属性的值主要有下面几种方法。

- 使用窗体对象的 config 方法可以一次设置一个或多个属性的值。

例如，下面将窗体的背景色设置为黄色，窗体的宽度设置为 300 像素。

```
>>> form.config(background='yellow',width=300)
```

需要注意的是，属性名称不要加引号。

- 使用字典的方式进行设置，一次只能设置一个属性的值。

例如，下面将窗体的背景色设置为绿色。

```
>>> form['background']='green'
```

- 使用窗体对象的 attributes 方法可以设置部分特殊的属性，如 alpha（透明度）、disabled（不可用）、fullscreen（全屏显示）和 topmost（置顶显示）等，示例如下。

```
>>> form.attributes('-alpha',0.5)          #透明度，半透明
>>> form.attributes('-disabled',False)     #可用
>>> form.attributes('-fullscreen',False)   #不全屏显示
>>> form.attributes('-topmost',False)      #不置顶显示
```

- 使用窗体对象的 geometry 方法可以设置窗体的位置和大小。

例如，下面设置窗体左上角的横坐标为 200 像素、纵坐标为 300 像素，窗体的宽度为 400 像素、高度为 200 像素。

```
>>> form.geometry('400x200+200+300')
```

- 设置窗体的标题。

```
>>> form.title('新窗体')
```

获取属性的值有以下几种方法。

- 用字典方式获取，示例如下。

```
>>> form['background']
'green'
```

- 用窗体对象的 cget 方法获取，示例如下。

```
>>> form.cget('background')
'green'
```

- 用窗体对象的 attributes 方法获取，示例如下。

```
>>> form.attributes('-alpha')
0.5
```

- 获取窗体的位置和大小，示例如下。

```
>>> form.winfo_x()        #窗体左上角在屏幕坐标系中的横坐标
125
>>> form.winfo_y()        #窗体左上角在屏幕坐标系中的纵坐标
125
>>> form.winfo_width()    #窗体的宽度
300
>>> form.winfo_height()   #窗体的高度
239
```

- 获取窗体的标题，示例如下。

```
>>> form.title()
'新窗体'
```

14.2 控件

控件是用图形表示的具备特定功能的界面元素。使用控件，可以像搭积木一样很方便地创建程序界面。控件是代码重用的一种方式，常用的有标签控件、文本框控件、命令按钮控件、单选按钮控件、复选框控件、列表框控件、组合框控件、旋转按钮控件和方框控件等。

14.2.1 创建控件的方法

在 Excel VBA 中，可以使用设计时和运行时两种方法创建控件；在 Python Tkinter 中，只能使用运行时通过特定函数创建控件。

【Excel VBA】

如果使用设计时创建控件，则先在"工具箱"浮动窗口中单击要创建的控件的图标按钮，然后在窗体中合适的位置单击并拖曳鼠标，在合适的位置停下来再单击，目标控件就创建好了。所以，这是一个"所见即所得"的过程，操作方便、直观。

如果使用运行时创建控件，则需要使用 Controls 对象的 Add 方法。窗体对象的 Controls 属性返回 Controls 对象，该对象中存储了窗体的所有控件并进行管理。Add 方法具有类似下面的形式。

```
Set lblT = UserForm1.Controls.Add("forms.ctlType.1", ctlName, True)
```

其中，lblT 是一个 Object 对象，UserForm1 是一个窗体对象，"forms.ctlType.1"指定控件类型，ctlName 为控件名称。

在 Excel VBA 编程环境中，添加一个窗体后，双击该窗体进入代码编辑窗口，并添加下面的事件过程，当激活窗体事件触发时在窗体上添加一个标签，标签文本为"新标签"。

```
Private Sub UserForm_Activate()
  Dim lblT As Object
  Set lblT = UserForm1.Controls.Add("forms.label.1", Label1, True)
  lblT.Caption = "新标签"
End Sub
```

【Python Tkinter】

在 Python Tkinter 中，可以使用特定的函数创建控件。例如，在 Python Shell 窗口中输入下面的代码，创建窗体后，使用 Button 函数创建一个文本为"确定"、宽度为 8、背景色为黄色的命令按钮，并使用 pack 方法将命令按钮停放在距离窗体顶部 10 个单位的位置。

```
>>> from tkinter import *
>>> form=Tk()
>>> form.geometry('400x160+100+100')

#创建按钮，文本为"确定"，宽度为 8，背景色为黄色
>>> btn=Button(form,text='确定',width=8,background='yellow')
>>> btn.pack(pady=10)    #布局，距离窗体顶部 10 个单位
```

14.2.2 控件的共有属性

有些属性是绝大部分控件共有的，因此有必要将它们单独列出来进行介绍。这些属性与控件的位置、大小、颜色、字体、边框、样式和图片等有关。

【Excel VBA】

在 Excel VBA 中，控件共有的属性如下。

- Left 属性和 Top 属性：用于设置控件左上角在窗体坐标系中的横坐标和纵坐标。
- Width 属性和 Height 属性：用于设置控件的宽度和高度。
- BackColor 属性和 ForeColor 属性：用于设置控件的背景色和前景色。
- Font 属性：用于设置控件的字体。
- BorderColor 属性和 BorderStyle 属性：用于设置控件边框的颜色和样式等。
- Picture 属性：用于设置图片。
- Visible 属性：用于设置控件的可见性。

这些属性的设置有设计时和运行时两种方式，读者可以参考 14.1.2 节中窗体属性的设置方法。

下面重点介绍设置控件的颜色和字体的方法。

设置控件的颜色可以使用颜色常数、整数、十六进制整数和 RGB 函数等，如下面的代码在运行时如果发生单击命令按钮的事件，则命令按钮的背景色改为红色。

```
Private Sub CommandButton1_Click()
```

```
 CommandButton1.BackColor = vbRed          '用颜色常数设置
'CommandButton1.BackColor = 255            '用整数设置
'CommandButton1.BackColor = &HFF&          '用十六进制整数设置
'CommandButton1.BackColor = RGB(255,0,0)   '用 RGB 函数设置
End Sub
```

设置控件文本的字体,使用控件对象的 Font 属性返回一个 Font 对象,利用该对象的属性设置字体。例如,下面的代码在运行时如果发生单击命令按钮的事件,则命令按钮的标题改变字体。

```
Private Sub CommandButton1_Click()
  With CommandButton1.Font
    .Name = "宋体"              '设置字体名称
    .Size = 16                  '设置字号大小
    .Bold = True                '设置是否加粗
    .Italic = True              '设置是否倾斜
    .Underline = True           '设置是否加下画线
    .Strikethrough = True       '设置是否加删除线
  End With
End Sub
```

【Python】

在 Python Tkinter 中,控件共有的属性如下。

- width 属性和 height 属性:用于设置控件的宽度和高度。控件的位置与布局有关,具体内容请参考 14.2.3 节。
- background 属性和 foreground 属性:用于设置控件的背景色和前景色。
- font 属性:用于设置字体。
- borderwidth 属性:用于设置控件的边框宽度。
- padx 属性和 pady 属性:用于设置控件中文字与边界的距离。
- relief 属性:用于设置控件的外观样式。
- image 属性:用于设置图片。
- command 属性:用于设置关联的事件响应。

属性的设置方法请参考 14.1.2 节中窗体属性的设置。

在 Python Tkinter 中,控件的颜色可以用常数或十六进制整数进行设置,示例如下。

```
>>> btn=Button(form,text='确定',width=8)
>>> btn['background']='red'
```

也可以使用如下形式。

```
>>> btn['background']='#FF0000'
```

常用的颜色常数包括 red(红色)、green(绿色)、blue(蓝色)、yellow(黄色)、orange(橙

色）、lightgreen（淡绿色）、lightblue（淡蓝色）和 lightyellow（淡黄色）等。

控件中文字的字体用 font 属性进行设置，如下面设置命令按钮上标题文本的字体为宋体，字号为 15，加粗，倾斜，添加下画线和删除线。

```
>>> btn['font']=('宋体',15,'bold','italic','underline','overstrike')
```

控件的样式用 relief 属性设置，如下面将命令按钮的样式设置为凸起。

```
>>> btn['releif']='raised'
```

可设置的样式包括 flat（平整）、raised（凸起）、sunken（下凹）、groove（边凹）、ridge（边凸）和 solid（黑框）等。

14.2.3 控件的布局

控件的布局指的是合理布置窗体中控件的位置，达到理想的界面外观效果。

【Excel VBA】

在 Excel VBA 中，设计时创建控件因为采用的是"所见即所得"的方式，所以可以交互式地控制控件的布局。另外，"格式"菜单中提供了很多与布局有关的命令，如"控件对齐"命令、"尺寸统一"命令、"间隔排列"命令等。

如果采用运行时创建控件,则可以使用控件的 Left 属性和 Top 属性控制控件的位置,使用 Width 属性和 Height 属性控制控件的大小。

【Python Tkinter】

在 Python Tkinter 中，有 3 种布局方法，即 place 布局、pack 布局和 grid 布局。

place 布局与 Excel VBA 中控件的布局方法类似，可以精确地指定控件的位置和大小。使用控件对象的 place 方法可以实现 place 布局。place 方法的参数主要有以下几个。

- x 和 y：用于指定控件左上角的 x 坐标和 y 坐标。
- width 和 height：用于指定控件的宽度和高度。
- relx 和 rely：用于指定控件相对于窗体的 x 坐标和 y 坐标，值为 0 和 1 之间的小数。
- relwidth 和 relheight：用于指定控件相对于窗体的宽度和高度，值为 0 和 1 之间的小数。

pack 布局通过控件在窗体某一侧停靠分割窗体空间来进行布局。使用控件对象的 pack 方法可以实现 pack 布局。pack 方法的参数主要有以下几个。

- anchor：用于指定控件的对齐方式，取值为 N（顶对齐）、S（底对齐）、W（左对齐）和 E（右对齐）等。
- side：用于指定控件在窗体中的停靠位置，取值为"top"、"bottom"、"left"和"right"等，默认顶部停靠，中心对齐。

- fill：用于指定填充方式，取值为 X（水平填充）或 Y（垂直填充）。
- expand：是否可以扩展，取值为 1（可扩展）或 0（不可扩展）。

grid 布局采用均匀网格结构进行布局。使用控件对象的 grid 方法可以实现 grid 布局。grid 方法的参数主要有以下几个。

- row：用于指定行编号，基数为 0。
- column：用于指定列编号，基数为 0。
- rowspan：用于指定行合并，控件占据多行。
- columnspan：用于指定列合并，控件占据多列。
- sticky：用于指定控件的对齐方式，取值为 N（顶对齐）、S（底对齐）、W（左对齐）和 E（右对齐）等。

pack 布局和 grid 布局还有以下几个常用的参数。

- padx 和 pady：用于指定控件外部与左右或上下的距离。如果指定 pady=10，则表示控件与上下的距离为 10；如果指定 pady=(10,0)，则表示控件与上面的距离为 10，与下面没有距离。
- ipadx 和 ipady：用于指定控件内部文本与控件左右两侧或上下两边的距离，是控件内部的距离度量。

14.2.4 标签控件

标签控件用于在界面上显示不可交互操作和不可修改的文本内容。

【Excel VBA】

如果采用设计时创建标签控件，则单击"工具箱"浮动窗口中的 A 按钮，在窗体上通过单击和拖曳即可交互绘制标签。选择它，在"属性"面板中设置标签的属性。常见属性的设置请参考 14.2.2 节。使用 Caption 属性可以设置标签的文本。

如果采用运行时动态创建标签控件，则可以使用 Controls 对象的 Add 方法。下面的代码创建的是一个指定位置和大小、背景色为黄色，以及文本为"标签示例"的标签。示例文件的存放路径为 Samples\ch14\Excel VBA\标签.xlsm。

```
Private Sub UserForm_Activate()
  Dim lblNew As Object
  Set lblNew = Me.Controls.Add("forms.label.1", "Label1", True)  '创建标签
  With lblNew                        '设置标签
    .Left = 10:.Top = 10             '位置
    .Width = 100:.Height = 20        '大小
    .BackColor = RGB(255, 255, 0)    '背景色为黄色
```

```
    .Caption = "标签示例"            '文本
  End With
End Sub
```

【Python】

在 Python Tkinter 中，使用 Label 函数可以创建标签控件。有关标签控件的常用属性请参考 14.2.2 节。使用 text 属性可以设置或返回标签的文本。

下面创建 3 个标签。第 1 个标签的背景色为淡绿色；第 2 个标签的样式为凸起，前景色为红色，并设置为黑体；第 3 个标签的文本有换行。编写的 Python 脚本文件的存放路径为 Samples\ch14\Python\标签.py。

```python
from tkinter import *

#窗体
form=Tk()
form.geometry('300x120+100+100')

#第 1 个标签
lbl1=Label(form,text='这是一个标签')
lbl1.pack()
lbl1['background']='lightgreen'      #背景色为淡绿色

#第 2 个标签
lbl2=Label(form,text='这是第 2 个标签')
lbl2.pack()
lbl2['relief']='raised'              #样式为凸起
lbl2['foreground']='red'             #前景色为红色
#设置字体：黑体，大小为15，加粗，倾斜，下画线
lbl2['font']=('黑体',15,'bold','italic','underline')

#第 3 个标签
lbl3=Label(form,text='这是第 3 个标签这是第 3 个标签')
lbl3.pack()
lbl3['wraplength']=120               #换行长度为 120
lbl3['background']='lightblue'       #背景色为淡蓝色
lbl3['width']=20    #宽度为 20
lbl3['height']=3    #高度为 3

form.mainloop()
```

运行效果如图 14-3 所示。

图 14-3　创建标签

14.2.5　文本框控件

使用文本框控件可以在界面上交互输入和显示文本内容。

【Excel VBA】

如果采用设计时创建文本框控件，则单击"工具箱"浮动窗口中的 **abl** 按钮，在窗体上通过单击和拖曳即可交互绘制文本框。选择它，在"属性"面板中设置文本框的属性。常见属性的设置请参考 14.2.2 节。使用 Text 属性可以设置文本框中的文本。

如果采用运行时动态创建文本框控件，则可以使用 Controls 对象的 Add 方法。下面的代码创建的是一个指定位置和大小、背景色为黄色，以及文本为"文本框示例"的文本框。示例文件的存放路径为 Samples\ch14\Excel VBA\文本框.xlsm。

```
Private Sub UserForm_Activate()
  Dim txtNew As Object
  Set txtNew = Me.Controls.Add("forms.textbox.1", "TextBox1", True)
  With txtNew
    .Left = 10: .Top = 10
    .Width = 100: .Height = 20
    .BackColor = RGB(255, 255, 0)
    .Text = "文本框示例"
  End With
End Sub
```

【Python Tkinter】

在 Python Tkinter 中，使用 Entry 函数可以创建单行文本框控件。单行文本框控件的常用属性请参考 14.2.2 节。使用 insert 方法可以在单行文本框的指定位置插入文本。

下面创建 3 个单行文本框。第 1 个单行文本框设置了被选择文本的背景色和前景色，选择前两个字符查看效果；第 2 个单行文本框插入文本后，在第 2 个字符前插入新文本；第 3 个单行文本框将输入的字符全部显示为星号。编写的 Python 脚本文件的存放路径为 Samples\ch14\Python\单行文本框.py。

```
from tkinter import *
```

```
#窗体
form=Tk()
form.geometry('400x160+100+100')

#第1个单行文本框
en1=Entry(form)
en1.pack()
en1.insert('end','单行文本框')              #在末尾插入文本
en1['selectbackground']='lightblue'         #被选择文本的背景色为淡蓝色
en1['selectforeground']='red'               #被选择文本的前景色为红色
en1.focus_set()                             #焦点转移到文本框
en1.select_range(0,2)                       #选择前两个字符

#第2个单行文本框
en2=Entry(form)
en2.pack()
en2.insert('end','单行文本框')              #在末尾插入文本
en2.icursor(1)                              #将光标插到第2个字符前
en2.insert('insert','单行文本框')           #在光标处插入文本

#第3个单行文本框
en3=Entry(form)
en3.pack()
en3.insert('end','单行文本框')              #在末尾插入文本
en3['show']='*'                             #输入的字符显示为星号

form.mainloop()
```

运行效果如图14-4所示。

图14-4 创建单行文本框

在Python Tkinter中，使用Text函数可以创建多行文本框控件。多行文本框控件的常用属性请参考14.2.2节。使用insert方法可以在多行文本框的指定位置插入文本。

下面创建3个多行文本框。第1个多行文本框设置了被选择文本的背景色和前景色；第2个和第3个多行文本框在插入文本后，用两种方式实现在第3个字符前插入新文本。编写的Python脚

本文件的存放路径为 Samples\ch14\Python\多行文本框.py。

```
from tkinter import *

#窗体
form=Tk()
form.geometry('400x200+100+100')

#第1个多行文本框
txt1=Text(form,width=50,height=3)
txt1.pack()
txt1.insert('end','多行文本框多行文本框多行文本框多行文本框多行文本框多行文本框多行
文本框多行文本框')                    #在末尾插入文本
txt1['selectbackground']='lightblue'  #被选择文本的背景色为淡蓝色
txt1['selectforeground']='red'        #被选择文本的前景色为红色
print(txt1.get('1.6',END))            #获取文本内容

#第2个多行文本框
txt2=Text(form,width=50,height=3)
txt2.pack()
txt2.insert('end','多行文本框')        #在末尾插入文本
txt2.mark_set('pos','1.2')             #标记位置为第3个字符前
txt2.insert('pos','插入内容')          #在标记处插入文本

#第3个多行文本框
txt3=Text(form,width=50,height=3)
txt3.pack()
txt3.insert('end','多行文本框')        #在末尾插入文本
txt3.insert('1.2','插入内容')          #在第1行的第3个字符前插入文本

form.mainloop()
```

运行效果如图 14-5 所示。

图 14-5　创建多行文本框

14.2.6 命令按钮控件

命令按钮可以用于发出指令。

【Excel VBA】

如果采用设计时创建命令按钮控件,则单击"工具箱"浮动窗口中的 ⌐ 按钮,在窗体上通过单击和拖曳即可交互绘制命令按钮。选择它,在"属性"面板中设置命令按钮的属性。常见属性的设置请参考 14.2.2 节。使用 Caption 属性可以设置命令按钮的标题。

如果采用运行时动态创建命令按钮控件,则可以使用 Controls 对象的 Add 方法。下面的代码创建的是一个指定位置和大小、背景色为黄色,以及文本为"命令按钮示例"的标签。示例文件的存放路径为 Samples\ch14\Excel VBA\命令按钮.xlsm。

```
Private Sub UserForm_Activate()
  Dim cmdNew As Object
  Set cmdNew = Me.Controls.Add("forms.commandbutton.1", "Button1", True)
  With cmdNew
    .Left = 10: .Top = 10
    .Width = 100: .Height = 20
    .BackColor = RGB(255, 255, 0)
    .Caption = "命令按钮示例"
  End With
End Sub
```

常常使用命令按钮控件的 Click 事件发布指令。例如,下面的代码定义程序运行时单击命令按钮,将窗体的标题修改为"命令按钮单击事件测试"。示例文件的存放路径为 Samples\ch14\Excel VBA\命令按钮 2.xlsm。

```
Private Sub CommandButton1_Click()
  Me.Caption = "命令按钮单击事件测试"
End Sub
```

【Python Tkinter】

在 Python Tkinter 中,使用 Button 函数可以创建命令按钮控件。命令按钮控件的常用属性请参考 14.2.2 节。使用 text 属性设置命令按钮的标题,使用 command 属性定义单击命令按钮时的响应,使用函数定义响应。

下面创建 3 个命令按钮。第 1 个命令按钮的背景色为淡绿色,单击它时调用 callback 函数,输出字符串"已确定";第 2 个命令按钮的背景色为淡蓝色,单击它时调用 callback2 函数,该函数带参数;单击第 3 个命令按钮时调用窗体对象的 destroy 方法,退出。编写的 Python 脚本文件的存放路径为 Samples\ch14\Python\命令按钮.py。

```
from tkinter import *
```

```
def callback():
    print('已确定')

def callback2(para):
    print(para)

#窗体
form=Tk()
form.geometry('400x160+100+100')

#第 1 个命令按钮
btn1=Button(form,text='确定',width=8,command=callback)
btn1.pack(pady=10)
btn1['background']='lightgreen'      #背景色为淡绿色

#第 2 个命令按钮
btn2=Button(form,text='参数确定',width=8,command=lambda:callback2('参数确定'))
btn2.pack(pady=10)
btn2['background']='lightblue'       #背景色为淡蓝色

#第 3 个命令按钮
btn3=Button(form,text='退出',width=8,command=form.destroy)
btn3.pack(pady=10)

form.mainloop()
```

运行效果如图 14-6 所示。

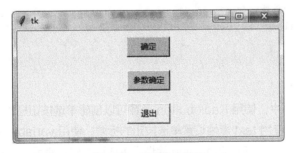

图 14-6 创建命令按钮

单击第 1 个和第 2 个命令按钮，在 Python Shell 窗口中输出下面的内容。

```
>>> = RESTART: ...\Samples\ch64-界面\Python\命令按钮.py
已确定
参数确定
```

单击第 3 个命令按钮，关闭界面，退出。

14.2.7 单选按钮控件

可以使用一组单选按钮控件实现单项选择。

【Excel VBA】

如果采用设计时创建单选按钮控件，则单击"工具箱"浮动窗口中的 ⊙ 按钮，在窗体上通过单击和拖曳即可交互绘制单选按钮。选择它，在"属性"面板中设置单选按钮的属性。常见属性的设置请参考 14.2.2 节。使用 Caption 属性设置单选按钮的文本；使用 Value 属性设置或返回单选按钮是否被选中，当值为 True 时表示被选中，当值为 False 时表示未选中。

如果采用运行时动态创建单选按钮控件，则可以使用 Controls 对象的 Add 方法。下面的代码创建的是两个指定位置，以及文本分别为"单选按钮选项 1"和"单选按钮选项 2"的单选按钮，且选中第 1 个单选按钮。示例文件的存放路径为 Samples\ch14\Excel VBA\单选按钮.xlsm。

```
Private Sub UserForm_Activate()
  Dim optNew As Object
  Set optNew = Me.Controls.Add("forms.optionbutton.1", "Option1", True)
  With optNew
    .Left = 10:  .Top = 10
    .Caption = "单选按钮选项1"
    .Value = True
  End With
  
  Dim optNew2 As Object
  Set optNew2 = Me.Controls.Add("forms.optionbutton.1", "Option2", True)
  With optNew2
    .Left = 10:  .Top = 30
    .Caption = "单选按钮选项2"
    .Value = False
  End With
End Sub
```

【Python Tkinter】

在 Python Tkinter 中，使用 Radiobutton 函数可以创建单选按钮控件。单选按钮控件的常用属性请参考 14.2.2 节。使用 text 属性设置单选按钮的标题；使用 variable 属性绑定变量，属于同一组的单选按钮绑定同一个变量；使用 value 属性设置或返回值；使用 command 属性定义选中单选按钮时的响应，用函数定义响应。

下面创建两个单选按钮。第 1 个单选按钮表示男性性别，选中；第 2 个单选按钮表示女性性别，未选中。创建一个淡绿色的命令按钮，单击它时调用 OptBtn 函数，根据单选按钮的选中状态输出对应的内容。编写的 Python 脚本文件的存放路径为 Samples\ch14\Python\单选按钮.py。

```
from tkinter import *
```

```
#窗体
form=Tk()
form.geometry('300x120+100+100')

def OptBtn():
    if g1.get()==0:
        print('你是男生')
    else:
        print('你是女生')

g1=IntVar()         #创建变量g1,同一组的单选按钮绑定同一个变量
g1.set(0)           #选择第1个单选按钮

#创建两个单选按钮
rdn1=Radiobutton(form,text='男',variable=g1,value=0)
rdn1.grid()
rdn2=Radiobutton(form,text='女',variable=g1,value=1)
rdn2.grid()

#创建命令按钮
btn=Button(form,text='确定',width=8,command=OptBtn)
btn.grid(pady=10)
btn['background']='lightgreen'    #背景色为淡绿色

form.mainloop()
```

运行效果如图 14-7 所示。

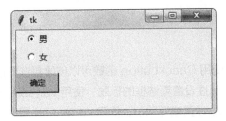

图 14-7　创建单选按钮

当运行脚本时，选中第 1 个单选按钮，单击"确定"按钮，在 Python Shell 窗口中输出下面的内容。

```
>>> = RESTART: ...\Samples\ch64-界面\Python\单选按钮.py
你是男生
```

14.2.8　复选框控件

可以使用一组复选框控件来实现多项选择。

【Excel VBA】

如果采用设计时创建复选框控件，则单击"工具箱"浮动窗口中的 ☑ 按钮，在窗体上通过单击和拖曳即可交互绘制复选框。选择它，在"属性"面板中设置复选框的属性。常见属性的设置请参考 14.2.2 节。使用 Caption 属性设置复选框的文本；使用 Value 属性设置或返回复选框是否被勾选，当值为 True 时表示勾选，当值为 False 时表示没有勾选。

如果采用运行时动态创建复选框控件，则可以使用 Controls 对象的 Add 方法。下面的代码创建的是两个指定位置，并且文本分别为"复选框选项 1"和"复选框选项 2"的复选框。示例文件的存放路径为 Samples\ch14\Excel VBA\复选框.xlsm。

```
Private Sub UserForm_Activate()
  Dim chkNew As Object
  Set chkNew = Me.Controls.Add("forms.checkbox.1", "Check1", True)
  With chkNew
    .Left = 10: .Top = 10
    .Caption = "复选框选项 1"
    .Value = True
  End With
  
  Dim chkNew2 As Object
  Set chkNew2 = Me.Controls.Add("forms.checkbox.1", "Check2", True)
  With chkNew2
    .Left = 10: .Top = 30
    .Caption = "复选框选项 2"
    .Value = False
  End With
End Sub
```

【Python Tkinter】

在 Python Tkinter 中，使用 Checkbutton 函数可以创建复选框控件。复选框控件的常用属性请参考 14.2.2 节。使用 text 属性设置复选框的标题；使用 variable 属性绑定变量，不同复选框绑定不同的变量；使用 value 属性设置或返回值；使用 command 属性定义单击复选框时的响应，用函数定义响应。

下面创建 3 个复选框。第 1 个复选框的文本为"音乐"，勾选；第 2 个复选框的文本为"美术"，未勾选；第 3 个复选框的文本为"体育"，未勾选。创建一个淡绿色的命令按钮，单击它时调用 ChkBtn 函数，根据复选框的选中状态输出对应的内容。编写的 Python 脚本文件的存放路径为 Samples\ch14\Python\复选框.py。

```
from tkinter import *

#窗体
```

```
form=Tk()
form.geometry('300x120+100+100')

def ChkBtn():
    str=''
    if g1.get()==True:
        str=str+chk1['text']+' '
    if g2.get()==True:
        str=str+chk2['text']+' '
    if g3.get()==True:
        str=str+chk3['text']
    print('你的爱好是：'+str)

g1=DoubleVar(value=True)        #创建布尔型变量g1，默认选择
g2=DoubleVar()                  #创建布尔型变量g2
g3=DoubleVar()                  #创建布尔型变量g3

#创建复选框，分别绑定不同的变量
chk1=Checkbutton(form,text='音乐',variable=g1)
chk1.grid()
chk2=Checkbutton(form,text='美术',variable=g2)
chk2.grid()
chk3=Checkbutton(form,text='体育',variable=g3)
chk3.grid()

#创建按钮
btn=Button(form,text='确定',width=8,command=ChkBtn)
btn.grid(pady=10)
btn['background']='lightgreen'   #背景色为淡绿色

form.mainloop()
```

运行效果如图 14-8 所示。

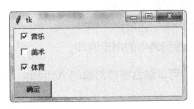

图 14-8　创建和使用复选框

当运行脚本时，勾选第 1 个和第 3 个复选框，单击"确定"按钮，在 Python Shell 窗口中输出下面的内容。

```
>>> = RESTART: ...\Samples\ch64-界面\Python\复选框.py
```

你的爱好是：音乐 体育

14.2.9 列表框控件

列表框控件用于在界面上列出多个选项，可以从中进行选择。

【Excel VBA】

如果采用设计时创建列表框控件，则单击"工具箱"浮动窗口中的 按钮，在窗体上通过单击和拖曳即可交互绘制列表框。选择它，在"属性"面板中设置列表框的属性。常见属性的设置请参考14.2.2节。列表框控件的特有属性和方法如下。

- ColumnCount 属性：列表框的列数。
- ColumnHeads 属性：是否将第1行的数据作为表头。
- ColumnWidths 属性：指定各列的列宽，如"70磅;60磅;50磅"或"2厘米;2厘米;3厘米"。
- RowSource 属性：指定数据源，如"Sheet1!A1:E5"，表示Sheet1工作表中A1:E5单元格区域中的数据。
- ListStyle 属性：列表框的样式，有普通样式和单选按钮样式。
- BoundColumn 属性：当有多列时，指定将选定行中哪一列的值作为 Value 属性的值。
- TextColumn 属性：当有多列时，指定将选定行中哪一列的值作为 Text 属性的值。
- MultiSelect 属性：当值为0时表示每次只能选1个；当值为1时表示有多个选择；当值为2时表示扩展多选，按住Shift键可以实现连续多选，按住Ctrl键可以实现不连续多选。
- Value 属性：列表框中当前选择的值。
- Text 属性：列表框中当前选择的文本。
- ControlSource 属性：当前选择的某值（Value属性的值）在指定单元格中显示，如"A1"。
- ListIndex 属性：指定或返回当前选中的选项的编号。
- ListCount 属性：返回列表框中选项的个数。
- List 属性：可以使用数组指定列表数据。
- AddItem 方法：向列表中添加选项。
- RemoveItem 方法：删除列表中的指定选项。

当采用设计时创建列表框后，可以结合窗体对象的 Activate 事件向列表中添加数据，实现列表框内容的初始化。

```
Private Sub UserForm_Activate()
  With ListBox1
    .AddItem "北京"
    .AddItem "上海"
    .AddItem "广州"
```

```
    .ListIndex = 0
  End With
End Sub
```

如果采用运行时动态创建列表框控件，则可以使用 Controls 对象的 Add 方法。下面的代码创建的是一个指定位置和大小的列表框，给列表框添加 3 个选项，其中第 1 个选项被选中。示例文件的存放路径为 Samples\ch14\Excel VBA\列表框.xlsm。

```
Private Sub UserForm_Activate()
  Dim lstNew As Object
  Set lstNew = Me.Controls.Add("forms.listbox.1", "list1", True)
  With lstNew
    .Left = 10: .Top = 10
    .Width = 100: .Height = 50
    .AddItem "北京"
    .AddItem "上海"
    .AddItem "广州"
    .ListIndex = 0
  End With
End Sub
```

【Python Tkinter】

在 Python Tkinter 中，可以使用 Listbox 函数创建列表框控件。列表框控件的常用属性请参考 14.2.2 节。使用 text 属性设置复选框的标题；使用 value 属性设置或返回值；使用 command 属性定义单击列表框时的响应，用函数定义响应。

下面创建一个列表框，使用 insert 方法向列表框中插入数据，并选择第 4 个数据。创建一个淡绿色的命令按钮，单击它时调用 Lst 函数，输出选中的内容。编写的 Python 脚本文件的存放路径为 Samples\ch14\Python\列表框.py。

```
from tkinter import *

#窗体
form=Tk()
form.geometry('300x200+100+100')

def Lst():
    idx=lst.curselection()
    for i in idx:
        print('当前选项: '+lst.get(i))

#创建列表框
lst=Listbox(form,height=7)
lst.pack(padx=10,pady=10)
#向列表框中写入数据
```

```
strs=('高中','中专','大专','本科','研究生')
lst.insert(END,*strs)
lst.select_set(3)    #默认选择本科

#单击按钮，从列表框中读取数据
btn=Button(form,text='确定',width=8,command=Lst)
btn.pack(pady=10)
btn['background']='lightgreen'    #背景色为淡绿色

form.mainloop()
```

运行效果如图14-9所示。

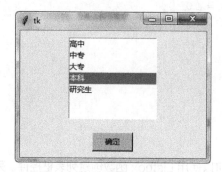

图14-9 创建和使用列表框

运行脚本，选择第4个选项，单击"确定"按钮，在Python Shell窗口中输出下面的内容。

```
>>> = RESTART: ...\Samples\ch64-界面\Python\列表框.py
当前选项：本科
```

如果将列表框对象的selectmode属性的值设置为multiple，就可以在列表框中实现多选。编写的Python脚本文件的存放路径为Samples\ch14\Python\列表框2.py。

```
from tkinter import *

#窗体
form=Tk()
form.geometry('300x200+100+100')

def Lst():
    idx=lst.curselection()
    str=''
    for i in idx:
        str=str+lst.get(i)+' '
    print('当前选项：'+str)

#创建列表框
```

```
#省略
lst['selectmode']='multiple'

#单击按钮,从列表框中读取数据
#省略

form.mainloop()
```

运行效果如图 14-10 所示。

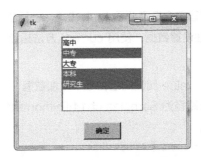

图 14-10　实现列表框中选项的多选

运行脚本,选择第 2、4 和 5 项,单击"确定"按钮,在 Python Shell 窗口中输出下面的内容。

```
>>> = RESTART: ...\Samples\ch64-界面\Python\列表框2.py
当前选项：中专 本科 研究生
```

14.2.10　组合框控件

组合框是文本框和列表框的组合,列出多个选项,可以从中进行选择。

【Excel VBA】

如果采用设计时创建组合框控件,则单击"工具箱"浮动窗口中的 ▦ 按钮,在窗体上通过单击和拖曳即可交互绘制组合框。选择它,在"属性"面板中设置组合框的属性。常见属性的设置请参考 14.2.2 节。组合框控件的特有属性和方法与列表框的基本相同,请参考 14.2.9 节。

采用设计时创建组合框后,可以结合窗体对象的 Activate 事件使用组合框对象的 AddItem 方法向列表中添加数据,其操作与列表框的相同。

如果采用运行时动态创建列表框控件,则可以使用 Controls 对象的 Add 方法。下面的代码创建的是一个指定位置的列表框,为列表框添加 3 个选项,其中第 1 个选项被选中。示例文件的存放路径为 Samples\ch14\Excel VBA\组合框.xlsm。

```
Private Sub UserForm_Activate()
  Dim cmbNew As Object
  Set cmbNew = Me.Controls.Add("forms.combobox.1", "combo1", True)
  With cmbNew
```

```
      .Left = 100: .Top = 50
      .AddItem "北京"
      .AddItem "上海"
      .AddItem "广州"
      .ListIndex = 0
  End With
End Sub
```

【Python Tkinter】

在 Python Tkinter 中，创建组合框需要导入 ttk 模块，使用该模块的 Combobox 函数可以创建组合框控件。使用 value 属性设置数据；使用 current 方法指定默认值，该方法的参数为组合框选项编号，基数为 0。

下面创建一个组合框，使用 value 属性向组合框中添加数据，并选择第 1 个数据作为默认值。编写的 Python 脚本文件的存放路径为 Samples\ch14\Python\组合框.py。

```
from tkinter import *
from tkinter import ttk    #导入ttk模块

form = Tk()
form.geometry('300x200+100+100')

#创建组合框
cmb = ttk.Combobox(form)
cmb.pack(padx=10,pady=50)
#添加数据
cmb['value'] = ('北京','上海','广州')
#设置默认值
cmb.current(0)

form.mainloop()
```

运行效果如图 14-11 所示。

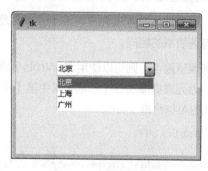

图 14-11　创建组合框

14.2.11 旋转按钮控件

使用旋转按钮可以采用上下翻动的方式设置值。可以将旋转按钮看作只有两端按钮的滚动条。

【Excel VBA】

如果采用设计时创建旋转按钮控件，则单击"工具箱"浮动窗口中的 ⬆ 按钮，在窗体上通过单击和拖曳即可交互绘制旋转按钮。选择它，在"属性"面板中设置旋转按钮的属性。常见属性的设置请参考 14.2.2 节。使用 Min 属性设置最小值，使用 Max 属性设置最大值，使用 SmallChange 属性设置步长，使用 Value 属性返回当前的值。

如果采用运行时动态创建旋转按钮控件，则可以使用 Controls 对象的 Add 方法。下面的代码创建的是一个指定位置和大小，并且步长为 1 的旋转按钮。示例文件的存放路径为 Samples\ch14\Excel VBA\旋转按钮.xlsm。

```
Private Sub UserForm_Activate()
  Dim spnNew As Object
  Set spnNew = Me.Controls.Add("forms.spinbutton.1", "spin1", True)
  With spnNew
    .Left = 10: .Top = 10
    .Min = 0: .Max = 10
    .SmallChange = 1
  End With
End Sub
```

【Python】

在 Python Tkinter 中，使用 Spinbox 函数可以创建旋转按钮控件。旋转按钮控件的常用属性请参考 14.2.2 节。使用 from 属性和 to 属性设置最小值和最大值，使用 get 方法获取当前值，使用 wrap 属性设置是否循环使用数据。

下面创建一个旋转按钮，取 0 到 20 之间的数，可以循环使用。创建一个淡绿色的命令按钮，单击它时调用 Spn 函数，输出旋转按钮的当前值。编写的 Python 脚本文件的存放路径为 Samples\ch14\Python\旋转按钮.py。

```
from tkinter import *

#窗体
form=Tk()
form.geometry('300x120+100+100')

def Spn():
    print('当前值: '+spn.get())

#创建旋转按钮
```

```
spn=Spinbox(form,from_=0,to=20)
spn.pack(padx=10,pady=10)
spn['wrap']=True    #可以循环

#单击按钮,从列表框中读取数据
btn=Button(form,text='确定',width=8,command=Spn)
btn.pack(pady=10)
btn['background']='lightgreen'    #背景色为淡绿色

form.mainloop()
```

运行效果如图 14-12 所示。

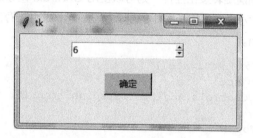

图 14-12　创建和使用旋转按钮

运行脚本,单击旋转按钮中的向上或向下按钮,当当前值为 6 时,单击"确定"按钮,在 Python Shell 窗口中输出下面的内容。

```
= RESTART: ...\Samples\ch64-界面\Python\旋转按钮.py
当前值: 6
```

14.2.12　方框控件

方框控件是一个容器控件,可以包含其他控件。

【Excel VBA】

如果采用设计时创建方框控件,则单击"工具箱"浮动窗口中的 按钮,在窗体上通过单击和拖曳即可交互绘制方框。选择它,在"属性"面板中设置方框的属性。常见属性的设置请参考 14.2.2 节。

如果采用运行时动态创建方框控件,则可以使用 Controls 对象的 Add 方法。下面的代码创建的是一个指定位置和大小的方框。示例文件的存放路径为 Samples\ch14\Excel VBA\方框.xlsm。

```
Private Sub UserForm_Activate()
  Dim fmNew As Object
  Set fmNew = Me.Controls.Add("forms.frame.1", "Frame1", True)
  With fmNew
    .Left = 10: .Top = 10
    .Width = 100: .Height = 50
```

```
    End With
End Sub
```

【Python】

在 Python Tkinter 中，可以使用 LabelFrame 函数创建方框控件。方框控件的常用属性请参考 14.2.2 节。可以使用 text 属性设置方框的文本。

下面创建一个方框，并在方框中放置两个单选按钮。需要注意的是，在创建单选按钮时将方框作为容器对象。编写的 Python 脚本文件的存放路径为 Samples\ch14\Python\方框.py。

```
from tkinter import *

#窗体
form=Tk()
form.geometry('300x120+100+100')

#创建方框
lfr=LabelFrame(form,text='性别')
lfr.pack(padx=10,pady=10)

#向方框中添加单选按钮，将方框作为容器对象
g1=IntVar(0)
rdn1=Radiobutton(lfr,text='男',variable=g1,value=0)
rdn1.pack(padx=20)
rdn2=Radiobutton(lfr,text='女',variable=g1,value=1)
rdn2.pack(padx=20)

form.mainloop()
```

运行效果如图 14-13 所示。

图 14-13　创建方框

14.3　界面设计示例

本节设计个人资料输入界面，先通过鼠标和键盘输入姓名、性别、年龄、籍贯和爱好等资料，然后输出到指定位置。

【Excel VBA】

在 Excel VBA 编程环境中添加窗体模块，在窗体上添加控件，最终的设计界面如图 14-14 所示。示例文件的存放路径为 Samples\ch14\Excel VBA\示例.xlsm。

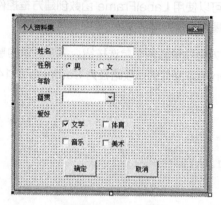

图 14-14　设计界面

窗体中各控件的名称和属性如表 14-1 所示。

表 14-1　窗体中各控件的名称和属性

类　型	名　称	属　性
Label	lblName	Caption="姓名"
	lblSex	Caption="性别"
	lblAge	Caption="年龄"
	lblNative	Caption="籍贯"
	lblHobby	Caption="爱好"
TextBox	txtName	Text=" "
	txtAge	Text=" "
OptionButton	optBoy	Caption="男"
	optGirl	Caption="女"
ComboBox	cmbNative	
CheckBox	chkPaper	Caption="文学"
	chkPhis	Caption="体育"
	chkMusic	Caption="音乐"
	chkArt	Caption="美术"
CommandButton	cmdOK	Caption="确定"
	cmdCancel	Caption="取消"

在窗体模块中添加下面的代码，对"籍贯"组合框中的数据进行初始化。

```
Private Sub UserForm_Activate()
  '组合框初始化数据
  With cmbNative
    .AddItem "北京"
    .AddItem "天津"
    .AddItem "上海"
    .AddItem "重庆"
    .AddItem "广东"
    .AddItem "江苏"
    .ListIndex = 0
  End With
End Sub
```

单击"确定"按钮可以将个人资料输出到"立即窗口"面板。在窗体模块中添加下面的 cmdOK_Click 单击事件过程。根据文本框和组合框的输入内容及单选按钮和复选框的选择情况组合输出文本。

```
Private Sub cmdOK_Click()
  Dim strData As String
  Dim strHobby As String
  
  '姓名
  If txtName.Text <> "" Then
    strData = txtName.Text
  Else
    strData = "-"
  End If
  
  '性别
  If optBoy.Value Then
    strData = strData & ",男"
  ElseIf optGirl.Value Then
    strData = strData & ",女"
  End If
  
  '年龄
  If txtAge.Text <> "" Then
    strData = strData & "," & txtAge.Text & "岁"
  Else
    strData = strData & ",-岁"
  End If
  
  strData = strData & ",籍贯" & cmbNative.Text    '籍贯
  
  '爱好
```

```
    strHobby = ""
    If chkPaper.Value Then strHobby = strHobby & "文学 "
    If chkPhis.Value Then strHobby = strHobby & "体育 "
    If chkMusic.Value Then strHobby = strHobby & "音乐 "
    If chkArt.Value Then strHobby = strHobby & "美术"
    
    strData = strData & ",爱好" & strHobby
    
    '将当前的个人资料输出到"立即窗口"面板
    Debug.Print strData
End Sub
```

当单击"取消"按钮时退出应用程序。在窗体模块中添加下面的代码。

```
Private Sub cmdCancel_Click()
    Unload Me
End Sub
```

运行程序，在界面中输入个人资料，如图 14-15 所示。

图 14-15　程序的运行界面

单击"确定"按钮，将个人资料输出到"立即窗口"面板，如下所示。

```
张三,男,25岁,籍贯北京,爱好文学 音乐
```

【Python Tkinter】

使用 Python Tkinter 也可以实现上面的程序界面，在 Python IDLE 文件脚本窗口中添加脚本文件，输入下面的代码创建窗体和控件，并对控件进行布局。脚本文件的存放路径为 Samples\ch14\Python\示例.py。

```
from tkinter import *
from tkinter import ttk

#创建窗体
```

```
form=Tk()
form.geometry('300x270+100+100')

#单选按钮变量
g1=IntVar()
g1.set(0)

#复选框变量
c1=DoubleVar(value=True)
c2=DoubleVar()
c3=DoubleVar()
c4=DoubleVar()

#姓名
label_name=Label(form,text='姓名')
label_name.grid(row=0,column=0,padx=30,pady=(10,0))
entry_name=Entry(form,width=10)
entry_name.grid(row=0,column=1,sticky=W,pady=(10,0))

#性别
label_sex=Label(form,text='性别')
label_sex.grid(row=1,column=0,pady=5)
option_sex1=Radiobutton(form,text='男',variable=g1,value=1)
option_sex1.grid(row=1,column=1,sticky=W)
option_sex2=Radiobutton(form,text='女',variable=g1,value=0)
option_sex2.grid(row=1,column=2,sticky=W)

#年龄
label_age=Label(form,text='年龄')
label_age.grid(row=2,column=0,pady=5)
entry_age=Entry(form,width=10)
entry_age.grid(row=2,column=1,sticky=W)

#籍贯
label_native=Label(form,text='籍贯')
label_native.grid(row=3,column=0,pady=5)
combo_native=ttk.Combobox(form,width=7)
combo_native.grid(row=3,column=1,sticky=W)
combo_native['value']=('北京','上海','广东','江苏','天津','重庆')
combo_native.current(0)

#爱好
label_hobby=Label(form,text='爱好')
label_hobby.grid(row=4,column=0)
check_hobby1=Checkbutton(form,text='文学',variable=c1)
```

```
check_hobby1.grid(row=5,column=1,sticky=W)
check_hobby2=Checkbutton(form,text='体育',variable=c2)
check_hobby2.grid(row=5,column=2,sticky=W)
check_hobby3=Checkbutton(form,text='音乐',variable=c3)
check_hobby3.grid(row=6,column=1,sticky=W)
check_hobby4=Checkbutton(form,text='美术',variable=c4)
check_hobby4.grid(row=6,column=2,sticky=W)

#命令按钮
button_yes=Button(form,text='确定',width=6,command=get_data)
button_yes.grid(row=7,column=1,sticky=W,pady=15)
button_cancel=Button(form,text='取消',width=6)
button_cancel.grid(row=7,column=2,sticky=W)

form.mainloop()
```

"确定"命令按钮的 command 属性关联 get_data 函数,根据文本框和组合框的输入内容及单选按钮和复选框的选择情况组合输出文本。在上面的脚本文件中添加 get_data 函数,如下所示。

```
#获取数据并输出,绑定"确定"按钮
def get_data():
    data=[]                                      #将数据放在列表中
    #姓名
    if len(entry_name.get())>0:                  #如果填写了姓名
        data.append(entry_name.get())            #则把名称添加到列表中
    else:
        data.append('-')                         #如果没有填写姓名,则在列表中添加"-"
    #性别
    if option_sex1['value']==1:
        data.append('男')
    else:
        data.append('女')
    #年龄
    if len(entry_age.get())>0:
        data.append(int(entry_age.get()))
    else:
        data.append('-')
    #籍贯
    data.append(combo_native['value'][combo_native.current()])
    #爱好
    mystr=''
    if c1.get()==True:                           #如果选择了该复选框
        mystr=mystr+check_hobby1['text']+' '     #则拼接对应的文本
    if c2.get()==True:
        mystr=mystr+check_hobby2['text']+' '
    if c3.get()==True:
```

```
        mystr=mystr+check_hobby3['text']+' '
   if c4.get()==True:
        mystr=mystr+check_hobby4['text']
   data.append(mystr)
   print(data)
```

运行程序，生成的程序界面如图 14-16 所示。

图 14-16 使用 Python Tkinter 生成的程序界面

在界面中输入个人资料，单击"确定"按钮，在 Python Shell 窗口中输出下面的内容。

```
>>> = RESTART: .../Samples/ch14/Python/示例.py
['张三', '男', 25, '天津', '文学 音乐 ']
```

第 15 章

文件操作

文件操作是 Python 的基本内容之一。本章介绍使用 Excel VBA 和 Python 进行文件操作的方法，主要包括文本文件和二进制文件的读/写。

15.1 文本文件的读/写

文本文件的读/写，包括创建文本文件并写入数据、读取文本文件和向文本文件追加数据等内容。

15.1.1 创建文本文件并写入数据

本节介绍创建新的文本文件或打开已经存在的文本文件并写入数据的操作。

【Excel VBA】

在 Excel VBA 中，可以使用 Open 语句打开指定文本文件并写入数据。Open 语句的语法格式如下。

```
Open pathname For Output As filenumber [Len = buffersize]
```

打开文本文件以后，可以使用 Print 语句写入数据。打开一个文本文件以后，在为其他类型的操作重新打开它之前必须先使用 Close 语句关闭它。

```
Sub SaveToFile()
  Dim intFileNum As Integer
  Dim strFile As String
  Dim strText As String

  strFile = "D:\test.txt"
  strText = "谁知盘中餐" & vbCrLf & "粒粒皆辛苦"
```

```
    intFileNum = FreeFile()    '找到空闲的文件号
    If strFile <> "" Then      '如果指定了非空的文件名
      '打开该文件，准备写入内容
      Open strFile For Output As #intFileNum
      '写入文本框中的内容
      Print #1, strText
    End If

    '关闭文件号
    Close #intFileNum
End Sub
```

运行过程，打开 D 盘下的文本文件 test.txt，效果如图 15-1 所示。

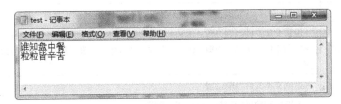

图 15-1　创建文本文件并写入数据

【Python】

在 Python 中，可以使用 open 函数进行文本文件的读/写。open 函数按指定模式打开文本文件，并返回一个 file 对象，语法格式如下。

```
open(file, mode='r', buffering=-1, encoding=None, errors=None, \
     newline=None, closefd=True, opener=None)
```

其中，各参数的意义如下。

- file: 必需参数，指定文本文件路径和名称。
- mode: 可选参数，指定文本文件打开模式，包括读、写、追加等各种模式。
- buffering: 可选参数，设置缓冲（不影响结果）。
- encoding: 可选参数，设置编码方式，一般使用 UTF-8。
- errors: 可选参数，指定编码和解码错误时怎么处理，适用于文本模式。
- newline: 可选参数，指定文本文本模式，控制一行结束的字符。
- closefd: 可选参数，指定传入的 file 参数的类型。
- opener: 可选参数，设置自定义文本文件的打开方式，默认为 None。

需要注意的是，使用 open 函数打开文本文件且操作完毕后，一定要保证关闭文件对象。关闭文件对象使用 close 函数。

使用 open 函数打开文本文件后会返回一个 file 对象，利用该对象的方法可以进行文本文件内容的读取、写入、截取和文件关闭等一系列操作,如表 15-1 所示。

表 15-1　file 对象的方法

方法	说明
close()	关闭文本文件
flush()	刷新文本文件的内部缓存,把内部缓存中的数据直接写入文件
fileno()	返回文本文件描述符,整型
isatty()	当文本文件连接到某个终端设备时返回 True,否则返回 False
next()	返回文件下一行
read([size])	从文本文件中读取指定数目的字节,如果不指定大小或指定为负则读取所有文本
readline([size])	读取行,包括换行符,以列表的形式返回
readlines([sizeint])	读取所有行。如果设置 sizeint 参数,则读取指定长度的字节,并且这些字节按行分割
seek(offset[, whence])	设置文本文件当前位置。offset 参数指定文本文件相对于某个位置偏移的字节数,whence 参数指定相对于哪个位置,0 表示从文件头开始,1 表示从文件当前位置开始,2 表示从文件尾开始
tell()	返回文本文件当前位置
truncate([size])	截取指定数目的字节,size 指定数目
write(str)	将字符串写入文本文件,返回值为写入字符串的长度
writelines(sequence)	向文本文件中写入字符串列表,列表中的每个元素占一行

当使用 open 函数打开文件时,如果指定 mode 参数的值为表 15-2 中的值,并且文件不存在,则创建新文件。

表 15-2　文本文件写入时 mode 参数的设置

模式	说明
w	打开一个文本文件只用于写入。如果该文件已存在,则打开文本文件时原有内容会被删除;如果该文件不存在,则创建新文件
w+	打开一个文本文件用于读/写。如果该文件已存在则打开文件,并从开头开始编辑,即原有内容会被删除;如果该文件不存在,则创建新文件

例如,下面创建一个文本文件 test.txt,并放在 D 盘下。

```
>>> f= open('D:\\test.txt','w')
```

使用 open 函数可以返回一个 file 对象,使用该对象的 write 方法在文件中写入数据。

```
>>> f.write('谁知盘中餐\n粒粒皆辛苦')
11
```

返回值 11 表示文本文件 test.txt 中字符串的长度。

此时打开 D 盘下的文本文件 test.txt 会发现什么也没有。使用 file 对象的 close 方法可以关闭文件对象。

```
>>> f.close()
```

现在打开文本文件 test.txt 会发现刚刚写入的字符串显示出来了，如图 15-1 所示。

下面使用 with 语句打开文本文件后写入数据。使用这种方法的好处是执行完后会主动关闭文件，不需要使用 file 对象的 close 方法进行关闭。

```
>>> with open ('D:\\test.txt','w') as f:
        f.write ('谁知盘中餐\n粒粒皆辛苦')
```

打开文本文件 test.txt，发现文件中原来的内容被删除，重新写入了新字符串。

使用 file 对象的 writelines 方法可以用列表结合换行符一次写入多行数据。

```
>>> f= open('D:\\test.txt','w')
>>> f.writelines(['谁知盘中餐\n','粒粒皆辛苦'])
>>> f.close()
```

打开该文件，列表中的两个元素数据已经分两行写入。

下面打开文本文件 test.txt 后使用循环连续写入数据。其中，"\r" 和 "\n" 表示回车和换行。

```
>>> f= open('D:\\test.txt','w')
>>> for i in range(10):
        f.write('Hello Python!\r\n')
>>> f.close()
```

打开该文件，已经连续写入了 10 行"Hello Python!"。

15.1.2 读取文本文件

15.1.1 节介绍了创建或打开文本文件并写入数据的情况，本节介绍如何将数据从文本文件中读取出来。

【Excel VBA】

在 Excel VBA 中，使用 Open 语句可以读取指定文本文件中的数据。Open 语句的语法格式如下。

```
Open pathname For Input As filenumber [Len = buffersize]
```

当打开文本文件进行读取时，该文本文件必须已经存在，否则会产生一个错误。可以使用 Input 语句、Input 函数或 Line Input 语句读取数据。在打开一个文本文件以后，在为其他类型的操作重新打开它之前必须先使用 Close 语句关闭它。

下面使用 Open 语句打开文本文件并读取数据。

```
Sub OpenFile()
  Dim intFileNum As Integer
```

```vba
    Dim LinesFromFile As String
    Dim NextLine As String
    Dim strFile As String
    
    strFile = 'D:\test.txt'
    
    intFileNum = FreeFile()      '找到空闲的文件号
    If strFile <> '' Then        '如果指定了非空的文件名
     '打开该文件,准备读取内容
     Open strFile For Input As #intFileNum
     '读取文件中的内容
     Do Until EOF(intFileNum)
       Line Input #intFileNum, NextLine
       LinesFromFile = LinesFromFile & NextLine & Chr(13) & Chr(10)
     Loop
    End If
    Debug.Print LinesFromFile
    
    '关闭文件号
    Close #intFileNum
End Sub
```

运行过程,在"立即窗口"面板中输出文件数据。使用 Input 语句和 Input 函数的情况请参见同模块中的 OpenFile2 和 OpenFile3 两个过程。

【Python】

当使用 open 函数打开文本文件时,如果指定 mode 参数的值为表 15-3 中的值,则读取该文件中的内容。

表 15-3 当读取文本文件时 mode 参数的设置

模式	说明
r	以只读方式打开文本文件,为默认模式
r+	打开一个文本文件用于读/写

下面使用 open 函数打开 D 盘下的文本文件 test.txt,将 mode 参数的值设置为"r",只读。使用 file 对象的 read 方法读取文本文件 test.txt 中的内容。

```python
>>> f= open('D:\\test.txt','r')
>>> f.read()
'谁知盘中餐\n粒粒皆辛苦'
```

下面使用 file 对象的 write 方法向文本文件 test.txt 中写入数据。

```python
>>> f.write('This is a test.')
Traceback (most recent call last):
```

```
    File '<pyshell#32>', line 1, in <module>
        f.write('This is a test.')
io.UnsupportedOperation: not writable
>>> f.close()
```

可见，因为打开文本文件 test.txt 时 mode 参数设置为"r"，只读，所以试图向该文件写入数据时报错。

使用 file 对象的 readline 方法可以逐行读取数据。

```
>>> f= open('D:\\test.txt','r')
```

读取第 1 行数据。

```
>>> f.readline()
'Hello Python!\n'
```

读取第 2 行数据，是空行。

```
>>> f.readline()
'\n'
```

读取第 3 行数据的前 5 个字符。

```
>>> f.readline(5)
'Hello'
>>> f.close()
```

使用 file 对象的 readlines 方法读取全部行数据。

```
>>> f= open('D:\\test.txt','r')
>>> f.readlines()
['Hello Python!\n', '\n', 'Hello Python!\n', '\n', 'Hello Python!\n', '\n',
'Hello Python!\n', '\n', 'Hello Python!\n', '\n', 'Hello Python!\n', '\n', 'Hello
Python!\n', '\n', 'Hello Python!\n', '\n', 'Hello Python!\n', '\n', 'Hello
Python!\n', '\n']
>>> f.close()
```

15.1.3 向文本文件追加数据

15.1.1 节在打开已有文本文件并写入新数据时，原有数据会被删除。本节讨论在保留原有数据的基础上，向文本文件追加数据的情况。

【Excel VBA】

在 Excel VBA 中，使用 Open 语句打开文本文件时用 Append 关键字可以实现向文件追加数据。下面打开 D 盘下的文本文件 test.txt，保留原有内容，并在末尾追加新的字符串。

```
Sub AppendFile()
  Dim intFileNum As Integer
```

```vba
    Dim strFile As String
    Dim strText As String
    
    strFile = 'D:\test.txt'
    strText = '锄禾'
    intFileNum = FreeFile()      '找到空闲的文件号
    If strFile <> '' Then        '如果指定了非空的文件名
      '打开该文件,在末尾添加内容
      Open strFile For Append As #intFileNum
      '写入文本框中的内容
      Print #1, strText
    End If
    
    '关闭文件号
    Close #intFileNum
End Sub
```

运行过程,在原有内容的后面添加新的字符串。

【Python】

在 Python 中,当使用 open 函数打开文本文件时,如果指定 mode 参数的值为表 15-4 中的值,则可以在原有内容的后面追加数据,即保留原有数据,继续追加。

表 15-4 向文本文件追加数据时 mode 参数的设置

模式	说明
a	打开一个文本文件用于追加。如果该文件已经存在,则新的内容将会被写入已有内容之后;如果该文件不存在,则创建新文件
a+	打开一个文本文件用于读/写。如果该文件已经存在,则新的内容将会被写入已有内容之后;如果该文件不存在,则创建新文件

下面打开 D 盘下的文本文件 test.txt,设置 mode 参数的值为"a"。

```
>>> f= open('D:\\test.txt','a')
```

添加新行,如下所示。

```
>>> f.write('锄禾')
>>> f.close()
```

打开该文件,发现在原有内容的后面添加了新行,原有内容仍然保留。

15.2 二进制文件的读/写

将数据保存为二进制文件有以下几个方面的好处。首先,如果将相同的内容保存为二进制文件,那么其大小比保存为文本文件的小；其次，二进制文件用文本编辑器打开时无法识别，可以起到加密的作用；最后，将数据保存为二进制文件可以自己指定文件的扩展名。

15.2.1 创建二进制文件并写入数据

本节介绍创建新的二进制文件或打开已经存在的二进制文件并写入数据的操作。

【Excel VBA】

在 Excel VBA 中，使用 Open 语句写入数据，可以把数据保存为二进制文件。反过来，也可以打开二进制文件，并把文件中的数据写入字符串中。

将数据保存到二进制文件中的语法格式如下。

```
Open FileName For Binary Access Write As #FileNumber
```

下面将一条直线段的起点坐标和终点坐标的数据以二进制文件的形式进行保存，并将文件的扩展名指定为 cad。

```vba
Sub SaveToBinary()
  Dim intFileNum As Integer
  Dim strFile As String
  Dim varText As Variant
  
  strFile = "D:\test.cad"
  varText = "10 10 100 200"         '直线段(10,10)-(100,100)
  intFileNum = FreeFile()           '找到空闲的文件号
  If strFile <> "" Then             '如果指定了非空的文件名
    '打开该文件，准备作为二进制文件写入内容
    Open strFile For Binary Access Write As #intFileNum
    '写入文本框中的内容
    Put #intFileNum, 1, varText
  End If
  
  '关闭文件号
  Close #intFileNum
End Sub
```

运行过程，打开二进制文件 test.cad 并写入直线段的数据。

【Python】

在 Python 中，可以使用 open 函数或 struct 模块实现二进制文件的读/写。

如果使用 open 函数实现，则只需要修改 mode 参数的取值即可。表 15-5 中列举了读/写二进制文件时 mode 参数的设置，这些参数与文本文件设置的基本相同，只是多了一个"b"。"b"是指 binary，即二进制的意思。

表 15-5 读/写二进制文件时 mode 参数的设置

模式	说明
rb	以二进制格式打开一个文件用于只读
rb+	以二进制格式打开一个文件用于读/写
wb	以二进制格式打开一个文件只用于写入。如果该文件已存在,则原有内容会被删除;如果该文件不存在,则创建新文件
wb+	以二进制格式打开一个文件用于读/写。如果该文件已存在,则原有内容会被删除;如果该文件不存在,则创建新文件
ab	以二进制格式打开一个文件用于追加。如果该文件已存在,则新的内容将会被写入已有内容之后;如果该文件不存在,则创建新文件进行写入
ab+	以二进制格式打开一个文件用于追加。如果该文件已存在,则文件指针将会放在文件的结尾;如果该文件不存在,则创建新文件用于读/写

二进制文件是以字节为单位存储的,所以使用 file 对象的 write 方法写入数据时需要先将数据由字符串转换为字节流,可以使用 bytes 函数进行转换,并指定编码格式。从二进制文件中读取数据时需要对 read 方法读出的数据用 decode 方法进行解码,同样需要指定编码格式。

下面假设要保存一条直线段的数据,包括直线段的起点坐标(10,10)和终点坐标(100,200),保存为 D 盘下的二进制文件 test.cad,cad 为自定义的扩展名。

```
>>> #mode 参数的取值为"wb"
>>> f= open('D:\\test.cad','wb')
>>> #用字符串表示坐标数据,转换为字节流,写入文件中
>>> #需要注意的是,数据之间使用空格进行间隔
>>> f.write(bytes(('10 '+'10 '+'100 '+'200'),'utf-8'))
>>> f.close()
```

现在可以在 D 盘下找到刚刚创建的二进制文件 test.cad。

使用 Python 的 struct 模块实现二进制文件的读/写相对简单。下面使用 struct 模块处理与上面相同的直线段数据的二进制文件的写入和读取。使用 struct 模块,需要先用 import 命令导入它。

```
>>> from struct import *
```

当使用 file 对象的 write 方法写入数据时,使用 struct 模块的 pack 函数可以将坐标数据转换为字符串,并写入该字符串。pack 函数的语法格式如下。

```
pack(fmt, v1, v2, ...)
```

其中,参数 fmt 指定数据的类型,如整型数字用 i 表示,浮点型数字用 f 表示。按照先后次序,每个数据都要指定数据类型。

```
>>> #打开二进制文件,mode 参数的取值为"wb"
>>> f=open('d:\\test2.cad', 'wb')
>>> 写入数据,4 个坐标值都是整型的
```

```
>>> f.write(pack('iiii',10,10,100,200))
>>> f.close()
```

现在直线段的坐标数据被保存到 D 盘下的二进制文件 test2.cad 中。

15.2.2 读取二进制文件

15.2.1 节介绍了创建或打开二进制文件并写入数据的情况，本节介绍如何将数据从二进制文件中读取出来。

【Excel VBA】

在 Excel VBA 中，使用 Open 语句可以打开二进制文件并读取数据。打开二进制文件的语法格式如下。

```
Open FileName For Binary Access Read As #FileNumber
```

下面打开 D 盘下的二进制文件 test.cad，读取文件中的数据并输出到"立即窗口"面板。

```
Sub OpenBinary()
  Dim intFileNum As Integer
  Dim varText As Variant
  Dim strFile As String

  strFile = "D:\test.cad"

  intFileNum = FreeFile()         '找到空闲的文件号
  If strFile <> "" Then           '如果指定了非空的文件名
    '打开该二进制文件
    Open strFile For Binary Access Read As #intFileNum
    Get #intFileNum, 1, varText
    Debug.Print varText
  End If

  '关闭文件号
  Close #intFileNum
End Sub
```

运行过程，在"立即窗口"面板中输入文件的数据。

【Python】

当使用 open 函数打开二进制文件时，先将 mode 参数的值设置为 rb 或 rb+，以二进制格式读取。然后用 file 对象的 read 方法读取数据。该数据不能直接用，还需要用 decode 方法以先前保存时使用的编码方式解码得到字符串。最后用 split 方法从该字符串获取直线段起点和终点的坐标数据字符串，并用 int 函数转换为整型数字。

```
>>> f= open('D:\\test.cad','rb')
>>> ln=f.read().decode('utf-8')        #读取数据，解码
>>> f.close()
>>> dt=ln.split(' ')                   #用空格分割字符串，得到坐标数据字符串
>>> x1=int(dt[0])                      #将数据字符串转换为整型数字
>>> x1
10
>>> y1=int(dt[1])
>>> y1
10
```

得到坐标数据字符串以后，就可以使用绘图函数把直线段重新绘制出来。

当使用 struct 模块读取数据时，需要用该模块的 unpack 函数进行解包，解包得到的数据以元组的形式返回。

```
>>> #打开二进制文件，mode 参数的取值为"rb"
>>> f=open('d:\\test2.cad', 'rb')
>>> #使用 unpack 函数解包数据，并以元组的形式返回
>>> (a,b,c,d)=unpack('iiii',f.read())
>>> print(a,b,c,d)
10 10 100 200
>>> type(a)    #a 变量的数据类型
<class 'int'>
```

第 16 章
Excel 工作表函数

在 Excel 中使用工作表函数可以轻松快捷地完成很多任务，本章并不是详细地介绍这些函数，而是介绍在 Excel、Excel VBA 和 Python 中使用工作表函数的方法。Python 部分会用到 xlwings 包，关于 xlwings 包的相关内容，请参考第 4 章和第 13 章。

16.1 Excel 工作表函数概述

本节简单介绍 Excel 工作表函数，并结合简单示例分多种情况介绍在 Excel、Excel VBA 和 Python 中如何使用 Excel 工作表函数。

16.1.1 Excel 工作表函数简介

Excel 工作表函数是 Excel 中重要的内容，既可以作为函数库使用，也可以看作一门公式语言。

Excel 工作表函数目前共有 300 多个，其中不仅有数据类型、运算符、流程控制、函数等与语言有关的函数，还有 VBA 中没有的数据分析、财务、工程和统计等方面的比较专业的函数。

所以，熟练掌握 Excel 工作表函数，可以帮助用户更快、更好地完成数据处理任务。

16.1.2 在 Excel 中使用工作表函数

如图 16-1 所示，工作表的 A 列给定了 5 个数据，现在要求计算这 5 个数据的均值并显示在 C1 单元格中。在 C1 单元格中输入公式=AVERAGE(A1:A5)，按 Enter 键，得到给定数据的均值为 4.8，并显示在 C1 单元格中。示例文件的存放路径为 Samples\ch16\Excel 函数\均值.xlsx。

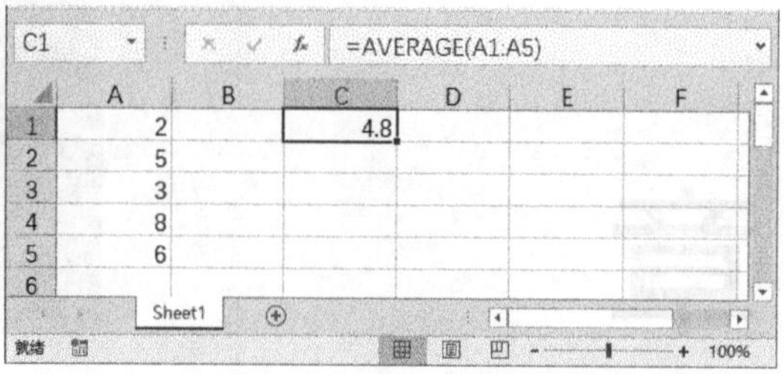

图 16-1 计算给定数据的均值

下面计算图 16-1 中工作表的 A 列数据的离差。各数据的离差等于各数据减去它们的均值。在 B1 单元格中输入公式=A1-AVERAGE($A$1:$A$5)，其中"$"表示对应位置是固定的，用 AVERAGE 函数计算均值。按 Enter 键后在 B1 单元格中显示的第 1 个数据 2 与均值 4.8 之间的离差为-2.8。单击 B1 单元格，双击它右下角的点向下复制填充公式并计算其他数据的离差。运行结果如图 16-2 中的 B 列所示。示例文件的存放路径为 Samples\ch16\Excel 函数\离差.xlsx。

图 16-2 求给定数据的离差

下面使用图 16-1 中工作表的 A 列数据，计算各数据的最大平方值，并显示在 C1 单元格中。在 C1 单元格中输入公式=MAX(A1:A5*A1:A5)，采用数组运算进行计算。A1:A5*A1:A5 分别计算 A1 至 A5 各单元格中数据的平方值，MAX 函数返回各平方值的最大值。在 C1 单元格中输入公式后，同时按下 Ctrl 键、Shift 键和 Enter 键，在 C1 单元格中显示 8 的平方值 64，它是各平方值中最大的。运行结果如图 16-3 所示。示例文件的存放路径为 Samples\ch16\Excel 函数\最大平方值.xlsx。

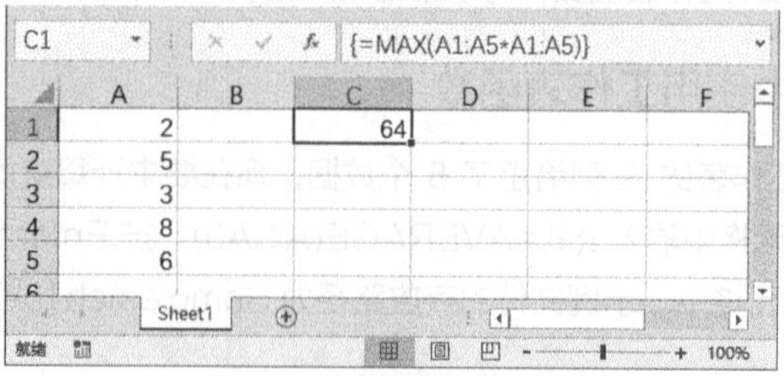

图 16-3 求一组数据的最大平方值

16.1.3 在 Excel VBA 中使用工作表函数

16.1.2 节介绍了几个在 Excel 中使用工作表函数的示例，它们在操作上有一定的代表性。下面使用 Excel VBA 来完成相同的任务。使用 Excel VBA 来完成，既可以直接调用工作表函数，也可以使用 VBA 自己的方法来实现。

在 Excel VBA 中，使用 Application 对象的 WorksheetFunction 属性可以调用 Excel 工作表函数。对于图 16-1 中工作表的 A 列给定的 5 个数据，下面的代码用于计算它们的均值并将结果显示在 C1 单元格中。示例文件的存放路径为 Samples\ch16\Excel VBA\均值.xlsm。

```
Sub Test()
  Cells(1, 3) = Application.WorksheetFunction.Average(Range("A1:A5"))
End Sub
```

上述代码使用工作表函数 Average 计算给定数据的均值。需要注意的是，所有函数的参数需要使用 Excel VBA 指定的引用方式进行设置。

下面的代码用于计算图 16-1 中工作表的 A 列数据的离差。首先求出所有数据的均值，然后计算每个数据与均值的差并显示在 B 列。示例文件的存放路径为 Samples\ch16\Excel VBA\离差.xlsm。

```
Sub Test()
  Dim intI As Integer
  Dim sngMean As Single
  '均值
  sngMean = Application.WorksheetFunction.Average(Range("A1:A5"))
  '离差=数据-均值
  For intI = 1 To 5
    Cells(intI, 2) = Cells(intI, 1) - sngMean
  Next
End Sub
```

也可以使用 Application 对象的 Evaluate 方法，直接调用 16.1.2 节中求离差的公式进行计算，如下面的代码所示（Application 可以省略）。如果说 16.1.2 节中需要通过向下复制公式求其他数据的离差是半自动化操作，那么利用 Excel VBA 的 For 循环可以实现真正的自动化计算。示例文件的存放路径为 Samples\ch16\Excel VBA\离差.xlsm。

```
Sub Test2()
  Dim intI As Integer
  For intI = 1 To 5
    '直接调用公式进行计算
    Cells(intI, 2) = Evaluate("=A" & intI & "-AVERAGE($A$1:$A$5)")
  Next
End Sub
```

16.1.2 节中使用公式=MAX(A1:A5*A1:A5)计算给定数据的最大平方值，其中 A1:A5*A1:A5 是工作表函数中特定的计算格式，可以通过引用单元格直接实现数组运算。虽然 Excel VBA 中没有这样的使用方式，但可以使用 Evaluate 方法直接调用公式。示例文件的存放路径为 Samples\ch16\Excel VBA\最大平方值.xlsm。

```vba
Sub Test2()
  Cells(1, 3) = Evaluate("=MAX(A1:A5*A1:A5)")
End Sub
```

如果不使用 Evaluate 方法，则在 Excel VBA 中需要用 For 循环计算每个数据的平方值并通过比较获取最大平方值。示例文件的存放路径为 Samples\ch16\Excel VBA\最大平方值.xlsm。

```vba
Sub Test()
  Dim intI As Integer
  Dim sngV As Single
  Dim sngMax As Single
  sngMax = 0
  For intI = 1 To 5
    sngV = Range("A" & intI)            '给定的数据
    If sngMax < sngV * sngV Then        '获取最大平方值
      sngMax = sngV * sngV
    End If
  Next
  Cells(1, 3) = sngMax
End Sub
```

16.1.4　在 Python 中使用工作表函数

Python 中的 xlwings 包因为使用与 Excel VBA 相同的对象模型，所以也可以通过 Excel 应用对象的 WorksheetFunction 属性使用工作表函数，或者用 Excel 应用对象的 Evaluate 方法直接使用公式。

对于图 16-1 中工作表的 A 列给定的 5 个数据，使用下面的代码可以计算它们的均值并将结果显示在 C1 单元格中。在 Python 中，需要先导入 xlwings 包和 os 包，创建 Excel 应用，打开数据文件，获取工作表；然后使用工作表函数 Average 计算数据的均值。脚本文件的存放路径为 Samples\ch16\Python\均值.py。

```python
import xlwings as xw        #导入 xlwings 包
import os                   #导入 os 包
root = os.getcwd()          #获取当前路径
#创建 Excel 应用，可见，不添加工作簿
app=xw.App(visible=True, add_book=False)
#打开数据文件，可写
bk=app.books.open(fullname=root+r'\均值.xlsx',read_only=False)
```

```python
sht=bk.sheets.active          #获取工作表
#调用 Average 函数计算均值
sht.api.Cells(1,3).Value=\
    app.api.WorksheetFunction.Average(sht.api.Range('A1:A5'))
```

计算各数据的离差可以采用两种方法。第 1 种方法是用工作表函数计算均值后通过一个 for 循环计算各数据的离差；第 2 种方法是用 Evaluate 方法直接调用公式进行计算。下面代码中的两种方法，当使用其中的一种方法时可以将另外一种方法注释掉再运行。脚本文件的存放路径为 Samples\ch16\Python\离差.py。

```python
import xlwings as xw         #导入 xlwings 包
import os                    #导入 os 包
root = os.getcwd()           #获取当前路径
#创建 Excel 应用，可见，不添加工作簿
app=xw.App(visible=True, add_book=False)
#打开数据文件，可写
bk=app.books.open(fullname=root+r'\离差.xlsx',read_only=False)
sht=bk.sheets.active         #获取工作表

#第1种方法
#计算均值
m=app.api.WorksheetFunction.Average(sht.api.Range('A1:A5'))
#计算离差
for i in range(5):
    sht.api.Cells(i+1,2).Value=sht.api.Cells(i+1,1).Value-m

#第2种方法
#直接调用公式进行计算
for i in range(5):
    sht.api.Cells(i+1,2).Value=\
        app.api.Evaluate('=A'+str(i+1)+'-AVERAGE($A$1:$A$5)')
```

下面的代码用两种方法计算给定数据的最大平方值，当使用其中的一种方法时，同样将另外一种方法注释掉再运行。脚本文件的存放路径为 Samples\ch16\Python\最大平方值.py。

```python
import xlwings as xw         #导入 xlwings 包
import os                    #导入 os 包
root = os.getcwd()           #获取当前路径
#创建 Excel 应用，可见，不添加工作簿
app=xw.App(visible=True, add_book=False)
#打开数据文件，可写
bk=app.books.open(fullname=root+r'\最大平方值.xlsx',read_only=False)
sht=bk.sheets.active         #获取工作表

#第1种方法
#直接调用公式进行计算
```

```
sht.api.Cells(1,3).Value=app.api.Evaluate('=MAX(A1:A5*A1:A5)')

#第 2 种方法
max=0.0
#计算最大平方值
for i in range(5):
    v=sht.api.Cells(i+1,1).Value
    if max<v*v:max=v*v
sht.api.Cells(1,3).Value=max
```

16.2 常用的 Excel 工作表函数

为了帮助读者加深对 16.1 节的内容的理解，本节使用常用的几个 Excel 工作表函数，并结合示例展开介绍。

16.2.1 SUM 函数

SUM 函数主要用于对单元格中的值求和。它将被指定为参数的所有数字相加，每个参数可以是单元格、单元格区域、数组、常量、公式或另一个函数的结果。

SUM 函数的语法格式如下。

```
SUM(number1,[number2],...)
```

其中，number1 是必需参数，为相加的第 1 个数值参数；number2 是可选参数，为相加的第 2~255 个数值参数。

如图 16-4 所示，工作表中为各种食材的采购数据，试根据单价和质量的数据计算采购食材的总费用。

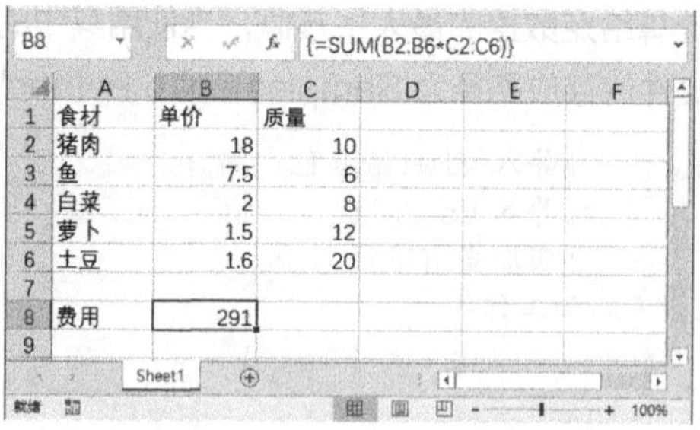

图 16-4　计算采购食材的总费用

【Excel】

在 B8 单元格中输入公式=SUM(B2:B6*C2:C6)，同时按下 Ctrl 键、Shift 键和 Enter 键，在

B8 单元格中显示采购食材的总费用，即 291。运行结果如图 16-4 所示。示例文件的存放路径为 Samples\ch16\Excel 函数\函数 SUM.xlsx。

公式中首先将 B2:B6 单元格区域和 C2:C6 单元格区域中的对应数据相乘，得到各食材的采购费用，然后用 SUM 函数将所有费用相加，得到总费用。

【Excel VBA】

在 Excel VBA 中，既可以直接调用 Excel 函数进行计算，也可以采用 VBA 的方法，通过循环进行计算。示例文件的存放路径为 Samples\ch16\Excel VBA\函数 SUM.xlsm。

过程 Test 用 Evaluate 函数直接调用公式进行计算，并将计算结果输出到 B8 单元格中。

```
Sub Test()
  Range("B8") = Evaluate("=SUM(B2:B6*C2:C6)")
End Sub
```

运行过程，在工作表的 B8 单元格中输出各食材的采购总费用，即 291。

过程 Test2 也是用 Evaluate 函数调用公式进行计算的，不同之处在于，公式中使用 SUMPRODUCT 函数进行求和运算。

```
Sub Test2()
  Range("B8") = Evaluate("=SUMPRODUCT(B2:B6,C2:C6)")
End Sub
```

运行过程，在工作表的 B8 单元格中输出各食材的采购总费用，即 291。

过程 Test3 用 VBA 的方法进行计算。使用 For 循环，求每种食材的采购费用并累加求和。

```
Sub Test3()
  Dim arr
  Dim sngSum As Single
  Dim intI As Integer
  
  arr = Range("B2:C6")                      '将单价和质量的数据保存到 arr 数组中
  sngSum = 0#
  For intI = 1 To UBound(arr, 1)            '各食材费用累加求和
    sngSum = sngSum + arr(intI, 1) * arr(intI, 2)
  Next
  Range("B8") = sngSum                      '输出总费用
End Sub
```

运行过程，在工作表的 B8 单元格中输出各食材的采购总费用，即 291。

【Python】

使用 Python 解决此问题，同样有直接调用 Excel 函数和使用 for 循环进行计算两种方法。示例文件的存放路径为 Samples\ch16\Python\函数 SUM.py。

下面的代码首先导入 xlwings 包和 os 包，然后获取.py 文件的当前路径。创建 Excel 应用，打开数据文件，获取工作表。

```
import xlwings as xw        #导入 xlwings 包
import os                   #导入 os 包
root = os.getcwd()          #获取当前路径
#创建 Excel 应用，可见，不添加工作簿
app=xw.App(visible=True, add_book=False)
#打开数据文件，可写
bk=app.books.open(fullname=root+r'\函数 SUM.xlsx',read_only=False)
sht=bk.sheets.active        #获取工作表
```

第 1 种方法是用 xlwings 包的 API 方式调用 Evaluate 函数，使用公式计算总费用，并将结果输出到工作表的 B8 单元格中。

```
#第 1 种方法
#直接调用公式进行计算
sht.range('B8').value=app.api.Evaluate('=SUM(B2:B6*C2:C6)')
```

第 2 种方法是用 Python 通过 for 循环对各食材的采购费用进行累加求和得到总费用，并将结果输出到工作表的 B8 单元格中。

```
#第 2 种方法
d=sht.range('B2:C6').value
sm=0.0
for i in range(5):
    sm+=d[i][0]*d[i][1]
sht.range('B8').value=sm
```

运行脚本，在工作表的 B8 单元格中输出采购总费用，即 291。

16.2.2 IF 函数

IF 函数用于判断结构，当条件为真时返回一个值，当条件为假时返回另一个值。IF 函数的语法格式如下。

```
IF(logical_test,value_if_true,value_if_false)
```

其中，logical_test 表示逻辑判断表达式；value_if_true 表示当判断条件为逻辑真（True）时，显示该处给定的内容，如果忽略则返回 True；value_if_false 表示当判断条件为逻辑假（False）时，显示该处给定的内容，如果忽略则返回 False。

如图 16-5 所示，工作表的 A 列为一组给定的成绩数据，试根据各成绩判断其是否及格，并将判断结果显示在 B 列。

图 16-5　判断成绩是否及格

【Excel】

在 B2 单元格中输入公式=IF(A2>=60,"及格","不及格")，按 Enter 键后在 B2 单元格中显示 A2 单元格中数据 89 对应的判断结果，即"及格"。单击 B2 单元格，双击它右下角的点向下复制填充公式并计算其他数据对应的判断结果。运行结果如图 16-5 中的 B 列所示。示例文件的存放路径为 Samples\ch16\Excel 函数\函数 IF-1.xlsx。

【Excel VBA】

在 Excel 中，通过向下复制填充公式处理多行数据，需要手动操作，所以整个处理过程是半自动化的。在 Excel VBA 和 Python 中，可以通过 for 循环自动处理每行数据。既可以直接调用 Excel 函数进行计算，也可以采用 VBA 的方法进行计算。示例文件的存放路径为 Samples\ch16\Excel VBA\函数 IF-1.xlsm。

过程 Test 通过一个 For 循环，先对 A 列的每个数据用 Evaluate 函数判断是否及格，然后将判断结果显示在其右边的单元格中。

```
Sub Test()
  Dim intI As Integer
  For intI = 2 To 6   '对每个数据进行判断
    Cells(intI, 2) = _
        Evaluate("=IF(A" & intI & ">=60,""及格"",""不及格"")")
  Next
End Sub
```

运行过程，在工作表的 B 列输出各数据的判断结果。

过程 Test2 使用 IIf 函数对各给定数据进行判断。

```
Sub Test2()
  Dim intI As Integer
  Dim arr
  Dim strR As String
  arr = Range("A2:A6")                '将数据保存到 arr 数组中
```

```vba
    For intI = 1 To UBound(arr, 1)          '对每个数据进行判断
      strR = IIf(arr(intI, 1) < 60, "不及格", "及格")   'IIf 函数
      Cells(intI + 1, 2) = strR             '输出判断结果
    Next
End Sub
```

运行过程，在工作表的 B 列输出各数据的判断结果。

过程 Test3 在 For 循环中使用二分支的 If 结构进行判断。

```vba
Sub Test3()
  Dim intI As Integer
  Dim arr
  Dim strR As String
  arr = Range("A2:A6")                      '将数据保存到 arr 数组中
  For intI = 1 To UBound(arr, 1)            '对每个数据进行判断
    If arr(intI, 1) < 60 Then               '二分支的 If 结构
      Cells(intI + 1, 2) = "不及格"
    Else
      Cells(intI + 1, 2) = "及格"
    End If
  Next
End Sub
```

运行过程，在工作表的 B 列输出各数据的判断结果。

【Python】

在 Python 中，既可以直接调用 Excel 函数进行计算，也可以采用 Python 的方法进行计算。编写的 Python 脚本文件的存放路径为 Samples\ch16\Python\函数 IF-1.py。

```python
#前面代码省略，请参见 Python 脚本文件
#……
```

第 1 种方法是调用 Evaluate 函数直接使用公式进行计算。需要注意的是，不能在 IF 函数的参数处直接指定判断结果"及格"或"不及格"，而是先返回数字 1 或 0，然后根据该数字输出"及格"或"不及格"。

```python
#第 1 种方法
#直接使用公式进行计算
for i in range(5):
    rs=app.api.Evaluate('=IF(A'+str(i+2)+'>=60,1,0)')
    if rs==1:
        sht.range('B'+str(i+2)).value='及格'
    else:
        sht.range('B'+str(i+2)).value='不及格'
```

第 2 种方法是使用 Python 的三元操作表达式进行处理。

```
#第2种方法
#使用三元操作表达式
for i in range(5):
    sht.range('B'+str(i+2)).value=\
        '及格' if sht.range('A'+str(i+2)).value>=60 else '不及格'
```

第 3 种方法是使用 Python 的二分支判断结构进行处理。

```
#第3种方法
#使用二分支判断结构
for i in range(5):
    if sht.range('A'+str(i+2)).value>=60:
        sht.range('B'+str(i+2)).value='及格'
    else:
        sht.range('B'+str(i+2)).value='不及格'
```

采用上面的任何一种方法(同时注释掉另外两种方法),运行脚本,在工作表的 B 列输出各成绩对应的判断结果,如图 16-5 所示。

下面对给定的数据做出更细致的等级判断,即将成绩分为不及格、中等、良好和优秀等多个等级,如图 16-6 所示。

图 16-6　判断成绩的等级

【Excel】

在 B2 单元格中输入公式= IF(A2<60,"不及格",IF(A2<80,"中等",IF(A2<90,"良好","优秀"))),按 Enter 键后在 B2 单元格中显示左侧成绩 89 对应的等级,即"良好"。单击 B2 单元格,双击它右下角的点向下复制填充公式并判断其他成绩的等级。运行结果如图 16-6 中的 B 列所示。示例文件的存放路径为 Samples\ch16\Excel 函数\函数 IF-2.xlsx。

【Excel VBA】

示例文件的存放路径为 Samples\ch16\Excel VBA\函数 IF-2.xlsm。

过程 Test 通过一个 For 循环,先对 A 列的每个数据用 Evaluate 函数使用公式判断成绩等级,然后将判断结果显示在其右边的单元格中。

```vba
Sub Test()
  Dim intI As Integer
  For intI = 2 To 6
    Cells(intI, 2) = _
      Evaluate("=IF(A" & intI & "<60,""不及格"",IF(A" & _
        intI & "<80,""中等"",IF(A" & intI & "<90,""良好"",""优秀"")))")
  Next
End Sub
```

运行过程，在工作表的 B 列输出各数据的判断结果。

过程 Test2 使用多分支 If 判断结构对各给定数据进行判断。

```vba
Sub Test2()
  Dim intI As Integer
  Dim arr
  arr = Range("A2:A6")
  For intI = 1 To UBound(arr, 1)
    If arr(intI, 1) < 60 Then
      Cells(intI + 1, 2) = "不及格"
    ElseIf arr(intI, 1) < 80 Then
      Cells(intI + 1, 2) = "中等"
    ElseIf arr(intI, 1) < 90 Then
      Cells(intI + 1, 2) = "良好"
    Else
      Cells(intI + 1, 2) = "优秀"
    End If
  Next
End Sub
```

运行过程，在工作表的 B 列输出各数据的判断结果。

【Python】

编写的 Python 脚本文件的存放路径为 Samples\ch16\Python\函数 IF-1.py。

```python
#前面代码省略，请参考 Python 脚本文件
#……
```

由于不能在 IF 函数的参数处直接指定判断结果为"不及格"或"中等"等，因此在 Python 中调用公式进行处理不太方便。下面使用 Python 的多分支判断结构进行处理。

```python
#使用多分支判断结构
d=sht.range('A2:A6').value
for i in range(5):
    if sht.range('A'+str(i+2)).value<60:
        sht.range('B'+str(i+2)).value='不及格'
    elif sht.range('A'+str(i+2)).value<80:
        sht.range('B'+str(i+2)).value='中等'
```

```
    elif sht.range('A'+str(i+2)).value<90:
        sht.range('B'+str(i+2)).value='良好'
    else:
        sht.range('B'+str(i+2)).value='优秀'
```

运行脚本，在工作表的 B 列输出各数据的判断结果。

16.2.3 LOOKUP 函数

LOOKUP 函数具有向量和数组两种语法形式。

向量是只包含一行或一列的区域。LOOKUP 函数的向量形式在单行区域或单列区域（称为向量）中查找值，并返回第 2 个单行区域或单列区域中相同位置的值，语法格式如下。

```
LOOKUP(lookup_value, lookup_vector, [result_vector])
```

其中，lookup_value 表示 LOOKUP 函数在第 1 个向量中搜索的值，可以是数字、文本、逻辑值、名称或对值的引用；lookup_vector 表示只包含一行或一列的区域，可以是文本、数字或逻辑值；result_vector 为可选参数，只包含一行或一列的区域，必须与 lookup_vector 的大小相同。

LOOKUP 函数的数组形式在数组的第 1 行或第 1 列中查找指定的值，并返回数组最后一行或最后一列中同一位置的值，语法格式如下。

```
LOOKUP(lookup_value, array)
```

其中，lookup_value 表示 LOOKUP 函数在数组中搜索的值，可以是数字、文本、逻辑值、名称或对值的引用；array 表示包含要与 lookup_value 进行比较的文本、数字或逻辑值的单元格区域。

如图 16-7 所示，工作表前 5 行给出了不同人员的编号、姓名、额度和名次，现在要求根据这些数据，对工作表中 A8:A10 单元格区域指定的编号查询各编号对应的姓名、额度和名次，并显示在右侧的各单元格中。

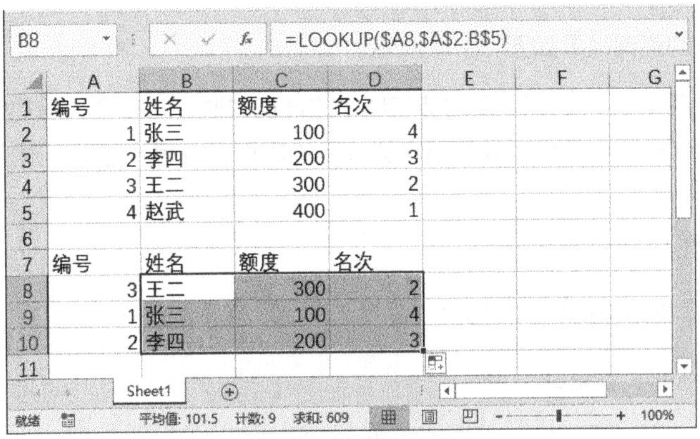

图 16-7　根据编号查询数据

【Excel】

在 B8 单元格中输入公式= LOOKUP($A8,$A$2:B$5),其中"$"表示对应位置是固定的。公式在 A2:B5 单元格区域内返回 A8 单元格的值对应的姓名。按 Enter 键后在 B8 单元格中显示编号 3 对应的姓名,即"王二"。单击 B8 单元格,向右拖曳其右下角的点复制填充公式,并获取编号 3 对应的额度和名次;再向下拖曳该点,向下复制填充公式获取其他指定编号对应的数据。运行结果如图 16-7 中的阴影区域所示。示例文件的存放路径为 Samples\ch16\Excel 函数\函数 LOOKUP.xlsx。

【Excel VBA】

示例文件的存放路径为 Samples\ch16\Excel VBA\函数 LOOKUP.xlsm。

过程 Test 通过一个两层嵌套的 For 循环,使用 Evaluate 函数调用 LOOKUP 函数查找 A8:A10 单元格区域中各编号对应的数据,并输出到指定的单元格。

```
Sub Test()
  Dim intI As Integer
  Dim intJ As Integer
  Dim strCol As String
  
  For intI = 8 To 10
    For intJ = 2 To 4
      If intJ = 2 Then strCol = "B"
      If intJ = 3 Then strCol = "C"
      If intJ = 4 Then strCol = "D"
      Cells(intI, intJ) = _
          Evaluate("=LOOKUP($A" & intI & ",$A$2:" & strCol & "$5)")
    Next
  Next
End Sub
```

运行过程,生成的查询结果如图 16-7 所示。

过程 Test2 使用字典进行处理。在构造字典中的键值对时,将每个人员的编号作为键,编号对应的姓名、额度和名次一起作为值,并在指定的位置输出指定编号(即键)对应的数据(即值)。

```
Sub Test2()
  Dim intI As Integer
  Dim arr
  Dim dicT As New Dictionary
  
  On Error Resume Next
  
  arr = Range("A2:D5")              '获取数据
```

```
  For intI = 1 To UBound(arr)         '构造字典
    '编号作为键,编号对应的数据作为值
    dicT(arr(intI, 1)) = Array(arr(intI, 2), arr(intI, 3), arr(intI, 4))
  Next
  For intI = 8 To Cells(7, "A").End(xlDown).Row      '输出指定编号对应的数据
    '输出结果
    Cells(intI, "B").Resize(1, 3) = dicT(Cells(intI, "A").Value2)
  Next
End Sub
```

运行过程,生成的查询结果如图 16-7 所示。

【Python】

编写的 Python 脚本文件的存放路径为 Samples\ch16\Python\函数 LOOKUP.py。

```
#前面代码省略,请参考 Python 脚本文件
#......
```

第 1 种方法是直接调用公式进行查询。

```
#第 1 种方法
#直接调用公式进行查询
for i in range(8,11):
    for j in range(2,5):
        if j==2:col='B'
        if j==3:col='C'
        if j==4:col='D'
        sht.cells(i,j).value=\
            app.api.Evaluate('=LOOKUP($A'+str(i)+',$A$2:'+col+'$5)')
```

第 2 种方法是使用字典实现数据查询。字典的构造和使用与 VBA 的相同。

```
#第 2 种方法
d=sht.range('A2:D5').value
dicT={}
for i in range(len(d)):                        #遍历每行数据
    dicT[d[i][0]]=[d[i][1],d[i][2],d[i][3]]    #将编号作为键,对应的数据作为值
for i in range(8,11):                          #根据给定编号查询值
    sht.cells(i,'B').value=dicT[sht.cells(i,'A').value]
```

使用任意一种方法,运行脚本,生成的查询结果如图 16-7 所示。

16.2.4 VLOOKUP 函数

VLOOKUP 函数在表格或数值数组的首行查找指定的数值,并返回表格或数组当前行中指定列处的值,语法格式如下。

```
VLOOKUP(lookup_value, table_array, col_index_num,[range_lookup])
```

其中，lookup_value 表示要在表格或单元格区域的第 1 列中搜索的值，可以是值或引用；table_array 表示包含数据的单元格区域，可以使用对单元格区域或单元格区域名称的引用；col_index_num 表示 table_array 参数中必须返回的匹配值的列号；range_lookup 为可选参数，是一个逻辑值，指定希望 VLOOKUP 是精确匹配还是近似匹配。

如图 16-8 所示，工作表的 A~D 列为采购到的各种食材的名称、质量、产地和单价，现在要求利用食材的质量和单价计算它们的采购费用。

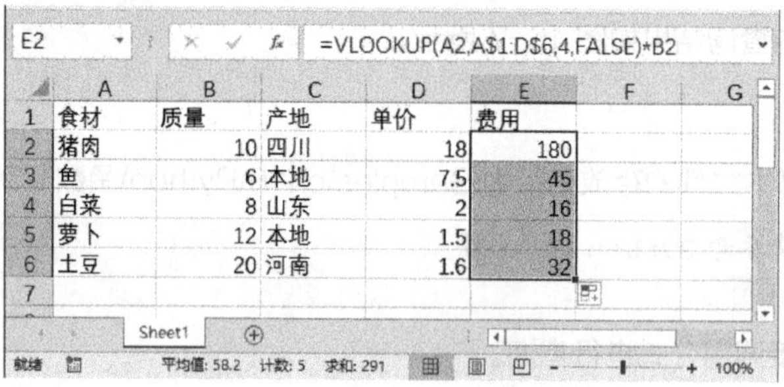

图 16-8　计算各食材的采购费用

【Excel】

在 E2 单元格中输入公式=VLOOKUP(A2,A$1:D$6,4,FALSE)*B2，其中"$"表示对应位置是固定的。先用 VLOOKUP 函数查找 A1:D6 单元格区域 D 列与 A2 单元格中食材名称对应的单价，然后用它乘以 B2 单元格中的质量值，结果显示在 E2 单元格中。

按 Enter 键后在 E2 单元格中显示猪肉的费用为 180。单击 E2 单元格，双击它右下角的点向下复制填充公式并计算其他食材的采购费用。运行结果如图 16-8 中的 E 列所示。示例文件的存放路径为 Samples\ch16\Excel 函数\函数 VLOOKUP.xlsx。

【Excel VBA】

示例文件的存放路径为 Samples\ch16\Excel VBA\函数 VLOOKUP.xlsm。

过程 Test 使用 For 循环，对于每种食材，先通过 Evaluate 函数调用 VLOOKUP 函数查找食材对应的单价，再乘以质量得到采购费用，并将结果输出到指定的单元格中。

```
Sub Test()
    '直接调用公式
    Dim intI As Integer
    For intI = 2 To 6
        Cells(intI, 5) = Evaluate("=VLOOKUP(A" & intI _
            & ",A$1:D$6,4,FALSE)*B" & intI)
    Next
End Sub
```

运行过程，生成的计算结果如图 16-8 所示。

过程 Test2 将工作表中 A~D 列的数据作为给定参照数据，用 A 列的食材名称与参照数据中的第 1 列数据进行比较，得到食材对应的质量和单价，将它们相乘得到采购费用，并输出到指定的单元格中。

```
Sub Test2()
  Dim intI As Integer
  Dim intJ As Integer
  Dim arr
  arr = Range("A2:D6")     '获取数据
  For intI = 2 To 6
    For intJ = 1 To UBound(arr)
      '如果目标食材在数据中存在，
      '则将对应的价格和质量相乘，得到采购费用
      If Range("A" & intI) = arr(intJ, 1) Then
        Cells(intI, 5) = arr(intJ, 2) * arr(intJ, 4)
      End If
    Next
  Next
End Sub
```

运行过程，生成的计算结果如图 16-8 所示。

【Python】

编写的 Python 脚本文件的存放路径为 Samples\ch16\Python\函数 VLOOKUP.py。

```
#前面代码省略，请参考 Python 脚本文件
#……
```

第 1 种方法是直接调用公式进行计算。

```
#第1种方法
#直接调用公式进行计算
for i in range(2,7):
    sht.cells(i,5).value=\
        app.api.Evaluate('=VLOOKUP(A'+str(i)+',A$1:D$6,4,FALSE)*B'+str(i))
```

第 2 种方法是将工作表中 A~D 列的数据作为给定参照数据，用 A 列的食材名称与参照数据中的第 1 列数据进行比较，得到食材对应的质量和单价，先将它们相乘得到采购费用，然后输出到指定单元格中。

```
#第2种方法
d=sht.range('A2:D6').value
for i in range(2,7):                    #遍历目标食材
    for j in range(len(d)):             #遍历每行数据
        #如果目标食材在数据中存在，
```

```
                #则将对应行的价格和质量相乘，得到采购费用
                if sht.cells(i,1).value==d[j][0]:
                    sht.cells(i,5).value=d[j][1]*d[j][3]
```

使用上面的任意一种方法，运行脚本，生成的计算结果如图 16-8 所示。

16.2.5 CHOOSE 函数

CHOOSE 函数用于从给定的参数中返回指定的值，语法格式如下。

```
CHOOSE(index_num, value1, [value2], ...)
```

其中，index_num 表示指定所选定的值参数，必须为介于 1 和 254 之间的数字，或者为公式或对包含介于 1 和 254 之间某个数字的单元格的引用；value1, value2, ...中的 value1 是必需的，后续值是可选的，这些值参数的个数介于 1 和 254 之间，CHOOSE 函数基于 index_num 从这些值参数中选择一个数值或一项要执行的操作。

下面使用 CHOOSE 函数实现成绩的多等级判断，如图 16-9 所示。

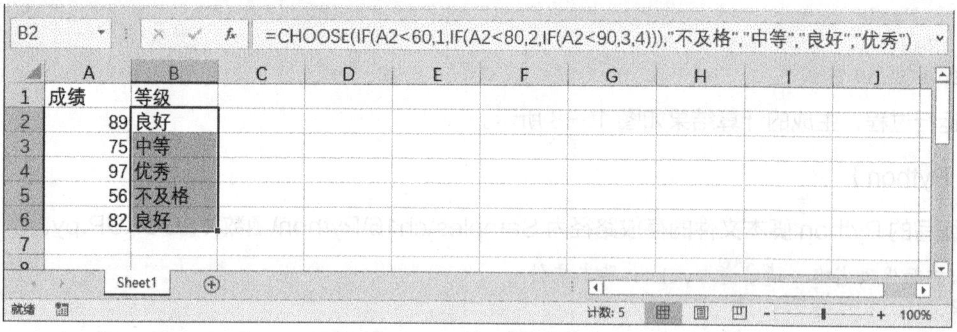

图 16-9 判断给定成绩的等级

【Excel】

在 B2 单元格中输入公式=CHOOSE(IF(A2<60,1,IF(A2<80,2,IF(A2<90,3,4))),"不及格","中等","良好","优秀")，按 Enter 键后在 B2 单元格显示 A2 单元格中数据对应的等级，即'良好'。单击 B2 单元格，双击它右下角的点向下复制填充公式并计算成绩等级。运行结果如图 16-9 中的 B 列所示。

公式先通过 IF 函数得到满足不同条件时的数字，即 1~4，然后用 CHOOSE 函数指定各数字对应的表示成绩等级的字符串，最后根据得到的数字返回字符串，输出到 B 列。示例文件的存放路径为 Samples\ch16\Excel 函数\函数 CHOOSE.xlsx。

【Excel VBA】

示例文件的存放路径为 Samples\ch16\Excel VBA\函数 CHOOSE.xlsm。

过程 Test 使用 For 循环，对于每个数据，通过 Evaluate 函数调用 CHOOSE 函数返回对应的等级并将结果输出到指定的单元格中。

```
Sub Test()
  Dim intI As Integer
  For intI = 2 To 6
    Cells(intI, 2) = _
      Evaluate("=CHOOSE(IF(A" & intI & _
        "<60,1,IF(A" & intI & "<80,2,IF(A" & intI _
        & "<90,3,4))),""不及格"",""中等"",""良好"",""优秀"")")
  Next
End Sub
```

运行过程，结果如图 16-9 中的 B 列所示。

【Python】

编写的 Python 脚本文件的存放路径为 Samples\ch16\Python\函数 CHOOSE.py。

```
#前面代码省略，请参考 Python 脚本文件
#......
```

Python 中使用多分支判断结构来实现。

```
#使用的多分支判断结构
d=sht.range('A2:A6').value
for i in range(5):
    if sht.range('A'+str(i+2)).value<60:
        sht.range('B'+str(i+2)).value='不及格'
    elif sht.range('A'+str(i+2)).value<80:
        sht.range('B'+str(i+2)).value='中等'
    elif sht.range('A'+str(i+2)).value<90:
        sht.range('B'+str(i+2)).value='良好'
    else:
        sht.range('B'+str(i+2)).value='优秀'
```

运行脚本，结果如图 16-9 中的 B 列所示。

第 17 章
Excel 图形

Excel 提供了比较强大和完整的图形绘制功能。学习本章可以帮助读者深入理解图表。因为不管是哪种图表，它都是由点、线、面和文本等这样一些基本的图形元素组合而成的。如果有必要，也可以使用这些基本的图形元素定制自己的图表类型。

使用 Python 中提供的 win32com 包、comtypes 包和 xlwings 包等，可以实现用 Python 绘制 Excel 图形。本章主要结合 xlwings 包进行介绍，所以在学习本章内容之前，读者需要熟练掌握第 13 章介绍的关于 xlwings 包的内容。在创建多义线、多边形和曲线时会使用 comtypes 包。

17.1 创建图形

本节介绍 Excel 提供的基本图形元素的创建，包括点、直线段、矩形、椭圆、多义线、多边形、曲线、标签、文本框、标注、自选图形和艺术字等。

在 Excel 对象模型中，用 Shape 对象表示图形。Shapes 对象作为集合对所有图形进行保存和管理。通过编程创建图形的过程，就是创建 Shape 对象并利用它本身及与之相关的一系列对象的属性和方法进行编程。

17.1.1 点

Shapes 对象虽然没有提供专门用于绘制点的方法，但是提供的自选图形中有若干特殊的图形类型可以用来表示点，如星形、矩形、圆形、菱形等，这些自选图形可以用 Shapes 对象的 AddShape 方法创建。AddShape 方法的语法格式如下。

【Excel VBA】

```
sht.Shapes.AddShape Type, Left, Top, Width, Height
```

【Python】

```
sht.api.Shapes.AddShape(Type, Left, Top, Width, Height)
```

Python 采用的是 xlwings 包的 API 调用方式。sht 表示一个工作表对象。AddShape 方法返回一个 Shape 对象，各参数的意义如表 17-1 所示。

表 17-1　AddShape 方法各参数的意义

名　称	必需/可选	数 据 类 型	意　　义
Type	必需	msoAutoShapeType	指定要创建的自选图形的类型
Left	必需	Single	自选图形边框左上角相对于文档左上角的位置（以磅为单位）
Top	必需	Single	自选图形边框左上角相对于文档顶部的位置（以磅为单位）
Width	必需	Single	自选图形边框的宽度（以磅为单位）
Height	必需	Single	自选图形边框的高度（以磅为单位）

其中，Type 参数的值为 msoAutoShapeType 枚举类型，可以有很多的选择。表 17-2 中列举了一些星形点的取值。

表 17-2　AddShape 方法的 Type 参数中星形点的取值

名　称	值	说　明
msoShape10pointStar	149	十角星
msoShape12pointStar	150	十二角星
msoShape16pointStar	94	十六角星
msoShape24pointStar	95	二十四角星
msoShape32pointStar	96	三十二角星
msoShape4pointStar	91	四角星
msoShape5pointStar	92	五角星
msoShape6pointStar	147	六角星

下面创建五角星、十二角星和三十二角星表示的点。

【Excel VBA】

示例文件的存放路径为 Samples\ch17\Excel VBA\点.xlsm。

```
Sub Test()
  ActiveSheet.Shapes.AddShape 92, 180, 80, 10, 10    '在指定位置添加点
  ActiveSheet.Shapes.AddShape 150, 150, 40, 15, 15
  ActiveSheet.Shapes.AddShape 96, 80, 80, 3, 3
End Sub
```

运行过程，生成的星形点如图 17-1 所示。

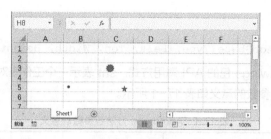

图 17-1 星形点

【Python】

在 Python Shell 窗口中输入下面的命令行。

```
>>> import xlwings as xw          #导入 xlwings 包
>>> bk=xw.Book()                   #新建工作簿
>>> sht=bk.sheets(1)               #获取第 1 个工作表
>>> sht.api.Shapes.AddShape(92,180,80,10,10)   #在指定位置添加点
>>> sht.api.Shapes.AddShape(150,150,40,15,15)
>>> sht.api.Shapes.AddShape(96,80,80,3,3)
```

生成的星形点如图 17-1 所示。

也可以用矩形和圆表示点，这部分内容会在 17.1.3 节进行介绍。

17.1.2 直线段

用 Shapes 对象的 AddLine 方法可以创建直线段。AddLine 方法的语法格式如下。

【Excel VBA】

```
sht.Shapes.AddLine BeginX, BeginY, EndX, EndY
```

【Python】

```
sht.api.Shapes.AddLine(BeginX, BeginY, EndX, EndY)
```

其中，sht 表示一个工作表对象；参数 BeginX 和 BeginY 表示起点的横坐标和纵坐标；EndX 和 EndY 表示终点的横坐标和纵坐标。AddLine 方法返回一个表示直线段的 Shape 对象。

下面在工作表 sht 中添加一条起点为(10,10)、终点为(250, 250)的直线段。将该直线段的线型设置为圆点线，颜色设置为红色，线宽设置为 5 磅。

【Excel VBA】

示例文件的存放路径为 Samples\ch17\Excel VBA\直线段.xlsm。

```
Sub Test()
  Dim shp As Shape
  Dim objLn As Object
```

```
'创建直线段 Shape 对象
Set shp = ActiveSheet.Shapes.AddLine(10, 10, 250, 250)
Set objLn = shp.Line            '获取线形对象
objLn.DashStyle = 3             '设置线形对象的属性,如线型、颜色和线宽
objLn.ForeColor.RGB = RGB(255, 0, 0)
objLn.Weight = 5
End Sub
```

运行过程,生成的直线段如图 17-2 所示。

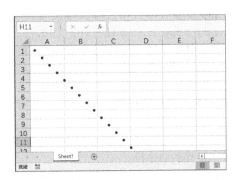

图 17-2　直线段

【Python】

在 Python Shell 窗口中输入下面的命令行。

```
>>> shp=sht.api.Shapes.AddLine(10,10,250,250)   #创建直线段 Shape 对象
>>> ln=shp.Line            #获取线形对象
>>> ln.DashStyle=3         #设置线形对象的属性,如线型、颜色和线宽
>>> ln.ForeColor.RGB=xw.utils.rgb_to_int((255, 0, 0))
>>> ln.Weight=5
```

生成的直线段如图 17-2 所示。

17.1.3　矩形、圆角矩形、椭圆和圆

使用 Shapes 对象的 AddShape 方法可以创建矩形、圆角矩形、椭圆和圆。17.1.1 节已经介绍过,本节不再赘述。实际上,AddShape 方法是通过创建自选图形的方法来创建的。AddShape 方法相关的 Type 参数的取值如表 17-3 所示。其中,圆是特殊的椭圆,即横轴和纵轴相等的椭圆。

表 17-3　AddShape 方法相关的 Type 参数的取值

名　称	值	说　明
msoShapeRectangle	1	矩形
msoShapeRoundedRectangle	5	圆角矩形
msoShapeOval	9	椭圆

在默认情况下，生成的矩形和圆都是实心的，是矩形面和圆形面。设置它们的 Fill 属性返回对象的 Visible 属性的值为 False，可以生成线型的矩形和圆。

下面向工作表 sht 中添加矩形、圆角矩形、椭圆和圆，皆为实心的面。

【Excel VBA】

示例文件的存放路径为 Samples\ch17\Excel VBA\矩形椭圆.xlsm。

```
Sub Test()
  ActiveSheet.Shapes.AddShape 1, 50, 50, 100, 200     '矩形区域
  ActiveSheet.Shapes.AddShape 5, 100, 100, 100, 200   '圆角矩形区域
  ActiveSheet.Shapes.AddShape 9, 150, 150, 100, 200   '椭圆区域
  ActiveSheet.Shapes.AddShape 9, 200, 200, 100, 100   '圆形区域
End Sub
```

运行过程，生成的矩形、圆角矩形、椭圆和圆形面如图 17-3 所示。

【Python】

在 Python Shell 窗口中输入下面的命令行。

```
>>> sht.api.Shapes.AddShape(1, 50, 50, 100, 200)     #矩形区域
>>> sht.api.Shapes.AddShape(5, 100, 100, 100, 200)   #圆角矩形区域
>>> sht.api.Shapes.AddShape(9, 150, 150, 100, 200)   #椭圆区域
>>> sht.api.Shapes.AddShape(9, 200, 200, 100, 100)   #圆形区域
```

生成的矩形、圆角矩形、椭圆和圆形面如图 17-3 所示。

下面生成没有填充的线型的矩形、圆角矩形、椭圆和圆。

【Excel VBA】

示例文件的存放路径为 Samples\ch17\Excel VBA\矩形椭圆.xlsm。

```
Sub Test2()
  Dim shp1 As Shape
  Dim shp2 As Shape
  Dim shp3 As Shape
  Dim shp4 As Shape
  Set shp1 = ActiveSheet.Shapes.AddShape(1, 50, 50, 100, 200)    '矩形区域
  Set shp2 = ActiveSheet.Shapes.AddShape(5, 100, 100, 100, 200)  '圆角矩形区域
  Set shp3 = ActiveSheet.Shapes.AddShape(9, 150, 150, 100, 200)  '椭圆区域
  Set shp4 = ActiveSheet.Shapes.AddShape(9, 200, 200, 100, 100)  '圆形区域
  shp1.Fill.Visible = msoFalse
  shp2.Fill.Visible = msoFalse
  shp3.Fill.Visible = msoFalse
  shp4.Fill.Visible = msoFalse
End Sub
```

运行过程，生成的矩形、圆角矩形、椭圆和圆形线如图 17-4 所示。

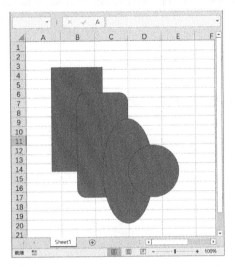

图 17-3　矩形、圆角矩形、椭圆和圆形面

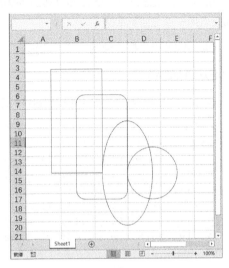

图 17-4　矩形、圆角矩形、椭圆和圆形线

【Python】

在 Python Shell 窗口中输入下面的命令行。

```
>>> shp1=sht.api.Shapes.AddShape(1, 50, 50, 100, 200)      #矩形区域
>>> shp1.Fill.Visible = False
>>> shp2=sht.api.Shapes.AddShape(5, 100, 100, 100, 200)    #圆角矩形区域
>>> shp2.Fill.Visible = False
>>> shp3=sht.api.Shapes.AddShape(9, 150, 150, 100, 200)    #椭圆区域
>>> shp3.Fill.Visible = False
>>> shp4=sht.api.Shapes.AddShape(9, 200, 200, 100, 100)    #圆形区域
>>> shp4.Fill.Visible = False
```

生成的矩形、圆角矩形、椭圆和圆形线如图 17-4 所示。

17.1.4　多义线和多边形

使用 Shapes 对象的 AddPolyline 方法可以创建多义线和多边形。AddPolyline 方法的语法格式如下。

【Excel VBA】

```
sht.Shapes.AddPolyline SafeArrayOfPoints
```

【Python】

```
sht.api.Shapes.AddPolyline(SafeArrayOfPoints)
```

其中，sht 表示一个工作表对象。参数 SafeArrayOfPoints 指定多义线或多边形的顶点坐标。AddPolyline 方法返回一个表示多义线或多边形的 Shape 对象。各顶点用其横坐标和纵坐标对表示，全部顶点用一个二维列表表示。

下面给定顶点坐标，绘制一个多边形。

【Excel VBA】

示例文件的存放路径为 Samples\ch17\Excel VBA\多义线和多边形.xlsm。

```
Sub Test()
  Dim pts(4, 1) As Single   '顶点
  pts(0, 0) = 10: pts(0, 1) = 10
  pts(1, 0) = 50: pts(1, 1) = 150
  pts(2, 0) = 90: pts(2, 1) = 80
  pts(3, 0) = 70: pts(3, 1) = 30
  pts(4, 0) = 10: pts(4, 1) = 10
  ActiveSheet.Shapes.AddPolyline pts
End Sub
```

运行过程，生成的多边形区域如图 17-5 所示。

【Python】

因为使用 xlwings 包绘制多义线和多边形存在问题，所以本节使用 Python 中的 comtypes 包来实现。与 win32com 包和 xlwings 包类似，comtypes 包是基于 COM 机制的。

首先，在 Power Shell 窗口中使用 pip 命令安装 comtypes 包。

```
pip install comtypes
```

然后，在 Python Shell 窗口中输入如下内容。

```
>>> #从 comtypes 包中导入 CreateObject 函数
>>> from comtypes.client import CreateObject
>>> app2=CreateObject('Excel.Application')      #创建 Excel 应用
>>> app2.Visible=True                           #应用窗口可见
>>> bk2=app2.Workbooks.Add()                    #添加工作簿
>>> sht2=bk2.Sheets(1)                          #获取第 1 个工作表
>>> pts=[[10,10], [50,150],[90,80], [70,30], [10,10]]   #多边形顶点
>>> sht2.Shapes.AddPolyline(pts)                #添加多边形区域
```

生成的多边形区域如图 17-5 所示。

如果只生成多边形线条，则将表示多边形区域的 Shape 对象的 Fill 属性返回对象的 Visible 属性的值设置为 False。

【Excel VBA】

示例文件的存放路径为 Samples\ch17\Excel VBA\多义线和多边形.xlsm。

```
Sub Test2()
  Dim shp As Shape
  Dim pts(4, 1) As Single
  pts(0, 0) = 10: pts(0, 1) = 10
  pts(1, 0) = 50: pts(1, 1) = 150
  pts(2, 0) = 90: pts(2, 1) = 80
  pts(3, 0) = 70: pts(3, 1) = 30
  pts(4, 0) = 10: pts(4, 1) = 10
  Set shp = ActiveSheet.Shapes.AddPolyline(pts)
  shp.Fill.Visible = msoFalse
End Sub
```

运行过程，生成的多义线如图 17-6 所示。

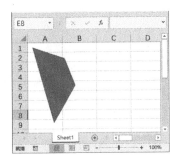
图 17-5　多边形区域

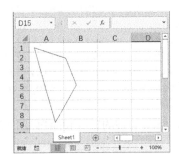
图 17-6　多义线

【Python】

在 Python Shell 窗口中输入如下内容。

```
>>> pts=[[10,10], [50,150],[90,80], [70,30], [10,10]]
>>> shp=sht2.Shapes.AddPolyline(pts)
>>> shp.Fill.Visible=False    #多义线
```

生成的多义线如图 17-6 所示。

17.1.5　曲线

使用 Shapes 对象的 AddCurve 方法可以创建曲线。AddCurve 方法的语法格式如下。

【Excel VBA】

```
sht.Shapes.AddCurve SafeArrayOfPoints
```

【Python】

```
sht.api.Shapes.AddCurve(SafeArrayOfPoints)
```

其中，sht 表示一个工作表对象。参数 SafeArrayOfPoints 指定贝塞尔曲线顶点和控制点的坐标。指定的点数始终为 3n+1，其中 n 为曲线的线段条数。AddCurve 方法返回一个表示贝塞尔曲线的 Shape 对象。各顶点用其横坐标和纵坐标对表示，全部顶点用一个二维列表表示。

下面向工作表 sht 中添加贝塞尔曲线。基于与 17.1.5 节中示例相同的原因，本节使用 comTypes 包进行绘制。

【Excel VBA】

示例文件的存放路径为 Samples\ch17\Excel VBA\曲线.xlsm。

```
Sub Test()
  Dim pts(6, 1) As Single  '顶点
  pts(0, 0) = 0: pts(0, 1) = 0
  pts(1, 0) = 72: pts(1, 1) = 72
  pts(2, 0) = 100: pts(2, 1) = 40
  pts(3, 0) = 20: pts(3, 1) = 50
  pts(4, 0) = 90: pts(4, 1) = 120
  pts(5, 0) = 60: pts(5, 1) = 30
  pts(6, 0) = 150: pts(6, 1) = 90
  ActiveSheet.Shapes.AddCurve pts
End Sub
```

运行过程，生成的贝塞尔曲线如图 17-7 所示。

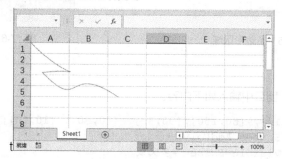

图 17-7　贝塞尔曲线

【Python】

在 Python Shell 窗口中输入如下内容。

```
>>> from comtypes.client import CreateObject
>>> app2=CreateObject('Excel.Application')
>>> app2.Visible=True
>>> bk2=app2.Workbooks.Add()
>>> sht2=bk2.Sheets(1)
>>> pts=[[0,0],[72,72],[100,40],[20,50],[90,120],[60,30],[150,90]]    #顶点
>>> sht2.Shapes.AddCurve(pts)   #添加贝塞尔曲线
```

生成的贝塞尔曲线如图 17-7 所示。

17.1.6 标签

使用 Shapes 对象的 AddLabel 方法可以创建标签。AddLabel 方法的语法格式如下。

【Excel VBA】

```
sht.Shapes.AddLabel Orientation,Left,Top,Width,Height
```

【Python】

```
sht.api.Shapes.AddLabel(Orientation,Left,Top,Width,Height)
```

其中，sht 表示一个工作表对象。AddLabel 方法的参数如表 17-4 所示。AddLabel 方法返回一个表示标签的 Shape 对象。

表 17-4 AddLabel 方法的参数

名 称	必需/可选	数 据 类 型	说 明
Orientation	必需	msoTextOrientation	标签中文本的方向
Left	必需	Single	标签左上角相对于文档左上角的位置（以磅为单位）
Top	必需	Single	标签左上角相对于文档顶部的位置（以磅为单位）
Width	必需	Single	标签的宽度（以磅为单位）
Height	必需	Single	标签的高度（以磅为单位）

Orientation 参数表示标签中文本的方向，其取值如表 17-5 所示。

表 17-5 Orientation 参数的取值

名 称	值	说 明
msoTextOrientationDownward	3	朝下
msoTextOrientationHorizontal	1	水平
msoTextOrientationHorizontalRotatedFarEast	6	亚洲语言支持所需的水平和旋转
msoTextOrientationMixed	-2	不支持
msoTextOrientationUpward	2	朝上
msoTextOrientationVertical	5	垂直
msoTextOrientationVerticalFarEast	4	亚洲语言支持所需的垂直

下面向工作表 sht 中添加包含文本的垂直标签。

【Excel VBA】

示例文件的存放路径为 Samples\ch17\Excel VBA\标签.xlsm。

```
Sub Test()
  Dim shp As Shape
  Set shp = ActiveSheet.Shapes.AddLabel(1, 100, 20, 60, 150)    '添加标签
  shp.TextFrame.Characters.Text = "Test Python Label"           '标签文本
```

```
End Sub
```

运行过程,生成的标签如图 17-8 所示。

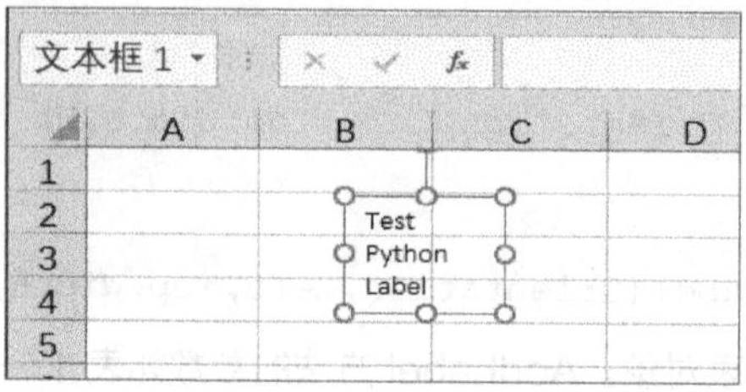

图 17-8 标签

【Python】

在 Python Shell 窗口中输入如下内容。

```
>>> shp=sht.api.Shapes.AddLabel(1,100,20,60,150)            #添加标签
>>> shp.TextFrame2.TextRange.Characters.Text ='Test Python Label'   #标签文本
```

生成的标签如图 17-8 所示。

17.1.7 文本框

使用 Shapes 对象的 AddTextbox 方法可以生成文本框。AddTextbox 方法的调用格式和各参数的意义与 AddLabel 方法的相同。

下面向工作表 sht 中添加包含文本的文本框。

【Excel VBA】

示例文件的存放路径为 Samples\ch17\Excel VBA\文本框.xlsm。

```
Sub Test()
  Dim shp As Shape
  Set shp = ActiveSheet.Shapes.AddTextbox(1, 10, 10, 100, 50)
  shp.TextFrame.Characters.Text = "Test Box"
End Sub
```

运行过程,生成的文本框如图 17-9 所示。

【Python】

在 Python Shell 窗口中输入如下内容。

```
>>> shp=sht.api.Shapes.AddTextbox(1,10,10,100,50)
>>> shp.TextFrame2.TextRange.Characters.Text='Test Box'
```

生成的文本框如图 17-9 所示。

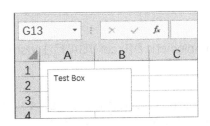

图 17-9　文本框

17.1.8　标注

使用 Shapes 对象的 AddCallout 方法可以添加标注。AddCallout 方法的语法格式如下。

【Excel VBA】

```
sht.Shapes.AddCallout Type,Left,Top,Width,Height
```

【Python】

```
sht.api.Shapes.AddCallout(Type,Left,Top,Width,Height)
```

其中，sht 表示一个工作表对象。AddCallout 方法的参数如表 17-6 所示。AddCallout 方法返回一个表示标注的 Shape 对象。

表 17-6　AddCallout 方法的参数

名　　称	必需/可选	数 据 类 型	说　　明
Type	必需	msoCalloutType	标注线的类型
Left	必需	Single	标注边界框左上角相对于文档左上角的位置（以磅为单位）
Top	必需	Single	标注边界框左上角相对于文档顶部的位置（以磅为单位）
Width	必需	Single	标注边框的宽度（以磅为单位）
Height	必需	Single	标注边框的高度（以磅为单位）

Type 参数的取值为 msoCalloutType 枚举类型的值，如表 17-7 所示，指定标注线的类型。

表 17-7　AddCallout 方法的 Type 参数的取值

名　　称	值	说　　明
msoCalloutFour	4	由两条线段组成的标注线。标注线附加在文本边界框的右侧
msoCalloutMixed	−2	只返回值，表示其他状态的组合
msoCalloutOne	1	单线段水平标注线
msoCalloutThree	3	由两条线段组成的标注线。标注线连接在文本边界框的左侧
msoCalloutTwo	2	单线段倾斜标注线

下面向工作表 sht 中添加包含文本的标注。

【Excel VBA】

示例文件的存放路径为 Samples\ch17\Excel VBA\标注.xlsm。

```
Sub Test()
  Dim shp As Shape
  Set shp = ActiveSheet.Shapes.AddCallout(2, 10, 10, 100, 50)
  shp.TextFrame.Characters.Text = "Test Box"
End Sub
```

生成的标注框如图 17-10 所示。

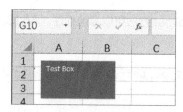

图 17-10 标注框

【Python】

在 Python Shell 窗口中输入如下内容。

```
>>> shp=sht.api.Shapes.AddCallout(2, 10, 10, 100, 50)
>>> shp.TextFrame2.TextRange.Characters.Text='Test Box'
```

生成的标注框如图 17-10 所示。

下面设置 shp 对象的 Callout 属性。

【Excel VBA】

示例文件的存放路径为 Samples\ch17\Excel VBA\标注.xlsm。

```
Sub Test2()
  Dim shp As Shape
  Set shp = ActiveSheet.Shapes.AddCallout(2, 110, 40, 200, 60)
  shp.TextFrame.Characters.Text = "Test Box"
  shp.Callout.Accent = True
  shp.Callout.Border = True
  shp.Callout.Angle = 2
End Sub
```

生成的标注框如图 17-11 所示。

【Python】

在 Python Shell 窗口中输入如下内容。

```
>>> shp=sht.api.Shapes.AddCallout(2, 110, 40, 200, 60)
>>> shp.TextFrame2.TextRange.Characters.Text='Test Box'
>>> shp.Callout.Accent=True
>>> shp.Callout.Border=True
>>> shp.Callout.Angle=2
```

其中，Accent 属性设置引线右侧的竖线；Border 属性设置标注区域的外框；Angle 属性设置引线的角度，这里设置为 30°。生成的标注框如图 17-11 所示。

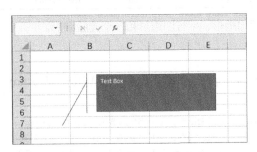

图 17-11　设置了属性的标注框

17.1.9　自选图形

所谓的自选图形，是 Excel 预定义的很多图形对象。使用 Shapes 对象的 AddShape 方法可以创建自选图形。前面使用 AddShape 方法创建了点、矩形、椭圆等。实际上，还有很多其他的图形类型，表 17-8 中列举了部分自选图形。

表 17-8　部分自选图形

名　称	值	说　明
msoShapeOval	9	椭圆
msoShapeOvalCallout	107	椭圆标注
msoShapeParallelogram	12	斜平行四边形
msoShapePie	142	圆形（"饼图"）, 缺少部分
msoShapeQuadArrow	39	指向向上、向下、向左和向右的箭头
msoShapeQuadArrowCallout	59	带向上、向下、向左和向右的箭头的标注
msoShapeRectangle	1	矩形
msoShapeRectangularCallout	105	矩形标注
msoShapeRightArrow	33	右箭头
msoShapeRightArrowCallout	53	带右箭头的标注
msoShapeRightBrace	32	右大括号
msoShapeRightBracket	30	右小括号
msoShapeRightTriangle	utf-8	直角三角形

续表

名称	值	说明
msoShapeRound1Rectangle	151	有一个圆角的矩形
msoShapeRound2DiagRectangle	157	有两个圆角的矩形，对角相对
msoShapeRound2SameRectangle	152	具有两个圆角的矩形，在一侧
msoShapeRoundedRectangle	5	圆角矩形
msoShapeRoundedRectangularCallout	106	圆角矩形标注

下面向工作表 sht 中添加矩形、平行四边形和一个笑脸图形。

【Excel VBA】

示例文件的存放路径为 Samples\ch17\Excel VBA\自选图形.xlsm。

```
Sub Test()
  ActiveSheet.Shapes.AddShape 1, 50, 50, 100, 200
  ActiveSheet.Shapes.AddShape 12, 250, 50, 100, 100
  ActiveSheet.Shapes.AddShape 17, 450, 50, 100, 100
End Sub
```

运行过程，生成的自选图形如图 17-12 所示。

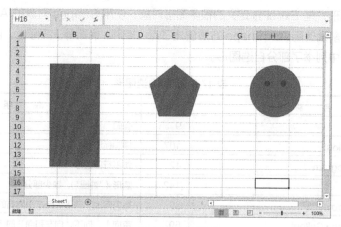

图 17-12　自选图形

【Python】

在 Python Shell 窗口中输入如下内容。

```
>>> sht.api.Shapes.AddShape(1, 50, 50, 100, 200)
>>> sht.api.Shapes.AddShape(12, 250, 50, 100, 100)
>>> sht.api.Shapes.AddShape(17, 450, 50, 100, 100)
```

生成的自选图形如图 17-12 所示。

17.1.10 艺术字

使用 Shapes 对象的 AddTextEffect 方法可以创建艺术字。AddTexEffect 方法的语法格式如下。

【Excel VBA】

```
sht.Shapes.AddTextEffect PresetTextEffect,Text,FontName, _
                FontSize,FontBold,FontItalic,Left,Top
```

【Python】

```
sht.api.Shapes.AddTextEffect(PresetTextEffect,Text,FontName, \
                FontSize,FontBold,FontItalic,Left,Top)
```

其中，sht 为当前工作表。AddTextEffect 方法的参数如表 17-9 所示。

表 17-9 AddTextEffect 方法的参数

名 称	必需/可选	数 据 类 型	说 明
PresetTextEffect	必需	msoPresetTextEffect	预置艺术字的效果
Text	必需	String	艺术字中的文字
FontName	必需	String	艺术字中所用字体的名称
FontSize	必需	Single	在艺术字中使用的字体的字号（以磅为单位）
FontBold	必需	msoTriState	在艺术字中要加粗的字体
FontItalic	必需	msoTriState	在艺术字中要倾斜的字体
Left	必需	Single	左上角点的横坐标
Top	必需	Single	左上角点的纵坐标

PresetTextEffect 参数表示艺术字的效果。Excel 预置了大约 50 种艺术字的效果，表 17-10 中列举了少部分。在创建艺术字时给 PresetTextEffect 参数赋对应的值即可。

表 17-10 PresetTextEffect 参数的取值

名 称	值	说 明
msoTextEffect1	0	第 1 种文本效果
msoTextEffect2	1	第 2 种文本效果
msoTextEffect3	2	第 3 种文本效果

下面创建两种不同效果的艺术字。

【Excel VBA】

示例文件的存放路径为 Samples\ch17\Excel VBA\艺术字.xlsm。

```
Sub Test()
  ActiveSheet.Shapes.AddTextEffect 19, _
        "学习 PYTHON", "Arial Black", 36, _
```

```
                    False, False, 10, 10
    ActiveSheet.Shapes.AddTextEffect 25, _
            "春眠不觉晓", "黑体", 40, _
                    False, False, 30, 50
End Sub
```

运行过程，生成的艺术字如图 17-13 所示。

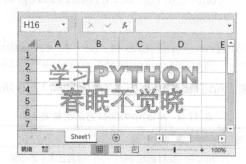

图 17-13　艺术字

【Python】

在 Python Shell 窗口中输入如下代码。

```
>>> sht.api.Shapes.AddTextEffect(9,'学习 PYTHON',\
                    'Arial Black',36,False,False,10,10)
>>> sht.api.Shapes.AddTextEffect(29,'春眠不觉晓',\
                    '黑体',40,False,False,30,50)
```

生成的艺术字如图 17-13 所示。

17.2　图形变换

使用几何变换，可以利用已有图形快速得到新的图形或新的位置上的图形。利用 Shape 对象的属性，可以实现图形平移、旋转、缩放和翻转等几何变换操作。

17.2.1　图形平移

使用 Shape 对象的 IncrementLeft 方法，可以将该对象所表示的图形进行水平方向的平移。IncrementLeft 方法有一个参数，当参数的值大于 0 时图形向右移，当参数的值小于 0 时图形向左移。

使用 Shape 对象的 IncrementTop 方法，可以将该对象所表示的图形进行垂直方向的平移。IncrementTop 方法有一个参数，当参数的值大于 0 时图形向下移，当参数的值小于 0 时图形向上移。

下面创建一个添加水滴预设纹理的矩形区域,并将该区域向右平移 70 个单位,向下平移 50 个单位。

【Excel VBA】

示例文件的存放路径为 Samples\ch17\Excel VBA\图形平移.xlsm。

```
Sub Test()
  Dim shp As Shape
  Set shp = ActiveSheet.Shapes.AddShape(1, 100, 50, 200, 100)  '矩形区域
  shp.Fill.PresetTextured 5           '水滴预设纹理
  shp.IncrementLeft 70                '右移 70 个单位
  shp.IncrementTop 50                 '下移 50 个单位
End Sub
```

运行过程,生成图形并进行平移。

【Python】

在 Python Shell 窗口中输入如下内容。

```
>>> shp=sht.api.Shapes.AddShape(1, 100, 50, 200, 100)   #矩形区域
>>> shp.Fill.PresetTextured(5)     #水滴预设纹理
>>> shp.IncrementLeft(70)          #右移 70 个单位
>>> shp.IncrementTop(50)           #下移 50 个单位
```

平移前后的矩形区域如图 17-14 和图 17-15 所示。

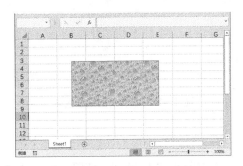

图 17-14　平移前的矩形区域

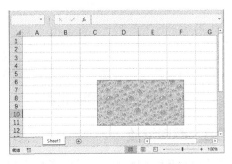

图 17-15　平移后的矩形区域

17.2.2　图形旋转

使用 Shape 对象的 IncrementRotation 方法可以实现图形的旋转。IncrementRotation 方法绕 Z 轴旋转指定的角度。该方法有一个参数,表示旋转的角度,以度为单位。当参数的值大于 0 时按顺时针方向旋转图形,当参数的值小于 0 时按逆时针方向旋转图形。

下面创建一个添加水滴预设纹理的矩形区域,并将该区域绕 Z 轴按顺时针方向旋转 30°。

【Excel VBA】

示例文件的存放路径为 Samples\ch17\Excel VBA\图形旋转.xlsm。

```
Sub Test()
  Dim shp As Shape
  Set shp = ActiveSheet.Shapes.AddShape(1, 100, 50, 200, 100)  '矩形区域
  shp.Fill.PresetTextured 5              '水滴预设纹理
  shp.IncrementRotation 30               '按顺时针方向旋转30°
End Sub
```

运行过程，生成图形并进行旋转。

【Python】

在 Python Shell 窗口中输入如下内容。

```
>>> shp=sht.api.Shapes.AddShape(1, 100, 50, 200, 100)    #矩形区域
>>> shp.Fill.PresetTextured(5)           #水滴预设纹理
>>> shp.IncrementRotation(30)            #按顺时针方向旋转30°
```

旋转前后的矩形区域如图 17-16 和图 17-17 所示。

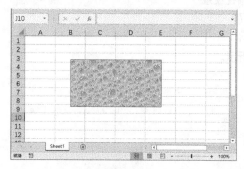

图 17-16　旋转前的矩形区域

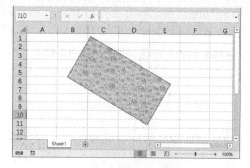

图 17-17　旋转后的矩形区域

17.2.3　图形缩放

图形缩放又称为比例变换，是指将给定的图形按照一定的比例放大或缩小。使用 Shape 对象的 ScaleWidth 方法和 ScaleHeight 方法可以指定水平方向和垂直方向的缩放比例，实现图形的缩放操作。

ScaleWidth 方法和 ScaleHeight 方法都有 3 个参数，如表 17-11 所示。

表 17-11　ScaleWidth 方法和 ScaleHeight 方法的参数

名　称	必需/可选	数据类型	说　明
Factor	必需	Single	指定图形调整后的宽度与当前或原始宽度的比例

名称	必需/可选	数据类型	说明
RelativeToOriginalSize	必需	msoTriState	当值为 False 时，相对于其当前大小进行缩放。仅当指定的图形是图片或 OLE 对象时，才能将此参数指定为 True
Scale	可选	Variant	msoScaleFrom 类型的常量之一，指定缩放图形时，该图形的哪一部分保持在原来的位置

Scale 参数的值为 msoScaleFrom 枚举类型常量，表示缩放以后图形哪一部分保持原来的位置。Scale 参数的取值如表 17-12 所示。

表 17-12 Scale 参数的取值

名称	值	说明
msoScaleFromBottomRight	2	图形的右下角保持在原来的位置
msoScaleFromMiddle	1	图形的中点保持在原来的位置
msoScaleFromTopLeft	0	图形的左上角保持在原来的位置

下面先创建一个椭圆区域，并添加花岗岩纹理。然后将该区域图形水平方向缩小为原来宽度的 75%，垂直方向放大为原来高度的 1.75 倍。

【Excel VBA】

示例文件的存放路径为 Samples\ch17\Excel VBA\图形缩放.xlsm。

```
Sub Test()
  Dim shp As Shape
  Set shp = ActiveSheet.Shapes.AddShape(9, 100, 50, 200, 100)    '椭圆区域
  shp.Fill.PresetTextured 12       '预设纹理，花岗岩
  shp.ScaleWidth 0.75, False       '宽度*0.75
  shp.ScaleHeight 1.75, False      '高度*1.75
End Sub
```

运行过程，生成图形并进行缩放。

【Python】

在 Python Shell 窗口中输入如下内容。

```
>>> shp=sht.api.Shapes.AddShape(9, 100, 50, 200, 100)    #椭圆区域
>>> shp.Fill.PresetTextured(12)        #预设纹理，花岗岩
>>> shp.ScaleWidth(0.75,False)         #宽度*0.75
>>> shp.ScaleHeight(1.75,False)        #高度*1.75
```

缩放前后的椭圆区域如图 17-18 和图 17-19 所示。

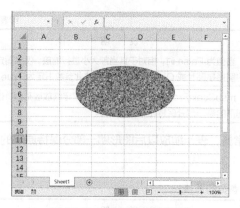
图 17-18 缩放前的椭圆区域

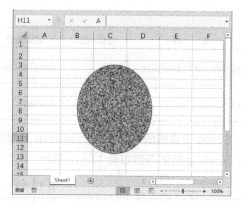
图 17-19 缩放后的椭圆区域

17.2.4 图形翻转

图形翻转也叫图形镜像变换或图形对称变换。使用 Shape 对象的 Flip 方法可以实现图形翻转。Filp 方法是相对于水平对称轴或垂直对称轴进行翻转的。该方法有一个参数，用于指定是水平翻转还是垂直翻转。水平翻转和垂直翻转对应的取值分别为 0 和 1。

下面先创建一个矩形区域，为了便于对比，添加了木质纹理。然后对该区域进行水平翻转和垂直翻转操作。

【Excel VBA】

示例文件的存放路径为 Samples\ch17\Excel VBA\图形翻转.xlsm。

```
Sub Test()
  Dim shp As Shape
  Set shp = ActiveSheet.Shapes.AddShape(1, 100, 50, 200, 100)   '矩形区域
  shp.Fill.PresetTextured 22         '预设纹理
  shp.Flip 0                         '水平翻转
  shp.Flip 1                         '垂直翻转
End Sub
```

运行过程，生成图形并进行翻转。

【Python】

在 Python Shell 窗口中输入如下内容。

```
>>> shp=sht.api.Shapes.AddShape(1, 100, 50, 200, 100)   #矩形区域
>>> shp.Fill.PresetTextured(22)      #预设纹理
>>> shp.Flip(0)                      #水平翻转
>>> shp.Flip(1)                      #垂直翻转
```

翻转前的矩形区域如图 17-20 所示，水平翻转后的矩形区域如图 17-21 所示，水平翻转后再

垂直翻转的矩形区域如图 17-22 所示。所以，当前翻转操作是针对前一步的变换结果进行的，而不是针对原图形进行的。

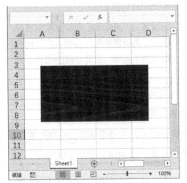
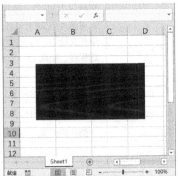
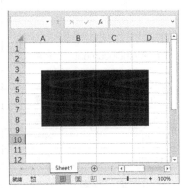

图 17-20　翻转前的矩形区域　　图 17-21　水平翻转后的矩形区域　　图 17-22　水平翻转后再垂直翻转的矩形区域

17.3　图片操作

本节介绍图片的添加和几何变换。

17.3.1　图片的添加

使用 Shapes 对象的 AddPicture 方法可以在现有文件中添加图片。AddPicture 方法返回一个表示新图片的 Shape 对象，语法格式如下。

【Excel VBA】

```
sht.Shapes.AddPicture FileName,LinkToFile, _
            SaveWithDocument,Left,Top,Width,Height
```

【Python】

```
sht.api.Shapes.AddPicture(FileName,LinkToFile,\
            SaveWithDocument,Left,Top,Width,Height)
```

其中，sht 为工作表。AddPicture 方法的参数如表 17-13 所示。

表 17-13　AddPicture 方法的参数

名　称	必需/可选	数　据　类　型	说　　明
FileName	必需	String	图片文件名

续表

名 称	必需/可选	数据类型	说 明
LinkToFile	必需	msoTriState	当设置为 False 时，使图片成为文件的独立副本，不链接；当设置为 True 时，将图片链接到创建它的文件
SaveWithDocument	必需	msoTriState	将图片与文档一起保存。当设置为 False 时，仅将链接信息存储在文档中；当设置为 True 时，将链接的图片与插入的文档一起保存。如果 LinkToFile 的值为 False，则此参数的值必须为 True
Left	必需	Single	图片左上角相对于文档左上角的位置（以磅为单位）
Top	必需	Single	图片左上角相对于文档顶部的位置（以磅为单位）
Width	必需	Single	图片的宽度，以磅为单位（输入 -1 可保留现有文件的宽度）
Height	必需	Single	图片的高度，以磅为单位（输入 -1 可保留现有文件的高度）

下面将一张图片添加到工作表 sht 中，该图片链接到创建它的文件，并与工作表 sht 一起保存。

【Excel VBA】

示例文件的存放路径为 Samples\ch17\Excel VBA\图片.xlsm。

```
Sub Test()
  ActiveSheet.Shapes.AddPicture "D:\picpy.jpg",True,True,100,50,100,100
End Sub
```

运行过程，生成的图片如图 17-23 所示。

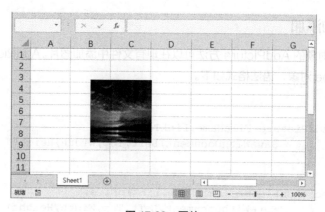

图 17-23　图片

【Python】

在 Python Shell 窗口中输入如下内容。

```
>>> sht.api.Shapes.AddPicture(r'D:\picpy.jpg',True,True,100,50,100,100)
```

生成的图片如图 17-23 所示。

17.3.2 图片的几何变换

17.2 节介绍了图形变换，使用 Shape 对象提供的方法，可以对给定的图形进行平移变换、旋转变换、比例变换和对称变换。在实现方法上，图片的几何变换与图形的几何变换完全相同。

下面利用指定文件创建图片后，对它连续进行旋转变换和水平对称变换。

【Excel VBA】

示例文件的存放路径为 Samples\ch17\Excel VBA\图片的几何变换.xlsm。

```
Sub Test()
  Dim shp As Shape
  Set shp = ActiveSheet.Shapes.AddPicture("D:\picpy.jpg", _
                       True, True, 100, 50, 100, 100)
  shp.IncrementRotation 30      '绕中心按顺时针方向旋转30°
  shp.Flip 0                    '水平翻转
End Sub
```

运行过程，生成图片并进行几何变换。

【Python】

在 Python Shell 窗口中输入如下内容。

```
>>> shp=sht.api.Shapes.AddPicture(r'D:\picpy.jpg',True,True,100,50,100,100)
>>> shp.IncrementRotation(30)       #绕中心按顺时针方向旋转30°
>>> shp.Flip(0)                     #水平翻转
```

旋转变换和对称变换后的图片如图 17-24 和图 17-25 所示。需要注意的是，对称变换是在前面旋转变换结果的基础上进行的，而不是针对原始图片进行的。

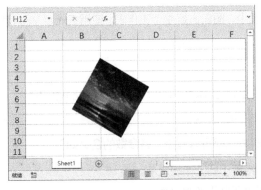

图 17-24　旋转变换后的图片

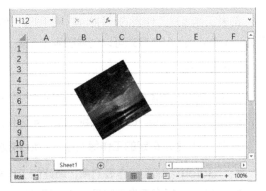

图 17-25　对称变换后的图片

第 18 章

Excel 图表

作为办公和数据分析软件，Excel 提供了非常丰富的图表类型。使用 Python 中提供的 win32com 包、comtypes 包和 xlwings 包等，可以实现使用 Python 绘制 Excel 图表，从而把 Excel 提供的数据可视化功能利用起来。本章的 Python 部分结合 xlwings 包进行介绍，所以读者在学习本章内容之前，需要熟练掌握第 13 章介绍的关于 xlwings 包的知识。

18.1 创建图表

使用 Excel VBA 和 Python xlwings API 方式可以创建图表工作表和嵌入式图表。使用 Python xlwings 方式可以创建嵌入式图表。另外，使用 Shapes 对象的方法也可以创建图表。

18.1.1 创建图表工作表

图表工作表是工作表的一种类型，在图表工作表中，图表占据整个工作表。使用 Excel VBA 和 Python xlwings API 方式可以创建图表工作表。

【Excel VBA】

使用 Charts 对象的 Add 方法可以创建一个新的图表工作表。Add 方法的语法格式如下。

```
Set cht=wb.Charts.Add(Before,After,Count,Type)
```

其中，wb 表示指定的工作簿对象。Add 方法的参数都可以省略，各参数的含义如下。

- Before：指定工作表对象，新建的工作表将置于此工作表之前。
- After：指定工作表对象，新建的工作表将置于此工作表之后。
- Count：要添加的工作表个数，默认值为 1。

- Type：指定要添加的图表类型。

需要注意的是，如果参数 Before 和 After 都省略，则新建的图表工作表将插入到活动工作表之前。

Add 方法返回一个图表工作表对象。

下面利用部分省 2011—2016 年的 GDP 数据（见图 18-1）创建图表工作表。

年份	A省	B省	C省	D省	E省	F省	G省
2011年	16.25	11.31	24.52	11.24	14.36	22.23	10.57
2012年	17.88	12.89	26.58	12.11	15.88	24.85	11.94
2013年	19.8	14.44	28.44	12.67	16.92	27.21	13.05
2014年	21.33	15.73	29.42	12.76	17.77	28.63	13.8
2015年	22.97	16.54	29.81	12.8	18.03	28.74	14.27
2016年	25.67	17.89	32.07	13.05	18.13	22.25	14.78

图 18-1　部分省 2011—2016 年的 GDP 数据

示例文件的存放路径为 Samples\ch18\Excel VBA\创建图表工作表.xlsm。

```
Sub CreatCharts()
  Dim cht As Chart
  Set cht = Charts.Add                      '创建图表工作表
  With cht                                  '设置图表的属性
    '绑定数据
    .SetSourceData Source:=Sheets("Sheet1").Range("A1:H7"), PlotBy:=xlRows
    .ChartType = xlColumnClustered          '图表类型
    .HasTitle = True                        '有标题
    .ChartTitle.Text = "部分省 2011—2016 年的 GDP 数据"    '标题文本
  End With
End Sub
```

运行过程，生成的图表工作表如图 18-2 所示。

【Python xlwings API】

在 Python xlwings API 方式下创建图表工作表，使用 Charts 对象的 Add 方法。Add 方法的语法格式如下。

```
wb.api.Charts.Add(Before,After,Count,Type)
```

其中，wb 表示指定的工作簿对象。Add 方法的参数都可以省略，各参数的含义如下。

- Before：指定工作表对象，新建的工作表将置于此工作表之前。
- After：指定工作表对象，新建的工作表将置于此工作表之后。

- Count：要添加的工作表个数，默认值为 1。
- Type：指定要添加的图表类型。

需要注意的是，如果参数 Before 和 After 都省略，则新建的图表工作表将插入活动工作表之前。

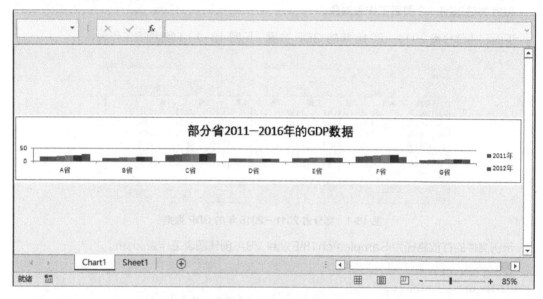

图 18-2　图表工作表

Add 方法返回一个图表工作表对象。

下面使用图 18-1 所示的数据，采用 Python xlwings API 方式创建复合柱状图。编写的 Python 脚本文件的存放路径为 Samples\ch18\Python\创建图表—xlwings API.py。

```python
import xlwings as xw                          #导入 xlwings 包
import os                                     #导入 os 包
root = os.getcwd()                            #获取当前路径
app = xw.App(visible=True, add_book=False)    #创建 Excel 应用，不添加工作簿
#打开与本文件相同路径下的数据文件，可写
wb=app.books.open(root+r'/GDP数据.xlsx',read_only=False)
sht=wb.sheets(1)                              #获取工作表对象
sht.api.Range('A1:H7').Select()               #选择绘图数据
cht=wb.api.Charts.Add()                       #添加图表工作表
cht.ChartType= xw.constants.ChartType.xlColumnClustered    #图表类型
cht.HasTitle=True                             #有标题
cht.ChartTitle.Text = '部分省2011—2016年的GDP数据'         #标题文本
```

运行脚本，生成的图表工作表如图 18-2 所示。

在代码中，绑定数据的方式如下：先用 Select 方法选择数据区域。然后用 Charts 对象的 Add

方法创建图表工作表。Add 方法返回一个 Chart 对象，用 Chart 对象的 ChartType 属性设置图表类型为复合柱状图（需要注意指定图表类型常数的方式）。最后指定图表的标题。

18.1.2 创建嵌入式图表

嵌入式图表可以嵌入普通工作表，与绘图数据和其他图形图表融为一体。使用 Excel VBA 中的 ChartObjects 对象和 Python xlwings 使用方式可以创建嵌入式图表。

【Excel VBA】

利用工作表对象的 ChartObjects 对象的 Add 方法可以创建嵌入式图表。Add 方法的语法格式如下。

```
Set chtObj=sht.ChartObjects.Add(Left,Top,Width,Height)
```

其中，sht 表示工作表对象，参数 Left、Top、Width 和 Height 分别表示图表的左侧位置、顶部位置、宽度和高度，Left 和 Width 为必需参数。

Add 方法返回一个 ChartObject 对象，可以利用该对象的 Chart 属性对图表进行更多的设置。

ChartObject 对象的 Chart 属性返回图表对象。

```
Set cht=chtObj.Chart
```

下面用图 18-1 所示的数据创建嵌入式图表。在绘图数据所在的工作表中创建图表。示例文件的存放路径为 Samples\ch18\Excel VBA\创建嵌入式图表.xlsm。

```vba
Sub CreateCharts()
  Dim cht As ChartObject
  '生成ChartObject 对象，指定位置和大小
  Set cht = ActiveSheet.ChartObjects.Add(50, 200, 355, 211)
  With cht
    With .Chart    'Chart 属性返回 Chart 对象，用它设置图表属性
      '绑定数据
      .SetSourceData Source:=Sheets("Sheet1").Range("A1:H7"), PlotBy:=xlRows
      .ChartType = xlColumnClustered              '图表类型
      .SetElement msoElementChartTitleCenteredOverlay   '标题居中显示
      .ChartTitle.Text = "部分省2011—2016 年的 GDP 数据"  '标题文本
    End With
  End With
End Sub
```

运行过程，生成的嵌入式图表如图 18-3 所示。可以用鼠标拖动该图表。

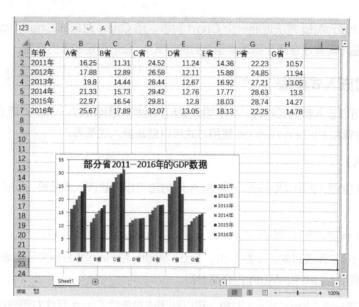

图 18-3 嵌入式图表

【Python xlwings】

利用 xlwings 包提供的 charts 对象的 add 方法可以创建图表。add 方法的语法格式如下。

```
sht.charts.add(left=0,top=0,width=355,height=211)
```

其中，sht 表示工作表对象。

- left：表示图表左侧的位置，单位为点，默认值为 0。
- top：表示图表顶端的位置，单位为点，默认值为 0。
- width：表示图表的宽度，单位为点，默认值为 355。
- height：表示图表的高度，单位为点，默认值为 211。

该方法返回一个 chart 对象。

下面利用图 18-1 所示的数据绘制复合条形柱状图。编写的 Python 脚本文件的存放路径为 Samples\ch18\Python\创建图表—xlwings.py。

```
#前面代码省略，请参考 Python 文件
#......
cht=sht.charts.add(50, 200)                              #添加图表
cht.set_source_data(sht.range('A1').expand())            #图表绑定数据
cht.chart_type='column_clustered'                        #图表类型
cht.api[1].HasTitle=True                                 #图表标题
cht.api[1].ChartTitle.Text='部分省2011—2016年的GDP数据'   #标题文本
```

运行脚本，生成的嵌入式图表如图 18-3 所示。在上面的代码中，使用 charts 对象的 add 方

法返回一个表示空白图表的 chart 对象，图表左上角的位置为(50,200)。使用 chart 对象的 set_source_data 方法可以绑定绘图数据。set_source_data 方法的参数中用 range 对象的 expand 方法获取单元格 A1 所在的数据表。使用 chart_type 属性指定图表类型为复合柱状图。最后用 API 方式指定图表的标题，需要设置 HasTitle 属性的值为 True。

代码最后两行为什么要在 api 后面添加一个索引呢？将脚本文件各行语句在 Python Shell 窗口中输入运行时，会发现 cht.api 是一个有两个元素的元组，如下所示。

```
>>> cht.api
(<win32com.gen_py.Microsoft Excel 16.0 Object Library.ChartObject instance at 0x101988744>, <win32com.gen_py.None.Chart>)
```

可见，元组中的第 1 个元素为 ChartObject 对象，第 2 个元素为 Chart 对象，引用 ChartObject 对象的 Chart 属性得到后面的 Chart 对象。

所以，通过索引获取图表对象以后才能引用它的属性进行设置。另外，元组中提供的信息也说明 xlwings 包对 win32com 包进行二次封装时是将 Excel 类库中的 ChartObject 对象封装成了新的 chart 对象。

18.1.3 使用 Shapes 对象创建图表

使用 Excel 对象模型中 Shapes 对象的 AddChart2 方法也可以创建图表。使用该方法创建的是一个表示图表的 Shape 对象，引用它的 Chart 属性返回一个 Chart 对象，即图表对象。

【Excel VBA】

使用 Shapes 对象的 AddChart2 方法可以创建图表。AddChart2 方法的语法格式如下。

```
sht.Shapes.AddChart2 Style,xlChartType,Left,Top,Width,Height,NewLayout
```

其中，sht 为指定工作表。AddChart2 方法一共有 7 个参数，均可选。

- Style：图表样式，当值为-1 时表示各图形类型的默认样式。
- xlChartType：图表类型，值为 xlChartType 枚举类型。
- Left：图表左侧位置，省略时水平居中。
- Top：图表顶端位置，省略时垂直居中。
- Width：图表的宽度，省略时取默认值 354。
- Height：图表的高度，省略时取默认值 210。
- NewLayout：表示图表布局，如果值为 True，则只有复合图表才会显示图例。

该方法返回一个表示图表的 Shape 对象。

下面用图 18-1 所示的数据创建嵌入式图表。在绘图数据所在的工作表中创建图表。示例文件的存放路径为 Samples\ch18\Excel VBA\创建图表—使用 Shapes 对象.xlsm。

```vba
Sub CreateCharts()
  '用 Shapes 创建图表
  ActiveSheet.Range("A1").CurrentRegion.Select    '绑定数据
  ActiveSheet.Shapes.AddChart2 -1, xlColumnClustered, _
                30, 150, 300, 200, True
End Sub
```

运行过程,生成的复合柱状图如图 18-4 所示。

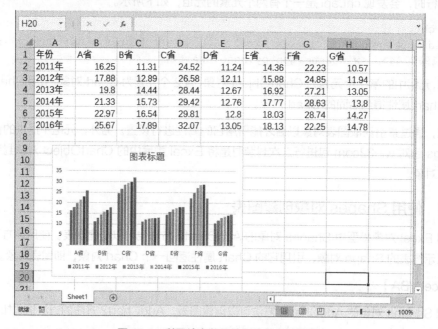

图 18-4 利用给定数据绘制的复合柱状图

【Python xlwings API】

在 Python 中,可以使用 Shapes 对象创建图表,在 Python xlwings API 方式下实现。在该方式下,使用 Shapes 对象的 AddChart2 方法可以创建图表。AddChart2 方法的语法格式如下。

```
sht.api.Shapes.AddChart2(Style,xlChartType,Left,Top,Width,Height,NewLayout)
```

其中,各变量和参数的意义与 VBA 环境下的相同。该方法返回一个表示图表的 Shape 对象。

下面利用图 18-1 所示的数据绘制复合柱状图。先选择数据区域,再使用 Shapes 对象的 AddChart2 方法绘制。编写的 Python 脚本文件的存放路径为 Samples\ch18\Python\创建图表—Shapes 对象.py。

```python
#前面代码省略,请参考 Python 文件
#......
sht.api.Range('A1').CurrentRegion.Select()   #绑定数据
```

```
sht.api.Shapes.AddChart2(-1,xw.constants.ChartType.xlColumnClustered,\
    30,150,300,200,True)
```

生成的复合柱状图如图 18-4 所示。

18.1.4 绑定数据

如 18.1.1~18.1.3 节所述，可以采用两种方法绑定数据。

第 1 种方法是使用单元格区域的 Select 方法选择数据。

对于工作表 sht，可以使用类似于下面的形式编写代码。

【Excel VBA】

```
>>> sht.Range("A1").CurrentRegion.Select
```

或者使用下面的形式。

```
>>> sht.Range("A1:H7").Select
```

【Python xlwings API】

```
>>> sht.api.Range('A1').CurrentRegion.Select()
```

或者使用下面的形式。

```
>>> sht.api.Range('A1:H7').Select()
```

第 2 种方法是使用 chart(Chart)对象的 set_source_data(SetSourceData)方法绑定数据。

【Excel VBA】

使用 Chart 对象的 SetSourceData 方法，可以为指定的图表设置源数据区域。SetSourceData 方法的语法格式如下。

```
cht.SetSourceData Source, PlotBy
```

其中，cht 为 Chart 对象。SetSourceData 方法有两个参数，含义如下。

- Source：为 Range 对象，用来指定图表的源数据区域。
- PlotBy：指定获取数据的方式。当值为 1 时表示按列获取数据，当值为 2 时表示按行获取数据。

对于工作表 sht 和图表 cht，可以使用类似于下面的形式编写代码。

```
cht.SetSourceData Source:=Range("A1:H7"), PlotBy:=1
```

【Python xlwings】

在 Python xlwings 方式下，使用 chart 对象的 set_source_data 方法可以绑定数据。例如，对于工作表 sht 和图表 cht，可以使用类似于下面的形式编写代码。

```
>>> cht.set_source_data(sht.range('A1').expand())
```

该方法只有一个参数,为 range 对象,用于指定数据的范围。

【Python xlwings API】

对于工作表 sht 和图表 cht,可以使用类似于下面的形式编写代码。

```
>>> cht.SetSourceData(Source=sht.api.Range('A1:H7'), PlotBy=1)
```

18.2 图表及其序列

利用 18.1.1 节和 18.1.2 节介绍的方法可以获得 chart 对象与 Chart 对象;利用 18.1.3 节介绍的方法可以获得 Shape 对象,引用 Shape 对象的 Chart 属性可以获取 Chart 对象。利用 chart(Chart)对象的属性和方法就可以对图表的类型、坐标系、标题、图例等进行各种设置。

对于使用多变量数据绘制的复合图表类型,图中的每组简单图形称为一个序列。可以从复合图表中获取序列对象,并利用其属性和方法进行设置。例如,改变一组简单图形的图表类型、设置条形区域或线条的颜色和线型、显示和设置点标记与数据标签等。

对于特殊的图表类型,如折线图、点图等,可以对图形的某个或某些控制点进行单独的设置。例如,对于折线图上的第 5 个数据点,可以改变它的标记大小、显示数据标签等。

18.2.1 设置图表的类型

使用 chart 对象的 chart_type 属性或 Chart 对象的 ChartType 属性可以设置图表的类型。对于图表对象 cht,可以按照如下形式设置图表类型。

【Excel VBA】

```
cht.ChartType=xlColumnClustered
```

【Python xlwings】

```
>>> cht.chart_type='column_clustered'
```

【Python xlwings API】

```
>>> cht.ChartType=xw.constants.ChartType.xlColumnClustered
```

chart_type 属性或 ChartType 属性的取值如表 18-1 所示。表 18-1 中的第 3 列表示图表类型的字符串作为 xlwings 方式下 chart_type 属性的取值,前两列的常数或值作为 Excel VBA 和 API 方式下 ChartType 属性的取值。值可以直接写,常数的形式与 xw.constants.ChartType.xlLine 类似。

表 18-1 Excel 的图表类型

Excel VBA 和 API 常数	常 数 值	xlwings 取值	说 明
xl3DArea	−4098	"3d_area"	三维面积图
xl3DAreaStacked	78	"3d_area_stacked"	三维堆栈面积图
xl3DAreaStacked100	79	"3d_area_stacked_100"	百分比堆栈面积图
xl3DBarClustered	60	"3d_bar_clustered"	三维复合条形图
xl3DBarStacked	61	"3d_bar_stacked"	三维堆栈条形图
xl3DBarStacked100	62	"3d_bar_stacked_100"	三维百分比堆栈条形图
xl3DColumn	−4100	"3d_column"	三维柱形图
xl3DColumnClustered	54	"3d_column_clustered"	三维复合柱形图
xl3DColumnStacked	55	"3d_column_stacked"	三维堆栈柱形图
xl3DColumnStacked100	56	"3d_column_stacked_100"	三维百分比堆栈柱形图
xl3DLine	−4101	"3d_line"	三维折线图
xl3DPie	−4102	"3d_pie"	三维饼图
xl3DPieExploded	70	"3d_pie_exploded"	分离型三维饼图
xlArea	1	"area"	饼图
xlAreaStacked	76	"area_stacked"	堆栈面积图
xlAreaStacked100	77	"area_stacked_100"	百分比堆栈面积图
xlBarClustered	57	"bar_clustered"	复合条形图
xlBarOfPie	71	"bar_of_pie"	复合条饼图
xlBarStacked	58	"bar_stacked"	堆栈条形图
xlBarStacked100	59	"bar_stacked_100"	百分比堆栈条形图
xlBubble	个	"bubble"	泡泡图
xlBubble3DEffect	87	"bubble_3d_effect"	三维泡泡图
xlColumnClustered	51	"column_clustered"	复合柱形图
xlColumnStacked	52	"column_stacked"	堆栈柱形图
xlColumnStacked100	53	"column_stacked_100"	百分比堆栈柱形图
xlConeBarClustered	102	"cone_bar_clustered"	复合条形圆锥图
xlConeBarStacked	103	"cone_bar_stacked"	堆栈条形圆锥图
xlConeBarStacked100	104	"cone_bar_stacked_100"	百分比堆栈条形圆锥图
xlConeCol	105	"cone_col"	三维柱形圆锥图
xlConeColClustered	99	"cone_col_clustered"	复合柱形圆锥图
xlConeColStacked	100	"cone_col_stacked"	堆栈柱形圆锥图
xlConeColStacked100	101	"cone_col_stacked_100"	百分比堆栈柱形圆锥图
xlCylinderBarClustered	95	"cylinder_bar_clustered"	复合条形圆柱图

续表

Excel VBA 和 API 常数	常 数 值	xlwings 取值	说 明
xlCylinderBarStacked	96	"cylinder_bar_stacked"	堆栈条形圆柱图
xlCylinderBarStacked100	97	"cylinder_bar_stacked_100"	百分比堆栈条形圆柱图
xlCylinderCol	98	"cylinder_col"	三维柱形圆柱图
xlCylinderColClustered	92	"cylinder_col_clustered"	复合柱形圆锥图
xlCylinderColStacked	93	"cylinder_col_stacked"	堆栈柱形圆锥图
xlCylinderColStacked100	94	"cylinder_col_stacked_100"	百分比堆栈柱形圆柱图
xlDoughnut	−4120	"doughnut"	圆环图
xlDoughnutExploded	80	"doughnut_exploded"	分离型圆环图
xlLine	4	"line"	折线图
xlLineMarkers	65	"line_markers"	数据点折线图
xlLineMarkersStacked	66	"line_markers_stacked"	堆栈数据点折线图
xlLineMarkersStacked100	67	"line_markers_stacked_100"	百分比堆栈数据点折线图
xlLineStacked	63	"line_stacked"	堆栈折线图
xlLineStacked100	64	"line_stacked_100"	百分比堆栈折线图
xlPie	5	"pie"	饼图
xlPieExploded	69	"pie_exploded"	分离型饼图
xlPieOfPie	68	"pie_of_pie"	复合饼图
xlPyramidBarClustered	109	"pyramid_bar_clustered"	复合条形棱锥图
xlPyramidBarStacked	110	"pyramid_bar_stacked"	堆栈条形棱锥图
xlPyramidBarStacked100	111	"pyramid_bar_stacked_100"	百分比堆栈条形棱锥图
xlPyramidCol	112	"pyramid_col"	三维柱形棱锥图
xlPyramidColClustered	106	"pyramid_col_clustered"	复合柱形棱锥图
xlPyramidColStacked	107	"pyramid_col_stacked"	堆栈柱形棱锥图
xlPyramidColStacked100	108	"pyramid_col_stacked_100"	百分比堆栈柱形棱锥图
xlRadar	−4151	"radar"	雷达图
xlRadarFilled	82	"radar_filled"	填充雷达图
xlRadarMarkers	81	"radar_markers"	数据点雷达图
xlRegionMap	140		地图
xlStockHLC	88	"stock_hlc"	盘高-盘低-收盘图
xlStockOHLC	89	"stock_ohlc"	开盘-盘高-盘低-收盘图
xlStockVHLC	90	"stock_vhlc"	成交量-盘高-盘低-收盘图
xlStockVOHLC	91	"stock_vohlc"	Volume-开盘-盘高-盘低-收盘图
xlSurface	83	"surface"	三维曲面图

续表

Excel VBA 和 API 常数	常 数 值	xlwings 取值	说 明
xlSurfaceTopView	85	"surface_top_view"	曲面图（俯视图）
xlSurfaceTopViewWireframe	86	"surface_top_view_wireframe"	曲面图（俯视线框图）
xlSurfaceWireframe	84	"surface_wireframe"	三维曲面图（线框图）
xlXYScatter	−4169	"xy_scatter"	散点图
xlXYScatterLines	74	"xy_scatter_lines"	折线散点图
xlXYScatterLinesNoMarkers	75	"xy_scatter_lines_no_markers"	无数据点折线散点图
xlXYScatterSmooth	72	"xy_scatter_smooth"	平滑线散点图
xlXYScatterSmoothNoMarkers	73	"xy_scatter_smooth_no_markers"	无数据点平滑线散点图

下面利用 18.1 节提供的数据，使用 Shapes 对象的 AddChart2 方法创建更多类型的图表。

【Excel VBA】

示例文件的存放路径为 Samples\ch18\Excel VBA\图表类型.xlsm。

```
Sub CreateCharts()
  ActiveSheet.Range("A1").CurrentRegion.Select   '数据
  ActiveSheet.Shapes.AddChart2 -1, xlColumnClustered, _
                    20, 150, 300, 200, True
  ActiveSheet.Shapes.AddChart2 -1, xlBarClustered, _
                    400, 150, 300, 200, True
  ActiveSheet.Shapes.AddChart2 -1, xlConeBarStacked, _
                    20, 400, 300, 200, True
  ActiveSheet.Shapes.AddChart2 -1, xlLineMarkersStacked, _
                    400, 400, 300, 200, True
  ActiveSheet.Shapes.AddChart2 -1, xlXYScatter, _
                    20, 650, 300, 200, True
  ActiveSheet.Shapes.AddChart2 -1, xlPieOfPie, _
                    400, 650, 300, 200, True
End Sub
```

运行过程，生成的不同类型的图表如图 18-5 所示。

【Python xlwings API】

编写的 Python 脚本文件的存放路径为 Samples\ch18\Python\图表类型.py。

```
#前面代码省略，请参考 Python 文件
#……
sht.api.Range('A1').CurrentRegion.Select()   #数据
sht.api.Shapes.AddChart2(-1,xw.constants.ChartType.xlColumnClustered,\
                    20,150,300,200,True)
sht.api.Shapes.AddChart2(-1,xw.constants.ChartType.xlBarClustered,\
```

```
                        400,150,300,200,True)
sht.api.Shapes.AddChart2(-1,xw.constants.ChartType.xlConeBarStacked,\
                        20,400,300,200,True)
sht.api.Shapes.AddChart2(-1,xw.constants.ChartType.xlLineMarkersStacked,\
                        400,400,300,200,True)
sht.api.Shapes.AddChart2(-1,xw.constants.ChartType.xlXYScatter,\
                        20,650,300,200,True)
sht.api.Shapes.AddChart2(-1,xw.constants.ChartType.xlPieOfPie,\
                        400,650,300,200,True)
```

运行脚本，生成的不同类型的图表如图 18-5 所示。

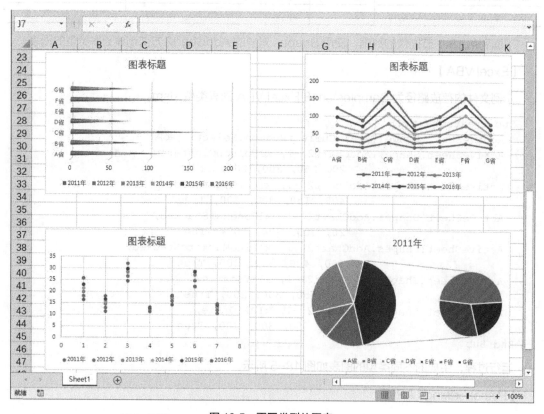

图 18-5　不同类型的图表

18.2.2　Chart 对象的常用属性和方法

前面使用 Chart 对象的 ChartType 属性设置图表的类型，实际上，Chart 对象还有很多其他的属性和方法，使用它们可以对图表进行各种设置。Chart 对象的常用属性如表 18-2 所示，后面会陆续进行介绍。

表 18-2 Chart 对象的常用属性

名 称	意 义
BackWall	返回 Walls 对象，该对象允许用户单独对三维图表的背景墙进行格式设置
BarShape	条形的形状
ChartArea	返回 ChartArea 对象，该对象表示图表的整个图表区
ChartStyle	返回或设置图表的图表样式。可以使用介于 1 和 48 之间的数字设置图表样式
ChartTitle	返回 ChartTitle 对象，表示指定图表的标题
ChartType	返回或设置图表类型
Copy	将图表工作表复制到工作簿的另一个位置
CopyPicture	将图表以图片的形式复制到剪贴板中
DataTable	返回 DataTable 对象，表示此图表的数据表
Delete	删除图表
Export	将图表以图片的格式导出到文件中
HasAxis	返回或设置图表上显示的坐标轴
HasDataTable	如果图表有数据表，则该属性的值为 True，否则为 False
HasTitle	设置是否显示标题
Legend	返回一个 Legend 对象，表示图表的图例
Move	将图表工作表移到工作簿中的另一个位置
Name	图表的名称
PlotArea	返回一个 PlotArea 对象，表示图表的绘图区
PlotBy	返回或设置行或列在图表中作为数据系列使用的方式。可以作为以下 xlRowCol 常量之一：xlColumns 或 xlRows
SaveAs	将图表另存到不同的文件中
Select	选择图表
SeriesCollection	返回包含图表所有序列的集合
SetElement	设置图表元素
SetSourceData	绑定绘制图表的数据
Visible	返回或设置一个 xlSheetVisibility 值，用于确定对象是否可见
Walls	返回一个 Walls 对象，表示三维图表的背景墙

18.2.3 设置序列

每个 Chart 对象都有一个 SeriesCollection 属性，该属性返回一个包含图表中所有序列的集合。那什么是序列呢？对于图 18-3 所示的复合柱状图，每个省份对应一个复合柱形，每个复合柱形中有 6 个不同颜色的单一柱形，所有省份相同颜色的单一柱形组成一个序列。所以，图 18-3 所示的复合柱状图一共有 6 个序列。可以用 Series 对象表示序列。

下面利用给定的数据（见图 18-6），使用 Shapes 对象绘制图表。

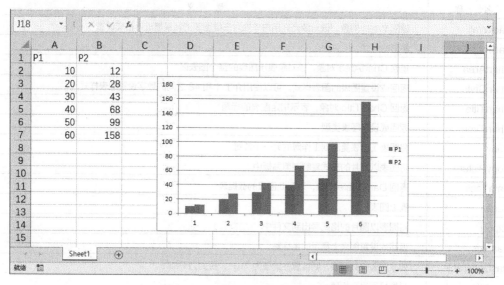

图 18-6　在默认情况下生成的图表

【Excel VBA】

示例文件的存放路径为 Samples\ch18\Excel VBA\序列.xlsm。

```
Sub Test()
  '创建图表
  ActiveSheet.Range("A1:B7").Select
  ActiveSheet.Shapes.AddChart
End Sub
```

运行过程，生成的图表如图 18-6 所示。

【Python xlwings API】

编写的 Python 脚本文件的存放路径为 Samples\ch18\Python\设置序列.py。

```
#前面代码省略，请参考 Python 文件
#......
sht.api.Range("A1:B7").Select()
cht=sht.api.Shapes.AddChart().Chart
```

运行脚本，生成的图表如图 18-6 所示。程序中的第 1 行选择绘图数据，第 2 行使用 Shapes 对象的 AddChart 方法创建表示图表的 Shape 对象，用该对象的 Chart 属性返回一个 Chart 对象。

使用 Chart 对象的 SeriesCollection 属性可以返回包含图表中所有序列的集合。下面使用 Count 属性获取集合中序列的个数。

【Excel VBA】

示例文件的存放路径为 Samples\ch18\Excel VBA\序列.xlsm。

```
Sub Test2()
  Dim cht As Chart
  ActiveSheet.Range("A1:B7").Select
  Set cht = ActiveSheet.Shapes.AddChart.Chart
  Debug.Print cht.SeriesCollection.Count
End Sub
```

运行过程，在"立即窗口"面板中输出图表包含的序列的个数，即 2。

【Python xlwings API】

在 Python xlwings API 方式下获取图表中序列的个数的代码如下。

```
>>> cht.SeriesCollection().Count
2
```

如图 18-6 所示，有两种不同颜色的柱形，每种颜色的柱形构成一个序列，所以共有两个序列。

使用序列的名称或序列在集合中的索引号可以引用序列。下面引用第 2 个序列（P2），使用它的 ChartType 属性将图形类型改为折线图；将 Smooth 属性的值设置为 True，对折线进行平滑处理；使用 MarkerStyle 属性将各数据点处的标记设置为三角形；使用 MarkerForegroundColor 属性将标记的颜色设置为蓝色；将 HasDataLabel 属性的值设置为 True，显示数据标签。

【Excel VBA】

示例文件的存放路径为 Samples\ch18\Excel VBA\序列.xlsm。

```
Sub Test3()
  Dim cht As Chart
  Dim ser2 As Series
  ActiveSheet.Range("A1:B7").Select
  Set cht = ActiveSheet.Shapes.AddChart.Chart
  Set ser2 = cht.SeriesCollection("P2")         '第 2 个序列
  ser2.ChartType = xlLine                        '线形图
  ser2.Smooth = True                             '平滑处理
  ser2.MarkerStyle = xlMarkerStyleTriangle       '标记
  ser2.MarkerForegroundColor = RGB(0, 0, 255)    '颜色
  ser2.HasDataLabels = True                      '数据标签
End Sub
```

运行过程，设置第 2 个序列之后的效果如图 18-7 所示。

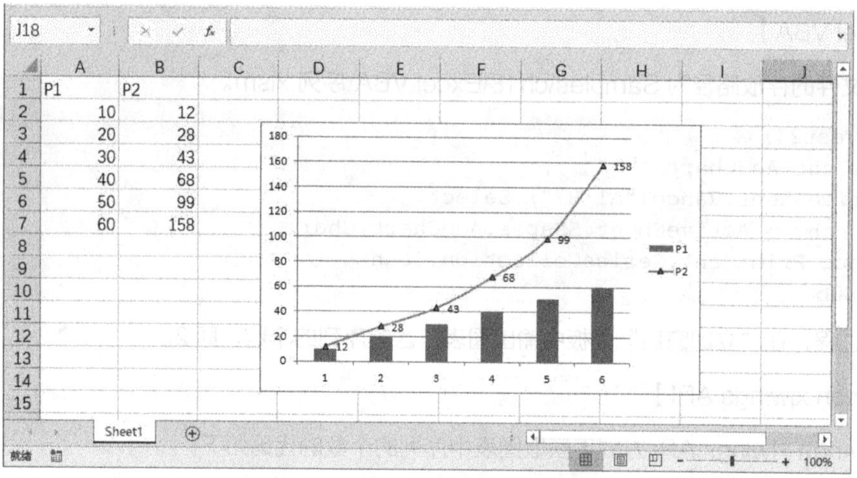

图 18-7 设置第 2 个序列之后的效果

【Python xlwings API】

编写的 Python 脚本文件的存放路径为 Samples\ch18\Python\设置序列.py。

```
#前面代码省略，请参考Python文件
#......
ser2=cht.SeriesCollection('P2')                          #第2个序列
ser2.ChartType=xw.constants.ChartType.xlLine             #线形图
ser2.Smooth=True                                         #平滑处理
ser2.MarkerStyle=xw.constants.MarkerStyle.xlMarkerStyleTriangle    #标记
ser2.MarkerForegroundColor=xw.utils.rgb_to_int((0,0,255))          #颜色
ser2.HasDataLabels=True                                  #数据标签
```

运行脚本，图表变成图 18-7 所示的效果。由此可知，通过设置图表中 Series 对象的属性，可以改变单个序列。

18.2.4 设置序列中单个点的属性

使用 Series 对象的 Points 属性，可以获取序列中的全部数据点。通过索引，可以把其中的某个或某些点提取出来进行设置。单个的点用 Point 对象表示，利用该对象的属性和方法，可以对指定的点进行设置。点的设置主要用于折线图、散点图和雷达图等。

下面接着 18.2.3 节的示例，获取第 2 个序列中数据点的数量。

【Excel VBA】

示例文件的存放路径为 Samples\ch18\Excel VBA\序列.xlsm。

```
Sub Test3()
    '省略前面的代码，请参考示例文件
```

```
'......
    Debug.Print ser2.Points.Count
End Sub
```

运行过程,在"立即窗口"面板中输出第 2 个序列的数据点的个数,即 6。

【Python xlwings API】

在 Python xlwings API 方式下,获取第 2 个序列的数据点的个数的代码如下。

```
>>> ser2.Points().Count
6
```

Point 对象的常用属性如表 18-3 所示。

表 18-3　Point 对象的常用属性

名称	意义
DataLabel	返回一个 DataLabel 对象,表示数据标签
HasDataLabel	是否显示数据标签
MarkerBackgroundColor	标记背景色,RGB 着色
MarkerBackgroundColorIndex	标记背景色,索引着色
MarkerForegroundColor	标记前景色,RGB 着色
MarkerForegroundColorIndex	标记前景色,索引着色
MarkerSize	标记的大小
MarkerStyle	标记的样式
Name	点的名称
PictureType	设置在柱状图或条形图上显示图片时图片的显示方式,可以拉伸或堆栈显示

使用 Point 对象的 MarkerStyle 属性可以设置标记的样式。该属性的值为 xlMarkerStyle 枚举类型,如表 18-4 所示。

表 18-4　Point 对象的 MarkerStyle 属性的值

名称	值	说明
xlMarkerStyleAutomatic	−4105	自动设置标记
xlMarkerStyleCircle	8	圆形标记
xlMarkerStyleDash	−4115	长条形标记
xlMarkerStyleDiamond	2	菱形标记
xlMarkerStyleDot	−4118	短条形标记
xlMarkerStyleNone	−4142	无标记
xlMarkerStylePicture	−4147	图片标记
xlMarkerStylePlus	9	带加号的方形标记

续表

名　称	值	说　明
xlMarkerStyleSquare	1	方形标记
xlMarkerStyleStar	5	带星号的方形标记
xlMarkerStyleTriangle	3	三角形标记
xlMarkerStyleX	–4168	带 X 记号的方形标记

下面在表示第 2 个序列的折线图中改变第 3 个点的属性。将其前景色和背景色设置为蓝色，标记样式设置为菱形，标记大小设置为 10 磅。

【Excel VBA】

示例文件的存放路径为 Samples\ch18\Excel VBA\序列.xlsm。

```
Sub Test4()
  Dim cht As Chart
  Dim ser2 As Series
  ActiveSheet.Range("A1:B7").Select
  Set cht = ActiveSheet.Shapes.AddChart.Chart
  Set ser2 = cht.SeriesCollection("P2")         '第 2 个序列
  ser2.ChartType = xlLine                       '线形图
  ser2.Smooth = True                            '平滑处理
  ser2.MarkerStyle = xlMarkerStyleTriangle      '标记
  ser2.MarkerForegroundColor = RGB(0, 0, 255)   '颜色
  ser2.HasDataLabels = True                     '数据标签
  
  ser2.Points(3).MarkerForegroundColor = RGB(0, 0, 255)
  ser2.Points(3).MarkerBackgroundColor = RGB(0, 0, 255)
  ser2.Points(3).MarkerStyle = xlMarkerStyleDiamond
  ser2.Points(3).MarkerSize = 10
End Sub
```

运行过程，生成的图表如图 18-8 所示。完成设置以后，序列中的第 3 个点会突出显示。

【Python xlwings API】

编写的 Python 脚本文件的存放路径为 Samples\ch18\Python\设置序列中的点.py。

```
#前面代码省略，请参考 Python 文件
#......
ser2.Points(3).MarkerForegroundColor=xw.utils.rgb_to_int((0,0,255))
ser2.Points(3).MarkerBackgroundColor=xw.utils.rgb_to_int((0,0,255))
ser2.Points(3).MarkerStyle=xw.constants.MarkerStyle.xlMarkerStyleDiamond
ser2.Points(3).MarkerSize=10
```

运行脚本，最终效果如图 18-8 所示。

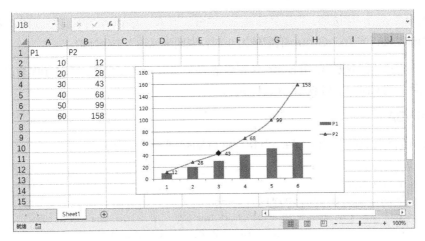

图 18-8　设置第 3 个点的属性值

18.3　坐标系

坐标系是图表的重要组成部分，有了坐标系，图表中的每个点和每个基本图形元素的位置、长度度量、方向度量才能确定下来。坐标系是一个基本的参照系。利用 Excel 提供的图表坐标系相关的对象及其属性和方法，可以对坐标系进行各种设置，以达到所需要的图形效果。

18.3.1　Axes 对象和 Axis 对象

在 Excel 中，用 Axis 对象表示单个坐标轴，用其复数形式 Axes 对象表示多个坐标轴及它们组成的坐标系。二维平面坐标系有两个坐标轴（水平轴和垂直轴），三维空间坐标系有 3 个方向上的坐标轴。

通过 Chart 对象获取 Axis 对象。

【Excel VBA】

```
Set axs=cht.Axes(Type,AxisGroup)
```

【Python xlwings API】

```
axs=cht.Axes(Type,AxisGroup)
```

其中，cht 为 Chart 对象。

- Type：必选项，取值为 1、2 或 3。当 Type 的取值为 1 时坐标轴显示类别，常用于设置图表的水平轴；当 Type 的取值为 2 时坐标轴显示值，常用于设置图表的垂直轴；当 Type 的取值为 3 时坐标轴显示数据系列，只能用于 3D 图表。

- AxisGroup：可选项，指定坐标轴主次之分。当 AxisGroup 的取值为 2 时，说明坐标轴为辅助轴；当 AxisGroup 的取值为 1 时，说明坐标轴为主坐标轴。

下面首先选择绘图数据，使用 Shapes 对象的 AddChart2 方法创建一个表示图表的 Shape 对象，然后利用它的 Chart 属性获取 Chart 对象。

【Excel VBA】

示例文件的存放路径为 Samples\ch18\Excel VBA\坐标系.xlsm。

```
Sub Test()
  Dim cht As Chart
  ActiveSheet.Range("A1:B7").Select
  Set cht = ActiveSheet.Shapes.AddChart2(-1, xlColumnClustered, _
             200, 20, 300, 200, True).Chart
End Sub
```

运行过程，生成的图表如图 18-9 所示。

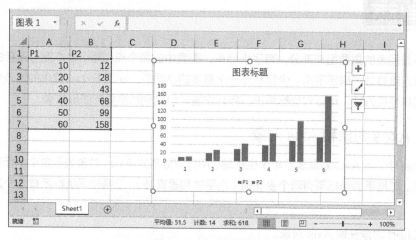

图 18-9　生成的图表

【Python xlwings API】

编写的 Python 脚本文件的存放路径为 Samples\ch18\Python\坐标系-创建图表.py。

```
import xlwings as xw                                    #导入xlwings包
import os                                               #导入os包
root = os.getcwd()                                      #获取当前路径
app = xw.App(visible=True, add_book=False)              #创建Excel应用，无工作簿
wb=app.books.open(root+r'/P1P2.xlsx',read_only=False)   #打开文件，可写
sht=wb.sheets(1)                                        #获取工作表
sht.api.Range('A1:B7').Select()                         #选择数据
cht=sht.api.Shapes.AddChart2(-1,xw.constants.ChartType.xlColumnClustered,\
```

```
                    200,20,300,200,True).Chart         #创建图表
```

运行脚本，生成的图表如图 18-9 所示。

利用 Chart 对象的 Axes 属性可以获取横坐标轴和纵坐标轴，并设置各坐标轴的属性。利用 Border 属性可以对坐标轴本身的颜色、线型和线宽等进行设置。

下面创建图表，设置两个坐标轴的 Border 属性，将 HasMinorGridlines 属性的值设置为 True，显示次级网格线。

【Excel VBA】

示例文件的存放路径为 Samples\ch18\Excel VBA\坐标系.xlsm。

```
Sub Test2()
  Dim cht As Chart
  Dim axs As Axis
  ActiveSheet.Range("A1:B7").Select           '数据
  Set cht = ActiveSheet.Shapes.AddChart.Chart '添加图表
  Set axs = cht.Axes(1)                       '水平轴
  axs.Border.ColorIndex = 3                   '红色
  axs.Border.Weight = 3                       '线宽
  axs.HasMinorGridlines = True                '显示次级网格线
  Set axs2 = cht.Axes(2)                      '纵轴
  axs2.Border.Color = RGB(0, 0, 255)          '蓝色
  axs2.Border.Weight = 3                      '线宽
  axs2.HasMinorGridlines = True               '显示次级网格线
End Sub
```

运行过程，生成的图表如图 18-10 所示。

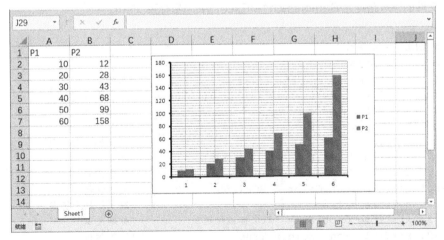

图 18-10　获取和设置坐标轴

【Python xlwings API】

编写的 Python 脚本文件的存放路径为 Samples\ch18\Python\坐标轴设置.py。

```python
#前面代码省略,请参考 Python 文件
#......
sht.api.Range('A1:B7').Select()            #数据
cht=sht.api.Shapes.AddChart().Chart        #添加图表
axs=cht.Axes(1)                            #水平轴
axs.Border.ColorIndex=3                    #红色
axs.Border.Weight=3                        #线宽
axs.HasMinorGridlines=True                 #显示次级网格线
axs2=cht.Axes(2)                           #纵轴
axs2.Border.Color=xw.utils.rgb_to_int((0,0,255))   #蓝色
axs2.Border.Weight=3                       #线宽
axs2.HasMinorGridlines=True                #显示次级网格线
```

运行效果如图 18-10 所示。

18.3.2 坐标轴标题

使用 Axis 对象的 HasTitle 属性可以设置是否显示坐标轴标题,使用 AxisTitle 属性可以设置坐标轴标题的文本内容。需要注意的是,必须将 HasTitle 属性的值设置为 True 以后才能设置 AxisTitle 属性。AxisTitle 属性返回一个 AxisTitle 对象,利用该对象可以设置坐标轴标题的文本和字体。

下面接着 18.3.1 节的绘图代码,为两个坐标轴添加标题。横坐标轴的标题使红色显示,字体倾斜;纵坐标轴的标题的字体加粗。

【Excel VBA】

示例文件的存放路径为 Samples\ch18\Excel VBA\坐标系.xlsm。

```vba
Sub Test3()
  Dim cht As Chart
  Dim axs As Axis
  ActiveSheet.Range("A1:B7").Select              '数据
  Set cht = ActiveSheet.Shapes.AddChart.Chart    '添加图表
  Set axs = cht.Axes(1)                          '横坐标轴
  Set axs2 = cht.Axes(2)                         '纵坐标轴
  axs.HasTitle = True                            '横坐标轴有标题
  axs.AxisTitle.Caption = "横坐标轴标题"          '标题文本
  axs.AxisTitle.Font.Italic = True               '字体倾斜
  axs.AxisTitle.Font.Color = RGB(255, 0, 0)      '文字红色
  axs2.HasTitle = True                           '纵坐标轴有标题
  axs2.AxisTitle.Caption = "纵坐标轴标题"         '标题文本
  axs2.AxisTitle.Font.Bold = True                '字体加粗
End Sub
```

运行过程,生成的图表如图 18-11 所示。

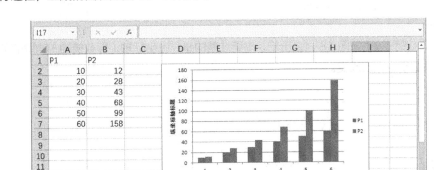

图 18-11 添加和设置坐标轴标题

【Python xlwings API】

编写的 Python 脚本文件的存放路径为 Samples\ch18\Python\坐标轴标题.py。

```
#前面代码省略,请参考 Python 文件
#......
axs.HasTitle=True                                           #横坐标轴有标题
axs.AxisTitle.Caption='横坐标轴标题'                         #标题文本
axs.AxisTitle.Font.Italic=True                              #字体倾斜
axs.AxisTitle.Font.Color=xw.utils.rgb_to_int((255,0,0))     #文字红色
axs2.HasTitle=True                                          #纵坐标轴有标题
axs2.AxisTitle.Caption='纵坐标轴标题'                        #标题文本
axs2.AxisTitle.Font.Bold=True                               #字体加粗
```

运行脚本,生成的图表如图 18-11 所示。

18.3.3 数值轴的取值范围

纵坐标轴为数值轴。使用纵坐标轴对象的 MinimumScale 属性和 MaximumScale 属性可以设置数值轴的最小值和最大值。

下面设置纵坐标轴的最小值和最大值分别为 10 和 200。

【Excel VBA】

示例文件的存放路径为 Samples\ch18\Excel VBA\坐标系.xlsm。

```
Sub Test4()
    '省略前面的代码,请参考示例文件
    '......
```

```
    axs2.MinimumScale = 10
    axs2.MaximumScale = 200
End Sub
```

运行过程，设置效果如图 18-12 所示。需要注意的是，纵坐标轴（即数值轴）的取值范围已经被修改，图表显示也相应改变。

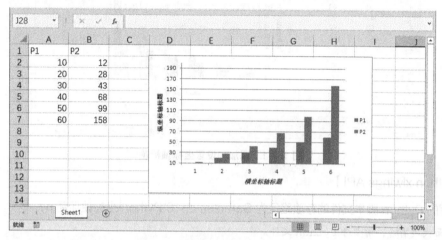

图 18-12　设置纵坐标轴的取值范围

【Python xlwings API】

编写的 Python 脚本文件的存放路径为 Samples\ch18\Python\坐标轴-数值轴的取值范围.py。

```
#前面代码省略，请参考 Python 文件
#......
axs2.MinimumScale=10
axs2.MaximumScale=200
```

运行脚本，设置效果如图 18-12 所示。

18.3.4　刻度线

刻度线是坐标轴上的短线，用来辅助确定图表上各点的位置。刻度线有主刻度线和次刻度线。使用 Axis 对象的 MajorTickMark 属性和 MinorTickMark 属性可以设置主刻度线和次刻度线。

MajorTickMark 属性和 MinorTickMark 属性的值如表 18-5 所示，可以有不同的表示形式。

表 18-5　MajorTickMark 和 MinorTickMark 属性的值

名称	值	说明
xlTickMarkCross	4	跨轴
xlTickMarkInside	2	在轴内

续表

名称	值	说明
xlTickMarkNone	−4142	无标志
xlTickMarkOutside	3	在轴外

下面的代码将横坐标轴的主刻度线设置为跨轴形式,将次刻度线设置为轴内显示。

【Excel VBA】

示例文件的存放路径为 Samples\ch18\Excel VBA\坐标系.xlsm。

```
Sub Test5()
  '省略前面的代码,请参考示例文件
  '……
  axs.MajorTickMark = 4
  axs.MinorTickMark = 2
End Sub
```

【Python xlwings API】

编写的 Python 脚本文件的存放路径为 Samples\ch18\Python\坐标轴-刻度线.py。

```
#前面代码省略,请参考 Python 文件
#……
axs.MajorTickMark = 4
axs.MinorTickMark = 2
```

使用 TickMarkSpacing 属性可以返回或设置每隔多少个数据显示一个主刻度线,但仅用于分类轴和系列轴,可以是介于 1 和 31 999 之间的一个数值。

使用 MajorUnit 属性和 MinorUnit 属性可以设置数值轴上的主要刻度单位和次要刻度单位。

设置刻度线后数值轴上从最小值开始每隔 40 个单位显示一个主刻度线,次刻度线之间的间隔是 10 个单位。

如果将 MajorUnitIsAuto 属性和 MinorUnitIsAuto 属性的值设置为 True,Excel 就会自动计算数值轴上的主要刻度单位和次要刻度单位。

当设置 MajorUnit 属性和 MinorUnit 属性的值时,MajorUnitIsAuto 属性和 MinorUnitIsAuto 属性的值自动设置为 False。

18.3.5 刻度标签

坐标轴上与主刻度线位置对应的文本标签称为刻度标签,它们对主刻度线对应的数值或分类进行标注说明。

分类轴刻度标签的文本为图表中关联分类的名称。分类轴的默认刻度标签文本为数字,按照从

左到右的顺序从 1 开始累加编号。使用 TickLabelSpacing 属性可以设置间隔多少个分类显示一个刻度标签。

数值轴刻度标签的文本数字对应数值轴的 MajorUnit 属性、MinimumScale 属性和 MaximumScale 属性。若要更改数值轴的刻度标签文字，则必须更改这些属性的值。

Axis 对象的 TickLabels 属性返回一个 TickLabels 对象，该对象表示坐标轴上的刻度标签。使用 TickLabels 对象的属性和方法，可以对刻度标签的字体、数字显示格式、显示方向、偏移量和对齐方式等进行设置。

下面设置数值轴刻度标签的数字显示格式、字体和显示方向。

【Excel VBA】

示例文件的存放路径为 Samples\ch18\Excel VBA\坐标系.xlsm。

```
Sub Test6()
  '省略前面的代码，请参考示例文件
  '......
  Set tl = axs2.TickLabels           '纵坐标轴刻度标签
  tl.NumberFormat = "0.00"           '数字格式
  tl.Font.Italic = True              '字体倾斜
  tl.Font.Name = "Times New Roman"   '字体名称
  tl.Orientation = 45                '45°方向
End Sub
```

运行过程，生成的图表如图 18-13 所示。

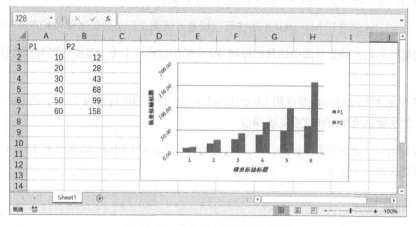

图 18-13　数值轴刻度标签的设置

【Python xlwings API】

编写的 Python 脚本文件的存放路径为 Samples\ch18\Python\坐标轴-刻度标签.py。

```
#前面代码省略，请参见Python文件
#......
tl=axs2.TickLabels              #纵坐标轴刻度标签
tl.NumberFormat = '0.00'        #数字格式
tl.Font.Italic=True             #字体倾斜
tl.Font.Name='Times New Roman'  #字体名称
tl.Orientation=45               #45°方向
```

运行脚本，生成的图表如图 18-13 所示。

在上述代码中，TickLabels 对象的 Orientation 属性用于指定刻度线标签的文本方向，当标签比较长时这个属性很有用。Orientation 属性的值可以设置为-90°~90°。

使用 Axis 对象的 TickLabelPosition 属性可以指定坐标轴上刻度标签的位置。TickLabelPosition 属性的值如表 18-6 所示。

表 18-6 TickLabelPosition 属性的值

名称	值	说明
xlTickLabelPositionHigh	-4127	图表的顶部或右侧
xlTickLabelPositionLow	-4134	图表的底部或左侧
xlTickLabelPositionNextToAxis	4	坐标轴旁边（其中坐标轴不在图表的任意一侧）
xlTickLabelPositionNone	-4142	无刻度线

使用 TickLabelSpacing 属性可以返回或设置主刻度标签之间的分组个数，即每隔几个分组显示一个主刻度标签。TickLabelSpacing 属性仅用于分类轴和系列轴，可以取介于 1 和 31 999 之间的一个数值。

将 TickLabelSpacingIsAuto 属性的值设置为 True，可以自动设置刻度标签的间距。

第 19 章
Excel 数据透视表

Excel 数据透视表提供了一种交互式快速汇总大量数据的方法。本章主要介绍如何使用 Excel VBA 和 Python 方式创建与引用 Excel 数据透视表。关于 xlwings 包的相关知识，读者可以参考第 4 章和第 13 章的内容。

19.1 数据透视表的创建与引用

通过编程创建 Excel 数据透视表，主要有两种方法：一种是使用工作表对象的 PivotTableWizard 方法，通过向导进行创建；另一种是使用缓存对象的 CreatePivotTable 方法进行创建。

19.1.1 使用 PivotTableWizard 方法创建数据透视表

如图 19-1 所示，工作表中为订购各种蔬菜和水果的数据，下面使用工作表对象的 PivotTableWizard 方法创建数据透视表。将数据中的"类别"作为页字段、"产品"作为列字段、"产地"作为行字段、"金额"作为值字段。

【Excel VBA】

示例文件的存放路径为 Samples\ch19\Excel VBA\创建透视表 1.xlsm。在 PVT 过程中用工作表对象的 PivotTableWizard 方法创建数据透视表。

首先获取数据源，新建存放数据透视表的工作表。

```
Dim shtData As Worksheet
Dim shtPVT As Worksheet
Dim rngData As Range
```

```
    Dim PVT As PivotTable
    '数据所在工作表
    Set shtData = Worksheets("数据源")
    '数据所在单元格区域
    Set rngData = shtData.Range("A1").CurrentRegion
    '新建数据透视表所在的工作表
    Set shtPVT = Worksheets.Add()
    shtPVT.Name = "数据透视表"  '工作表的名称
```

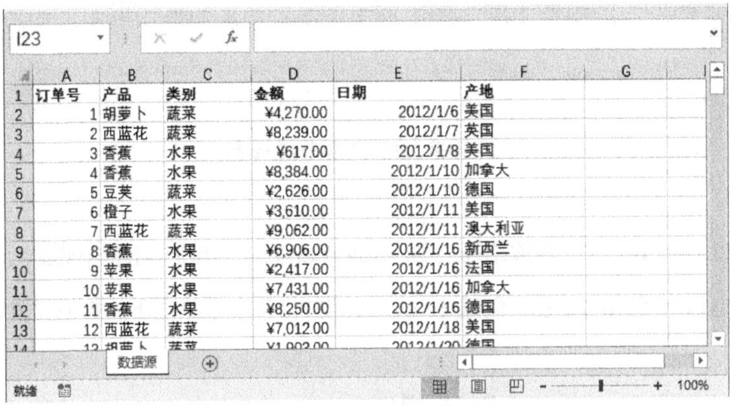

订单号	产品	类别	金额	日期	产地
1	胡萝卜	蔬菜	¥4,270.00	2012/1/6	美国
2	西蓝花	蔬菜	¥8,239.00	2012/1/7	英国
3	香蕉	水果	¥617.00	2012/1/8	美国
4	香蕉	水果	¥8,384.00	2012/1/10	加拿大
5	豆荚	蔬菜	¥2,626.00	2012/1/10	德国
6	橙子	水果	¥3,610.00	2012/1/11	美国
7	西蓝花	蔬菜	¥9,062.00	2012/1/11	澳大利亚
8	香蕉	水果	¥6,906.00	2012/1/16	新西兰
9	苹果	水果	¥2,417.00	2012/1/16	法国
10	苹果	水果	¥7,431.00	2012/1/16	加拿大
11	香蕉	水果	¥8,250.00	2012/1/16	德国
12	西蓝花	蔬菜	¥7,012.00	2012/1/18	美国

图 19-1　创建数据透视表的数据源

指定数据源的类型和单元格区域，创建数据透视表。

```
    Set PVT = shtPVT.PivotTableWizard(SourceType:=xlDatabase, _
              SourceData:=rngData)
    PVT.Name = "透视表"  '透视表的名称
```

然后设置数据透视表的各种字段。将数据中的“类别”作为页字段、“产品”作为列字段、“产地”作为行字段、“金额”作为值字段。

```
    With PVT
      .PivotFields("类别").Orientation = xlPageField      '页字段
      .PivotFields("类别").Position = 1                   '页字段中的第 1 个字段
      .PivotFields("产品").Orientation = xlColumnField    '列字段
      .PivotFields("产品").Position = 1                   '列字段中的第 1 个字段
      .PivotFields("产地").Orientation = xlRowField       '行字段
      .PivotFields("产地").Position = 1                   '行字段中的第 1 个字段
      .PivotFields("金额").Orientation = xlDataField      '值字段
    End With
```

PVT 过程的完整代码请参考示例文件。运行过程，新建名为“数据透视表”的工作表并在工作表中生成数据透视表，如图 19-2 所示。

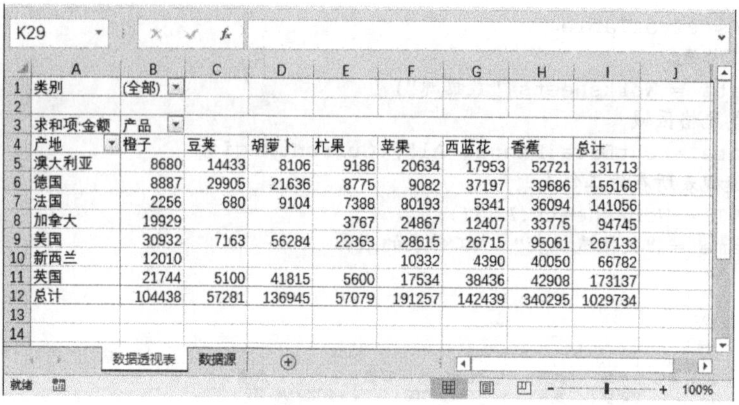

	A	B	C	D	E	F	G	H	I
1	类别	(全部)							
2									
3	求和项:金额	产品							
4	产地	橙子	豆荚	胡萝卜	杧果	苹果	西蓝花	香蕉	总计
5	澳大利亚	8680	14433	8106	9186	20634	17953	52721	131713
6	德国	8887	29905	21636	8775	9082	37197	39686	155168
7	法国	2256	680	9104	7388	80193	5341	36094	141056
8	加拿大	19929			3767	24867	12407	33775	94745
9	美国	30932	7163	56284	22363	28615	26715	95061	267133
10	新西兰	12010				10332	4390	40050	66782
11	英国	21744	5100	41815	5600	17534	38436	42908	173137
12	总计	104438	57281	136945	57079	191257	142439	340295	1029734

图 19-2　创建的数据透视表

【Python】

编写的 Python 脚本文件的存放路径为 Samples\ch19\Python\创建透视表 1.py。

首先导入 xlwings 包和 os 包，创建 Excel 应用并打开指定路径下的数据文件，获取数据源工作表。

```
import xlwings as xw     #导入xlwings包
import os                #导入os包
root = os.getcwd()       #获取当前路径
#创建Excel应用，可见，不添加工作簿
app=xw.App(visible=True, add_book=False)
#打开数据文件，可写
bk=app.books.open(fullname=root+r'\创建透视表.xlsx',read_only=False)
#获取数据源工作表
sht_data=bk.sheets.active
```

然后获取数据所在的单元格区域，新建存放数据透视表的工作表。

```
rng_data=sht_data.api.Range('A1').CurrentRegion
#新建数据透视表所在的工作表
sht_pvt=bk.sheets.add()
sht_pvt.name='数据透视表'
```

最后使用 xlwings 包的 API 方式创建数据透视表。

```
Pvt=sht_pvt.api.PivotTableWizard(\
    SourceType=xw.constants.PivotTableSourceType.xlDatabase,\
    SourceData=rng_data)
pvt.Name='透视表'
```

为数据透视表设置字段及该字段在所属类别字段中的位置。将数据中的“类别”作为页字段、“产品”作为列字段、“产地”作为行字段、“金额”作为值字段。

```
pvt.PivotFields('类别').Orientation=\
    xw.constants.PivotFieldOrientation.xlPageField      #页字段
pvt.PivotFields('类别').Position=1                       #页字段中的第1个字段
pvt.PivotFields('产品').Orientation=\
    xw.constants.PivotFieldOrientation.xlColumnField    #列字段
pvt.PivotFields('产品').Position=1                       #列字段中的第1个字段
pvt.PivotFields('产地').Orientation=\
    xw.constants.PivotFieldOrientation.xlRowField       #行字段
pvt.PivotFields('产地').Position=1                       #行字段中的第1个字段
pvt.PivotFields('金额').Orientation=\
    xw.constants.PivotFieldOrientation.xlDataField      #值字段
```

运行脚本，生成的数据透视表如图 19-2 所示。

19.1.2 使用缓存创建数据透视表

使用缓存创建数据透视表，Excel 会为数据透视表建立一个缓存，通过该缓存，可以实现对数据源中数据的快速读取。先使用 PivotCaches 对象的 Create 方法创建 PivotCache 对象，即缓存对象，然后使用缓存对象的 CreatePivotTable 方法创建数据透视表。

【Excel VBA】

示例文件的存放路径为 Samples\ch19\Excel VBA\创建透视表 2.xlsm。使用 PVT 过程可以实现数据透视表的创建。

首先获取数据源，新建存放数据透视表的工作表，指定在工作表中存放数据透视表的位置。

```
Dim shtData As Worksheet
Dim shtPVT As Worksheet
Dim rngData As Range
Dim rngPVT As Range
Dim pvc As PivotCache
Dim PVT As PivotTable
'数据所在的工作表
Set shtData = Worksheets("数据源")
'数据所在的单元格区域
Set rngData = shtData.Range("A1").CurrentRegion
'新建数据透视表所在的工作表
Set shtPVT = Worksheets.Add()
shtPVT.Name = "数据透视表"
'存放数据透视表的位置
Set rngPVT = shtPVT.Range("A1")
```

创建数据透视表关联的缓存，用缓存对象创建数据透视表。使用 PivotCaches 对象的 Create 方法可以指定数据源的类型和数据源所在的单元格区域。使用缓存对象的 CreatePivotTable 方法可以创建数据透视表，参数指定数据透视表的存放位置和名称。数据透视表的存放位置实际上是指定数据透视表所在单元格区域的左上角。

```
'创建数据透视表关联的缓存
Set PVC= ActiveWorkbook.PivotCaches.Create( _
         SourceType:=xlDatabase, SourceData:=rngData)
'创建数据透视表
Set PVT =PVC.CreatePivotTable(TableDestination:=rngPVT, _
         TableName:="透视表")
```

为数据透视表设置字段。将数据中的"类别"作为页字段、"产品"作为列字段、"产地"作为行字段、"金额"作为值字段。

```
With PVT
  .PivotFields("类别").Orientation = xlPageField     '页字段
  .PivotFields("类别").Position = 1
  .PivotFields("产品").Orientation = xlColumnField   '列字段
  .PivotFields("产品").Position = 1
  .PivotFields("产地").Orientation = xlRowField      '行字段
  .PivotFields("产地").Position = 1
  .PivotFields("金额").Orientation = xlDataField     '值字段
End With
```

运行过程,生成的数据透视表如图 19-3 所示。

图 19-3　使用缓存创建的数据透视表

【Python】

编写的 Python 脚本文件的存放路径为 Samples\ch19\Python\创建透视表 2.py。

```
#前面代码省略,请参考 Python 文件
#......

#存放数据透视表的位置
rng_pvt=sht_pvt.api.Range('A1')
```

```
#创建数据透视表关联的缓冲区
pvc=bk.api.PivotCaches().Create(\
        SourceType=xw.constants.PivotTableSourceType.xlDatabase,\
        SourceData=rng_data)
#创建数据透视表
pvt=pvc.CreatePivotTable(\
        TableDestination=rng_pvt,\
        TableName='透视表')
#设置字段
#......省略
```

运行脚本，生成的数据透视表如图 19-3 所示。

19.1.3 数据透视表的引用

创建数据透视表以后，数据透视表的对象就存储在所在工作表的 PivotTables 对象中。如果需要对该对象中的某个数据透视表进行修改，就要先从对象中找到它并提取出来。所以，数据透视表的引用就是从对象中找到需要的数据透视表。

数据透视表的引用有使用索引号和使用名称两种方法。

【Excel VBA】

示例文件的存放路径为 Samples\ch19\Excel VBA\透视表的引用.xlsm。文件中有两个过程：CreatePVT 过程用于创建数据透视表，IndexPVT 过程用于引用数据透视表。为简洁计，省略 CreatePVT 过程的代码。在进行数据透视表的引用之前，必须先运行 CreatePVT 过程，创建数据透视表。

IndexPVT 过程的代码如下所示。先使用 PivotTables 对象的 Count 属性获取工作表中数据透视表的个数，然后用索引号引用该对象中的第 1 个数据透视表，用名称引用该对象中名为"透视表"的数据透视表。

```
Sub IndexPVT()
  '数据透视表的引用
  Dim shtPVT As Worksheet
  Set shtPVT = Worksheets("数据透视表")
  Debug.Print shtPVT.PivotTables.Count            '工作表中数据透视表的个数
  Debug.Print shtPVT.PivotTables(1).Name          '用索引号引用
  Debug.Print shtPVT.PivotTables("透视表").Name    '用名称引用
End Sub
```

运行过程，在"立即窗口"面板中输出结果。

```
1
透视表
透视表
```

【Python】

编写的 Python 脚本文件的存放路径为 Samples\ch19\Python\透视表的引用.py。

```
#前面代码省略，请参考 Python 文件
#……

#数据透视表的引用
#print(sht_pvt.api.PivotTables().Count)      #数据透视表的个数
print(sht_pvt.api.PivotTables(1).Name)       #用索引号引用
print(sht_pvt.api.PivotTables('透视表').Name) #用名称引用
```

运行脚本，在 Python Shell 窗口中输出数据透视表的名称。

```
>>> = RESTART: ...\Samples\ch19\Python\透视表的引用.py
1
透视表
透视表
```

19.1.4 数据透视表的刷新

刷新数据透视表可以使用 PivotTable 对象的 RefreshTable 方法。

【Excel VBA】

示例文件的存放路径为 Samples\ch19\Excel VBA\刷新透视表.xlsm。文件中有两个过程：CreatePVT 过程用于创建数据透视表，UpdatePVT 过程用于刷新数据透视表。为简洁计，省略 CreatePVT 过程的代码。在刷新数据透视表之前，必须先运行 CreatePVT 过程，创建数据透视表。

UpdatePVT 过程的代码如下所示。

```
Sub UpdatePVT()
  '省略，获取数据透视表 pvt
  '…
  pvt.RefreshTable
End Sub
```

运行过程，刷新数据透视表。

【Python】

编写的 Python 脚本文件的存放路径为 Samples\ch19\Python\刷新透视表.py。

```
#前面代码省略，请参考 Python 文件
#……

#刷新透视表
pvt.RefreshTable()
```

运行脚本，刷新数据透视表。

19.2 数据透视表的编辑

创建或获取数据透视表以后，可以对数据透视表中的元素进行编辑，如添加或修改字段、设置表字段的数字格式、设置单元格区域的格式等。

19.2.1 添加字段

对于已有的数据透视表，可以添加字段。添加页字段、列字段和行字段使用 PivotTable 对象的 AddFields 方法，添加值字段使用 PivotTable 对象的 AddDataField 方法。

【Excel VBA】

示例文件的存放路径为 Samples\ch19\Excel VBA\添加字段.xlsm。运行 CreatePVT 过程创建一个简单的数据透视表，将"产品"设置为列字段、"产地"设置为行字段，如下面的代码所示。

```
Sub CreatePVT()
'前面代码省略
'...

'设置字段
With pvt
  .PivotFields("产品").Orientation = xlColumnField     '列字段
  .PivotFields("产品").Position = 1
  .PivotFields("产地").Orientation = xlRowField        '行字段
  .PivotFields("产地").Position = 1
End With
End Sub
```

运行过程，创建的数据透视表如图 19-4 所示。

图 19-4 创建的数据透视表

AddFields 过程向刚刚创建的数据透视表中添加字段，使用 PivotTable 对象的 AddFields 方法将"类别"添加为页字段，使用 AddDataField 方法将"金额"添加为值字段。

```vba
Sub AddFields()
  '省略，获取数据透视表 pvt
  '...
  With pvt
    .AddFields PageFields:="类别", AddToTable:=True            '页字段
    .AddDataField .PivotFields("金额"), "求和项:金额", xlSum    '值字段
  End With
End Sub
```

运行过程，生成的数据透视表如图 19-3 所示。

【Python】

编写的 Python 脚本文件的存放路径为 Samples\ch19\Python\添加字段.py。

```python
#前面代码省略，请参考 Python 文件
#......
```

先创建一个简单的数据透视表，将"产品"设置为列字段、"产地"设置为行字段。

```python
#创建数据透视表
pvt=sht_pvt.api.PivotTableWizard(\
    SourceType=xw.constants.PivotTableSourceType.xlDatabase,\
    SourceData=rng_data)
pvt.Name='透视表'

#设置字段
pvt.PivotFields('产品').Orientation=\
    xw.constants.PivotFieldOrientation.xlColumnField    #列字段
pvt.PivotFields('产品').Position=1
pvt.PivotFields('产地').Orientation=\
    xw.constants.PivotFieldOrientation.xlRowField       #行字段
pvt.PivotFields('产地').Position=1
```

使用 PivotTable 对象的 AddFields 方法将"类别"添加为页字段，使用 AddDataField 方法将"金额"添加为值字段。

```python
#添加页字段
pvt.AddFields(PageFields='类别',AddToTable=True)
#添加值字段
pvt.AddDataField(pvt.PivotFields('金额'),'求和项：金额',\
    xw.constants.ConsolidationFunction.xlSum)
```

运行脚本，生成的数据透视表如图 19-3 所示。

19.2.2 修改字段

可以修改已有数据透视表中字段对象的属性。例如，如果在创建数据透视表时将“金额”指定为值字段，则默认会生成名为“求和项:金额”的活动字段，如图 19-2 的工作表中的 A3 单元格所示。下面使用 PivotField 对象的 Name 属性将该字段的名称修改为“ 金额 ”。需要注意的是，“金额”是已有字段名称，所以新名称在“金额”前后各添加了一个空格。

【Excel VBA】

示例文件的存放路径为 Samples\ch19\Excel VBA\修改字段.xlsm。运行 CreatePVT 过程生成数据透视表，运行 RenameField 过程修改字段名称。省略 CreatePVT 过程的代码，先运行该过程生成数据透视表。

RenameField 过程的代码如下所示。使用 PivotField 对象的 Name 属性将字段“求和项:金额”的名称修改为“ 金额 ”。

```
Sub RenameField()
  '省略，获取数据透视表 pvt
  '...
  pvt.PivotFields("求和项:金额").Name = " 金额 "  '修改字段名称
End Sub
```

运行过程，生成的数据透视表如图 19-5 所示。需要注意的是，单元格 A3 中的字段名称已经改变。

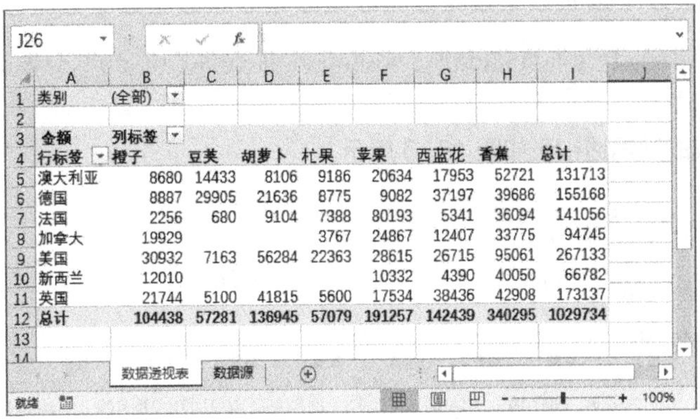

类别	(全部)							
金额	列标签							
行标签	橙子	豆类	胡萝卜	杧果	苹果	西蓝花	香蕉	总计
澳大利亚	8680	14433	8106	9186	20634	17953	52721	131713
德国	8887	29905	21636	8775	9082	37197	39686	155168
法国	2256	680	9104	7388	80193	5341	36094	141056
加拿大	19929			3767	24867	12407	33775	94745
美国	30932	7163	56284	22363	28615	26715	95061	267133
新西兰	12010				10332	4390	40050	66782
英国	21744	5100	41815	5600	17534	38436	42908	173137
总计	104438	57281	136945	57079	191257	142439	340295	1029734

图 19-5 修改数据透视表中的字段名称

【Python】

编写的 Python 脚本文件的存放路径为 Samples\ch19\Python\修改字段.py。首先创建数据透视表，将“金额”作为值字段，自动生成活动字段“求和项:金额”，然后使用 PivotField 对象的 Name 属性将该名称修改为“ 金额 ”。

```
#前面代码省略，请参考 Python 文件
#......

#设置字段
...
pvt.PivotFields('金额').Orientation=\
    xw.constants.PivotFieldOrientation.xlDataField   #值字段

#修改字段名称
pvt.PivotFields('求和项:金额').Name=' 金额 '
```

运行脚本，完成字段名称的修改。

19.2.3　设置字段的数字格式

使用 PivotField 对象的 NumberFormat 属性可以修改指定字段的数字格式。例如，下面创建数据透视表，并将其中的活动字段"求和项:金额"的数字格式设置为保留两位小数。

【Excel VBA】

示例文件的存放路径为 Samples\ch19\Excel VBA\数字格式.xlsm。先运行 CreatePVT 过程生成数据透视表。

运行 NumberFormat 过程，将活动字段"求和项:金额"的数字格式设置为保留两位小数。

```
Sub NumberFormat()
  '省略，获取数据透视表 pvt
  '...
  pvt.PivotFields("求和项:金额").NumberFormat = "0.00"   '保留两位小数
End Sub
```

运行过程，生成的数据透视表如图 19-6 所示。

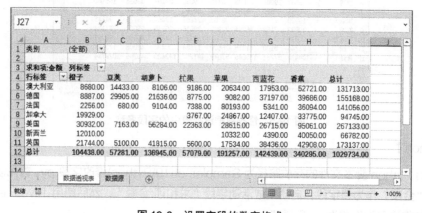

图 19-6　设置字段的数字格式

【Python】

编写的 Python 脚本文件的存放路径为 Samples\ch19\Python\数字格式.py。

```
#前面代码省略,请参考 Python 文件
#……

#设置数字格式
pvt.PivotFields('求和项:金额').NumberFormat='0.00'
```

运行脚本,生成的数据透视表如图 19-6 所示。

19.2.4　设置单元格区域的格式

使用 PivotTable 对象的 DataBodyRange 属性可以设置数据区单元格区域的属性,包括单元格区域的背景色、字体属性等;使用 PivotField 对象的 DataRange 属性可以设置字段对应单元格区域的属性。

下面创建数据透视表,将数据区的背景色设置为灰色,字体设置为 Times New Roman,"产品"字段单元格区域的背景色设置为绿色,"产地"字段单元格区域的背景色设置为黄色。

【Excel VBA】

示例文件的存放路径为 Samples\ch19\Excel VBA\单元格区域属性.xlsm。先运行 CreatePVT 过程生成数据透视表。

运行 RangeFormat 过程,将数据区的背景色设置为灰色,字体设置为 Times New Roman。

```
Sub RangeFormat()
    '省略,获取数据透视表pvt
    '...
    '设置数据区背景色为灰色
    pvt.DataBodyRange.Interior.Color = RGB(200, 200, 200)
    '设置数据区字体为"Times New Roman"
    pvt.DataBodyRange.Font.Name = "Times New Roman"
End Sub
```

运行 RangeFormat2 过程,将"产品"字段单元格区域的背景色设置为绿色,"产地"字段单元格区域的背景色设置为黄色。

```
Sub RangeFormat2()
    '省略,获取数据透视表pvt
    '...
    '设置"产品"字段单元格区域的背景色为绿色
    pvt.PivotFields("产品").DataRange.Interior.Color = RGB(0, 255, 0)
    '设置"产地"字段单元格区域的背景色为黄色
    pvt.PivotFields("产地").DataRange.Interior.Color = RGB(255, 255, 0)
```

```
End Sub
```

运行过程,生成的数据透视表如图 19-7 所示。

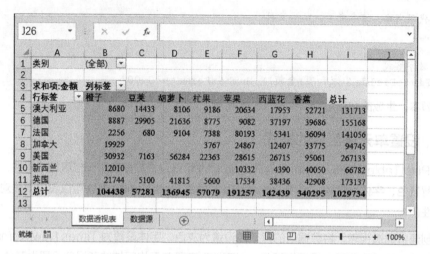

图 19-7 设置数据透视表单元格区域的属性

【Python】

编写的 Python 脚本文件的存放路径为 Samples\ch19\Python\单元格区域属性.py。

```
#前面代码省略,请参考 Python 文件
#......

#设置数据区单元格区域的属性
pvt.DataBodyRange.Interior.Color = xw.utils.rgb_to_int((200,200,200))
pvt.DataBodyRange.Font.Name = 'Times New Roman'

#设置"产品"字段单元格的区域背景色为绿色
pvt.PivotFields('产品').DataRange.Interior.Color=\
                xw.utils.rgb_to_int((0,255,0))
#设置"产地"字段单元格区域的背景色为黄色
pvt.PivotFields('产地').DataRange.Interior.Color=\
                xw.utils.rgb_to_int((255,255,0))
```

运行脚本,生成的数据透视表如图 19-7 所示。

19.3 数据透视表的布局和样式

在编程时，可以套用 Excel 内置的数据透视表的布局和样式。

19.3.1 设置数据透视表的布局

数据透视表的布局有压缩形式、大纲形式和表格形式等，默认以压缩形式布局，即图 19-2 所示的数据透视表采用的布局。使用 PivotTable 对象的 RowAxisLayout 方法可以设置数据透视表的布局。

【Excel VBA】

示例文件的存放路径为 Samples\ch19\Excel VBA\布局方式.xlsm。运行 CreatePVT 过程生成数据透视表，将"产品"设置为列字段，"类别"和"产地"设置为行字段，"金额"设置为值字段。

```
Sub CreatePVT()
  '省略，创建数据透视表
  '...

  '设置字段
  With pvt
    .PivotFields("产品").Orientation = xlColumnField    '列字段
    .PivotFields("产品").Position = 1
    .PivotFields("类别").Orientation = xlRowField       '行字段
    .PivotFields("类别").Position = 1
    .PivotFields("产地").Orientation = xlRowField       '行字段
    .PivotFields("产地").Position = 2
    .PivotFields("金额").Orientation = xlDataField      '值字段
  End With
End Sub
```

运行 CreatePVT 过程创建数据透视表，默认采用压缩形式的布局。

运行 Layout 过程获取数据透视表，将布局修改为大纲形式。

```
Sub Layout()
  '省略，获取数据透视表pvt
  '...
  '大纲布局
  pvt.RowAxisLayout xlOutlineRow
End Sub
```

运行 Layout 过程，生成的大纲形式布局的数据透视表如图 19-8 所示。

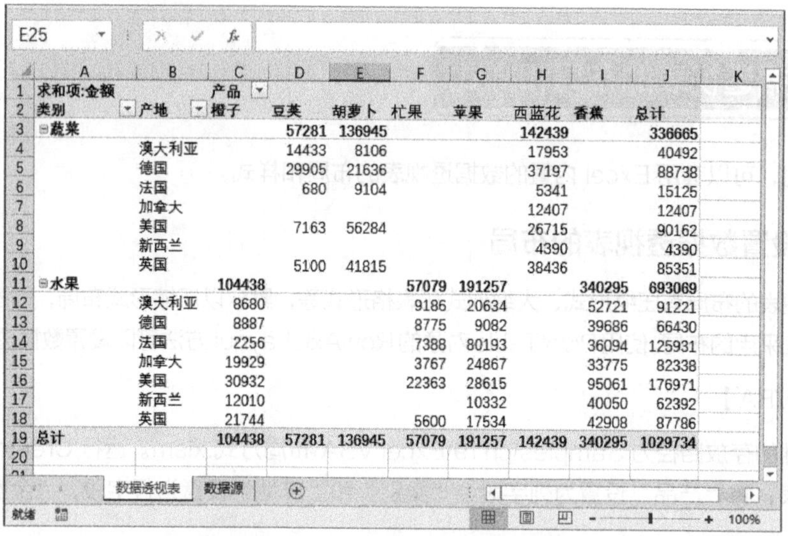

求和项:金额		产品							
类别	产地	橙子	豆荚	胡萝卜	杧果	苹果	西蓝花	香蕉	总计
⊟蔬菜			57281	136945			142439		336665
	澳大利亚		14433	8106			17953		40492
	德国		29905	21636			37197		88738
	法国		680	9104			5341		15125
	加拿大						12407		12407
	美国		7163	56284			26715		90162
	新西兰						4390		4390
	英国		5100	41815			38436		85351
⊟水果		104438			57079	191257		340295	693069
	澳大利亚	8680			9186	20634		52721	91221
	德国	8887			8775	9082		39686	66430
	法国	2256			7388	80193		36094	125931
	加拿大	19929			3767	24867		33775	82338
	美国	30932			22363	28615		95061	176971
	新西兰	12010				10332		40050	62392
	英国	21744			5600	17534		42908	87786
总计		104438	57281	136945	57079	191257	142439	340295	1029734

图 19-8　大纲形式布局的数据透视表

【Python】

编写的 Python 脚本文件的存放路径为 Samples\ch19\Python\布局方式.py。

```
#前面代码省略，请参考 Python 文件
#......

#大纲形式布局
pvt.RowAxisLayout(xw.constants.LayoutRowType.xlOutlineRow)
```

运行脚本，生成的大纲形式布局的数据透视表如图 19-8 所示。

19.3.2　设置数据透视表的样式

样式是 Excel 内置的数据透视表的外观格式。使用 PivotTable 对象的 TableStyle2 属性可以设置数据透视表的样式。

【Excel VBA】

示例文件的存放路径为 Samples\ch19\Excel VBA\设置样式.xlsm。运行 CreatePVT 过程，生成数据透视表。

运行 SetStyle 过程，将数据透视表的样式设置为常数"PivotStyleLight10"定义的样式。

```
Sub SetStyle()
  '省略，获取数据透视表 pvt
  '...
  pvt.TableStyle2 = "PivotStyleLight10"
```

```
End Sub
```

运行过程，生成的数据透视表如图 19-9 所示。

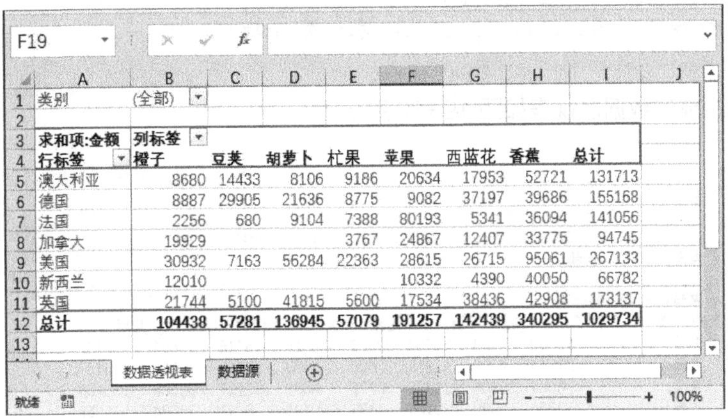

类别	(全部)							
求和项:金额	列标签							
行标签	橙子	豆荚	胡萝卜	杧果	苹果	西蓝花	香蕉	总计
澳大利亚	8680	14433	8106	9186	20634	17953	52721	131713
德国	8887	29905	21636	8775	9082	37197	39686	155168
法国	2256	680	9104	7388	80193	5341	36094	141056
加拿大	19929			3767	24867	12407	33775	94745
美国	30932	7163	56284	22363	28615	26715	95061	267133
新西兰	12010				10332	4390	40050	66782
英国	21744	5100	41815	5600	17534	38436	42908	173137
总计	104438	57281	136945	57079	191257	142439	340295	1029734

图 19-9 设置数据透视表的样式

【Python】

编写的 Python 脚本文件的存放路径为 Samples\ch19\Python\设置样式.py。

```
#前面代码省略，请参考 Python 文件
#......

#设置样式
pvt.TableStyle2 = 'PivotStyleLight10'
```

运行脚本，生成的数据透视表如图 19-9 所示。

19.4 数据透视表的排序和筛选

本节介绍对数据透视表的指定字段进行排序和筛选。

19.4.1 数据透视表的排序

使用 PivotField 对象的 AutoSort 方法可以对指定字段进行排序。下面创建数据透视表，并将字段“求和项:金额”按降序排列。

【Excel VBA】

示例文件的存放路径为 Samples\ch19\Excel VBA\排序.xlsm。运行 CreatePVT 过程，生成数据透视表。Sort 过程使用 PivotField 对象的 AutoSort 方法对字段“求和项:金额”进行降序排列。

```
Sub Sort()
  '省略，获取数据透视表 pvt
  '...
  pvt.PivotFields("产地").AutoSort _
      Order:=xlDescending, Field:="求和项:金额"
End Sub
```

运行过程，生成的数据透视表如图 19-10 所示。

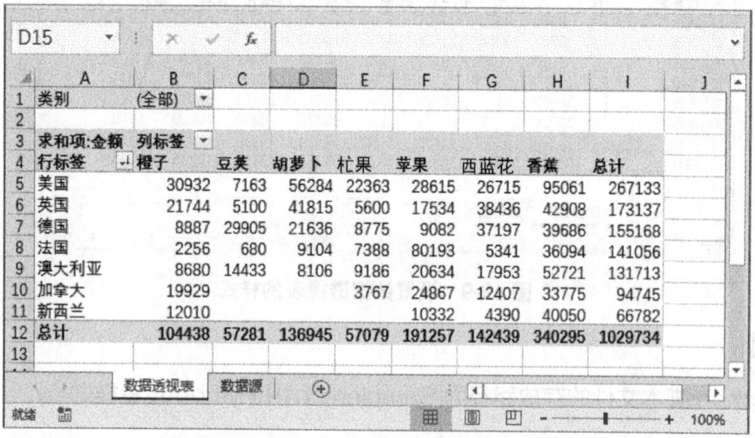

类别	(全部)							
求和项:金额	列标签							
行标签	橙子	豆荚	胡萝卜	杧果	苹果	西蓝花	香蕉	总计
美国	30932	7163	56284	22363	28615	26715	95061	267133
英国	21744	5100	41815	5600	17534	38436	42908	173137
德国	8887	29905	21636	8775	9082	37197	39686	155168
法国	2256	680	9104	7388	80193	5341	36094	141056
澳大利亚	8680	14433	8106	9186	20634	17953	52721	131713
加拿大	19929			3767	24867	12407	33775	94745
新西兰	12010				10332	4390	40050	66782
总计	104438	57281	136945	57079	191257	142439	340295	1029734

图 19-10　将字段“求和项:金额”按降序排列

【Python】

编写的 Python 脚本文件的存放路径为 Samples\ch19\Python\排序.py。

```
#前面代码省略，请参考 Python 文件
#......

#排序
pvt.PivotFields('产地').AutoSort(\
      Order=xw.constants.SortOrder.xlDescending, \
      Field='求和项:金额')
```

运行脚本，生成的数据透视表如图 19-10 所示。

19.4.2　数据透视表的筛选

指定字段取单个值或多个值，可以实现数据透视表的单选和多选。

【Excel VBA】

示例文件的存放路径为 Samples\ch19\Excel VBA\筛选.xlsm。运行 CreatePVT 过程，生成数据透视表。Filter1 过程指定使用“类别”字段的“蔬菜”值。

```
Sub Filter1()
  '省略，获取数据透视表pvt
  '...
  Dim pf As PivotField
  Set pf = pvt.PivotFields("类别")    '"类别"字段
  pf.ClearAllFilters
  pf.CurrentPage = "蔬菜"              '选择值
End Sub
```

运行过程，生成的数据透视表如图 19-11 所示。

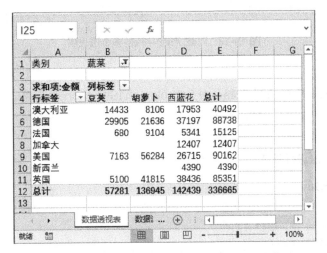

图 19-11　使用"类别"字段的"蔬菜"值筛选数据透视表

Filter2 过程指定隐藏"产地"字段的"澳大利亚"、"加拿大"和"英国"这 3 个透视项。

```
Sub Filter2()
  '筛选-多选
  Dim shtPVT As Worksheet
  Dim pvt As PivotTable
  Dim pf As PivotField
  Set shtPVT = Worksheets("数据透视表")
  Set pvt = shtPVT.PivotTables("透视表")
  Set pf = pvt.PivotFields("产地")
  pf.ClearAllFilters
  'pf.EnableMultiplePageItems = True
  pf.PivotItems("澳大利亚").Visible = False
  pf.PivotItems("加拿大").Visible = False
  pf.PivotItems("英国").Visible = False
End Sub
```

运行过程，生成的数据透视表如图 19-12 所示。

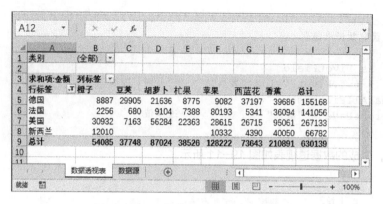

图 19-12　隐藏"产地"字段的多个透视项

【Python】

编写的 Python 脚本文件的存放路径为 Samples\ch19\Python\筛选.py。

```
#前面代码省略，请参考 Python 文件
#......
```

下面使用两种方法进行筛选。

第 1 种筛选方法如下。

```
#筛选-单选
pf = pvt.PivotFields('类别')
pf.ClearAllFilters()
pf.CurrentPage = '蔬菜'
```

第 2 种筛选方法如下。

```
#筛选-多选
pf2 = pvt.PivotFields('产地')
pf2.ClearAllFilters()
pf2.PivotItems('澳大利亚').Visible = False
pf2.PivotItems('加拿大').Visible = False
pf2.PivotItems('英国').Visible = False
```

选择单选或多选，运行脚本，生成的数据透视表如图 19-11 和图 19-12 所示。

19.5　数据透视表的计算

本节介绍数据透视表的计算的相关内容，包括设置总计行和总计列的显示方式、字段的汇总方式和数据的显示方式等。

19.5.1　设置总计行和总计列的显示方式

使用 PivotTable 对象的 RowGrand 属性和 ColumnGrand 属性，可以显示或隐藏数据透视表中的总计行和总计列。

【Excel VBA】

示例文件的存放路径为 Samples\ch19\Excel VBA\总计行和总计列的显示方式.xlsm。运行 CreatePVT 过程，生成数据透视表。RowColumnGrand 过程指定隐藏数据透视表中的总计行和总计列。

```
Sub RowColumnGrand()
  '省略，获取数据透视表 pvt
  '...
  pvt.RowGrand = False
  pvt.ColumnGrand = False
End Sub
```

运行过程，生成的数据透视表如图 19-13 所示。

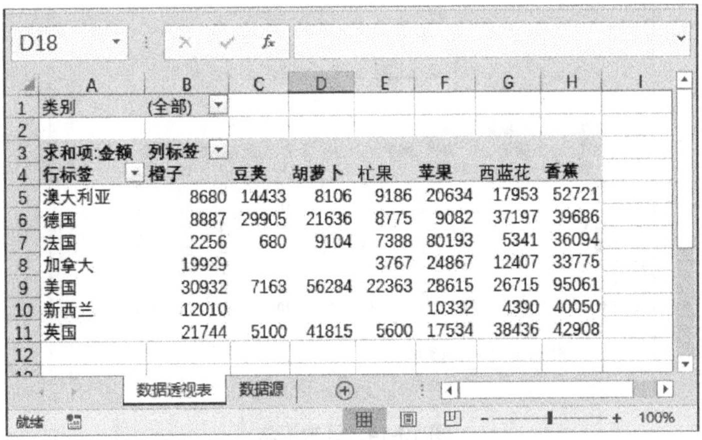

类别	(全部)						
求和项:金额	列标签						
行标签	橙子	豆荚	胡萝卜	杧果	苹果	西蓝花	香蕉
澳大利亚	8680	14433	8106	9186	20634	17953	52721
德国	8887	29905	21636	8775	9082	37197	39686
法国	2256	680	9104	7388	80193	5341	36094
加拿大	19929			3767	24867	12407	33775
美国	30932	7163	56284	22363	28615	26715	95061
新西兰	12010				10332	4390	40050
英国	21744	5100	41815	5600	17534	38436	42908

图 19-13　隐藏数据透视表中的总计行和总计列

【Python】

编写的 Python 脚本文件的存放路径为 Samples\ch19\Python\总计行和总计列的显示方式.py。

```
#前面代码省略，请参考 Python 文件
#......

#总计行和总计列的显示方式
pvt.RowGrand = False
```

```
pvt.ColumnGrand = False
```

运行脚本，生成的数据透视表如图 19-13 所示。

19.5.2 设置字段的汇总方式

使用 PivotField 对象的 Function 属性可以设置字段的汇总方式，默认采用求和汇总。

【Excel VBA】

示例文件的存放路径为 Samples\ch19\Excel VBA\字段汇总方式.xlsm。运行 CreatePVT 过程，生成数据透视表。SetStyle 过程指定“求和项:金额”按计数进行汇总。

```
Sub SetStyle()
  '省略，获取数据透视表 pvt
  '...
  pvt.PivotFields("求和项:金额").Function = xlCount  '计数汇总
End Sub
```

运行过程，生成的数据透视表如图 19-14 所示。

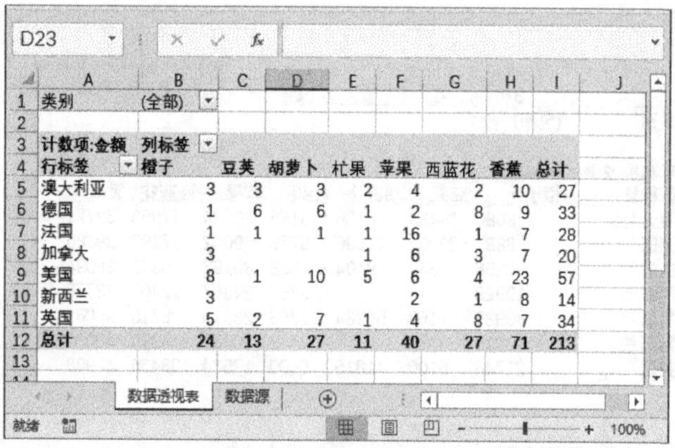

类别	(全部)							
计数项:金额	列标签							
行标签	橙子	豆荚	胡萝卜	杧果	苹果	西蓝花	香蕉	总计
澳大利亚	3	3	3	2	4	2	10	27
德国	1	6	6	1	2	8	9	33
法国	1	1	1	1	16	1	7	28
加拿大	3			1	6	3	7	20
美国	8	1	10	5	6	4	23	57
新西兰	3				2	1	8	14
英国	5	2	7	1	4	8	7	34
总计	24	13	27	11	40	27	71	213

图 19-14 计数汇总

【Python】

编写的 Python 脚本文件的存放路径为 Samples\ch19\Python\字段汇总方式.py。

```
#前面代码省略，请参考 Python 文件
#......

#字段的汇总方式
pvt.PivotFields('求和项:金额').Function=\
    xw.constants.ConsolidationFunction.xlCount
```

运行脚本，生成的数据透视表如图 19-14 所示。

19.5.3　设置数据的显示方式

使用 PivotField 对象的 Calculation 属性可以设置数据透视表中数据的显示方式。

【Excel VBA】

示例文件的存放路径为 Samples\ch19\Excel VBA\数据的显示方式.xlsm。运行 CreatePVT 过程，生成数据透视表。SetFieldData 过程指定“求和项:金额”字段按行百分比显示，即每行中的每个数据按占行总和的百分比显示。

```
Sub SetFieldData()
  '省略，获取数据透视表 pvt
  '...
  pvt.PivotFields("求和项:金额").Calculation = xlPercentOfRow
End Sub
```

运行过程，生成的数据透视表如图 19-15 所示。

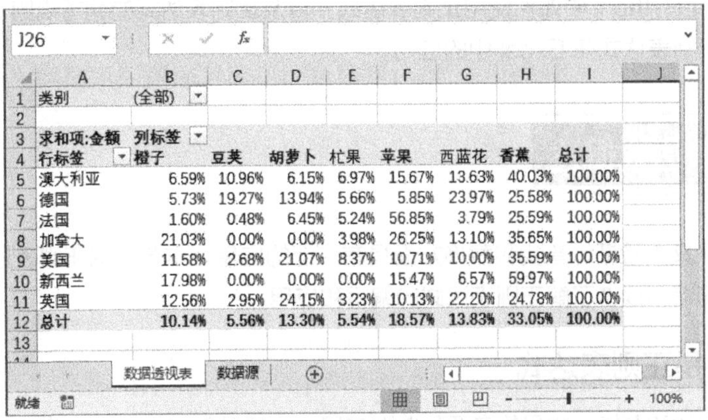

类别	(全部)							
求和项:金额	列标签							
行标签	橙子	豆荚	胡萝卜	杧果	苹果	西蓝花	香蕉	总计
澳大利亚	6.59%	10.96%	6.15%	6.97%	15.67%	13.63%	40.03%	100.00%
德国	5.73%	19.27%	13.94%	5.66%	5.85%	23.97%	25.58%	100.00%
法国	1.60%	0.48%	6.45%	5.24%	56.85%	3.79%	25.59%	100.00%
加拿大	21.03%	0.00%	0.00%	3.98%	26.25%	13.10%	35.65%	100.00%
美国	11.58%	2.68%	21.07%	8.37%	10.71%	10.00%	35.59%	100.00%
新西兰	17.98%	0.00%	0.00%	0.00%	15.47%	6.57%	59.97%	100.00%
英国	12.56%	2.95%	24.15%	3.23%	10.13%	22.20%	24.78%	100.00%
总计	**10.14%**	**5.56%**	**13.30%**	**5.54%**	**18.57%**	**13.83%**	**33.05%**	**100.00%**

图 19-15　数据透视表的数据按行百分比显示

【Python】

编写的 Python 脚本文件的存放路径为 Samples\ch19\Python\数据的显示方式.py。

```
#前面代码省略，请参考 Python 文件
#......

#设置数据的显示方式
pvt.PivotFields('求和项:金额').Calculation=\
    xw.constants.PivotFieldCalculation.xlPercentOfRow
```

运行脚本，生成的数据透视表如图 19-15 所示。

第 20 章
正则表达式

正则表达式指定一个匹配规则，通常用来查找或替换给定字符串中匹配的文本。本章主要介绍在 Excel VBA 和 Python 中如何使用正则表达式，以及正则表达式的编写规则。同时，结合一些 Excel 数据介绍正则表达式在 Excel 中的应用。

20.1 正则表达式概述

正则表达式在文本验证、查找和替换方面具有广泛的应用。本节介绍正则表达式的基本概念，并结合简单的示例帮助读者了解正则表达式的编写和应用。

20.1.1 什么是正则表达式

关于文本的查找和替换，常见的有两种典型应用。一种是在 Windows 资源管理器中查找指定目录下的文件，通常是指定文件名称或文件名称中的一部分进行查找，还可以指定通配符?和*，分别表示一个字符或任意个字符，如*.exe 表示所有可执行文件。另一种是在记事本、Word 等办公软件中进行查找和替换。这两种情况给出的搜索文本都是简单的正则表达式。

通常需要匹配形式更复杂的文本，如从一个网页的文本中提取出电话号码、手机号码、电子邮箱等，以及从给定的文本中提取出以某字符串打头、以某字符串结尾的子文本等，这就需要使用正则表达式。

正则表达式是由普通字符和一些元字符组成的逻辑表达式，普通字符包括数字和大小写字母，元字符则用字符或字符的组合表达特殊的含义。所以，正则表达式其实就是按照事先定义好的规则来组合普通字符和元字符，表达字符串的匹配逻辑，执行查找时对表达式进行解析，了解它所表达的意图并进行匹配，同时找到需要查找的内容。

20.1.2 使用正则表达式

由于文本查找和替换的需求很常见，因此在各种语言中都有关于正则表达式的内容。在不同的语言中，正则表达式的编写规则几乎是相同的，区别在于编译和处理正则表达式的语法有所不同，即使用正则表达式的方式有所不同。

【Excel VBA】

在 Excel VBA 中，使用正则表达式需要先导入正则对象。进入 Excel 的 VBA 编程环境，选择"工具"→"引用"命令，打开"引用"对话框，如图 20-1 所示。勾选"可使用的引用"列表框中的"Microsoft VBScript Regular Expressions 5.5"复选框，单击"确定"按钮。

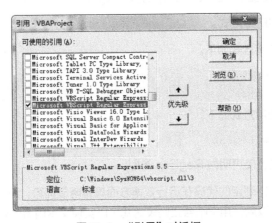

图 20-1 "引用"对话框

引用正则对象相关的库以后，就可以使用 Excel VBA 的对象浏览器进行查看。选择"视图"→"对象浏览器"命令，打开的对象浏览器如图 20-2 所示。在左上角的下拉式列表框中选择 VBScript_RegExp_55 选项，"类"列表框显示库中的所有类。选择一个类，在右侧的列表框中会显示该类的所有成员。选择一个成员，在下面的文本框中会显示成员说明。

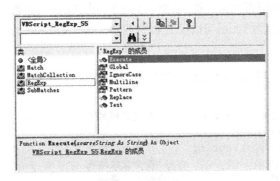

图 20-2 对象浏览器

在对象浏览器中，RegExp 类生成的对象就是正则对象，Excel VBA 中使用正则对象实现正则表达式的功能，即文本内容的查找和替换。MatchCollection 类生成的对象为进行文本查找后得到的匹配文本的集合，Match 类生成的对象表示其中的某个匹配文本，SubMatches 类生成的对象在正则表达式有分组的情况下保存各分组的数据。具体什么是分组，请参考捕获分组和非捕获分组的内容。

创建正则对象有后期绑定和前期绑定两种方法。

当使用后期绑定时，将变量声明为 Object 类型，用 CreateObject 函数创建正则对象。

```
Dim objReg As Object
Set objReg=CreateObject("VBScript.RegExp")
```

前期绑定有以下两种使用方式。

前期绑定的第 1 种使用方式如下。

```
Dim objReg As RegExp
Set objReg=New RegExp
```

前期绑定的第 2 种使用方式如下。

```
Dim objReg As New RegExp
```

这两种方式都将变量直接声明为 RegExp 类型。

与后期绑定相比，前期绑定的代码在运行效率方面具有明显优势，所以通常使用前期绑定创建正则对象。创建正则对象以后，用它结合正则表达式可以实现文本内容的查找和替换。

1. 查找

使用 RegExp 对象，用 Pattern 属性指定正则表达式，用 Execute 方法执行查找。正则表达式的编写规则将在 20.2 节进行详细介绍，作为示例，本节使用一些比较简单的正则表达式进行演示。

使用 Execute 方法查找的结果保存在 MatchCollection 集合中，使用 For Each 可以遍历集合中的每个 Match 对象，即匹配结果对象。在默认情况下，找到第 1 个匹配对象就停止查找，设置正则对象的 Global 属性的值为 True，可以找出全部的匹配结果；设置 IgnoreCase 属性的值为 True，不区分大小写。

下面的代码在给定的字符串"A1B2C3"中找出所有非数字的字符。

```
Sub Test()
  Dim objReg As New RegExp          '生成正则对象
  Dim strT As String
  Dim mcT As MatchCollection        '保存查找结果
  Dim matT As Match                 '每个查找结果
  strT = "A1B2C3"                   '给定字符串
```

```
    With objReg
        .Global = True                '全局查找
        .Pattern = "\D"               '指定正则表达式，定义匹配规则，非数字
        Set mcT = .Execute(strT)      '执行查找
    End With
    For Each matT In mcT              '遍历每个查找结果
        If matT <> " " Then Debug.Print matT.Value   '输出查找结果
    Next matT
End Sub
```

运行过程，在"立即窗口"面板中输出匹配结果。

```
1
2
3
```

2. 替换

使用正则对象的 Replace 方法用指定字符串替换找到的内容。下面的代码在给定的字符串 "A1B2C3"中找出所有非数字的字符，并替换为空，即删除它。

```
Sub Test2()
    Dim objReg As New RegExp          '生成正则对象
    Dim strT As String
    strT = "A1B2C3"                   '给定的字符串
    With objReg
        .Global = True                '全局替换
        .Pattern = "\D"               '查找非数字
        Debug.Print .Replace(strT, "")   '将找到的字符串替换为空，即删除
    End With
End Sub
```

运行过程，在"立即窗口"面板中输出替换后的结果。

```
123
```

【Python】

在 Python 中，使用 re 模块提供的函数，既可以直接用指定的正则表达式对给定文本进行字符串的搜索和替换，也可以通过创建正则对象并使用该对象的属性和方法来实现。搜索结果以 Match 对象的形式返回，可以利用该对象提供的属性和方法进行进一步的显示和处理。

1. 查找

re 模块中提供了 4 个用来实现不同形式的查找功能的函数，即 match、search、findall 和 finditer，前两个函数返回一个满足要求的匹配对象，后两个函数返回所有满足要求的匹配对象。使用 re 模块需要先进行导入。

```
>>> import re
```

1）re.match 函数

re.match 函数从给定文本打头的位置开始匹配，如果匹配不成功则返回 None。该函数的语法格式如下。

```
re.match(pattern, string, flags=0)
```

其中，pattern 参数表示进行匹配的正则表达式，string 参数表示给定的文本，flags 参数指定标记。标记的设置如表 20-1 所示。如果同时设置多个标记，那么标记之间可以用竖线连接，如 re.M|re.I。

表 20-1 标记的设置

标记	完整写法	说明
re.I	re.IGNORECASE	不区分大小写
re.M	re.MULTILINE	支持多行
re.S	re.DOTALL	用点做任意匹配，包括换行符在内的任意字符
re.L	re.LOCALE	进行本地化识别匹配
re.U	re.UNICODE	根据 Unicode 字符集解析字符
re.X	re.VERBOSE	支持更灵活、更详细的模式，如多行、忽略空白、加入注释等

如果匹配成功，那么 re.match 函数返回一个 Match 对象，否则返回 None。

下面给定一个字符串和一个匹配规则，并使用 re.match 函数进行匹配。

```
>>> import re
>>> a='abc123def456'
>>> m=re.match('abc',a)
>>> m
<re.Match object; span=(0, 3), match='abc'>
```

从字符串 a 的打头位置开始匹配"abc"，若匹配成功则返回一个 Match 对象，它的值为"abc"，位置是第 1~3 个字符。

如果给定的字符串和匹配字符串有大小写区分，那么返回的 m 为空，表示匹配不成功。示例如下。

```
>>> b='aBC123dEf456'
>>> m=re.match('abc',b)
>>> m
```

如果不区分大小写，那么使用 re.I 标记。

```
>>> m2=re.match('abc',b,re.I)
>>> m2
<re.Match object; span=(0, 3), match='aBc'>
```

匹配成功，返回匹配结果"Abc"。

2) re.search 函数

与 re.match 函数不同，re.search 函数在整个给定的字符串中进行查找，并返回第 1 个匹配成功的对象。该函数的语法格式与 re.match 函数的相同。

下面给定一个字符串，在整个字符串中查找"def"，不区分大小写，返回查找到的第 1 个结果。

```
>>> import re
>>> a='aBC123dEf456'
>>> m=re.search('def',a,re.I)
>>> m
<re.Match object; span=(6, 9), match='dEf'>
```

匹配成功，返回匹配结果"dEf"。

3) re.findall 函数

re.findall 函数在给定的字符串中查找正则表达式所匹配的所有子字符串，并将结果以列表的形式返回，若匹配不成功则返回空列表。re.match 函数和 re.search 函数只匹配一次，re.findall 函数则找出所有匹配结果。re.findall 函数的语法格式也与 re.match 函数的相同。

下面给定一个字符串，在整个字符串中查找"abc"，不区分大小写，返回查找到的所有结果。

```
>>> import re
>>> a='aBC123dEf456abc789abC'
>>> m=re.findall('abc',a,re.I)
>>> m
['aBC', 'abc', 'abC']
```

由此可知，匹配成功的结果以列表的形式给出。

4) re.finditer 函数

与 re.findall 函数一样，re.finditer 函数也是在给定的字符串中查找正则表达式所匹配的所有子字符串。不同的是，前者将匹配结果以列表的形式给出，后者将匹配结果以迭代器的形式返回。该函数的语法格式与 re.match 函数的相同。

下面给定一个字符串，在整个字符串中查找"abc"，不区分大小写，返回查找到的所有结果。

```
>>> import re
>>> a='aBC123dEf456abc789abC'
>>> m=re.finditer('abc',a,re.I)
>>> m
<callable_iterator object at 0x0000000005BF0F48>
```

由此可知，re.finditer 函数将匹配结果以迭代器的形式给出。使用 for 循环可以输出迭代器中的对象。

```
>>> for i in m:
        print(i)

<re.Match object; span=(0, 3), match='aBC'>
<re.Match object; span=(12, 15), match='abc'>
<re.Match object; span=(18, 21), match='abC'>
```

由此可知，迭代器 m 中有 3 个匹配对象，for 循环输出了它们的值和在给定字符串中的位置。

2. 替换

所谓替换，就是在查找的基础上，用给定的对象替换匹配到的对象。使用 re.sub 函数和 re.subn 函数可以进行替换。

1）re.sub 函数

re.sub 函数的语法格式如下。

```
re.sub(pattern, repl, string, count=0, flags=0)
```

其中，各参数的意义如下。

- pattern：进行匹配的正则表达式。
- repl：用作替换的字符串，可以是一个函数。
- string：给定的原始字符串。
- count：进行替换的最大次数，默认 0 表示全部替换。
- flags：指定正则表达式匹配方式的标记。

下面给定一个字符串，在整个字符串中查找"abc"，不区分大小写，匹配结果全部替换为"xyz"。

```
>>> import re
>>> a='aBC123dEf456abc789abC'
>>> m=re.sub('abc','xyz',a,0,re.I)
>>> m
'xyz123dEf456xyz789xyz'
```

由此可知，所有匹配结果都被替换为"xyz"。

2）re.subn 函数

re.subn 函数的作用与 re.sub 函数的相同。但是，re.subn 函数的返回值是一个元组，元组有两个值，第 1 个值为实现替换后的字符串，第 2 个值为进行替换的次数。

re.sub 函数的语法格式如下。

```
subn(pattern, repl, string, count=0, flags=0)
```

其中，各参数的意义与 re.subn 函数的相同，此处不再赘述。

下面给定一个字符串，在整个字符串中查找"abc"，不区分大小写，匹配结果全部替换为"xyz"。

```
>>> import re
>>> a='aBC123dEf456abc789abC'
>>> m=re.subn('abc','xyz',a,0,re.I)
>>> m
('xyz123dEf456xyz789xyz', 3)
```

试比较 re.subn 函数与 re.sub 函数的返回值。

另外，使用 re.compile 函数可以创建 Pattern 对象，即编译好的正则对象，利用它的属性与方法可以实现字符串的查找和替换。

下面给定原始字符串和正则表达式，先用 re.compile 函数将正则表达式字符串编译为正则对象，然后用正则对象的 match 方法从原始字符串打头的位置开始进行匹配，不区分大小写。

```
>>> import re
>>> a='aBc123def456'
>>> p=re.compile('abc',re.I)
>>> m=p.match(a)
>>> m
<re.Match object; span=(0, 3), match='aBc'>
```

匹配成功，匹配子字符串为"aBc"，匹配位置为第 1~3 个字符。

20.2 正则表达式的编写规则

使用正则表达式可以实现较复杂的文本搜索和替换。本节介绍正则表达式的编写规则。这部分内容是正则表达式的核心，在不同的计算机语言中基本上是相同的。

20.2.1 元字符

元字符是正则表达式中具有特殊含义的字符，其含义超出了它本身的含义。例如，在 Python 正则表达式中，用\d 表示数字，用\s 表示空白。常见的元字符如表 20-2 所示。

表 20-2 常见的元字符

元字符	说明	元字符	说明
.	匹配除换行符以外的任意字符	^	匹配字符串的开始
\w	匹配字母、数字、下画线或汉字	$	匹配字符串的结束
\s	匹配任意空白符	\n	匹配一个换行符
\d	匹配数字	\r	匹配一个回车符
\b	匹配单词的开始或结束	\t	匹配一个制表符

在一般情况下，指定要查找的字符或在指定的范围内进行查找，但有时情况会反过来，即排除指定的字符或在指定的字符范围之外进行查找。在这种情况下，可以使用表示反义的元字符，如用\D 表示非数字的字符，用\S 表示非空白的字符。常见的反义元字符如表 20-3 所示。

表 20-3 常见的反义元字符

反义元字符	说　明
\W	匹配任意不是字母、数字、下画线、汉字的字符
\S	匹配任意非空白的字符
\D	匹配任意非数字的字符
\B	匹配不是单词开头或结束的位置
[^x]	匹配除 x 之外的任意字符
[^aeiou]	匹配除 a、e、i、o、u 这几个字母之外的任意字符

下面结合一些示例深入介绍元字符。

给定原始字符串"BC_101PW%"，查找其中的数字，并将数字替换为空，即删除。

【Excel VBA】

示例文件的存放路径为 Samples\ch20\Excel VBA\元字符.xlsm。正则表达式"\d"表示单个的数字。

```
Sub Sam01()
  Dim objReg As New RegExp                    '输出正则对象
  Dim strT As String
  Dim mcT As MatchCollection                  '存放全部的查找结果
  Dim matT As Match                           '单个查找结果
  strT = "BC_101PW%"                          '给定字符串
  With objReg
    .Global = True                            '全局匹配
    .Pattern = "\d"                           '匹配单个数字
    Set mcT = .Execute(strT)                  '执行查找，将结果返回集合中
    Debug.Print .Replace(strT, "")            '查找结果替换为空
  End With
  For Each matT In mcT                        '遍历每个查找结果
    If matT <> " " Then Debug.Print matT.Value '输出到"立即窗口"面板中
  Next matT
End Sub
```

运行过程，在"立即窗口"面板中输出替换和查找的结果。

```
BC_PW%
1
0
1
```

【Python】

下面给定原始字符串,用 re.findall 函数查找其中的全部数字,用 re.sub 函数将所有数字替换为空。单个的数字用元字符\d 表示。

在 Python Shell 窗口中输入如下内容。

```
>>> import re
>>> a='BC_101PW%'              #原始字符串
>>> m0=re.findall(r'\d',a)     #查找所有数字
>>> m0
['1', '0', '1']
>>> for i in m0:               #逐个输出数字
        print(i)

1
0
1
>>> ms=re.sub(r'\d','',a)      #所有数字替换为空(删除)
>>> ms
'BC_PW%'
```

下面的示例测试元字符\b(表示单词的开头或结尾)。正则表达式为 r"\bC\d",表示匹配字符串必须是原始字符串以 C 打头或 C 前面为空格,C 的后面是数字。匹配的字符串置换为空。

【Excel VBA】

示例文件的存放路径为 Samples\ch20\Excel VBA\元字符.xlsm。

```
Sub Sam02()
  Dim objReg As New RegExp         '输出正则对象
  Dim strT As String
  strT = "C5dC56 C5"               '给定字符串
  With objReg
    .Global = True                 '全局匹配
    .Pattern = "\bC\d"             '正则表达式
    Debug.Print .Replace(strT, "") '将匹配结果置换为空
  End With
End Sub
```

运行过程,在"立即窗口"面板中输出的结果如下。

```
dC56
```

第 1 个 C5 位于原始字符串的开头,满足 C 加数字的条件,匹配;第 2 个 C5 前面为空格,满足\b 的条件。因此,将它们置换为空后剩下的字符串为"dC56"。

【Python】

在 Python Shell 窗口中输入如下内容。

```
>>> import re
>>> a='C5dC56 C5'
>>> m=re.sub(r'\bC\d','',a)
>>> m
'dC56 '
```

元字符^限制字符在原始字符串的最前面,如^\d 表示原始字符串以数字打头。下面给定原始字符串,如果它以一个以上的数字打头,则返回该数字。

【Excel VBA】

示例文件的存放路径为 Samples\ch20\Excel VBA\元字符.xlsm。

```
Sub Sam03()
  '省略部分代码
  '...
  strT = "12345my09"              '给定字符串
  With objReg
    .Global = True                '全局匹配
    .Pattern = "^\d+"             '正则表达式
    Set mcT = .Execute(strT)      '执行查找
    For Each matT In mcT          '遍历集合
      Debug.Print matT            '输出每个查找结果
    Next matT
  End With
End Sub
```

运行过程,在"立即窗口"面板中输出的结果如下。

```
12345
```

因为"12345"位于原始字符串的开头,匹配;而"09"虽然也是数字,但不在开头位置,不匹配。正则表达式中的加号是表示重复的元字符,前面为 d,表示一个以上的数字。

【Python】

在 Python Shell 窗口中输入如下内容。

```
>>> import re
>>> a='12345my09'
>>> m=re.findall(r'^\d+',a)
>>> for i in m:
        print(i)

12345
```

在下面的代码中，\D 表示不是数字的字符，元字符$限制字符在原始字符串的结尾处，如 C$表示最后一个字符是 C。

【Excel VBA】

示例文件的存放路径为 Samples\ch20\Excel VBA\元字符.xlsm。

```
Sub Sam04()
  '省略部分代码
  '...
  strT = "m12345my09W"              '给定的字符串
  With objReg
    .Global = True                  '全局匹配
    .Pattern = "\d+\D"              '正则表达式，前面是数字，后面是非数字
    '.Pattern = "\d+\D$"            '正则表达式，匹配字符串必须位于结尾处
    Set mcT = .Execute(strT)        '执行查找
    For Each matT In mcT            '遍历集合
      Debug.Print matT              '输出结果
    Next matT
  End With
End Sub
```

运行过程，在"立即窗口"面板中输出查找结果。

```
12345m
09W
```

第 1 个正则表达式 r"\d+\D"表示前面是 1 个以上的数字，后面跟的字符不是数字。

当使用第 2 个正则表达式时运行过程，在"立即窗口"面板中输出的结果如下。

```
09W
```

第 2 个正则表达式 r"\d+\D$"在最后面添加了$，表示匹配的字符串必须位于原始字符串的结尾处，所以只匹配到"09W"。

【Python】

在 Python Shell 窗口中输入如下内容。

```
>>> import re
>>> a='12345my09W'
>>> m=re.findall(r'\d+\D',a)
>>> m
['12345m', '09W']
>>> m=re.findall(r'\d+\D$',a)
>>> m
['09W']
```

20.2.2 重复

在进行查找或替换时有时需要连续查找或替换多个某种类型的字符，这就是重复。重复次数既可以是确定的，也可以是不确定的。例如，在 Python 正则表达式中，用\d+表示一个以上的数字，重复次数不确定；\d{5}表示 5 个数字，重复次数是确定的。

在 Python 正则表达式中，表示重复的元字符如表 20-4 所示。

表 20-4 表示重复的元字符

元 字 符	说 明	元 字 符	说 明
*	重复零次或更多次	{n}	重复n次
+	重复一次或更多次	{n,}	重复n次或更多次
?	重复零次或一次	{n,m}	重复n到m次

元字符*表示前面定义的字符可以重复零次或任意次，相当于 {0,}。下面给定一个字符串，找出所有 W 打头，后面跟零个或零个以上数字的子字符串。

下面查找给定字符串中所有以 W 打头，后面跟零个或零个以上数字的子字符串。

【Excel VBA】

示例文件的存放路径为 Samples\ch20\Excel VBA\重复.xlsm。

```
Sub Sam08()
  '省略部分代码
  '...
  strT = "W123YZW85CW0DFWU"        '给定的字符串
  With objReg
    .Global = True                 '全局匹配
    .Pattern = "W\d*"              '正则表达式，以W打头，后面跟零个或零个以上数字
    Set mcT = .Execute(strT)       '执行查找
    For Each matT In mcT           '遍历查找到的结果
      Debug.Print matT             '输出结果
    Next matT
  End With
End Sub
```

运行过程，在"立即窗口"面板中输出的结果如下。

```
W123
W85
W0
W
```

需要注意的是，最后一个子字符串在 W 后面没有跟数字。

【Python】

在 Python Shell 窗口中输入如下内容。

```
>>> import re
>>> a='W123YZW85CW0DFWU'
>>> m=re.findall(r'W\d*',a)
>>> m
['W123', 'W85', 'W0', 'W']
```

元字符+表示前面定义的字符可以重复一次或任意次，相当于 {1,}。下面给定一个字符串，找出所有 W 打头，后面跟一个或一个以上数字的子字符串。

【Excel VBA】

示例文件的存放路径为 Samples\ch20\Excel VBA\重复.xlsm。

```
Sub Sam081()
  '省略部分代码
  '...
  strT = "W123YZW85CW0DFWU"        '给定的字符串
  With objReg
    .Global = True                 '全局匹配
    .Pattern = "W\d+"              '正则表达式，W打头，后面跟一个或一个以上数字
    Set mcT = .Execute(strT)       '执行查找
    For Each matT In mcT           '遍历查找结果
      Debug.Print matT             '输出
    Next matT
  End With
End Sub
```

运行过程，在"立即窗口"面板中输出匹配结果。

```
W123
W85
W0
```

【Python】

在 Python Shell 窗口中输入如下内容。

```
>>> import re
>>> a='W123YZW85CW0DFWU'
>>> m=re.findall(r'W\d+',a)
>>> m
['W123', 'W85', 'W0']
```

元字符?表示前面定义的字符可以重复零次或一次，相当于{0,1}。下面给定一个字符串，找出所有前后都是数字，以及中间有小数点或没有小数点的子字符串。

下面在给定的字符串中查找有小数点或没有小数点的数字。

【Excel VBA】

示例文件的存放路径为 Samples\ch20\Excel VBA\重复.xlsm。

```
Sub Sam09()
  '省略部分代码
  '...
  strT = "W10.23RWA908C5..1"     '给定的字符串
  With objReg
    .Global = True                '全局查找
    .Pattern = "\d+\.?\d+"        '正则表达式，数字有小数点或没有小数点
    Set mcT = .Execute(strT)      '执行查找
    For Each matT In mcT          '遍历查找结果
      Debug.Print matT            '输出结果
    Next matT
  End With
End Sub
```

运行过程，在"立即窗口"面板中输出的结果如下。

```
10.23
908
```

【Python】

在 Python Shell 窗口中输入如下内容。

```
>>> import re
>>> a='W10.23RWA908C5..1'
>>> m=re.findall(r'\d+\.?\d+',a)
>>> m
['10.23', '908']
```

使用{}可以设置重复次数。{n}表示前面定义的字符重复 n 次。下面给定一个字符串，找出其中连续出现 3 个数字的子字符串。

下面从给定的字符串中删除连续出现 3 个数字的子字符串。

【Excel VBA】

示例文件的存放路径为 Samples\ch20\Excel VBA\重复.xlsm。

```
Sub Sam10()
  Dim objReg As New RegExp
  Dim strT As String
  strT = "WT123Pq89C"                    '给定的字符串
  With objReg
```

```
      .Global = True                        '全局匹配
      .Pattern = "\d{3}"                    '正则表达式,连续3个数字
      Debug.Print .Replace(strT, "")        '删除匹配的子字符串
   End With
 End Sub
```

运行过程,在"立即窗口"面板中输出的结果如下。

```
WTPq89C
```

【Python】

在 Python Shell 窗口中输入如下内容。

```
>>> import re
>>> a='WT123Pq89C'
>>> m=re.findall(r'\d{3}',a)
>>> re.sub(r'\d{3}','',a)
'WTPq89C'
```

{m,n}表示前面定义的字符的重复次数在一个指定的范围内取值,最小重复 m 次,最多重复 n 次。下面给定一个字符串,找出其中连续出现两个或 3 个数字的子字符串。

下面从给定的字符串中删除连续出现两个或 3 个数字的子字符串。

【Excel VBA】

示例文件的存放路径为 Samples\ch20\Excel VBA\重复.xlsm。

```
Sub Sam11()
   Dim objReg As New RegExp                 '输出正则对象
   Dim strT As String
   strT = "WT123Pq89C"                      '给定的字符串
   With objReg
      .Global = True                        '全局匹配
      .Pattern = "\d{2,3}"                  '正则表达式,连续出现两个或3个数字
      Debug.Print .Replace(strT, "")        '删除匹配的子字符串
   End With
 End Sub
```

运行过程,在"立即窗口"面板中输出的结果如下。

```
WTPqC
```

【Python】

在 Python Shell 窗口中输入如下内容。

```
>>> import re
>>> a='WT123Pq89C'
>>> re.sub(r'\d{2,3}','',a)
```

'WTPqC'

{m,}表示前面定义的字符最少重复 m 次，相当于元字符+。下面给定一个字符串，找出其中连续出现两个或两个以上数字的子字符串。

下面从给定的字符串中删除连续出现两个或两个以上数字的子字符串。

【Excel VBA】

示例文件的存放路径为 Samples\ch20\Excel VBA\重复.xlsm。

```vba
Sub Sam12()
  Dim objReg As New RegExp          '输出正则对象
  Dim strT As String
  strT = "WT123Pq89C"               '给定的字符串
  With objReg
    .Global = True                  '全局匹配
    .Pattern = "\d{2,}"             '正则表达式，连续出现两个或两个以上数字
    Debug.Print .Replace(strT, "")  '删除匹配的子字符串
  End With
End Sub
```

运行过程，在"立即窗口"面板中输出的结果如下。

WTPqC

【Python】

在 Python Shell 窗口中输入如下内容。

```python
>>> import re
>>> a='WT123Pq89C'
>>> re.sub(r'\d{2,}','',a)
'WTPqC'
```

20.2.3 字符类

使用前面的方法可以查找指定的数字、字母或空白，但是如果给定的是一个字符集，要求查找的字符只在这个集合中取或在这个集合外取，就需要使用中括号。使用中括号定义字符集的方式如表 20-5 所示。

表 20-5 使用中括号定义字符集的方式

应用方式示例	说明
[adwkf]	查找的字符是中括号内字符中的一个
[^adwkf]	查找的字符不是中括号内的字符就行
[b-f]	查找的字符是 b~f 中的一个
[^b-f]	查找的字符不是 b~f 中的一个

续表

应用方式示例	说　明
[2-5]	查找的字符是 2~5 中的一个
[2-46-9]	查找的字符是 2~4 或 6~9 中的一个
[a-w2-5A-W]	查找的字符是 a~w、2~5 或 A~W 中的一个
[^一-龥]或[^\u4e00-\u9fa5]	查找的字符是中文字符

使用中括号包含一个字符集，能够匹配其中任意一个字符。若使用[^]，则不匹配中括号内的字符，只能匹配该字符集之外的任意一个字符。

下面给定一个字符串，找出字符串中与中括号内任意字符匹配的字符。

【Excel VBA】

示例文件的存放路径为 Samples\ch20\Excel VBA\字符类.xlsm。

```
Sub Sam15()
   Dim objReg As New RegExp           '生成正则对象
   Dim strT As String
   strT = "ABCDEFGHIJKLMNOPQRSTUVWXYZ" '给定的字符串
   With objReg
      .Global = True
      .Pattern = "[AEIOU]"            '正则表达式，与中括号内的任意字符匹配
      Debug.Print .Replace(strT, "")  '删除匹配的对象
   End With
End Sub
```

运行过程，在"立即窗口"面板中输出的结果如下。

```
BCDFGHJKLMNPQRSTVWXYZ
```

【Python】

在 Python Shell 窗口中输入如下内容。

```
>>> import re
>>> a='ABCDEFGHIJKLMNOPQRSTUVWXYZ'
>>> re.sub('[AEIOU]','',a)
'BCDFGHJKLMNPQRSTVWXYZ'
```

下面找出字符串中与中括号内任意字符不匹配的字符。

【Excel VBA】

示例文件的存放路径为 Samples\ch20\Excel VBA\字符类.xlsm。

```
Sub Sam16()
   Dim objReg As New RegExp           '输出正则对象
```

```
    Dim strT As String
    strT = "ABCDEFGHIJKLMNOPQRSTUVWXYZ"    '给定的字符串
    With objReg
      .Global = True
      .Pattern = "[^AEIOU]"                '正则表达式,与中括号内的字符不匹配
      Debug.Print .Replace(strT, "")       '删除匹配的对象
    End With
End Sub
```

运行过程,在"立即窗口"面板中输出的结果如下。

AEIOU

【Python】

在 Python Shell 窗口中输入如下内容。

```
>>> impoirt re
>>> a='ABCDEFGHIJKLMNOPQRSTUVWXYZ'
>>> re.sub(r'[^AEIOU]','',a)
'AEIOU'
```

给定一个字符串,找出字符串中落在中括号内指定字符范围的字符。

【Excel VBA】

示例文件的存放路径为 Samples\ch20\Excel VBA\字符类.xlsm。

```
Sub Sam17()
    Dim objReg As New RegExp
    Dim strT As String
    strT = "ABCDEFGHIJKLMNOPQRSTUVWXYZ"    '给定的字符串
    With objReg
      .Global = True
      .Pattern = "[G-T]"                   '正则表达式,与给定范围内的字符匹配
      Debug.Print .Replace(strT, "")       '删除匹配的对象
    End With
End Sub
```

运行过程,在"立即窗口"面板中输出的结果如下。

ABCDEFUVWXYZ

【Python】

在 Python Shell 窗口中输入如下内容。

```
>>> import re
>>> a='ABCDEFGHIJKLMNOPQRSTUVWXYZ'
>>> re.sub(r'[G-T]','',a)
'ABCDEFUVWXYZ'
```

给定一个字符串,找出字符串中 1~5 和 G~T 范围内的字符。

【Excel VBA】

示例文件的存放路径为 Samples\ch20\Excel VBA\字符类.xlsm。

```
Sub Sam18()
   Dim objReg As New RegExp
   Dim strT As String
   strT = "ABCDEFGHIJKLMNOPQRSTUVWXYZ1234567890"
   With objReg
     .Global = True
     .Pattern = "[1-5G-T]"              '正则表达式,匹配1~5和G~T范围内的字符
     Debug.Print .Replace(strT, "")     '删除匹配的对象
   End With
End Sub
```

运行过程,在"立即窗口"面板中输出的结果如下。

```
ABCDEFUVWXYZ67890
```

【Python】

在 Python Shell 窗口中输入如下内容。

```
>>> import re
>>> a='ABCDEFGHIJKLMNOPQRSTUVWXYZ1234567890'
>>> re.sub(r'[1-5G-T]','',a)
'ABCDEFUVWXYZ67890'
```

当查找字符串中的汉字时,正则表达式中用中括号指定汉字范围。可以有两种指定方式,即[一-龥]和[\u4e00-\u9fa5]。后一种方式是以 4 位十六进制整数表示的 Unicode 字符。汉字"一"的编码是 4e00,最后一个汉字的编码是 9fa5。

下面给定一个包含汉字的字符串,找出其中的汉字,并将它们替换为""。

【Excel VBA】

示例文件的存放路径为 Samples\ch20\Excel VBA\字符类.xlsm。

```
Sub Sam06()
    Dim objReg As New RegExp
    Dim strT As String
    strT = "123 中 hwo 文 tr89 字符"         '给定的字符串
    With objReg
      .Global = True
      .Pattern = "[\u4e00-\u9fa5]"         '正则表达式,指定汉字范围进行匹配
      '.Pattern = "[一-龥]"                 '用另外一种方式指定汉字范围
      Debug.Print .Replace(strT, "")       '删除匹配的汉字
```

```
        End With
End Sub
```

运行过程，在"立即窗口"面板中输出的结果如下。

```
123  hwo  tr89
```

【Python】

在 Python Shell 窗口中输入如下内容。

```
>>> import re
>>> a='123 中 hwo 文 tr89 字符'
>>> m=re.findall('[\u4e00-\u9fa5]',a)
>>> m
['中', '文', '字', '符']
>>> m=re.sub('[\u4e00-\u9fa5]','',a)
>>> m
'123  hwo  tr89 '
```

20.2.4 分支条件

假设有几种规则，只要满足其中一种即可完成匹配，这就需要使用分支条件。可以使用 | 将不同的规则隔开。例如，数字后面是质量单位，有的记录为公斤，有的记录为千克，可以用"\d+(公斤|千克)"进行提取，相当于"\d+公斤|\d+千克"。

下面给定的字符串中数字后面是公斤、kg 或千克，使用分支条件编写正则表达式进行查找。

【Excel VBA】

示例文件的存放路径为 Samples\ch20\Excel VBA\元字符.xlsm。

```
Sub Sam27()
  '省略部分代码
  '...
  strT = "10公斤 20kg 30千克"              '给定的字符串
  With objReg
    .Global = True
    .Pattern = "\d+(公斤|千克|kg)"          '正则表达式，数字后面跟单位
    '.Pattern = "\d+公斤|\d+千克|\d+kg"     '等价写法
    Set mcT = .Execute(strT)              '执行查找
    For Each matT In mcT                   '遍历查找结果
      Debug.Print matT                     '输出结果
    Next
  End With
End Sub
```

运行过程，在"立即窗口"面板中输出的结果如下。

```
10 公斤
20kg
30 千克
```

【Python】

在 Python Shell 窗口中输入如下内容。

```
>>> import re
>>> a='10公斤 20kg 30千克'
>>> m=re.finditer(r'\d+(公斤|千克|kg)',a)
>>> for i in m:
        print(i.group(0))

10公斤
20kg
30千克
```

20.2.5 捕获分组和非捕获分组

正则表达式中存在有子表达式的情况，子表达式用小括号指定并作为一个整体进行操作。例如，下面代码中的正则表达式"((ABC){2})"将"ABC"作为一个整体重复两次。

【Excel VBA】

示例文件的存放路径为 Samples\ch20\Excel VBA\分组.xlsm。

```
Sub Sam19()
    Dim objReg As New RegExp
    Dim strT As String
    strT = "ABCABCWTU238"              '给定的字符串
    With objReg
        .Global = True
        .Pattern = "((ABC){2})"        '正则表达式，"ABC"作为一个整体重复两次
        Debug.Print .Replace(strT, "") '删除匹配的对象
    End With
End Sub
```

运行过程，在"立即窗口"面板中输出的结果如下。

```
WTU238
```

【Python】

在 Python Shell 窗口中输入如下内容。

```
>>> import re
>>> a='ABCABCWTU238'
>>> m=re.search('((ABC){2})',a)
```

```
>>> re.sub('((ABC){2})','',a)
'WTU238'
```

当使用小括号对正则表达式进行分组时,会自动分配组号。分配组号的原则是从左到右、从外到内。使用组号可以对对应的分组进行反向引用。

在下面的代码中,正则表达式 r"(WT)\d+\1"匹配原始字符串中前后都是"WT"且中间是一个或多个数字的子字符串。需要注意的是,其中的\1 表示小括号内的"WT",这个分组自动分配组号 1,使用\1 进行反向引用。

【Excel VBA】

示例文件的存放路径为 Samples\ch20\Excel VBA\分组.xlsm。

```
Sub Sam20()
  '省略部分代码
  '...
  strT = "abcWT12389WT"           '给定的字符串
  With objReg
    .Global = True
    .Pattern = "(WT)\d+\1"        '正则表达式,两个WT中间是数字
    Set mcT = .Execute(strT)      '执行查找
    For Each matT In mcT          '遍历查找结果
      Debug.Print matT            '输出结果
    Next
  End With
End Sub
```

运行过程,在"立即窗口"面板中输出的结果如下。

```
WT12389WT
```

【Python】

在 Python Shell 窗口中输入如下内容。

```
>>> import re
>>> a='abcWT12389WT'
>>> m=re.finditer(r'(WT)\d+\1',a)
>>> for i in m:
        print(i.group())
```

```
WT12389WT
```

匹配结果"WT12389WT "的两端都是"WT",中间全是数字,满足匹配要求。

下面的示例演示有更多分组的情况。正则表达式 r"((WT){2})((PR){2})\d+\2\4"中一共有 4 对小括号,前面两层、后面两层,下面探查各小括号对应的分组的编号。

【Excel VBA】

示例文件的存放路径为 Samples\ch20\Excel VBA\分组.xlsm。

```
Sub Sam21()
  '省略部分代码
  '...
  strT = "abWTWTPRPR123WTPR56"              '给定的字符串
  With objReg
    .Global = True
    .Pattern = "((WT){2})((PR){2})\d+\2\4"  '正则表达式
    Set mcT = .Execute(strT)                '执行查找
    For Each matT In mcT                    '遍历查找结果
      Debug.Print matT
      Debug.Print matT.SubMatches(0)        '输出匹配结果中的分组子字符串
      Debug.Print matT.SubMatches(1)
      Debug.Print matT.SubMatches(2)
      Debug.Print matT.SubMatches(3)
    Next
  End With
End Sub
```

运行过程，在"立即窗口"面板中输出的结果如下。

```
WTWTPRPR123WTPR
WTWT
WT
PRPR
PR
```

输出结果显示，按照从左到右的原则，首先给左边的两层小括号对应的分组编号，此时按照从外到内的顺序编号。当外层小括号中为"(WT){2}"时，匹配"WTWT"；当内层小括号中为"WT"时，它们对应的分组编号为 1 和 2。右边两层小括号的情况与此类似，匹配第 3 个分组"PRPR"和第 4 个分组"PR"。

【Python】

在 Python Shell 窗口中输入如下内容。

```
>>> import re
>>> a='abWTWTPRPR123WTPR56'
>>> m=re.search(r'((WT){2})((PR){2})\d+\2\4',a)
>>> m.group(1)
'WTWT'
>>> m.group(2)
'WT'
>>> m.group(3)
```

```
'PRPR'
>>> m.group(4)
'PR'
```

上面用小括号定义了分组，每个分组都自动进行编号，并且可以用 Match 对象的 group 方法进行捕获，匹配结果保存到内存，称为捕获分组。但有时不需要关注匹配到的内容，即分组参与匹配，但没有必要进行捕获，不用在内存中保存匹配到的内容。此时仍然用小括号进行分组，但是在小括号里面的最前端加上"?:"，如(?:\d{3})，这种分组称为非捕获分组。非捕获分组不参与编号，不在内存中保存匹配结果，所以能节省内存空间，提高工作效率。

下面给定一个原始字符串，正则表达式为 r"(?:ab)(CD)\d+\1"，其中包含两个分组，第 1 个分组在小括号里面的最前端有"?:"，为非捕获分组。

【Excel VBA】

示例文件的存放路径为 Samples\ch20\Excel VBA\分组.xlsm。

```
Sub Sam22()
  Dim objReg As New RegExp
  Dim strT As String, mc, c
  Dim m As Match
  strT = "abCD123CDbc"                '给定的字符串
  With objReg
    .Global = True
    .Pattern = "(?:ab)(CD)\d+\1"      '正则表达式
    Set mc = .Execute(strT)           '执行查找
    For Each m In mc                  '遍历查找结果
      Debug.Print m.Value             '输出匹配结果的值
      Debug.Print m.SubMatches(0)     '输出保存的第 1 个分组
    Next
  End With
End Sub
```

运行过程，在"立即窗口"面板中输出的结果如下。

```
abCD123CD
CD
```

由此可见，由于正则表达式中的第 1 个分组为非捕获分组，不参与编号，因此输出保存的第 1 个分组结果为 CD，而非 ab。

【Python】

在 Python Shell 窗口中输入如下内容。

```
>>> import re
>>> a='abCD123CDbc'
```

```
>>> m=re.finditer(r'(?:ab)(CD)\d+\1',a)
>>> for i in m:
        print(i.group())
abCD123CD
```

用 re.finditer 函数可以获取匹配迭代器，用 for 循环获取匹配结果。输出结果显示，匹配字符串中是包括"ab"的。

下面用 re.search 函数进行查找，返回 Match 对象 m，调用该对象的 groups 属性查看各分组的子字符串。

```
>>> m=re.search(r'(?:ab)(CD)\d+\1',a)
>>> m.groups()
('CD',)
```

仅返回 1 个分组结果"CD"。此结果说明第 1 个分组因为声明为非捕获分组，所以既不参与编号，也不保存。

20.2.6 零宽断言

零宽断言用于查找指定内容之前或之后的内容，不包括指定内容。零宽断言有以下两种类型。

- 零宽度正预测先行断言：表达式为(?=exp)，查找 exp 表示的内容之前的内容。
- 零宽度正回顾后发断言：表达式为(?<=exp)，查找 exp 表示的内容之后的内容。

结合上面两种情况，可以查找指定内容之间的内容。

下面给定原始字符串，要求提取出单位"公斤"前面的数字，并且只提取数字。使用零宽度正预测先行断言进行提取。

【Excel VBA】

示例文件的存放路径为 Samples\ch20\Excel VBA\零宽断言.xlsm。

```
Sub Sam28()
  '省略部分代码
  '...
  strT = "10公斤 20公斤 30公斤"    '给定的字符串
  With objReg
    .Global = True
    .Pattern = "\d+(?=公斤)"        '正则表达式
    Set mcT = .Execute(strT)        '执行查找
    For Each matT In mcT            '变量查找结果
      Debug.Print matT              '输出结果
    Next
  End With
End Sub
```

运行过程，在"立即窗口"面板中输出的结果如下。

```
10
20
30
```

正则表达式 r"\d+(?=公斤)"表示匹配"公斤"前面的数字，并且不包括"公斤"。输出结果显示匹配正确。

【Python】

在 Python Shell 窗口中输入如下内容。

```
>>> import re
>>> a='10公斤 20公斤 30公斤'
>>> m=re.finditer(r'\d+(?=公斤)',a)    #只取单位之前的数字
>>> for i in m:
        print(i.group())

10
20
30
```

下面给定原始字符串，要求提取出"同学"、"战友"和"师兄"等称谓后面的姓名。使用零宽度正回顾后发断言进行提取。

```
>>> import re
>>> a='同学李海 战友王刚 师兄张三'
>>> m=re.finditer(r'(?<=同学|战友|师兄)\w+',a)    #只提取称呼后面的姓名
>>> for i in m:
        print(i.group())

李海
王刚
张三
```

正则表达式 r"(?<=同学|战友|师兄)\w+"表示匹配"同学"、"战友"和"师兄"等称谓后面的子字符串。各称谓使用分支条件进行匹配，匹配的结果不包括称谓。

当使用 Excel VBA 进行此项操作时失败，无法完成。

20.2.7　负向零宽断言

负向零宽断言用于断言指定位置的前面或后面不能匹配指定的表达式。负向零宽断言有以下两种类型。

- 零宽度负预测先行断言：表达式为(?:exp)，断言此位置的后面不能匹配表达式 exp。

- 零宽度负回顾后发断言：表达式为(?<!exp)，断言此位置的前面不能匹配表达式 exp。

下面给定原始字符串，要求匹配数字"123"前面是字母、数字或下画线，后面不能跟大写字母。使用零宽度负预测先行断言进行匹配。

【Excel VBA】

示例文件的存放路径为 Samples\ch20\Excel VBA\负向零宽断言.xlsm。

```
Sub Sam31()
  '匹配数字"123"前面是字母、数字或下画线，后面不能跟大写字母
  '省略部分代码
  '...
  strT = "5123Wgh123hp123456"           '给定的字符串
  With objReg
    .Global = True
    .Pattern = "\w123(?![A-Z])"          '正则表达式
    Set mcT = .Execute(strT)             '执行查找
    For Each matT In mcT                 '遍历结果
      Debug.Print matT                   '输出结果
    Next
  End With
End Sub
```

运行过程，在"立即窗口"面板中输出的结果如下。

```
h123
p123
```

【Python】

在 Python Shell 窗口中输入如下内容。

```
>>> import re
>>> a='5123Wgh123hp123456'
>>> m=re.finditer('\w123(?![A-Z])',a)
>>> for i in m:
        print(i.group())

h123
p123
```

由此可知，给定的字符串中第 1 个"123"因为后面是大写字母，所以不能匹配。

20.2.8 贪婪与懒惰

前面在介绍*和+时，是匹配尽可能多的字符，即贪婪匹配。但有时需要匹配尽可能少的字符，即懒惰匹配。懒惰匹配是在贪婪匹配的后面添加一个问号。

常见的懒惰匹配格式如表 20-6 所示。

表 20-6 常见的懒惰匹配格式

懒惰匹配格式	说　　明
*?	重复任意次，但尽可能少重复
+?	重复一次或更多次，但尽可能少重复
??	重复零次或一次，但尽可能少重复
{n,m}?	重复 n~m 次，但尽可能少重复
{n,}?	重复 n 次以上，但尽可能少重复

下面给定原始字符串，分别使用贪婪匹配和懒惰匹配比较匹配结果。

【Excel VBA】

示例文件的存放路径为 Samples\ch20\Excel VBA\贪婪与懒惰.xlsm。

```
Sub Sam32()
  '省略部分代码
  '...
  strT = " 123   abc53   59wt  "    '给定的字符串
  With objReg
    .Global = True
    .Pattern = "\s.+?\s"             '正则表达式
    Set mcT = .Execute(strT)         '执行查找
    For Each matT In mcT             '遍历查找结果
      Debug.Print matT               '输出结果
    Next
  End With
End Sub
```

运行过程，在"立即窗口"面板中输出的结果如下。

```
123
abc53
59wt
```

正则表达式"\s.+?\s"中+后面有?，此为懒惰匹配，在两个空白符之间匹配尽可能少的字符，所以匹配结果是空格间隔的 3 个子字符串。

【Python】

在 Python Shell 窗口中输入如下内容。

```
>>> import re
>>> a=' 123   abc53   59wt '
>>> m=re.finditer('\s.+\s',a)
>>> for i in m:
```

```
        print(i.group())

123    abc53    59wt
```

正则表达式"\s.+\s"中没有?,此为贪婪匹配,在两个空白符之间匹配尽可能多的字符,所以匹配结果是整个字符串。

```
>>> m=re.finditer('\s.+?\s',a)
>>> for i in m:
        print(i.group())

123
abc53
59wt
```

正则表达式"\s.+?\s"中+后面有?,此为懒惰匹配,在两个空白符之间匹配尽可能少的字符,所以匹配结果是空格间隔的3个子字符串。

20.3 正则表达式的应用示例

本节结合几个具体的示例介绍正则表达式在 Excel 数据处理中的应用。

20.3.1 应用示例1:计算各班的总人数

如图 20-3 所示,处理前工作表中的 B 列为各班成绩为优、良、中、及格和不及格的人数,现要求根据这些人数计算各班的总人数并输入 C 列。

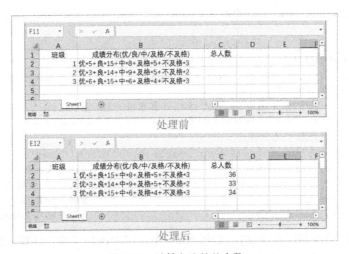

图 20-3 计算各班的总人数

可以发现,工作表中 B2~B4 的各单元格的字符串,把数字前面的汉字及其后面的*去掉后就剩下只有数字和+的公式,计算该公式即可得到各班的总人数。所以,问题的关键在于查找到这些汉字和*,并删除它们。

【Excel VBA】

示例文件的存放路径为 Samples\ch20\Excel VBA\计算各班的总人数.xlsm。

```vba
Sub 正则01()
    Dim objReg As New RegExp
    Dim strTxt As String
    With objReg
      .Global = True                           '全局查找
      .Pattern = "[\u4e00-\u9fa5]+\*"          '正则表达式,汉字后面跟*
      '遍历 B2~B4 的各单元格
      For Each c In Range([B2], Cells(Rows.Count, "B").End(xlUp))
        strTxt = .Replace(Trim(c.Value), "")   '删除匹配的对象,剩下求和公式
        '计算求和公式,结果输入工作表的指定位置
        c.Offset(0, 1).Value = Application.Evaluate(strTxt)
      Next
    End With
    Set objRegEx = Nothing
End Sub
```

运行程序,计算各班的总人数并输入 C 列,如图 20-3 中处理后的工作表所示。

【Python】

示例的数据文件的存放路径为 Samples\ch20\Python\计算各班的总人数.xlsx,.py 文件的存放路径为 Samples\ch20\Python\计算各班的总人数.py。

```python
import xlwings as xw      #导入 xlwings 包
import os                 #导入 os 包
import re                 #导入 re 包
root = os.getcwd()        #获取.py 文件的当前路径
app = xw.App(visible=True, add_book=False)       #创建 Excel 应用,无工作簿
#打开当前路径下的数据文件,可写
wb=app.books.open(fullname=root+r'\计算各班的总人数.xlsx',read_only=False)
sht=wb.sheets(1)          #获取工作表
#获取 B2~B4 各单元格中的数据
arr=sht.range('B2', sht.cells(sht.cells(1,'B').end('down').row, 'B')).value
for i in range(len(arr)):                        #遍历每行数据
    m=re.sub(r'[\u4e00-\u9fa5]+\*','',arr[i])    #汉字和*替换为空
    v=eval(str(m))                               #剩下计算公式,计算结果
    sht.cells(i+2,3).value=v                     #结果输入工作表
```

在 Python IDLE 文件脚本窗口中,选择 Run→Run Module 命令,计算各班的总人数并输入 C 列,如图 20-3 中处理后的工作表所示。

20.3.2 应用示例 2：整理食材数据

如图 20-4 所示，处理前工作表中 A1 单元格的数据为某次食材采购的记录，现在要求整理成处理后工作表中 B 列和 C 列所示的比较整齐的形式。

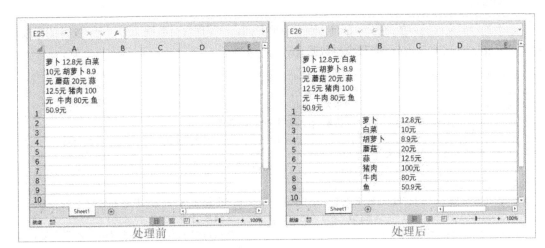

图 20-4　使用捕获分组整理数据

处理思路如下：将各食材和它们的采购金额提取出来，在正则表达式中对食材名称和采购金额进行捕获分组，这样在输出时可以将食材名称和采购金额用分组区分开并分为两列。

【Excel VBA】

示例文件的存放路径为 Samples\ch20\Excel VBA\整理食材数据.xlsm。

```
Sub 正则25()
  Dim objReg As New RegExp          '生成正则对象
  Dim mcT As MatchCollection        '存放全部结果的集合
  Dim strT As String
  With objReg
    .Global = True                  '全局查找
    '正则表达式，一个或多个汉字后面跟数字和"元"，数字可带小数点
    '前面的汉字和后面的数据分别分组
    .Pattern = "([一-龥]{1,}) (\d+\.?\d*元)"
    strT = [A1]                     '数据源
    Set mcT = .Execute(strT)        '执行查找
    For i = 0 To mcT.Count - 1      '遍历匹配结果
      Cells(i + 2, 2) = mcT(i).SubMatches(0)  '输出第1个分组，名称
      Cells(i + 2, 3) = mcT(i).SubMatches(1)  '输出第2个分组，数据
    Next
  End With
  Set objReg = Nothing
```

```
    Set mcT = Nothing
End Sub
```

运行程序,输出的结果如图 20-4 中处理后的工作表所示。

【Python】

示例的数据文件的存放路径为 Samples\ch20\Python\整理食材数据.xlsx,.py 文件的存放路径为 Samples\ch20\Python\整理食材数据..py。

```
import xlwings as xw         #导入 xlwings 包
import os                    #导入 os 包
import re                    #导入 re 包
root = os.getcwd()           #获取.py 文件的当前路径
app = xw.App(visible=True, add_book=False)  #创建Excel 应用,无工作簿
#打开当前路径下的数据文件,可写
wb=app.books.open(fullname=root+r'\整理食材数据.xlsx',read_only=False)
sht=wb.sheets(1)             #获取工作表
p=r'([一-龥]{1,})  (\d+\.?\d*元)'   #一个以上汉字后跟数字和"元",有分组
arr=sht.range('A1').value    #原始字符串
m=re.finditer(p,arr)         #查找匹配文本,以可迭代对象的形式返回
num=1                        #记录行号
for i in m:                  #遍历全部匹配文本
    num+=1                   #行号加 1
    sht.cells(num,2).value=i.group(1)   #输入分组 1,食材名称
    sht.cells(num,3).value=i.group(2)   #输入分组 2,采购金额
```

在 Python IDLE 文件脚本窗口中,选择 Run→Run Module 命令,提取食材名称和采购金额并输入 B 列和 C 列,如图 20-4 中处理后的工作表所示。

20.3.3 应用示例 3:数据汇总

如图 20-5 所示,处理前的工作表的 B 列的数据为多次采购食材的记录,现在要求计算每次采购的食材的总质量。

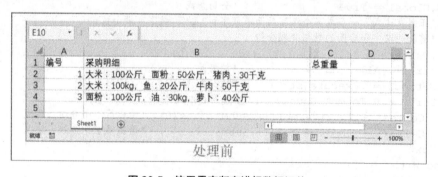

图 20-5 使用零宽断言进行数据汇总

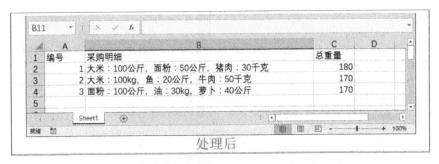

图 20-5 使用零宽断言进行数据汇总（续）

处理思路如下：使用零宽度正预测先行断言提取质量单位前面的数字进行累加。

【Excel VBA】

示例文件的存放路径为 Samples\ch20\Excel VBA\数据汇总.xlsm。

```
Sub 正则29()
  Dim objReg As New RegExp         '输出正则对象
  Dim mcT As MatchCollection       '存放所有的匹配结果
  Dim matT As Match                '存放单个匹配结果
  Dim dblSum As Double             '存放累加和
  With objReg
    .Global = True                 '全局查找
    '正则表达式，零宽断言+分支条件
    .Pattern = "\d+\.?\d*(?=(公斤|千克|kg))"
    '遍历B2~B4各单元格中的每条数据
    For Each c In Range("B2", Cells(Rows.Count, "B").End(xlUp))
      Set mcT = .Execute(c)        '执行查找
      dblSum = 0                   '累加和初始化为0
      For Each matT In mcT         '遍历每个匹配结果
        dblSum = dblSum + matT     '累加求和
      Next
      c.Offset(0, 1) = dblSum      '将累加和输入工作表
    Next
  End With
End Sub
```

运行程序，输出的结果如图 20-5 中处理后的工作表所示。

【Python】

示例的数据文件的存放路径为 Samples\ch20\Python\数据汇总.xlsx，.py 文件的存放路径为 Samples\ch20\Python\数据汇总.py。

```
import xlwings as xw     #导入xlwings包
import os                #导入os包
```

```
import re                                    #导入re包
root = os.getcwd()                           #获取.py文件的当前路径
app = xw.App(visible=True, add_book=False)   #创建Excel应用，无工作簿
#打开当前路径下的数据文件，可写
wb=app.books.open(fullname=root+r'\数据汇总.xlsx',read_only=False)
sht=wb.sheets(1)                             #获取工作表
p=r'\d+\.?\d*(?=(公斤|千克|kg))'             #匹配单位前的数字
#获取B2~B4各单元格中的数据
arr=sht.range('B2', sht.cells(sht.cells(1,'B').end('down').row, 'B')).value
for i in range(len(arr)):                    #遍历每条数据
    sm=0                                     #记录累加质量
    m=re.finditer(p,arr[i])                  #找到所有的匹配数据
    for j in m:                              #遍历匹配数据
        sm+=int(j.group(0))                  #求它们的和，就是总质量
    sht.cells(i+2,3).value=sm                #输出总质量
```

在 Python IDLE 文件脚本窗口中，选择 Run→Run Module 命令，计算各次采购食材的总质量并输入 C 列，如图 20-5 中处理后的工作表所示。

第 21 章

统计分析

目前，对 Excel 数据进行统计分析有多种方法可以选择。对于传统的中小型数据，可以使用 Excel 函数、Excel VBA 和 Python xlwings 等进行分析；对于大型数据，可以使用 Power Query 和 Python pandas 等进行数据清洗，使用 Python 的 SciPy 包和 statsmodels 包等进行统计分析。当然，使用处理大型数据的方法处理中小型数据也是可以的。

21.1 数据的导入

根据要处理的数据量的大小，以及所使用的工具的不同，有不同的数据导入方法。本节主要介绍使用对象模型导入数据和使用 pandas 包导入数据的方法。

21.1.1 使用对象模型导入数据

当数据量不大时，可以先将数据导入 Excel 工作表，然后用 Excel、Excel 函数、Excel VBA 或 Python xlwings 等工具进行数据处理和分析。

13.3.1 节介绍了使用工作簿对象的 Open 方法打开已有的 Excel 文件，此处不再赘述。

21.1.2 使用 Python pandas 包导入数据

Excel 的 Power Query 和 Python 的 pandas 包都是为大型数据的数据清洗而产生的，使用它们可以轻松处理数百万行的数据。而使用 Excel 和 Excel VBA 只能处理几十万行数据。关于 Power Query 的处理方法，读者可以参考相关资料，本节重点介绍如何使用 pandas 包导入数据。

1. 读/写 Excel 文件

利用 Python pandas 包的 read_excel 方法可以读取 Excel 数据。read_excel 方法的参数比较多，常用的参数如表 21-1 所示。利用这些参数，既可以导入规整数据，也可以处理很多不规范的 Excel 数据。导入后的数据是 DataFrame 类型的。

表 21-1　read_excel 方法常用的参数

参　数	说　　明
io	Excel 文件的路径和名称
sheet_name	读取数据的工作表的名称，既可以指定名称，也可以指定索引号，当不指定时读取第 1 个工作表
header	指定用哪行数据作为索引行，如果是多层索引，则用多行的行号组成列表进行指定
index_col	指定用哪列数据作为索引列，如果是多层索引，则用多列的列号或名称组成列表进行指定
usecols	如果只需要导入原始数据中的部分列数据，则使用该参数用列表进行指定
dtype	用字典指定特定列的数据类型，如{"A":np.float64 }指定 A 列的数据类型为 64 位浮点型
nrows	指定需要读取的行数
skiprows	指定读取时忽略前面多少行
skip_footer	指定读取时忽略后面多少行
names	用列表指定列的列索引标签
engine	执行数据导入的引擎，如 xlrd、openpyxl 等

需要注意的是，当使用 read_excel 方法导入数据时有时会出现类似没有安装 xlrd 的错误及其他各种错误。建议安装 openpyxl 包，在使用 read_excel 方法时指定 engine 参数的值为 openpyxl。

安装 openpyxl 包，需要先选择 Windows→"附件"→"命令提示符"命令，打开 Power Shell 窗口，在提示符后面输入如下内容。

```
pip install openpyxl
```

按 Enter 键即可进行安装。安装成功后显示类似 Finished processing dependencies for openpyxl 的提示。

下面的 Python 脚本文件使用 pandas 包打开当前路径下的 Excel 文件"身份证号.xlsx"。该文件中有两个工作表，保存的是部分工作人员的身份信息。使用 pandas 包的 read_excel 方法导入该文件中第 1 个工作表的数据。脚本文件的存放路径为 Samples\ch21\Python\身份证号.py。

```
import pandas as pd         #导入 pandas 包
import os                   #导入 os 包

root = os.getcwd()          #获取当前路径
#读取指定文件中的数据
df=pd.read_excel(io=root+r'\身份证号.xlsx',engine='openpyxl')
print(df)   #输出数据
```

运行脚本，在 Python Shell 窗口中输出第 1 个工作表中的数据。

```
>>> = RESTART: .../基础篇/Samples/ch21/Python/身份证号.py
     工号   部门   姓名        身份证号    性别
0   1001   财务部   陈东   5103211978100300**   女
1   1002   财务部   田菊   4128231980052512**   男
2   1003   生产部   王伟   4302251980031135**   男
3   1004   生产部   韦龙   4302251985111635**   女
4   1005   销售部   刘洋   4302251980081235**   女
```

在默认情况下，将第 1 行数据作为表头，即列索引标签。行索引从 0 开始自动对行进行编号。

使用 sheet_name 参数可以指定打开某一个或多个工作表，使用 index_col 参数可以指定某列作为行索引。下面同时打开两个工作表，指定"工号"列作为行索引，在脚本文件中添加下面的语句行。

```
df2=pd.read_excel(io='D:\身份证号.xlsx',sheet_name=[0,1],\
                  index_col='工号',engine='openpyxl')
print(df2)
```

运行脚本，在 Python Shell 窗口中输出前两个工作表中的数据。

```
>>> = RESTART: .../基础篇/Samples/ch21/Python/身份证号.py
{0:         部门   姓名         身份证号   性别
工号
1001   财务部   陈东   510321197810030016   女
1002   财务部   田菊   412823198005251008   男
1003   生产部   王伟   430225198003113024   男
1004   生产部   韦龙   430225198511163008   女
1005   销售部   刘洋   430225198008123008   女, 1:       部门   姓名
身份证号   性别
工号
1006   生产部   吕川   320325197001017024   女
1007   销售部   杨莉   420117197302174976   男
1008   财务部   夏东   132801194705058000   女
1009   销售部   吴晓   430225198001153024   男
1010   销售部   宋恩龙   320325198001017984   女}
```

现在同时导入了两个工作表中的数据，并且将"工号"列的数据用作行索引。由此可知，此时返回的结果为字典类型，字典中键值对的键为工作表的索引号，值为工作表的数据，且为 DataFrame 类型。

使用 DataFrame 对象的 to_excel 方法可以将 pandas 数据写入 Excel 文件。例如，上面导入了前两个工作表的数据，现在希望将这两个工作表的数据合并后保存到另一个 Excel 文件中。下面使用 pandas 包的 concat 方法垂直拼接两个工作表的数据，在脚本文件中添加下面的语句行。

```
df3=df2[0]   #第 1 个工作表的数据
df4=df2[1]   #第 2 个工作表的数据
```

```python
df5=pd.concat([df3,df4])        #拼接两个工作表的数据
print(df5)                       #输出数据
```

运行脚本,在 Python Shell 窗口中输出拼接后的数据。

```
>>> = RESTART: .../基础篇/Samples/ch21/Python/身份证号.py
     部门    姓名           身份证号        性别
工号
1001  财务部   陈东    510321197810030016    女
1002  财务部   田菊    412823198005251008    男
1003  生产部   王伟    430225198003113024    男
1004  生产部   韦龙    430225198511163008    女
1005  销售部   刘洋    430225198008123008    女
1006  生产部   吕川    320325197001017024    女
1007  销售部   杨莉    420117197302174976    男
1008  财务部   夏东    132801194705058000    女
1009  销售部   吴晓    430225198001153024    男
1010  销售部   宋恩龙   320325198001017984    女
```

将合并后的数据保存到当前路径下的 new_file.xlsx 文件中。在脚本文件中添加下面的语句行。

```python
df5.to_excel(root+r'\new_file.xlsx')
```

运行脚本,合并后的数据被正确保存到指定文件中。

2. 读/写 CSV 文件

CSV 是目前最常用的数据保存格式之一,使用 pandas 包的 read_csv 方法可以读取 CSV 文件中的数据。read_csv 方法的常用参数如表 21-2 所示。

表 21-2　read_csv 方法的常用参数

参　　数	说　　明
filepath	Excel 文件的路径和名称
sep	指定分隔符,默认使用逗号作为分隔符
header	指定用哪行数据作为索引行,如果是多层索引,则用多行的行号组成列表进行指定
index_col	指定用哪列数据作为索引列,如果是多层索引,则用多列的列号或名称组成列表进行指定
usecols	如果只需要导入原始数据中的部分列数据,则使用该参数用列表进行指定
dtype	用字典指定特定列的数据类型,如{"A":np.float64}指定 A 列的数据为 64 位浮点型
prefix	在没有列标签时,给列添加前缀,如添加前缀 Col,生成列标签 Col0、Col1、Col2 等
skiprows	指定读取时忽略前面多少行
skipfooter	指定读取时忽略后面多少行
nrows	指定需要读取的行数
names	用列表指定列的列索引标签
encoding	指定编码方式,默认采用 UTF-8,还可以指定为 GBK 等

下面的 Python 脚本文件用 pandas 包打开当前路径下的 Excel 文件"身份证号.csv"。使用 pandas 包的 read_csv 方法导入该文件的第 1 个工作表中的数据。脚本文件的存放路径为 Samples\ch21\Python\身份证号2.py。

```
import pandas as pd
import os

root = os.getcwd()
df=pd.read_csv(root+r'\身份证号.csv',encoding='gbk')
print(df)
```

运行脚本，在 Python Shell 窗口中输出第 1 个工作表中的数据。

```
>>> = RESTART: ...\基础篇\Samples\ch21\Python\身份证号2.py
    工号   部门   姓名       身份证号         性别
0  1001  财务部  陈东    5103211978100300**   女
1  1002  财务部  田菊    4128231980052512**   男
2  1003  生产部  王伟    4302251980031135**   男
3  1004  生产部  韦龙    4302251985111635**   女
4  1005  销售部  刘洋    4302251980081235**   女
5  1006  生产部  吕川    3203251970010171**   女
6  1007  销售部  杨莉    4201171973021753**   男
7  1008  财务部  夏东    1328011947050583**   女
8  1009  销售部  吴晓    4302251980011535**   男
9  1010  销售部  宋恩龙  3203251980010181**   女
```

使用 DataFrame 对象的 to_csv 方法可以将 pandas 数据保存到 CSV 文件中。在脚本文件中添加下面的语句行，从 df 数据中提取女性工作人员的信息数据。

```
df2=df[df['性别']=='女']
print(df2)
```

运行脚本，在 Python Shell 窗口中输出女性工作人员的信息数据。

```
>>> = RESTART: ...\基础篇\Samples\ch21\Python\身份证号2.py
    工号   部门   姓名       身份证号         性别
0  1001  财务部  陈东    5103211978100300**   女
3  1004  生产部  韦龙    4302251985111635**   女
4  1005  销售部  刘洋    4302251980081235**   女
5  1006  生产部  吕川    3203251970010171**   女
7  1008  财务部  夏东    1328011947050583**   女
9  1010  销售部  宋恩龙  3203251980010181**   女
```

将女性工作人员的信息数据保存到当前目录下的 new_file.csv 文件中。在脚本文件中添加下面的语句行。

```
df2.to_csv(root+r'\new_file.csv',encoding='gbk')
```

运行脚本，数据被正确保存到指定的文件中。

21.2 数据整理

数据整理是在文件这个层面上对导入的数据进行处理，包括行数据与列数据的添加、移动和删除等，以及数据排序、筛选、合并、拼接等操作。

21.2.1 使用对象模型进行数据整理

使用 Excel VBA 和 Python xlwings，可以将数据导入 Excel 工作表中并使用工作表对象和单元格对象提供的方法进行行与列的复制、移动、插入和删除等，可以对数据进行排序、过滤等操作，实现数据整理，请参考第 4 章和第 13 章的内容，本节不再赘述。可以用数据图形、图表和数据透视表等处理数据，请参考第 17~19 章的内容，本节不再赘述。

21.2.2 使用 Excel 函数进行数据整理

使用 Excel、Excel VBA 和 Python xlwings，可以调用 Excel 函数处理数据，请参考第 16 章的内容，本节不再赘述。

21.2.3 使用 Power Query 和 Python pandas 包进行数据整理

Power Query 和 Python pandas 包都是为处理大型数据设计的，都不能操作 Excel 对象模型，因为数据量很大时再展示在 Excel 工作表中是没什么意义的。另外，在工作表中加载和卸载数据都需要时间，会影响处理数据的速度。

Power Query 和 Python pandas 包都提供了很多进行行操作、列操作、数据合并、拆分、排序、过滤等操作的工具或函数，所以可以轻松实现数据整理。21.1.2 节介绍了一个使用 pandas 包的 contact 方法进行数据拼接的例子，下面再介绍一个数据筛选的例子。

在进行数据处理时，有时只需要原始数据中的一部分数据。当使用 pandas 包的 read_excel 方法时，用参数 usecols、skiprows、nrows、skip_footer、sheet_name 等可以有选择地导入部分数据。对于导入后的数据，可以使用布尔索引进行筛选。

下面的 Python 脚本文件使用 pandas 包打开当前路径下的 Excel 文件"各科室人员.xlsx"。使用 pandas 包的 read_excel 方法导入该文件中指定列的数据。脚本文件的存放路径为 Samples\ch21\Python\各科室人员.py。

```
import pandas as pd
import os

root = os.getcwd()
df=pd.read_excel(io=root+r'\各科室人员.xlsx',\
        usecols=['编号','性别','年龄','科室','工资'],\
```

```
            engine='openpyxl')
print(df)
```

运行脚本，在 Python Shell 窗口中输出选定的数据。

```
>>> = RESTART: ...\基础篇\Samples\ch21\Python\各科室人员.py
    编号   性别  年龄   科室    工资
0  10001   女   45  科室2  4300
1  10002   女   42  科室1  3800
2  10003   男   29  科室1  3600
3  10004   女   40  科室1  4400
4  10005   男   55  科室2  4500
5  10006   男   35  科室3  4100
6  10007   男   23  科室2  3500
7  10008   男   36  科室1  3700
8  10009   男   50  科室1  4800
```

选择女性工作人员的数据。在脚本文件中添加下面的语句行。

```
df2=df[df['性别']=='女']
print(df2)
```

运行脚本，在 Python Shell 窗口中输出选定的数据。

```
>>> = RESTART: ...\基础篇\Samples\ch21\Python\各科室人员.py
    编号   性别  年龄   科室    工资
0  10001   女   45  科室2  4300
1  10002   女   42  科室1  3800
3  10004   女   40  科室1  4400
```

选择工资大于 4000 元并且年龄小于或等于 40 岁的工作人员的数据。在脚本文件中添加下面的语句行。

```
df3=df[(df['工资']>4000) & (df['年龄']<=40)]
print(df3)
```

运行脚本，在 Python Shell 窗口中输出选定的数据。

```
>>> = RESTART: ...\基础篇\Samples\ch21\Python\各科室人员.py
    编号   性别  年龄   科室    工资
3  10004   女   40  科室1  4400
5  10006   男   35  科室3  4100
```

也可以使用 DataFrame 对象的 where 方法筛选数据，该方法也是基于布尔索引实现的。下面筛选年龄大于或等于 35 岁的工作人员的数据。在脚本文件中添加下面的语句行。

```
df4=df.where(df['年龄']>=35)
print(df4)
```

运行脚本，在 Python Shell 窗口中输出选定的数据。

```
>>> = RESTART: ...\基础篇\Samples\ch21\Python\各科室人员.py
      编号    性别    年龄   科室     工资
0  10001.0    女    45.0  科室2   4300.0
1  10002.0    女    42.0  科室1   3800.0
2      NaN  NaN     NaN   NaN      NaN
3  10004.0    女    40.0  科室1   4400.0
4  10005.0    男    55.0  科室2   4500.0
5  10006.0    男    35.0  科室3   4100.0
6      NaN  NaN     NaN   NaN      NaN
7  10008.0    男    36.0  科室1   3700.0
8  10009.0    男    50.0  科室1   4800.0
```

在默认情况下，where 方法将不匹配的数据用 NaN 代替，即置空。可以使用 other 参数指定一个替换值。

21.2.4 使用 SQL 进行数据整理

在 Python 中，可以使用 pandasql 包处理 DataFrame 数据。安装 pandasql，需要先选择 Windows→"附件"→"命令提示符"命令，打开 Power Shell 窗口，在提示符后面输入如下内容。

```
pip install -U pandasql
```

按 Enter 键即可进行安装。

pandasql 包中使用的主要函数是 sqldf。sqldf 函数有两个参数：第 1 个参数是进行查询的 SQL 语句；第 2 个参数指定环境变量，可以是 locals()或 globals()。

为了便于使用，常常用 lambda 定义一个匿名函数，这样使用时只需要指定 SQL 语句即可。

```
from pandasql import sqldf
pysqldf = lambda q: sqldf(q, globals())
q=...    #从表 df 中进行查询的 SQL 语句
df2=pysqldf(q)
```

df2 是执行查询后得到的表数据。

下面的 Python 脚本文件用 pandas 包打开当前路径下的 Excel 文件"各科室人员.xlsx"。使用 pandas 包的 read_excel 方法先导入该文件中的数据，然后用 SQL 查询提取出男性的全部资料。脚本文件的存放路径为 Samples\ch21\Python\sql.py。

```
import pandas as pd              #导入 pandas 包
from pandasql import sqldf       #导入 pandasql 包
import os                        #导入 os 包

root = os.getcwd()               #获取当前路径
#从指定文件中读取数据
df=pd.read_excel(io=root+r'\各科室人员.xlsx',engine='openpyxl')
```

```
pysqldf=lambda q:sqldf(q,globals())    #定义匿名函数
q="SELECT * FROM df WHERE 性别='男'"     #SQL 查询语句
df2=pysqldf(q)    #调用匿名函数,参数为查询语句,返回查询结果
print(df2)        #输出查询结果
```

运行脚本,在 Python Shell 窗口中输出查询结果。

```
>>> = RESTART: ...\基础篇\Samples\ch21\Python\sql.py
    编号  性别  年龄  学历  科室  职务等级   工资
0  10003  男   29   博士  科室1  正处级   3600
1  10005  男   55   本科  科室2  副局级   4500
2  10006  男   35   硕士  科室3  正处级   4100
3  10007  男   23   本科  科室2  科员    3500
4  10008  男   36   大专  科室1  科员    3700
5  10009  男   50   硕士  科室1  正局级   4800
```

21.3 数据预处理

数据预处理是对数据中的特殊数据进行处理,包括重复数据、缺失值和异常值的处理。在进行统计分析时,经常要求数据满足一定的要求,如果不满足则对数据进行转换处理,这也是数据预处理的内容。

21.3.1 数据去重

由于各种原因,可能会出现重复数据。可以使用 Excel 函数、字典、Power Query 和 Python 等多种方法删除重复数据。

1. 使用 Excel 函数去重

13.4.8 节介绍了使用 COUNTIF 函数可以找到数据中的重复行,同时用 Range 对象的 Delete 方法删除重复行。

2. 使用字典去重

字典中的键在整个字典中必须是唯一的,利用字典的这个性质可以对数据去重。各部门人员的身份证号信息如图 21-1 所示。观察发现,工作表中工号为 1002 和 1008 的人员信息有重复,下面用 Excel VBA 和 Python xlwings 使用字典进行去重处理。

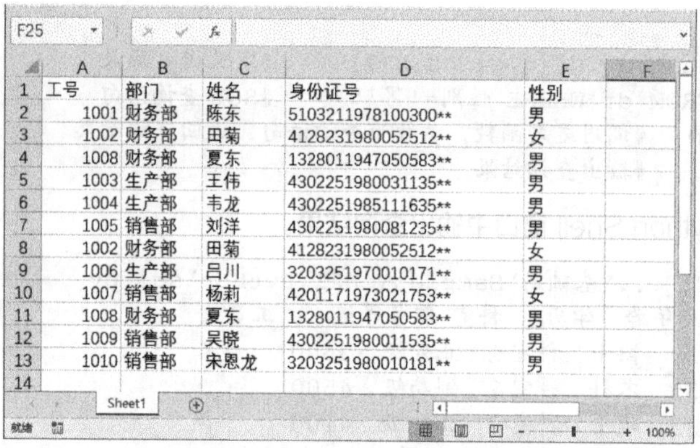

	A	B	C	D	E	F
1	工号	部门	姓名	身份证号	性别	
2	1001	财务部	陈东	5103211978100300**	男	
3	1002	财务部	田菊	4128231980052512**	女	
4	1008	财务部	夏东	1328011947050583**	男	
5	1003	生产部	王伟	4302251980031135**	男	
6	1004	生产部	韦龙	4302251985111635**	男	
7	1005	销售部	刘洋	4302251980081235**	男	
8	1002	财务部	田菊	4128231980052512**	女	
9	1006	生产部	吕川	3203251970010171**	男	
10	1007	销售部	杨莉	4201171973021753**	女	
11	1008	财务部	夏东	1328011947050583**	男	
12	1009	销售部	吴晓	4302251980011535**	男	
13	1010	销售部	宋恩龙	3203251980010181**	男	
14						

图 21-1　各部门人员的身份证号信息

【Excel VBA】

在 Excel VBA 中，使用字典需要先引用相关的库，读者可以参考第 8 章的内容。创建字典时，字典中键值对的键由 A 列的工号组成，值由它对应的其他各列的数据组成，这样可以构造 4 个字典。因为字典中的键是唯一的，所以字典构造完成以后，字典中的键和键对应的这组数据是唯一的，达到了去重的目的。示例文件的存放路径为 Samples\ch21\Excel VBA\身份证号-去重.xlsm。

```
Sub 去重()
  Dim intI As Integer
  Dim arr
  Dim dicT1 As New Dictionary
  Dim dicT2 As New Dictionary
  Dim dicT3 As New Dictionary
  Dim dicT4 As New Dictionary

  '获取数据
  arr = Range("A1", Cells(Rows.Count, "E").End(xlUp))
  For intI = 1 To UBound(arr)    '构造字典，去重
    dicT1(arr(intI, 1)) = arr(intI, 2)
    dicT2(arr(intI, 1)) = arr(intI, 3)
    dicT3(arr(intI, 1)) = arr(intI, 4)
    dicT4(arr(intI, 1)) = arr(intI, 5)
  Next

  '输出去重后的数据
  [G1].Resize(dicT1.Count) = Application.Transpose(dicT1.Keys)   '工号
  [H1].Resize(dicT1.Count) = Application.Transpose(dicT1.Items)  '部门
  [I1].Resize(dicT1.Count) = Application.Transpose(dicT2.Items)  '姓名
  [J1].Resize(dicT1.Count) = Application.Transpose(dicT3.Items)  '身份证号
  [K1].Resize(dicT1.Count) = Application.Transpose(dicT4.Items)  '性别
End Sub
```

运行过程，在工作表的 G~K 列输出去重后的数据。

【Python xlwings】

对图 21-1 所示的工作表中的数据进行去重处理。创建字典时，字典中键值对的键由 A 列的工号组成，值由它对应的行数据组成。使用字典对象的 keys 方法可以获取当前所有的键。在添加键值对时如果键已经存在，则不添加，否则添加。这样，最后得到的所有键值对的值就是去重后的数据。脚本文件的存放路径为 Samples\ch21\Python\身份证号-去重.py。

```
import xlwings as xw
import os
root = os.getcwd()
app = xw.App(visible=True, add_book=False)
wb=app.books.open(root+r'/身份证号-去重.xlsx',read_only=False)
sht=wb.sheets(1)
rng=sht.range('A1', sht.cells(sht.cells(1,'B').end('down').row, 'E'))
dd={}                                      #创建字典 dd
for i in range(rng.rows.count):            #遍历行数据
    if sht[i,0].value not in dd.keys():    #如果字典 dd 的键中不包括该行的工号
        dd[sht[i,0].value]=rng.rows(i+1).value  #则将行数据添加到字典的值中
lst=list(dd.values())                      #字典的值转成列表
sht.range('G1').options(expand='table').value=lst  #列表数据输入工作表中
```

运行脚本，去重后的数据如图 21-2 所示。

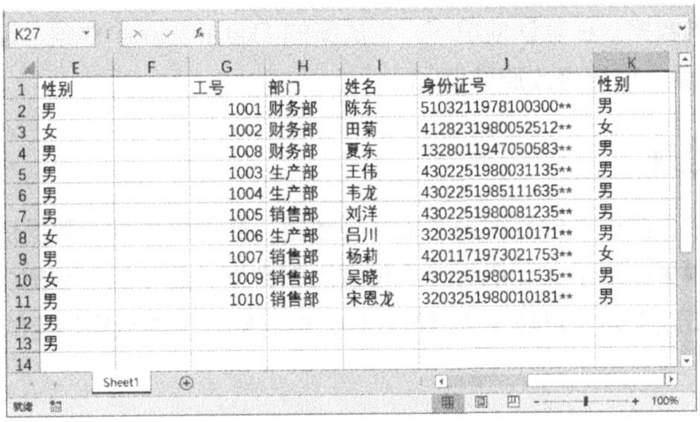

图 21-2 去重后的数据

3. 使用 Power Query 和 pandas 包去重

当数据量比较大时，可以用 Power Query 或 pandas 包进行处理（处理中小数据也可以）。下面使用 pandas DataFrame 对象的 drop_duplicates 方法给数据去重。

下面的 Python 脚本文件用 pandas 包打开当前路径下的 Excel 文件"身份证号-去重.xlsx"。先使用 pandas 包的 read_excel 方法导入该文件中的数据，然后用 DataFrame 对象的

drop_duplicates 方法删除重复数据，用 keep 参数指定保留重复数据中的第 1 条数据，设置 ignore_index 参数的值为 True，重排行索引编号。脚本文件的存放路径为 Samples\ch21\Python\身份证号-去重2.py。

```python
import pandas as pd
import os

root = os.getcwd()
df=pd.read_excel(io=root+r'\身份证号-去重.xlsx',engine='openpyxl')

df2=df.drop_duplicates(subset=['工号'], keep='first', ignore_index=True)
print(df2)
```

运行脚本，在 Python Shell 窗口中输出查询结果。

```
>>> = RESTART: ...\基础篇\Samples\ch21\Python\身份证号-去重2.py
    工号   部门   姓名   身份证号          性别
0  1001  财务部  陈东  5103211978100300**  男
1  1002  财务部  田菊  4128231980052512**  女
2  1008  财务部  夏东  1328011947050583**  男
3  1003  生产部  王伟  4302251980031135**  男
4  1004  生产部  韦龙  4302251985111635**  男
5  1005  销售部  刘洋  4302251980081235**  男
6  1006  生产部  吕川  3203251970010171**  男
7  1007  销售部  杨莉  4201171973021753**  女
```

由此得到去重后的数据。在默认情况下，生成新的 DataFrame 对象，设置 inplace 参数的值为 True，不生成新对象，直接修改原数据 df。

21.3.2 缺失值处理

在数据采集过程中，由于条件受限无法采集到数据，或者采集到的数据遗失了，出现了数据缺失，这就是缺失值。缺失值不是 0，而是这个位置没有数据，是空的。数据中存在缺失值，会导致数据处理无法进行，所以必须先对缺失值进行处理，要么删除，要么用指定的值进行填充。

【Excel VBA】

13.5.7 节提及，使用单元格区域对象的 SpecialCells 方法可以引用单元格区域中的特殊单元格，其中就包括空单元格。空单元格的引用效果如图 13-17 所示。这是发现数据中缺失值的一种方式。

使用该方法，还可以将空单元格用指定的值进行填充，如指定为数据的均值或中值等。下面使用单元格区域对象的 SpecialCells 方法找到工作表已用单元格区域中的空单元格，将它们的值指定为 10。示例文件的存放路径为 Samples\ch21\Excel VBA\缺失值.xlsm。

```
Sub MissingValues()
```

```
  Dim sht As Worksheet, rngN As Range

  Set sht = ActiveSheet
  '找到空单元格
  Set rngN = sht.UsedRange.SpecialCells(xlCellTypeBlanks)
  If Not rngN Is Nothing Then
    rngN.value = 10      '指定空单元格的值为 10
  End If
End Sub
```

运行过程，生成的工作表如图 21-3 所示。对比图 13-17 可以发现，原来为空的单元格现在都填充了数据 10。

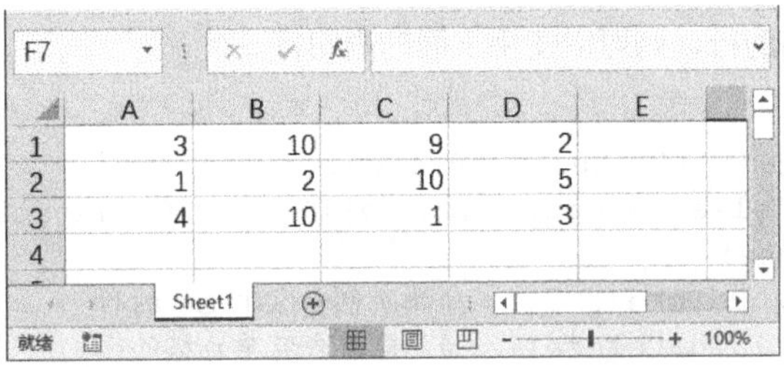

图 21-3　用固定值填充空单元格

如果想将空单元格的值指定为它周围某个单元格的值，则需要通过循环结构来实现。判断单元格的值是否等于""可以判断该单元格是否为空。

如果希望删除单元格区域中有空单元格的行或列，则可以使用下面的代码。示例文件的存放路径为 Samples\ch21\Excel VBA\缺失值.xlsm。

```
Sub MissingValues2()
  '删除有空单元格的行
  Dim sht As Worksheet, rngN As Range

  Set sht = ActiveSheet
  '找到空单元格
  Set rngN = sht.UsedRange.SpecialCells(xlCellTypeBlanks)
  If Not rngN Is Nothing Then      '如果是空单元格
    rngN.EntireRow.Delete          '删除该行
    'rngN.EntireColumn.Delete      '删除该列
  End If
End Sub
```

【Python xlwings】

编写脚本文件，用 Python xlwings 将指定单元格区域内的空单元格用数据 10 进行填充。脚本文件的存放路径为 Samples\ch21\Python\缺失值.py。

```
import xlwings as xw
import os
root = os.getcwd()
app = xw.App(visible=True, add_book=False)
wb=app.books.open(root+r'/缺失值.xlsx',read_only=False)
sht=wb.sheets(1)  #获取工作表
#获取空单元格
rng=sht.api.Range('A1').CurrentRegion.\
        SpecialCells(xw.constants.CellType.xlCellTypeBlanks)
if not rng is None:
    rng.Value=10  #用数据 10 填充
```

运行脚本，生成的工作表如图 21-3 所示。

如果删除含空单元格的行，则可以使用下面的语句行。

```
#获取空单元格
rng=sht.api.Range('A1').CurrentRegion.\
        SpecialCells(xw.constants.CellType.xlCellTypeBlanks)
if not rng is None:
    rng.EntireRow.Delete()         #删除包含空单元格的行
    #rng.EntireColumn.Delete()   #删除包含空单元格的列
```

【Python pandas】

pandas 包中的 DataFrame 对象提供了一些查找和处理数据中缺失值的方法。用 isnull 方法可以查看是否有缺失值，用 dropna 方法可以删除缺失值所在的行或列，用 fillna 方法可以对缺失值进行填充。脚本文件的存放路径为 Samples\ch21\Python\缺失值 2.py。包含缺失值的数据如图 21-4 所示。

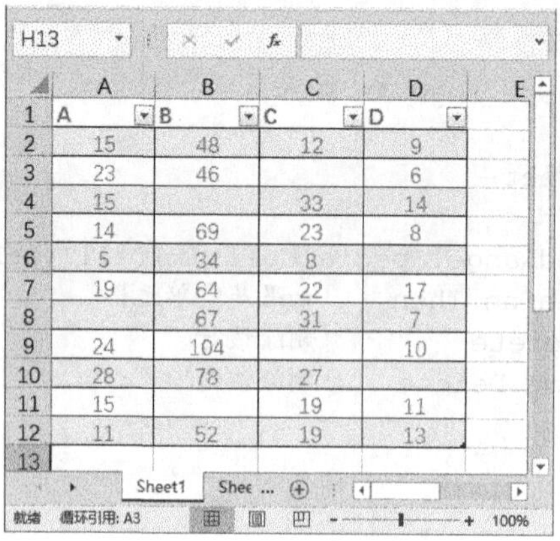

	A	B	C	D
1	A	B	C	D
2	15	48	12	9
3	23	46		6
4	15		33	14
5	14	69	23	8
6	15	34	8	
7	19	64	22	17
8		67	31	7
9	24	104		10
10	28	78	27	
11	15		19	11
12	11	52	19	13

图 21-4　包含缺失值的数据

使用 DataFrame 对象的 isnull 方法可以查找缺失值。

```
import pandas as pd
import os

root = os.getcwd()
df=pd.read_excel(io=root+r'\缺失值2.xlsx',engine='openpyxl')

df2=df.isnull()
print(df2)
```

运行脚本，在 Python Shell 窗口中输出的结果如下。

```
>>> = RESTART: ...\基础篇\Samples\ch21\Python\缺失值2.py
        A      B      C      D
0   False  False  False  False
1   False  False   True  False
2   False   True  False  False
3   False  False  False  False
4   False  False  False   True
5   False  False  False  False
6    True  False  False  False
7   False  False   True  False
8   False  False  False   True
9   False   True  False  False
10  False  False  False  False
```

在上面的结果中，缺失值对应的值是 True，非缺失值对应的值是 False。

使用 DataFrame 对象的 dropna 方法可以删除包含缺失值的行。

```
df3=df.dropna(how='any')
```

how 参数的值为"any"，表示只要行中有一个缺失值，就删除整行。

使用 DataFrame 对象的 fillna 方法可以填充缺失值。下面的语句用数据 10 填充所有缺失值。

```
df4=df.fillna(10)
```

下面的语句用每列的均值填充该列的缺失值。

```
df5=df.fillna({'A':df['A'].mean(),'B':df['B'].mean(),\
        'C':df['C'].mean(),'D':df['D'].mean()})
```

下面的语句用缺失值下方的值填充缺失值。

```
df6=df.fillna(method='backfill')
```

21.3.3 异常值处理

异常值是由于某种原因造成的数据中出现的统计上过大或过小的值，将它们纳入数据分析会影响分析结果。判断一个值是否异常有各种不同的方法。下面介绍比较常用的两种方法。

第 1 种方法是使用数据的均值和标准差进行判断，如果数据落在[均值−3×标准差，均值+3×标准差]范围外，则认为数据是异常值，否则不是。第 2 种方法是使用分位数进行判断。0.75 分位数减去 0.25 分位数得到数据的内四分极值，如果数据落在[0.25 分位数−1.5×内四分极值，0.75 分位数+1.5×内四分极值]范围外，则认为数据是异常值，否则不是。第 2 种方法用箱形图判断异常值。

对于判断为异常值的数据，常常将它作为缺失值进行处理，删除或指定为特殊的值。

下面介绍用 Excel 函数、Excel VBA、Python xlwings 和 Python pandas 进行异常值查找与处理的方法。对图 21-5 所示的工作表中的 A 列的数据，查找异常值并进行处理。

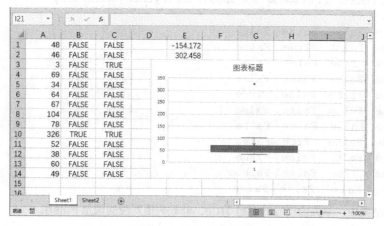

图 21-5 使用 Excel 函数和箱形图查找异常值

【Excel】

示例文件的存放路径为 Samples\ch21\Excel 函数\异常值.xlsx。

使用第 1 种方法，即用数据的均值和标准差进行查找，在 B1 单元格中输入=OR($A1<AVERAGE($A$1:$A$14)−3*STDEV($A$1:$A$14),$A1>AVERAGE($A$1:$A$14)+3*STDEV($A$1:$A$14))。

其中，AVERAGE 函数用于计算数据的均值，STDEV 函数用于计算数据的标准差。按 Enter 键，单元格中显示的结果为 FALSE，说明 A1 单元格中的数据不是异常值。双击单元格右下角的圆点，向下复制和填充公式，得到其他数据的判断结果，发现数据 326 被判断为异常值。

使用第 2 种方法，即用数据的分位数进行查找，在 C1 单元格中输入=OR($A1<PERCENTILE.EXC($A$1:$A$14,0.25)−1.5*(PERCENTILE.EXC($A$1:$A$14,0.75)−PERCENTILE.EXC($A$1:$A$14,0.25)),$A1>PERCENTILE.EXC($A$1:$A$14,0.75)+1.5*(PERCENTILE.EXC($A$1:$A$14,0.75)−PERCENTILE.EXC($A$1:$A$14,0.25)))。

其中，PERCENTILE.EXC 函数用于计算数据的分位数，参数指定数据范围和分位数的位置。

0.75 分位数减去 0.25 分位数得到数据的内四分极值。按 Enter 键，单元格中显示结果为 FALSE，说明 A1 单元格中的数据不是异常值。双击单元格右下角的圆点，向下复制和填充公式，得到其他数据的判断结果，发现数据 3、104 和 326 被判断为异常值。方法不同，计算结果会存在差异。

选定 A 列数据后，在工作表中插入箱形图，如图 21-5 所示。箱形图中间箱体的上下界表示数据的 0.75 分位数和 0.25 分位数，向外扩展 1.5× 内四分极值的距离得到上、下两个触须。触须之外的点就是异常值点。

【Excel VBA】

在 Excel VBA 中，可以调用 Excel 函数处理异常值。示例文件的存放路径为 Samples\ch21\Excel VBA\异常值.xlsm。

过程 Test 用均值和标准差查找异常值。

```
Sub Test()
  '用均值和标准差查找异常值
  Dim intI As Integer
  Dim sngMean As Single
  Dim sngSTDEV As Single
  '均值
  sngMean = Application.WorksheetFunction.Average(Range("A1:A14"))
  '标准差
  sngSTDEV = Application.WorksheetFunction.StDev(Range("A1:A14"))
  '遍历每个数据，如果小于(均值-3*标准差)或大于(均值+3*标准差)，则为异常值
  For intI = 1 To 14
    If Cells(intI, 1) < sngMean - 3 * sngSTDEV Or Cells(intI, 1) > _
        sngMean + 3 * sngSTDEV Then
      Cells(intI, 2).Value = True
    Else
      Cells(intI, 2).Value = False
    End If
  Next
End Sub
```

过程 Test2 用分位数查找异常值。

```
Sub Test2()
  '用分位数查找异常值
  Dim intI As Integer
  Dim sngP25 As Single
  Dim sngP75 As Single
  Dim sngIQR As Single
  '0.75分位数
  sngP75 = Application.WorksheetFunction.Percentile(Range("A1:A14"), 0.75)
  '0.25分位数
```

```
    sngP25 = Application.WorksheetFunction.Percentile(Range("A1:A14"), 0.25)
    '内四分极值
    sngIQR = sngP75 - sngP25
    '遍历每个数据，如果小于（0.25分位数-1.5*内四分极值）或
    '大于（0.75分位数+1.5*内四分极值），则为异常值
    For intI = 1 To 14
      If Cells(intI, 1) < sngP25 - 1.5 * sngIQR Or Cells(intI, 1) > _
            sngP75 + 1.5 * sngIQR Then
        Cells(intI, 3).Value = True
      Else
        Cells(intI, 3).Value = False
      End If
    Next
End Sub
```

运行两个过程，分别在工作表中的 B 列和 C 列输出判断结果。

【Python xlwings】

下面在 Python 中结合 xlwings 包调用 Excel 函数查找数据的异常值。

使用均值和标准差进行判断。脚本文件的存放路径为 Samples\ch21\Python\异常值-xlwings-1.py。

```python
import xlwings as xw
import os
root=os.getcwd()
app=xw.App(visible=True, add_book=False)
wb=app.books.open(root+r'/异常值.xlsx',read_only=False)
sht=wb.sheets(1)

#计算均值
mean_v=app.api.WorksheetFunction.Average(sht.api.Range('A1:A14'))
#计算标准差
stdev_v=app.api.WorksheetFunction.StDev(sht.api.Range('A1:A14'))

#遍历每个数据，如果小于（均值-3*标准差）或大于（均值+3*标准差），则为异常值
for i in range(1,15):
    if sht.api.Cells(i,1).Value<mean_v-3*stdev_v or\
            sht.api.Cells(i,1).Value>mean_v+3*stdev_v:
        sht.api.Cells(i,2).Value=True
    else:
        sht.api.Cells(i,2).Value=False
```

使用分位数进行判断。脚本文件的存放路径为 Samples\ch21\Python\异常值-xlwings-2.py。

```python
import xlwings as xw
```

```python
import os
root=os.getcwd()
app=xw.App(visible=True, add_book=False)
wb=app.books.open(root+r'/异常值.xlsx',read_only=False)
sht=wb.sheets(1)

#计算0.75分位数
stp75=app.api.WorksheetFunction.Percentile(sht.api.Range('A1:A14'),0.75)
#计算0.25分位数
stp25=app.api.WorksheetFunction.Percentile(sht.api.Range('A1:A14'),0.25)
#计算内四分极值
iqr=stp75-stp25

#遍历每个数据，如果小于（0.25分位数-1.5*内四分极值）或
#大于（0.75分位数+1.5*内四分极值),则为异常值
for i in range(1,15):
    if sht.api.Cells(i,1).Value<stp25-1.5*iqr or\
            sht.api.Cells(i,1).Value>stp75+1.5*iqr:
        sht.api.Cells(i,3).Value=True
    else:
        sht.api.Cells(i,3).Value=False
```

运行两个脚本文件，将两种方法的判断结果输出到工作表的 B 列和 C 列。

【Python pandas】

Python 的 pandas 包提供了计算均值、标准差和分位数的函数，下面使用 pandas 包在数据中查找异常值。

使用均值和标准差进行判断，pandas 包中用序列对象的 mean 函数和 std 函数计算均值和标准差。脚本文件的存放路径为 Samples\ch21\Python\异常值-pandas-1.py。

```python
import pandas as pd
import numpy as np
import os

root = os.getcwd()
df=pd.read_excel(io=root+r'\异常值2.xlsx',engine='openpyxl')

#计算均值
mean_v=df['A'].mean()
#计算标准差
stdev_v=df['A'].std()
#数据
data=df['A']
```

```
#输出异常值
print(data[(data>mean_v+3*stdev_v)|(data<mean_v-3*stdev_v)])

#处理异常值,换成缺失值
data[(data>mean_v+3*stdev_v)|(data<mean_v-3*stdev_v)]=np.nan
print(data)
```

使用分位数进行判断,pandas 包中用序列对象的 quantile 函数计算分位数。脚本文件的存放路径为 Samples\ch21\Python\异常值-pandas-2.py。

```
import pandas as pd
import numpy as np
import os

root = os.getcwd()
df=pd.read_excel(io=root+r'\异常值2.xlsx',engine='openpyxl')

#计算0.75分位数
stp75=df['A'].quantile(0.75)
#计算0.25分位数
stp25=df['A'].quantile(0.25)
#计算内四分极值
iqr=stp75-stp25
#数据
data=df['A']

#输出异常值
print(data[(data>stp75+1.5*iqr) | (data<stp25-1.5*iqr)])

#处理异常值,换成缺失值
data[(data>stp75+1.5*iqr) | (data<stp25-1.5*iqr)]=np.nan
print(data)
```

分别运行两个脚本文件,在 Python Shell 窗口中输出异常值和将异常值处理为缺失值后的结果。

使用 Python 中的 Matplotlib 包可以绘制箱形图。编写的脚本文件的存放路径为 Samples\ch21\Python\箱形图.py。

```
import pandas as pd
import matplotlib.pyplot as plt
import os

root = os.getcwd()
df=pd.read_excel(io=root+r'\异常值2.xlsx',engine='openpyxl')

plt.boxplot(df['A'])
plt.show()
```

运行脚本，生成的箱形图如图 21-6 所示。

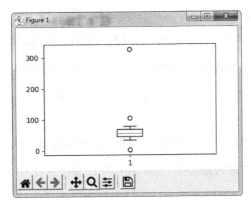

图 21-6　使用 Matplotlib 包生成的箱形图

21.3.4　数据转换

对数据进行统计分析时，为了消除量纲和量级的影响，或者为了满足统计方法对数据的要求，经常需要在统计分析之前对数据进行转换。常见的数据转换方法有对数转换、平方根转换、反正弦转换、中心化、标准化和归一化等。下面主要介绍中心化、标准化、归一化。

中心化是将数据点向中心点平移，算法比较简单，将每个数据减去它们的均值即可。

标准化则使数据变换后服从标准正态分布。标准化的作用是消除量纲和量级的影响，使表示样本的多个指标具有相同的尺度。标准化的算法是将每个数据减去它们的均值后除以标准差。

归一化是将所有数据转换到 0 ~ 1。归一化的算法是将每个数减去数据最小值得到的差除以数据的极差。极差是用数据的最大值减去最小值得到的。

下面对图 21-7 所示的 A 列的数据分别用中心化、归一化和标准化进行转换。

D2　=STANDARDIZE($A2,

	A	B	C	D
1	A	中心化	归一化	标准化
2	141	-2.77381	0.46875	-0.46458
3	150	6.22619	0.75	1.042823
4	143	-0.77381	0.53125	-0.12961
5	145	1.22619	0.59375	0.205374
6	148	4.22619	0.6875	0.707844
7	148	4.22619	0.6875	0.707844
8	150	6.22619	0.75	1.042823
9	142	-1.77381	0.5	-0.2971
10	140	-3.77381	0.4375	-0.63207
11	148	4.22619	0.6875	0.707844

Sheet1　Sheet2

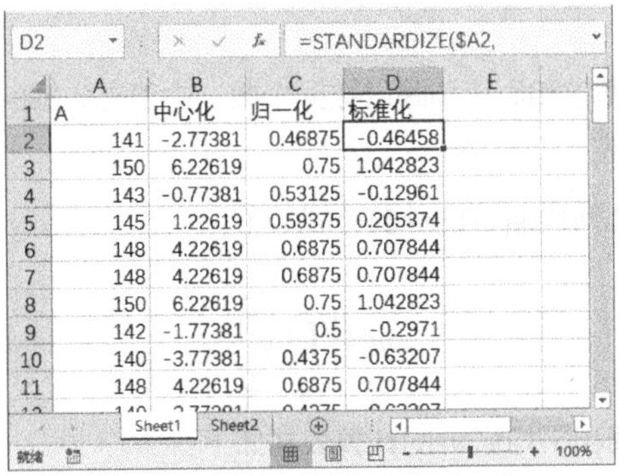

图 21-7　数据转换

【Excel】

示例文件的存放路径为 Samples\ch21\Excel 函数\数据转换.xlsx。

在工作表的 B2 单元格中输入公式=$A2-AVERAGE($A$2:$A$85)。

按 Enter 键，双击 B2 单元格右下角的圆点，得到中心化数据的结果，如图 21-7 中的 B 列所示。

在工作表的 C2 单元格中输入公式=($A2-MIN($A$2:$A$85))/(MAX($A$2:$A$85)-MIN($A$2:$A$85))。

按 Enter 键，双击 C2 单元格右下角的圆点，得到归一化数据的结果，如图 21-7 中的 C 列所示。

在工作表的 D2 单元格中输入公式=STANDARDIZE($A2,AVERAGE($A$1:$A$85),STDEV($A$1:$A$85))。

按 Enter 键，双击 D2 单元格右下角的圆点，得到标准化数据的结果，如图 21-7 中的 D 列所示。

【Excel VBA，Python】

仿照 21.3.3 节的内容，读者可以在 Excel VBA、Python xlwings 和 Python pandas 环境下实现对应的数据转换，此处不再赘述。

21.4 描述性统计

采集到大量的样本数据以后，常常需要用一些统计量来描述数据的集中程度和离散程度，并通过这些指标来对数据的总体特征进行归纳。

21.4.1 描述集中趋势

描述样本数据集中趋势的统计量有算术平均值、中值、众数、几何均值、调和均值和截尾均值等。

算术平均值是将所有数据求和后用和除以数据个数。中值是数据的中位数，即 0.5 分位数。众数是数据中出现次数最多的数。

样本数据 $x_1, x_2, \cdots, x_n$ 的几何均值 m 的计算公式如下：

$$m = \left[\prod_{i=1}^{n} x_i \right]^{\frac{1}{n}}$$

样本数据 $x_1, x_2, \cdots, x_n$ 的调和平均值 m 的计算公式如下：

$$m = \frac{n}{\sum_{i=1}^{n} \frac{1}{x_i}}$$

截尾均值是数据排序后，将最大部分和最小部分删除指定百分比的数据后根据剩下的数据求算术平均值。

下面对图 21-8 所示的 A 列数据求集中趋势统计量。

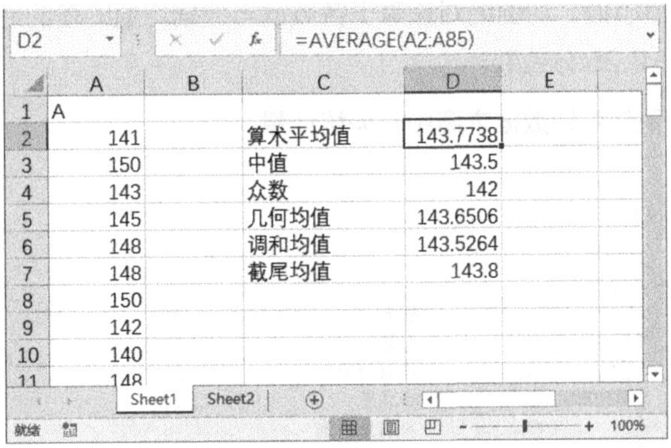

图 21-8　描述数据的集中趋势

【Excel】

示例文件的存放路径为 Samples\ch21\Excel 函数\描述性统计–集中趋势.xlsx。

在工作表的 D2 单元格中输入公式=AVERAGE(A2:A85)，按 Enter 键，得到数据的算术平均值，即 143.7738。

在 D3 单元格中输入公式=MEDIAN(A2:A85)，按 Enter 键，得到数据的中值，即 143.5。

在 D4 单元格中输入公式=MODE(A2:A85)，按 Enter 键，得到数据的众数，即 142。

在 D5 单元格中输入公式=GEOMEAN(A2:A85)，按 Enter 键，得到数据的几何均值，即 143.6506。

在 D6 单元格中输入公式=HARMEAN(A2:A85)，按 Enter 键，得到数据的调和均值，即 143.5264。

在 D7 单元格中输入公式=TRIMMEAN(A2:A85)，按 Enter 键，得到数据的截尾均值，即 143.8。

各计算结果如图 21-8 中的 D 列所示。

【Excel VBA，Python xlwings】

仿照 21.3.3 节的内容，读者可以在 Excel VBA 和 Python xlwings 环境下实现对应的统计量计算，此处不再赘述。

【Python pandas】

使用 Series 对象的 mean 函数和 median 函数可以计算数据的均值和中值。

21.4.2 描述离中趋势

描述样本数据离散趋势的统计量包括极差、方差、均值绝对差、标准差和内四分极值等。极差等于数据的最大值减去最小值。均值绝对差等于各数据与数据均值的差的绝对值的均值。内四分极值等于 0.75 分位数减去 0.25 分位数。

下面对图 21-9 所示的 A 列数据求离中趋势统计量。

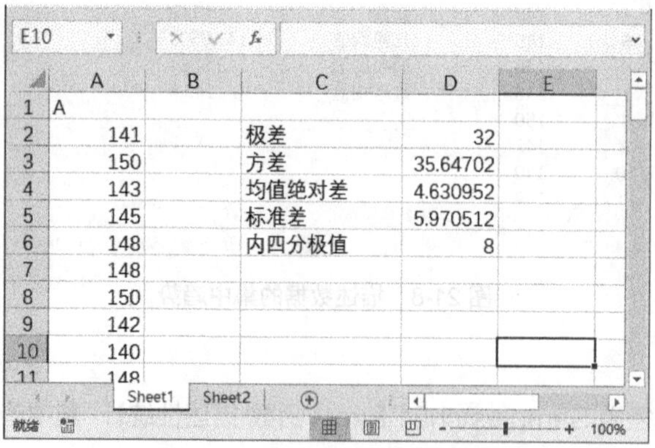

图 21-9 描述数据的离中趋势

【Excel】

示例文件的存放路径为 Samples\ch21\Excel 函数\描述性统计-离中趋势.xlsx。

在工作表的 D2 单元格中输入公式=MAX(A2:A85)-MIN(A2:A85)，按 Enter 键，得到数据的极差，即 32。

在 D3 单元格中输入公式=VAR(A2:A85)，按 Enter 键，得到数据的方差，即 35.64702。

在 D4 单元格中输入公式=AVEDEV(A2:A85)，按 Enter 键，得到数据的均值绝对差，即 4.630952。

在 D5 单元格中输入公式=STDEV(A2:A85)，按 Enter 键，得到数据的标准差，即 5.970512。

在 D6 单元格中输入公式=PERCENTILE.EXC(A2:A85,0.75)-PERCENTILE.EXC(A2:A85,0.25)，按 Enter 键，得到数据的内四分极值，即 8。

各计算结果如图 21-9 中的 D 列所示。

【Excel VBA, Python xlwings】

仿照 21.3.3 节的内容，读者可以在 Excel VBA 和 Python xlwings 环境下实现对应的统计量计算，此处不再赘述。

【Python pandas】

使用 Series 对象的 max 函数、min 函数、var 函数、std 函数、mad 函数和 quantile 函数等可以计算数据的极值、方差、标准差、均值绝对差和内四分极值。

第 22 章 Python 与 Excel VBA 混合编程

如果读者懂 VBA，并希望使用 Python 的强大功能，就可以在 VBA 中调用 Python；如果读者有很多使用 VBA 编写的代码，并希望在 Python 中能使用，则可以在 Python 中调用 VBA 函数。另外，在 Excel 中还可以用 Python 实现自定义函数。读者可以参考第 3 章了解 xlwings 包的相关内容。

22.1 在 Python 中调用 Excel VBA 代码

在 Python 中调用 Excel VBA 代码，需要先在 Excel VBA 编程环境中先把 VBA 代码编写好，并保存为.xlsm 文件，然后在 Python 中用 book 对象或 application 对象的 macro 方法调用 VBA 中的过程或函数，从而实现在 Python 中调用 VBA 代码，实现混合编程。

22.1.1 Excel VBA 编程环境

本书使用 Excel 2016 进行 VBA 编程。进行 Excel VBA 编程，需要先加载"开发工具"功能区。如果读者的 Excel 2016 中没有该功能区，就需要先加载它。加载"开发工具"功能区的步骤请参考 1.2.1 节，本节不再赘述。

22.1.2 编写 Excel VBA 程序

在 Python 中调用 Excel VBA 代码，需要先在 Excel VBA 编程环境中把 VBA 代码编写好，并保存为.xlsm 文件。下面编写一个求两个数的和的函数。添加一个模块，在代码编辑器中输入下面的代码。

```
Function MySum(x, y)
```

```
        MySum=x+y
End Function
```

它可以实现一个简单的加法运算。

把 Excel 文件保存为启用宏的工作簿,即.xlsm 文件,在下载资料包中的 Samples 目录下的 ch22\python-vba 子目录下可以找到该文件。

22.1.3 在 Python 中调用 Excel VBA 函数

编写好 VBA 函数并把 Excel 文件保存为.xlsm 文件后,就可以用 Python 进行调用,此时需要用到 book 对象或 application 对象的 macro 方法。macro 方法的语法格式如下。

```
bk.macro(name)
```

其中,bk 表示工作簿对象,参数 name 为字符串,表示带或不带模块名称的过程或函数的名称,如"Module1.MyMacro"或"MyMacro"。

打开 Python IDLE,新建一个脚本文件编辑窗口,输入下面的代码(不要前面的行号)。将代码保存为.py 文件,与 22.1.2 节创建的.xlsm 文件放在相同的目录下。该.py 文件在下载资料包中的 Samples 目录下的 ch22\python-vba 子目录下可以找到,文件名为 test-py-vba.py。

```
1    import xlwings as xw   #导入 xlwings 包
2    app=xw.App(visible=False, add_book=False)
3    bk=app.books.open('py-vba.xlsm')
4    my_sum=bk.macro('MySum')
5    s=my_sum(1, 2)
6    print(s)
```

第 1 行导入 xlwings 包。

第 2 行创建 Excel 应用,不可见,不添加工作簿。

第 3 行打开相同目录下的 py-vba.xlsm 文件。

第 4 行用工作簿对象的 macro 方法调用 VBA 函数 MySum,将对象返回到 my_sum。

第 5 行给 my_sum 赋参数 1 和 2,将它们的和返回到 s。

第 6 行输出 s。

在 Python IDLE 文件脚本窗口中,选择 Run→Run Module 命令,在 Shell 窗口中输出 1 和 2 的和 3。

```
>>> = RESTART: .../Samples/ch22/python-vba/test-py-vba.py
3
```

22.2 在 Excel VBA 中调用 Python 代码

使用 xlwings 加载项,可以帮助用户在 Excel VBA 中调用 Python 代码。在使用它之前,需要先进行安装。

22.2.1 xlwings 加载项

完成 xlwings 包的安装之后,在 Power Shell 窗口输入下面的命令行可以直接安装 xlwings 加载项。

```
xlwings addin install
```

安装完成后,Excel 主界面中会添加 xlwings 功能区,设置功能区中的选项,可以完成混合编程前的配置工作。

这是一种安装方法,如果这种方法失败,也可以直接加载宏文件。安装 xlwings 包之后,在 Python 安装路径的 Lib\site-packages\xlwings\addin 目录下会放置一个 xlwings.xlsm 的 Excel 宏文件,可以直接加载它。按照以下步骤进行。

- 加载"开发工具"功能区,读者可参考 1.2.1 节的内容。
- 在"开发工具"功能区单击"Excel 加载项"按钮,打开"加载宏"对话框,如图 22-1 所示。

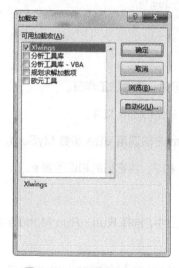

图 22-1 "加载宏"对话框

- 单击"浏览"按钮找到 Python 安装路径的 Lib\site-packages\xlwings\addin 目录下的 xlwings.xlsm 文件。

- 单击"确定"按钮。在 Excel 主界面中添加 xlwings 功能区,如图 22-2 所示。

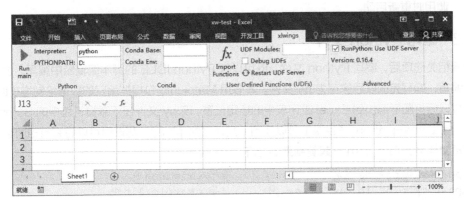

图 22-2　xlwings 功能区

xlwings 功能区中各选项的功能如下。

- Interpreter：指定 Python 解释器的路径。输入 python 或 pythonw，也可以输入可执行文件的完整路径，如"C:\Python37\pythonw.exe"。如果使用的是 Anaconda，则使用 Conda Base 和 Conda Env。如果留空，则将解释器设置为 pythonw。
- PYTHONPATH：指定 Python 源文件的路径，如果.py 文件在 D 盘下，则输入路径为"D:"。最后不要添加反斜杠，即输入"D:\"会导致出错。
- Conda Base：如果使用的是 Windows 并使用 Conda Env，在此处输入 Anaconda 或 Miniconda 安装的路径和名称，如 "C:\Users\Username\Miniconda3" 或 "%USERPROFILE%\Anaconda"。需要注意的是，至少需要 Conda 4.6。
- Conda Env：如果使用的是 Windows 并使用 Conda Env，则在此输入 Conda Env 的名称，如 myenv。需要注意的是，这要求将 Interpreter 留空或将其设置为 python 或 pythonw。
- UDF Modules：用于自定义函数（UDF）的设置。指定导入 UDF 的 Python 模块的名称（没有.py 扩展名）。用";"分隔多个模块。例如，UDF_MODULES ="common_udfs; myproject"默认导入与 Excel 电子表格相同的目录下的文件，该文件具有相同的名称，但以.py 结尾。如果留空，则需要.xlsm 文件与.py 文件的名称相同且在同一目录下；如果不同，则需要输入文件名（不需要.py 后缀），并将.py 文件放入 PYTHONPATH 所在的文件夹内。
- Debug UDFs：选择此项时，手动运行 xlwings COM 服务器进行调试。
- Import Functions：第 1 次使用，或者在.py 文件更新后单击此按钮导入它。
- RunPython：Use UDF Server：选择它，RunPython 使用与 UDF 相同的 COM 服务器。这样做速度更快，因为解释器在每次调用后都不会关闭。

- Restart UDF Server：单击它会关闭 UDF Server / Python 解释器。它将在下一个函数调用时重新启动。

22.2.2 编写 Python 文件

设置相关选项后，编写 Python 文件。既可以在 Python IDLE 的脚本编辑器中编写，也可以用记事本编写，编写完成以后保存为.py 文件。本节用 Matplotlib 包根据给定的数据绘制堆栈面积图，绘制完成以后将图形添加到 Excel 工作表中的指定位置。该.py 文件在下载资料包中的 Samples 目录下的 ch22\vba-python 子目录下可以找到，文件名为 plt.py。测试时可以将它与相同目录下的 Excel 宏文件 xw-test.xlsm 一起复制到 D 盘下。

```python
import xlwings as xw                    #导入 xlwings 包
import matplotlib.pyplot as plt         #导入 Matplotlib 包
def pltplot():                          #定义函数绘图
    bk=xw.Book.caller()                 #获取工作簿
    sht=bk.sheets[0]                    #获取工作表
    fig=plt.figure()                    #新建绘图窗口
    x=[1,2,3,4,5]                       #绘图数据
    y1=[2,1,4,3,5]
    y2=[0,2,1,6,4]
    y3=[1,4,5,8,6]
    plt.stackplot(x, y1, y2, y3)        #利用获取的数据绘制堆栈面积图
    #将创建的图形添加到工作表的指定位置
    sht.pictures.add(fig,name="plt_test",left=20,top=140,width=250,height=160)
```

22.2.3 在 Excel VBA 中调用 Python 文件

新建一个 Excel 工作簿，保存为 xw-test.xlsm，为启用宏的 Excel 工作簿文件。该文件在下载资料包中的 Samples 目录下的 ch22\vba-python 子目录下可以找到。测试时可以将 xw-test.xlsm 文件与相同目录下的 Python 文件 plt.py 一起复制到 D 盘下。

在 Excel 主界面中单击"开发工具"功能区，单击 Visual Basic 按钮，打开 Excel VBA 编程环境。在"工具"菜单中选择"引用"命令，打开"引用"对话框，如图 22-3 所示。单击"引用"对话框中的"浏览"按钮，在右下角将扩展名设置为任意文件，找到 Python 安装路径的 Lib\site-packages\xlwings\addin 目录下的 xlwings.xlsm 文件，引用它。

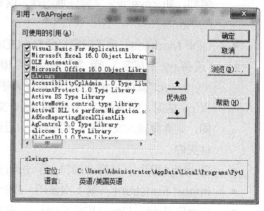

图 22-3 "引用"对话框

选择"插入"→"模块"命令，添加一个模块。在模块的代码编辑器中输入下面的代码，用 RunPython 函数运行 22.2.2 节创建的 plt.py 文件中的 pltplot 函数，使用之前需要用 import 命令导入该模块。

```
Sub plttest()
    RunPython "import plt;plt.pltplot()"
End Sub
```

运行过程，绘制堆栈面积图并添加到工作表中，如图 22-4 所示。

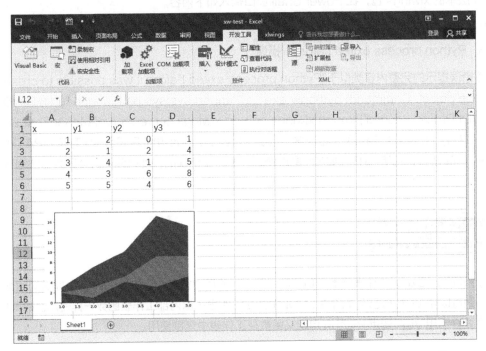

图 22-4　绘制的堆栈面积图

22.2.4　xlwings 加载项使用"避坑"指南

使用 xlwings 加载项时操作并不难，最难的是在安装阶段容易出现问题。下面根据笔者在使用过程中遇到的"坑"做一些说明。

1. "文件未找到：xlwings32-0.16.4.dll"错误

出现该错误是因为 xlwings 包的安装有问题，需要重新安装，其中的版本号根据具体情况存在差异。在 Power Shell 窗口中使用 python -m pip install xlwings 命令安装时一般不会出现错误，笔者触发该错误是在下载老版本的 xlwings 包并用 setup.py 手动安装时出现的。此时要避免手动安装，使用下面介绍的方法安装老版本。

2. could not activate Python COM server 错误

笔者发现 xlwings 加载项对 xlwings 包的版本比较敏感,使用某个老版本时没有问题,升级到新版本后就不能正常工作,并提示类似 could not activate Python COM server 的错误。例如,笔者使用 0.22.1 版本的 xlwings 包时出现上面的错误,使用 0.16.4 版本的 xlwings 包时正确。

此时关闭所有的 Excel 文件,在 Power Shell 窗口中先用 python -m pip uninstall xlwings 命令卸载 xlwings 包,然后安装老版本。在安装老版本的 xlwings 包时需要指定版本号,如安装 0.16.4 版本的 xlwings 包,在 Power Shell 窗口输入如下内容。

```
pip install xlwings==0.16.4
```

3. Python process exited before… 错误

该错误提示的完整内容类似于"Python process exited before it was possible to create the interface object. Command: pythonw.exe -c ""import sys;sys.path.append(r'D:\SkyDrive\APP\VDI\Project Journal');import xlwings.server; xlwings.server.serve('{4c3ae7ba-2be9-4782-a377-f13934ffc4a9}')"。出现这个错误,是在 xlwings 功能区设置 PYTHONPATH 参数的值时,在最后面加了反斜杠,如"D:"是正确的,"D:\"是错误的,此时编译时会因为语法错误导致失败。

22.3 自定义函数

众所周知,Excel 工作表函数的功能非常强大,使用也很方便。如果 Excel 中提供的函数还不够用,则可以用 VBA 自己定义函数(UDF)并在工作表中像内部工作表函数一样使用。除此以外,本节主要介绍用 VBA 调用 Python 自定义函数在工作表中直接使用。

22.3.1 用 Excel VBA 自定义函数

在 Excel VBA 编程环境中添加模块,在模块代码窗口中输入下面的函数 mysum,计算两个给定数据的和。保存为启用宏的 Excel 工作簿文件 vba-udf.xlsm,在下载资料包中的 Samples 目录下的 ch22\vba-python 子目录下可以找到它。

```
Function mysum(a As Double, b As Double) As Double
    mysum = a + b
End Function
```

在 Excel 主界面的工作表的 A1 单元格中输入公式=mysum(1,2),按 Enter 键,得到 1 和 2 的和,即 3,如图 22-5 所示。

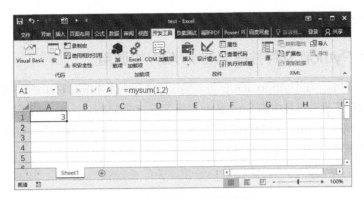

图 22-5　用 VBA 自定义函数

所以，使用这种方式能够实现自定义工作表函数。

22.3.2　用 Excel VBA 调用 Python 自定义函数的准备工作

22.3.1 节介绍了使用 Excel VBA 函数自定义函数，但本节重点介绍的是用 Excel VBA 调用 Python 自定义函数的准备工作。

第 1 个准备工作是在 Excel 主界面的"开发工具"功能区中单击"宏安全性"按钮，打开"信任中心"对话框，如图 22-6 所示。先在左侧菜单中单击"宏设置"链接，然后勾选右侧的"信任对 VBA 工程对象模型的访问"复选框。

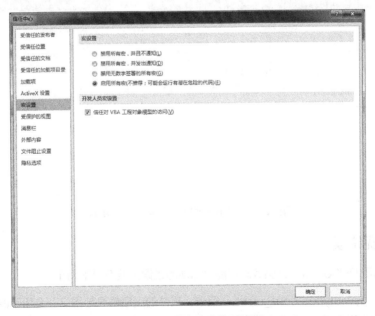

图 22-6　"信任中心"对话框

第 2 个准备工作是加载 xlwings 加载项，此操作请参考 22.2.1 节内容，本节不再赘述。

22.3.3 编写 Python 文件并在 Excel VBA 中调用

准备工作做好以后，在 Python IDLE 脚本编辑器或记事本中编写 Python 文件，并保存为.py 文件。该.py 文件在下载资料包中的 Samples 目录下的 ch22\ vba-python 子目录下可以找到，文件名为 vba-py-mysum.py。文件代码如下所示，包含一个 my_sum 函数，可以实现两个给定变量的求和运算（代码中用到了 xw.func 修饰符）。

```python
import xlwings as xw

@xw.func
def my_sum(x,y):
    return x+y
```

在 Excel 主界面中将文件保存为启用宏的工作簿文件 vba_py_mysum.xlsm，保存在与.py 文件相同的目录下，并且与.py 文件的名称相同。该文件在下载资料包中的 Samples 目录下的 ch22\ vba-python 子目录下可以找到。

在 A1 单元格中输入公式=my_sum(1,2)，按 Enter 键，得到 1 和 2 的和，即 3，如图 22-7 所示。

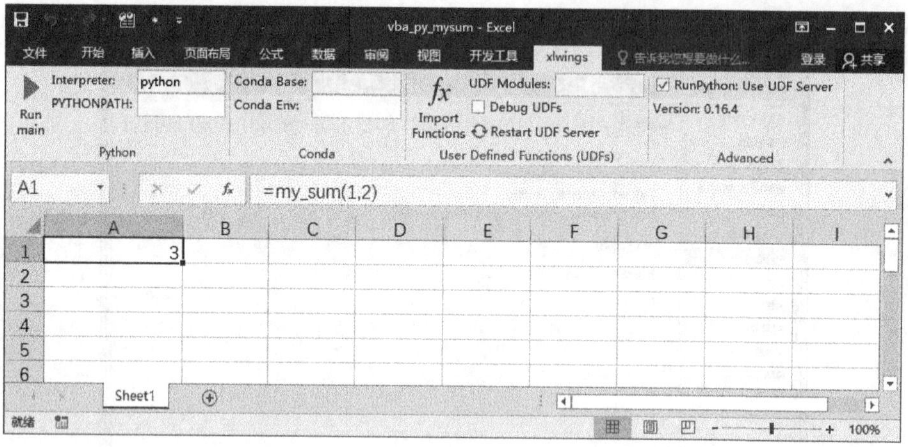

图 22-7 用 VBA 调用 Python 自定义函数

22.3.4 常见错误

用 VBA 调用 Python 自定义函数时可能会出现的错误主要有以下两个。

第 1 个是...pywintypes.com_error:...错误，具体的出错信息与图 22-8 所示的错误类似。出现该错误，是因为没有进行 22.3.2 节介绍的第 1 个准备工作，进行相应设置即可解决问题。

图 22-8　…pywintypes.com_error:…错误

第 2 个是"要求对象"错误。该错误在编写完.py 文件和同名的.xlsm 文件后，在工作表的单元格中输入自定义函数公式并按 Enter 键时触发。在单元格中显示"要求对象"。出现该错误是因为没有在 Excel VBA 编程环境中引用 xlwings 宏文件。按照 22.2.3 节的介绍进行引用后执行自定义函数的操作，即可解决问题。